Springer-Lehrbuch

Helmut Vogel

Vorkurs Physik

Einstieg für Studienanfänger

Zweite, verbesserte Auflage
Mit 270 Abbildungen
und 211 Aufgaben mit vollständigen Lösungen

Springer-Verlag
Berlin Heidelberg New York
London Paris Tokyo
Hong Kong Barcelona
Budapest

Professor Dr. *Helmut Vogel*

Lehrstuhl für Physik an der Technischen Universität München
D-85350 Freising-Weihenstephan

Die 1. Auflage erschien unter dem Titel *Skriptum Physik*

ISBN-13: 978-3-540-56635-9   e-ISBN-13: 978-3-642-61234-3
DOI: 10.1007/978-3-642-61234-3

Die Deutsche Bibliothek - CIP-Einheitsaufnahme
Vogel, Helmut: Vorkurs Physik: Einstieg für Studienanfänger; mit 211 Aufgaben
mit vollständigen Lösungen / Helmut Vogel. - 2., verb. Aufl. –
Berlin; Heidelberg; New York; London; Paris; Tokyo; Hong Kong; Barcelona; Budapest:
Springer, 1993
(Springer-Lehrbuch)
1. Aufl. u.d.T.: Vogel, Helmut: Skriptum Physik

ISBN-13: 978-3-540-56635-9

Satz: Springer-T$_E$X-Haussystem
56/3140 – 5 4 3 2 1 0 – Gedruckt auf säurefreiem Papier

Wie man mit diesem Buch arbeiten sollte

Jede Wissenschaft beschreibt einen Ausschnitt der Welt ganz ähnlich, wie das eine Karte mit einem Ausschnitt der Erdoberfläche tut: Leicht abstrahiert, aber möglichst anschaulich, mit grünem Wald und blauem See. Aber eine Karte im Maßstab 1:1, auf der „alles" drauf ist, wäre sinnlos: Dann geht man doch lieber in den richtigen Wald. Ein kleiner Maßstab wie 1:1 000 000 gibt einen großen Überblick, aber der Wanderer kann nicht viel damit anfangen: Zuviele Einzelheiten sind weggelassen oder nur in symbolischer Form zusammengefaßt.

Dies Buch strebt einen Kompromiß an zwischen der 1 : 50 000-Wanderkarte, – die Sie vielleicht animiert, diesen See oder jenen Wald zu suchen, – und dem Atlas mit seinen symbolischen Zusammenfassungen – in der Wissenschaft nennt man das Theorien. Symbole richtig zu lesen, verlangt etwas Übung. In der Physik ist die symbolische Sprache überwiegend mathematisch. Aber Physik ist nicht nur Mathematik: Die meisten wesentlichen Ideen waren und sind wenigstens anfangs qualitativ, anschaulich, modellmäßig. Damit Sie beides üben, das modellmäßige Vorstellen und den exakten mathematischen Ausdruck dafür, sind viele Aufgaben in den Text eingestreut. Sie sollten erst weiterlesen, wenn Sie diese Aufgaben sicher lösen können (Ausnahmen: Die etwas schwereren mit einem Stern; auf die sollten Sie, wenn nötig, später nochmal zurückkommen).

Bedenken Sie vor allem: Besonders in der Physik baut eins auf dem anderen auf. Wer die ersten Kapitel nicht sicher beherrscht, für den wackeln die später daraufgesetzten Stockwerke. Außerdem: In so einem dünnen Buch kann längst nicht alles stehen, was Sie später in Studium und Beruf brauchen. Sie finden hier nur die unentbehrlichsten Grundlagen. Lassen Sie sich anregen, anderswo genauer nachzulesen, vor allem aber selbst weiterzudenken!

Ob Sie eine Sache richtig anpacken, dafür gibt es ein sicheres Kriterium, nämlich, daß Sie Spaß daran haben. Den wünsche ich Ihnen.

Meinen Kollegen im Institut danke ich für den Anstoß zu diesem Buch und für viele Anregungen, den Herren Dr. Daniel, Dr. Kölsch, Michels und Bachem vom Springer-Verlag für die außerordentlich angenehme Zusammenarbeit und meiner Frau für unermüdliche Hilfe.

Freising, Juni 1993 *Helmut Vogel*

Inhaltsverzeichnis

Ganz ohne Mathematik geht es nicht

Die Menschheit zerfällt in drei Gruppen, die jeweils überwiegend theoretische, experimentelle oder angewandte Physik betreiben. Zur letzten Gruppe gehören wir alle, seit dem ersten Australopithecus, der einen Stein geworfen oder Feuer gemacht hat. Wessen Verhältnis zur Technik sich nicht darin erschöpft, daß er den Lichtschalter umlegt und den Elektriker bestellt, wenn es dunkel bleibt, der braucht Physik.

Manche halten die Wissenschaft für einen Tempel, in dem man sich ganz anders benehmen müsse als im täglichen Leben. Nichts ist falscher. Wissenschaft ist nur gesunder Menschenverstand, allerdings disziplinierter und dadurch verfeinerter gesunder Menschenverstand. Sie beschäftigt sich nur mit dem täglichen Leben, vielleicht mit unserem zukünftigen.

Naturwissenschaftler versuchen die Welt zu verstehen, indem sie beobachten und nachdenken. Die Physik hat das Beobachten zum Messen verfeinert und das Nachdenken zum Rechnen. Sie will und muß quantitativ arbeiten, d. h. nicht nur fragen "wie" und "warum", sondern auch "wieviel".

0.1 Steigung und Ableitung

Jeder weiß, was dieses Schild (Abb. 0.1) bedeutet: 10 % Steigung. Auf 100 m steigt die Straße um 10 m an.

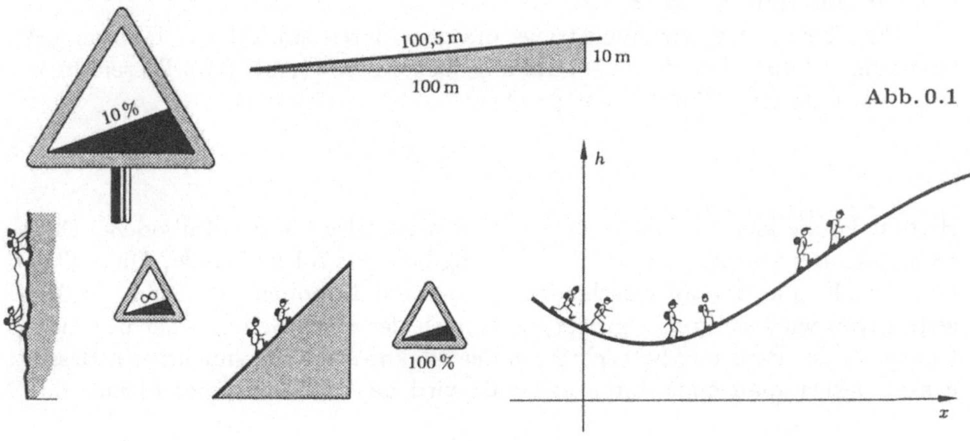

Abb. 0.1

0.1   Sind die 100 m längs der Straße gemessen oder genau waagerecht, also sozusagen längs der Landkarte? Der Unterschied ist gering (messen Sie ihn an einer möglichst genauen Zeichnung aus; wie könnte man ihn berechnen?).

Die Straßenbauer haben sich geeinigt, daß die 100 m längs der Landkarte zu messen sind.

0.2   Gibt es Steigungen von 100 % oder 1? Welche Steigung hat eine senkrechte Wand? Machen Sie sich klar, daß Prozent keineswegs Grad bedeuten und daß man Steigungen nicht etwa nach dem Dreisatz im Winkel umrechnen kann oder umgekehrt.

Ein Gefälle ist sinngemäß eine negative Steigung. Wenn eine Straße irgendwo eine Steigung hat, die verschieden von Null ist, heißt das, ihre Höhenlage ändert sich, und zwar um so schneller, je größer die Steigung (oder das Gefälle) ist. Wir zeichnen irgendein Straßenprofil. Was ist das mathematisch? Der Graph einer Funktion $h(x)$, wobei h die Höhenlage ist, z. B. vom Meeresspiegel aus gerechnet. x ist die Straßenlänge, auf der Karte von einem bestimmten Ausgangspunkt gemessen.

0.3   Warum wäre es etwas ungenau, den Abstand x durch die km-Steine an der Straße zu kennzeichnen? Wie ungenau wäre es? Geben Sie Beispiele.

Eine Straße in der waagerechten Ebene hat die Steigung 0, ihre Höhe h ist konstant: $h = h_0$. Eine andere Straße habe überall die Steigung a, z. B. 10 %. Wie hängt dann h von x ab?

$$h = h_0 + ax \quad . \tag{0.1}$$

0.4   Machen Sie sich Gleichung (0.1) ganz klar. Was bedeutet hier h_0? Wie hoch liegt der km-Stein 1?

Das Profil $h = h_0 + ax$ ist eine lineare Funktion. Eine solche lineare Funktion hat konstante Steigung.

Jetzt betrachten wir eine Straße, die quer durch ein Tal von U-förmigem Querschnitt führt, d. h. durch ein Tal mit flacher Sohle (Abb. 0.2). Dieser Querschnitt könnte einer Parabel entsprechen:

$$h = h_0 + bx^2 \quad .$$

Hier ist h_0 die kleinste Höhe, die vorhanden ist, also die des Talbodens. Dort steht auch der km-Stein 0. Welche Steigung hat eine solche Straße? Diese Steigung ist offenbar überall verschieden, speziell am Talboden ist sie null, beiderseits davon wird sie immer größer, bzw. nach der einen Seite immer negativer (immer in der Richtung betrachtet, in der die km-Angaben zunehmen). Besser gesagt: Fährt man quer durch das Tal, wird das Gefälle immer kleiner und

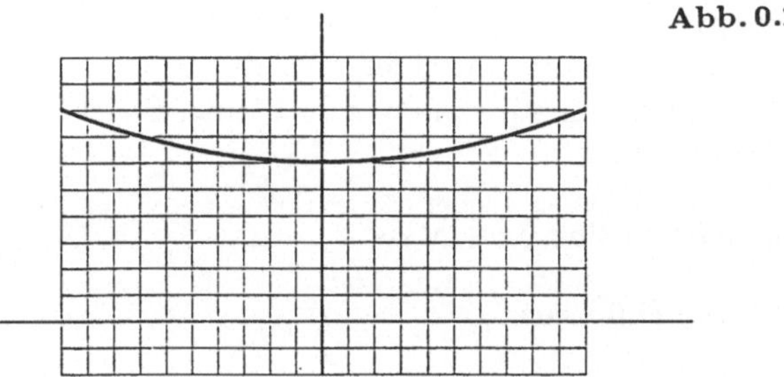

geht am Talboden in eine allmählich wachsende Steigung über. Abnehmendes Gefälle heißt auch zunehmende Steigung: $-0{,}05$ ist größer als $-0{,}1$. Statt "Steigung der Straße" kann man auch sagen "Ableitung der Funktion $h(x)$".

> Wenn man das Argument x einer Funktion $h(x)$ um einen hinreichend kleinen Betrag Δx wachsen läßt und der Funktionswert dabei um Δh wächst, nennt man das Verhältnis $\Delta h/\Delta x$ die Ableitung oder Steigung der Funktion $h(x)$ an der Stelle x.

Unser Straßenprofil ist gekrümmt, also können wir zur Berechnung der Steigung nicht fragen: Um wieviel Meter steigt die Straße auf $\Delta x = 100\,\mathrm{m}$ Strecke an, denn auf diesen 100 m kann sich die Steigung schon merklich ändern. Wir müssen die Strecke Δx viel kleiner machen, so klein, daß hierauf keine Änderung der Steigung zu erwarten ist. Rein mathematisch sollte man sogar Δx gegen 0 gehen lassen (was auf der Straße keinen Sinn hätte, weil man dann die winzigsten Buckel im Teer mitmessen würde). Die Steigung der Straße an einer Stelle x ist also die Steigung der Tangente der Kurve $h(x)$ an dieser Stelle x. Dann ist graphisch alles erledigt (Abb. 0.3).

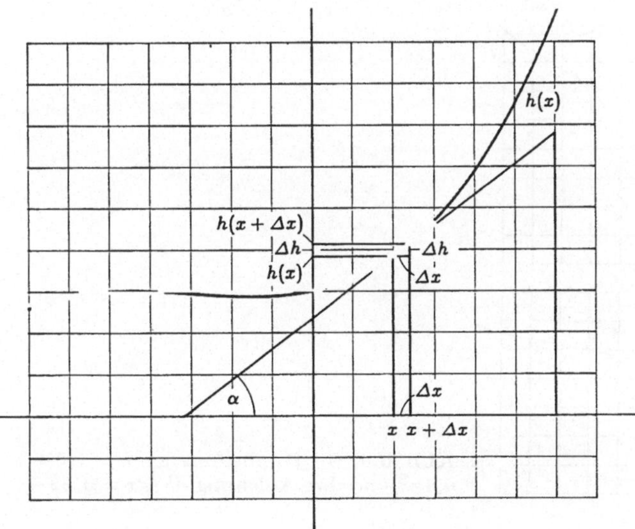

Abb. 0.3. Graphische Ableitung. Das Sekantendreieck muß möglichst klein, das Tangentendreieck kann beliebig groß sein

Um die Steigung unseres Straßenprofils $h = h_0 + bx^2$ rechnerisch zu bestimmen, müssen wir diese Idee in eine Gleichung umsetzen. An der Stelle x liegt die Straße in der Höhe $h_0 + bx^2$. Jetzt gehen wir um ein sehr kleines Stück Δx weiter, also nach $x + \Delta x$. Dort ist die Höhe

$$h_0 + b(x + \Delta x)^2 = h_0 + bx^2 + 2bx\Delta x + b\Delta x^2 \quad .$$

Um wieviel ist sie also gestiegen? Um die Differenz

$$\Delta h = 2bx\Delta x + b\Delta x^2 \quad .$$

Die Steigung erhalten wir, wenn wir diese Höhendifferenz durch die zurückgelegte Strecke Δx teilen. Die Steigung ist also

$$\frac{\Delta h}{\Delta x} = 2bx + b\Delta x \quad .$$

Wir wollten ja aber Δx sehr klein machen, also z. B. auch sehr klein gegen $2x$. Dann können wir das Glied $b\Delta x$ weglassen: Die Funktion $h = h_0 + bx^2$ hat die Ableitung $2bx$.

Man symbolisiert die Ableitung entweder durch einen Strich: $h' = 2bx$, oder ihrer Herkunft nach durch das Verhältnis dh/dx, wobei die Größen dh und dx aus den Abständen Δh und Δx eigentlich erst beim Grenzübergang $\Delta x \to 0$ hervorgehen. In der Praxis des Straßenbaus genügt es z. B., $\Delta x \approx 1\,\mathrm{m}$ zu benutzen.

Wir verallgemeinern dies. Die additive Konstante h_0 fällt beim Bilden der Ableitung weg: Eine Straße bei Hamburg kann genau das gleiche Steigungsverhalten haben wir eine in den Alpen. Der Wert von h_0 ist ja sowieso Definitionssache. Statt vom Meeresspiegel an könnte man die Höhe auch vom km-Stein 0 an zählen, und dann wäre $h_0 = 0$. Ein lineares Glied ax liefert eine konstante Ableitung oder Steigung a. Ein quadratisches Glied bx^2 liefert $2bx$ (Abb. 0.4).

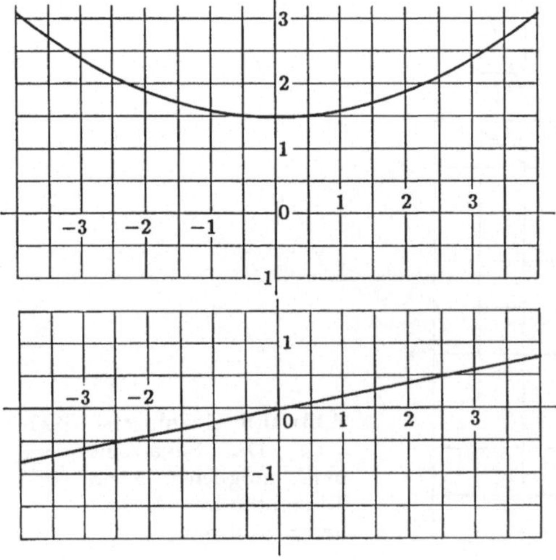

Abb. 0.4. Die Parabelfunktion $h = 1,5 + 0,1x^2$ und ihre Ableitung $dh/dx = 0,2x$

4

Was gibt ein Glied höherer Potenz, z. B. cx^n? Wir überlegen wieder wie oben: An der Stelle x sind wir in der Höhe cx^n. Gehen wir um Δx weiter nach $x + \Delta x$, sind wir in der Höhe $c(x + \Delta x)^n$. Das können wir ausrechnen:

$$(x + \Delta x)^2 = x^2 + 2x\Delta x + \Delta x^2 \quad,$$

wobei Δx^2, weil noch kleiner, wegfällt. Von jetzt ab schreiben wir deswegen höhere Potenzen von Δx gar nicht mehr hin.

$$(x + \Delta x)^3 = x^3 + 3x^2\Delta x + \ldots \quad.$$

Allgemein

$$(x + \Delta x)^n = x^n + nx^{n-1}\Delta x + \ldots \quad,$$

(Abb. 0.5). Die Höhendifferenz auf der Strecke Δx ist also $nx^{n-1}\Delta x$, die Steigung (erhalten durch Division durch Δx) ist

$$(x^n)' = nx^{n-1} \quad.$$

Regel: Eine Potenz von x, z. B. x^n, leitet man ab, indem man den Exponenten um 1 erniedrigt und den ursprünglichen Exponenten als Faktor davorschreibt.

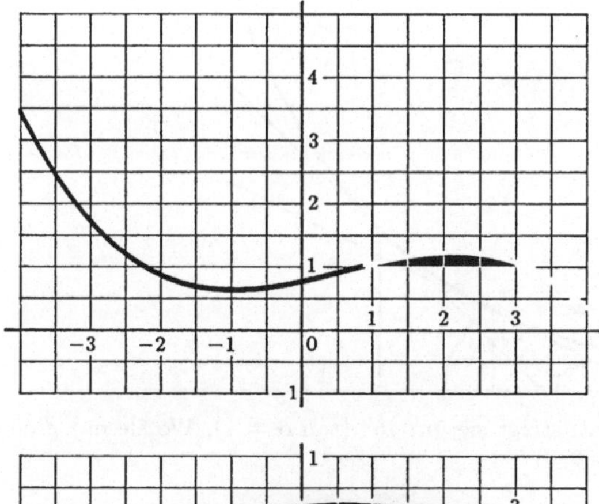

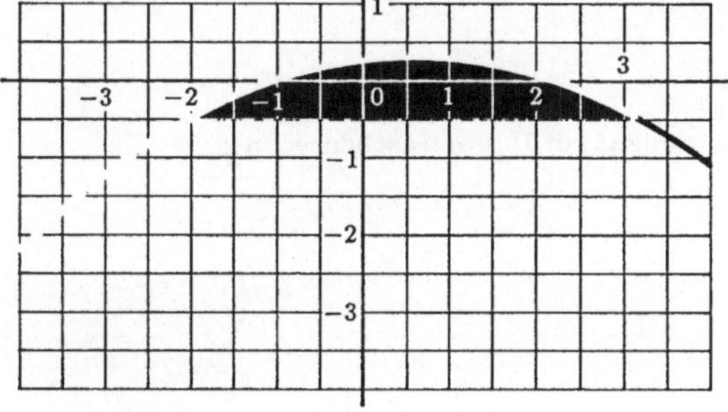

Abb. 0.5. Die Funktion dritten Grades $h = 0,8 + 0,24x + 0,07x^2 - 0,05x^3$ und ihre Ableitung $h' = 0,24 + 0,14x - 0,15x^2$

0.2 Die e-Funktion

Jetzt kommt eine Frage, die uns in ihren Anwendungen noch oft beschäftigen wird: Gibt es eine Funktion $h(x)$, die gleich ihrer eigenen Ableitung ist?

Für eine Potenzfunktion gilt dies nicht, denn bei dieser sinkt beim Ableiten der Exponent um 1. Wir probieren: Vielleicht hat die gesuchte Funktion irgendwo den Wert 1. Dann muß dort ihre Steigung auch den Wert 1 haben: Unsere Funktion steigt nach rechts, an dieser Stelle um 45°. Etwas rechts davon liegt die Funktion demnach schon etwas höher und wird demzufolge noch steiler. Nach links wird sie niedriger und ihre Steigung wird flacher. Schneidet sie jemals die x-Achse? Nein, denn dazu müßte $h = 0$ werden, was nach Voraussetzung auch eine Steigung $h' = 0$ bedeutet. Wie soll aber die Kurve die x-Achse schneiden, wenn sie waagerecht verläuft? Die Kurve $h(x)$ kann sich also nur asymptotisch an die x-Achse anschmiegen. Damit haben wir den qualitativen Verlauf dieser Funktion (Abb. 0.6).

Wir beweisen jetzt, daß die Funktion $h = e^x$ genau diese Eigenschaft hat, gleich ihrer eigenen Ableitung zu sein. Was ist e? Eine transzendente Zahl, nur durch eine unendliche Reihe darstellbar:

$$e = 1 + \frac{1}{1!} + \frac{1}{2!} + \frac{1}{3!} + \ldots = 2,718\ldots \quad .$$

$$n! = 1 \cdot 2 \cdot 3 \ldots (n-1) \cdot n$$

n	$n!$
1	1
2	2
3	6
4	24
5	120
6	720
7	5040
⋮	⋮

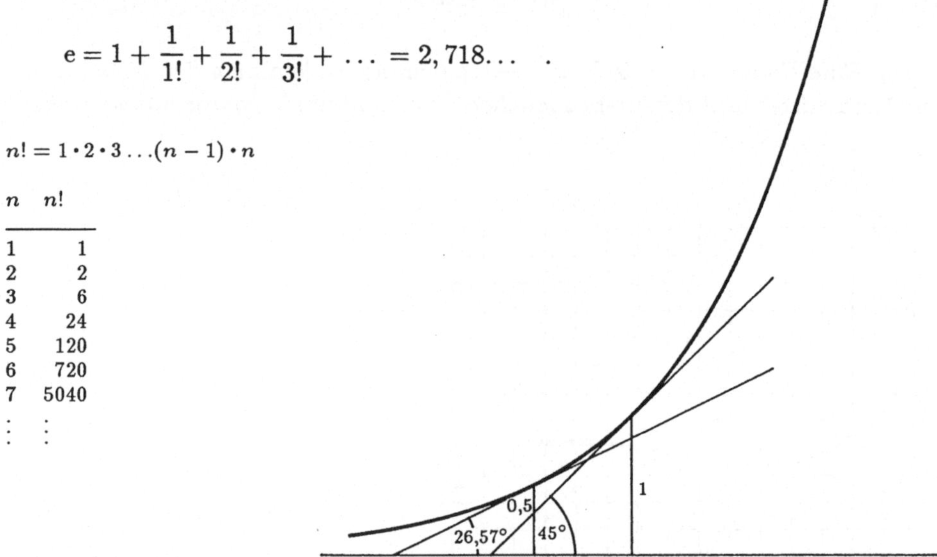

Abb. 06. Wo diese Funktion die Höhe 1 hat, steigt sie um 45° ($\tan \alpha = 1$). Wo sie nur die Höhe 0,5 hat, steigt sie um 26,57° ($\tan \alpha = 0,5$)

0.5 Summieren Sie die e-Reihe, soweit Sie wollen, auf Ihrem Taschenrechner.

Analog ist

$$e^x = 1 + \frac{x}{1!} + \frac{x^2}{2!} + \frac{x^3}{3!} + \ldots \quad .$$

6

Jetzt leiten wir die e^x -Reihe nach x ab. Wir können das gliedweise machen, wie wir wissen. Die 1 fällt weg, x wird zur 1, $x^2/2$ wird zu x, usw. Die Ableitung von e^x enthält tatsächlich alle Glieder, die auch in der e^x-Reihe selbst stehen, und nur diese. Die Ableitung von e^x heißt wieder e^x.

Wir haben eine Funktion gefunden, die gleich ihrer eigenen Ableitung ist (Abb. 0.7). Aber vielleicht gibt es noch mehr Funktionen mit dieser Eigenschaft? Wie ist es mit $a\,e^x$? Der Faktor a bleibt beim Ableiten erhalten, also heißt die Ableitung auch wieder $a\,e^x$. Wir können noch mehr an der Funktion spielen, z. B. $a\,e^{kx}$ schreiben. Wie wir in Abschnitt 0.4 sehen werden, heißt dann die Ableitung $ka\,e^{kx}$. Das ist die ursprüngliche Funktion, multipliziert mit k. Von dieser Art sind viele wichtige Anwendungen.

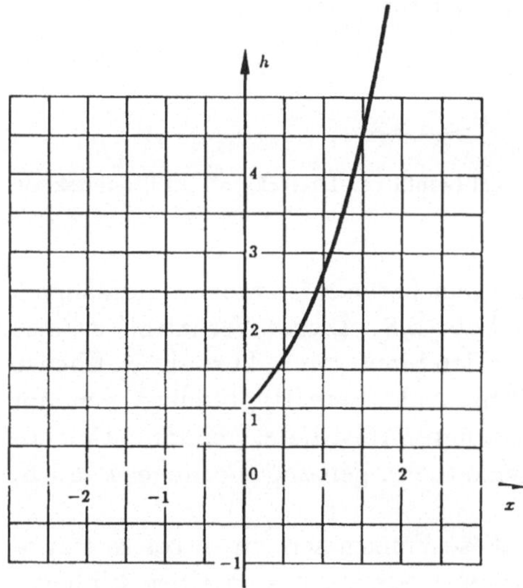

Abb. 0.7. Die e-Funktion $h = e^x$

0.3 Trigonometrische Funktionen

Trigonometrie heißt Dreiecksmessung. Dreiecke sind wichtig, weil man aus ihnen alle anderen ebenen Figuren zusammensetzen kann, sogar krummlinige, wie wir sehen werden. Ein Dreieck ist durch seine Seitenlängen und seine Winkel gekennzeichnet. Wir wollen lernen, wie man diese Stücke nicht nur am gezeichneten Dreieck abmessen, sondern auch berechnen kann.

Am einfachsten sind rechtwinklige Dreiecke. Jedes andere Dreieck läßt sich aus zwei rechtwinkligen zusammensetzen, auf mehrere Arten sogar. Da jedes Dreieck die Winkelsumme 180° hat, müssen im rechtwinkligen die anderen beiden kleiner sein als der rechte. Dementsprechend ist auch die Seite, die dem rechten gegenüberliegt, die Hypotenuse, größer als jede der beiden anderen, die Katheten. Dreiecke von gegebenem Winkel können noch ganz verschieden groß

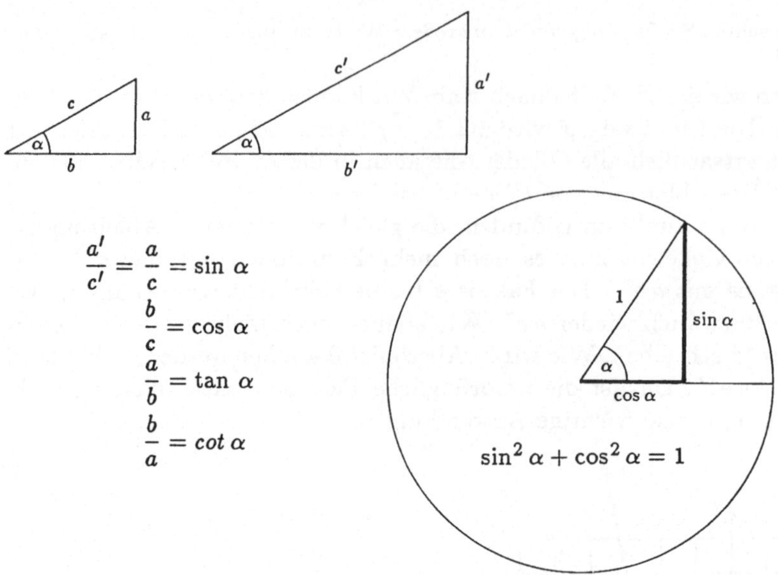

$$\frac{a'}{c'} = \frac{a}{c} = \sin\alpha$$

$$\frac{b}{c} = \cos\alpha$$

$$\frac{a}{b} = \tan\alpha$$

$$\frac{b}{a} = \cot\alpha$$

$$\sin^2\alpha + \cos^2\alpha = 1$$

Abb. 0.8. Die trigonometrischen Funktionen im rechtwinkligen Dreieck und im Einheitskreis

sein, aber eins ist bei allen ebenfalls gleich: Das *Verhältnis* zweier Seitenlängen, z. B. der Gegenkathete zur Hypotenuse (Abb. 0.8). Dieses Verhältnis ist also nur vom Winkel α abhängig. Wir nennen es den Sinus von α, kurz $\sin\alpha$. Ebenso kennzeichnend für α ist auch das Verhältnis Ankathete/Hypotenuse, genannt Cosinus von α, kurz $\cos\alpha$, oder Gegenkathete/Ankathete, genannt Tangens von α, kurz $\tan\alpha$, oder Ankathete/Gegenkathete, genannt Cotangens von α, kurz $\cot\alpha$.

Wir stellen jetzt graphisch dar, wie diese Funktionen $\sin\alpha$, $\cos\alpha$, $\tan\alpha$, $\cot\alpha$ vom Winkel α abhängen. Dazu zeichnen wir am besten einen Einheitskreis, nämlich einen Kreis, dessen Radius die gewählte Längeneinheit ist, z. B. 1 Dezimeter. Ein rechtwinkliges Dreieck, gemäß Abb. 0.9 in diesen Kreis eingezeichnet, hat automatisch die Hypotenusenlänge 1. In dem Verhältnis $\sin\alpha =$ Gegenkathete/Hypotenuse kann man also den Nenner weglassen: $\sin\alpha$ ist gleich

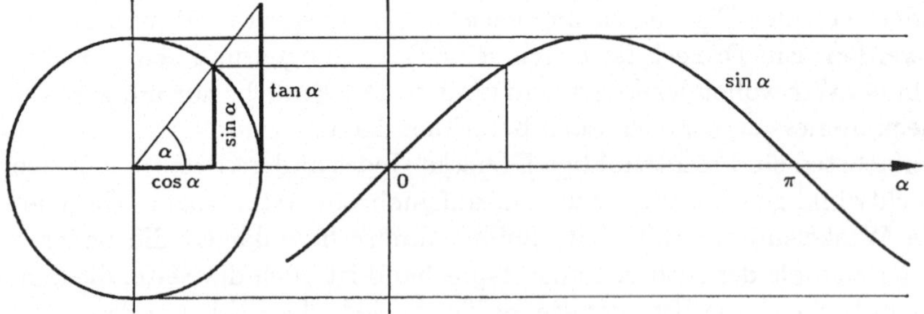

Abb. 0.9. Konstruktion der Funktion $\sin\alpha$

8

der Länge der Gegenkathete, in dieser Einheit gemessen. Entsprechend stellt die Ankathete direkt cos α dar. Um auch den Tangens so einfach darzustellen, muß man seinem Nenner, nämlich der Ankathete, die Länge 1 geben, also das Dreieck dem Kreis *um*schreiben (Abb. 0.9). Dann stellt die Gegenkathete direkt tan α dar. Überlegen Sie selbst, wie man cot α durch eine Strecke darstellt.

Nun zeichnen wir eine waagerechte Achse neben den Einheitskreis, auf der wir die α-Werte auftragen, und projizieren für die verschiedenen α-Werte die so konstruierten sin α nach rechts (Abb. 0.9). Die Kurve sin α ist eine Wellenlinie. Bei der Konstruktion im Einheitskreis kann uns ja niemand hindern, auch Winkel über 90° zu betrachten, was im rechtwinkligen Dreieck nicht möglich wäre. Wir drehen einfach den Hypotenusenstrahl immer weiter, sogar über 360° hinaus, womit sich alles periodisch wiederholt. Auch für cos α ergibt sich eine Wellenlinie der gleichen Form, nur liegt ihr Maximum bei $\alpha = 0$, während bei der sin α-Kurve dort ein aufsteigender Nulldurchgang erfolgt (Abb. 0.10).

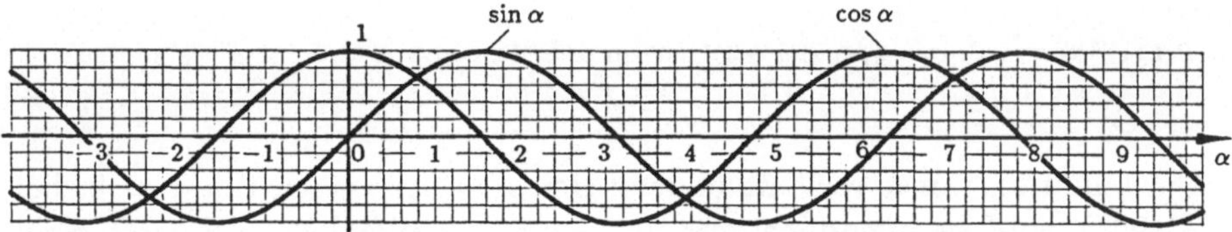

Abb. 0.10. sin α und cos α

Wir müssen jetzt noch die α-Achse vernünftig einteilen. Natürlich könnten wir wie die alten Babylonier Gradangaben hinschreiben, aber viel rationeller ist es, den Winkel im *Bogenmaß* anzugeben. Auch das Bogenmaß eines Winkels ist wieder ein Verhältnis, nämlich das Verhältnis der Kreisbogenlänge über diesem Winkel zum Kreisradius. Besonders einfach ist es beim Einheitskreis: Man kann wieder den Nenner 1 weglassen, und der Winkel wird direkt durch die Bogenlänge gegeben.

0.7 Prüfen Sie die folgende Tabelle nach, die Gradmaß und Bogenmaß für die verschiedenen Winkel vergleicht:

α in Grad	360	180	90	30	60	1	57,3	$1' = 1/60°$	$1'' = 1/60'$
α im Bogenmaß (rad)	2π	π	$\pi/2$	$\pi/6$	$\pi/3$	0,0175	1	0,00029	$4,8 \cdot 10^{-6}$ (rad)

Ein Hauptvorteil des Bogenmaßes ist folgender: Bei sehr kleinen Winkeln werden sin α und tan α praktisch gleich α (Abb. 0.11).

0.8 Überzeugen Sie sich von sin $\alpha \approx$ tan $\alpha \approx \alpha$ in Abb. 0.11, überprüfen Sie es aber auch auf dem Taschenrechner. Ab wann ist die Abweichung z. B. kleiner als 1 % ?

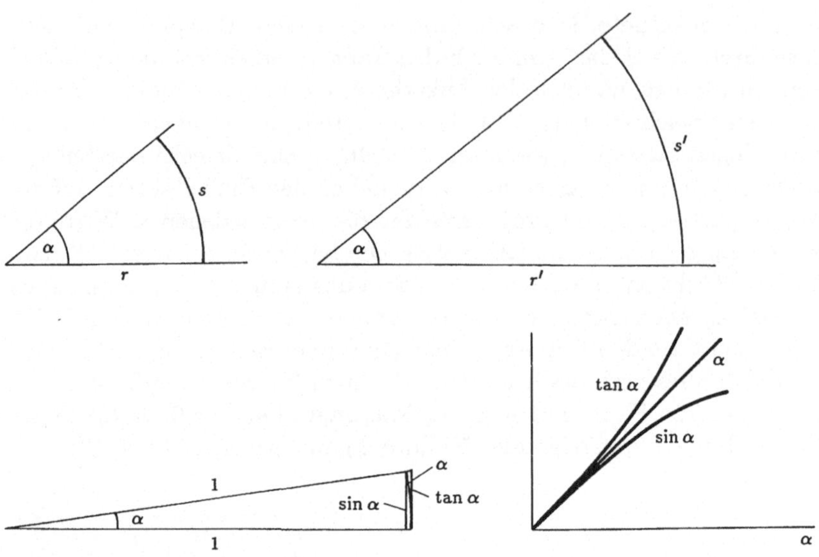

Abb. 0.11. Bogenmaß: $\alpha = s/r$. Bei $\alpha \ll 1$ ist $\sin \alpha \approx \tan \alpha \approx \alpha$

Die Funktion $\tan \alpha$ verläuft anders: Bei $\alpha = 0$ ist auch $\tan \alpha = 0$, bei $\alpha = \frac{\pi}{2}$ (90°), wird sie unendlich groß und schnellt urplötzlich nach $-\infty$, denn für Winkel zwischen 90° und 180° geht die Tangensstrecke nach unten, ins Negative (Abb. 0.12).

Eine Straße durch welliges Gelände könnte ein sinusförmiges Profil haben: $h = h_0 + a \sin kx$. Hier ist a die mittlere Höhe der Hügel über bzw. die Tiefe der Täler unter dem mittleren Niveau h_0. Je größer k ist, desto kürzer ist die Welle. Wenn kx sich um 2π ändert, sind genau ein Berg und ein Tal vorbei. Die Wellenlänge des Hügellandes ist also $x = \lambda = 2\pi/k$. Welche Ableitung hat

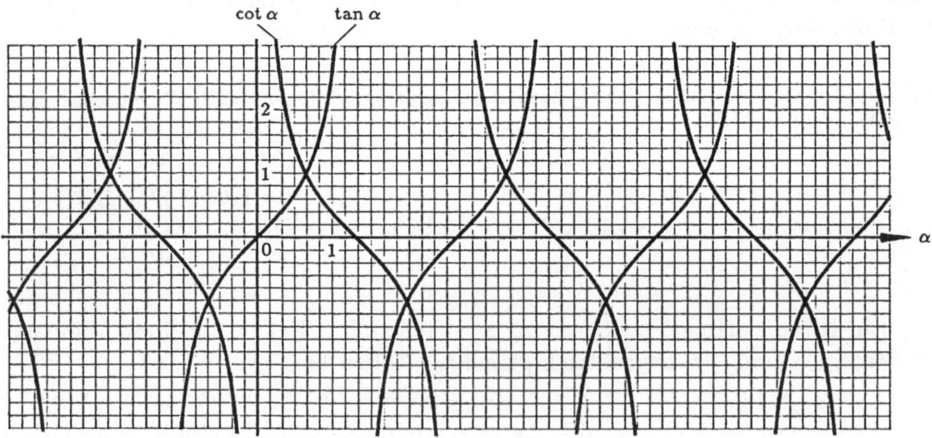

Abb. 0.12. $\tan \alpha$ und $\cot \alpha$

10

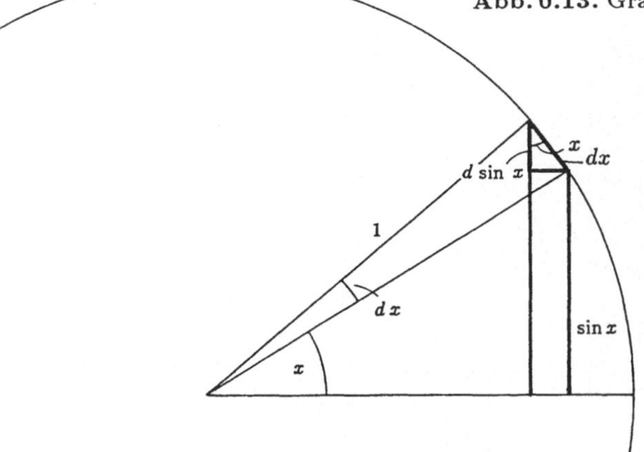

diese Funktion? Wir untersuchen zunächst $h = \sin x$; die anderen Größen sind hinterher leicht zu berücksichtigen. $\sin x$ ist ja die senkrechte Strecke, die der Winkel x im Einheitskreis aufspannt. Wir lassen wieder diesen Winkel x um ein kleines Stück Δx wachsen (Abb. 0.13). Solange wir noch im ersten Quadranten sind, steigt dann $h = \sin x$ um das kleine Stück Δh, das wir aus dem kleinen Dreieck ablesen können. Die Hypotenuse dieses Dreiecks ist Δx (die Bogenlänge im Einheitskreis ist ja gerade der Winkel im Bogenmaß, und das gilt auch für den kleinen Zuwachs). In dem kleinen Dreieck taucht auch der Winkel x selbst wieder auf, und man kann direkt ablesen: Die Ableitung von $h = \sin x$ ist $dh/dx = \cos x$.

0.9 Überzeugen Sie sich selbst im gleichen Dreieck, daß die Ableitung von $\cos x$ umgekehrt $-\sin x$ heißt (Richtung der Zu- und Abnahme beachten!). Vielleicht schaffen Sie es auch, $\tan x$ graphisch abzuleiten? Sie müssen dazu allerdings zwei Schritte machen.

0.4 Berechnung von Ableitungen

Um komplizierte Funktionen abzuleiten, brauchen wir noch einige Regeln. Die Funktion $h(x)$ bilde ein *Produkt* zweier Funktionen: $h(x) = f(x) \cdot g(x)$. Wir fassen f und g als Seiten eines Rechtecks auf. h ist dann die Fläche des Rechtecks (Abb. 0.14). Wenn x um Δx wächst, dann wächst die eine Rechtecksseite um Δf, und zum Rechteck kommt der schmale Streifen von der Fläche $g \cdot \Delta f$ hinzu. Gleichzeitig wächst die andere Rechtecksseite g um Δg, und hier kommt der Streifen $f \cdot \Delta g$ hinzu. Im ganzen wächst die Rechteckfläche um $\Delta h = f \cdot \Delta g + g \cdot \Delta f$. Wir teilen dies durch Δx, um die Ableitung von h nach x zu erhalten:

$$h' = (f \cdot g)' = f \cdot g' + g \cdot f' \qquad \text{(Produktregel)} \quad .$$

Wie leitet man eine verschachtelte Funktion ab, z. B. $h(x) = e^{-x^2}$ (Abb. 0.15)?

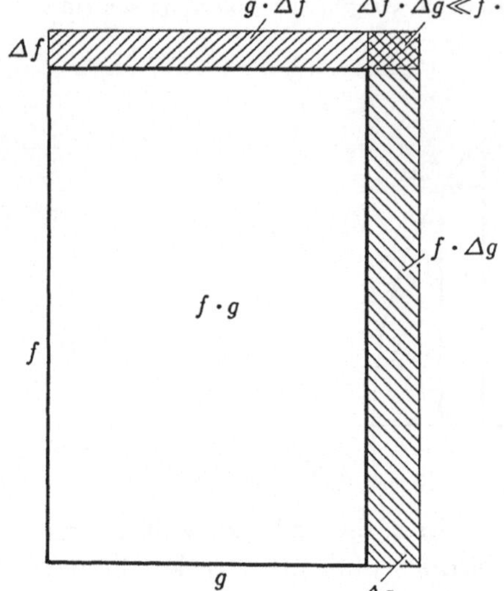

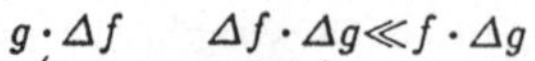

Abb. 0.14. Graphische Ableitung eines Produktes

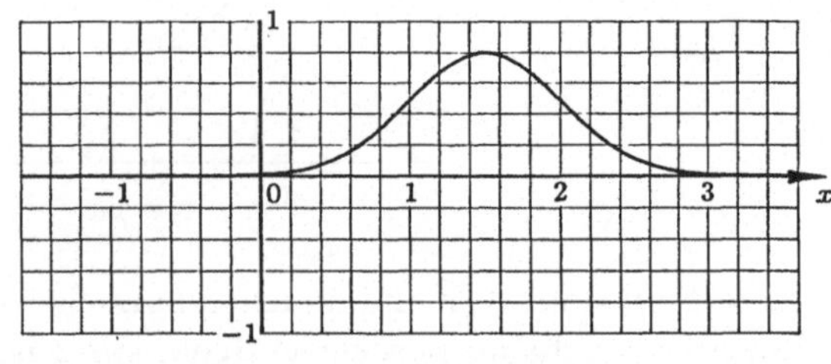

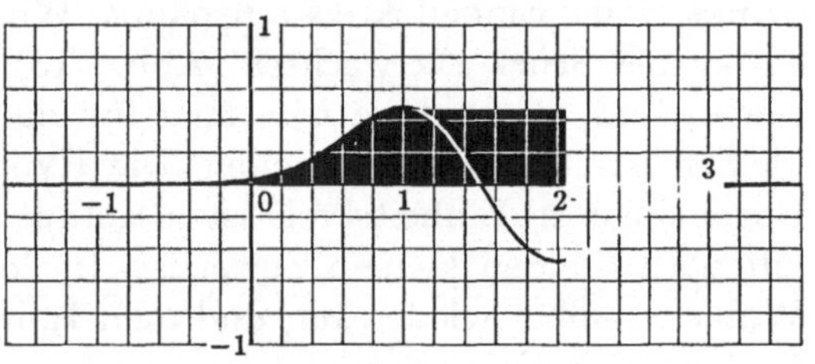

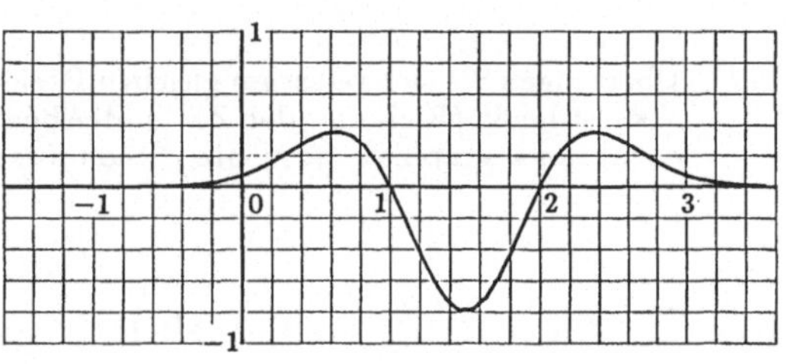

Abb. 0.15. Eine Gauß-Funktion:
$$e^{-2(x-1,5)^2}$$
und ihre ersten beiden Ableitungen
$$-4(x-1,5)e^{-2(x-1,5)^2} \quad \text{und}$$
$$16(x^2 - 3x + 2)e^{-2(x-1,5)^2}$$

Wir tun zunächst so, als sei x^2 eine neue Variable, und nennen diese z. B. u. Die Ableitung von $h = e^{-u}$ nach u kennen wir; sie heißt einfach $dh/du = -e^{-u}$. Wir sollten aber nicht nach u, sondern nach x ableiten. Um wieviel wächst u, wenn x um dx wächst? $du/dx = 2x$, also $du = 2x\,dx$. Dies setzen wir in $dh/du = -e^{-u}$ ein und erhalten, indem wir dem u wieder seinen richtigen Namen geben: $dh/dx = -2xe^{-x^2}$. Allgemein ergibt sich die *Kettenregel*: Die Ableitung einer Funktion

$$h(x) = f(u(x)) \quad \text{ist} \quad \frac{dh}{dx} = \frac{df}{du}\frac{du}{dx} \quad .$$

Ist eine Funktion ein *Quotient* von zwei anderen, können wir Produkt- und Kettenregel kombinieren. Es sei $h(x) = f(x)/g(x) = f(x) \cdot 1/g(x)$. Nach der

Produktregel müssen wir f ableiten, was einfach ist, zum anderen $1/g(x)$. Gemäß der Kettenregel betrachten wir g als neue Variable. Die Ableitung von $1/g = g^{-1}$ ergibt sich so als $-g^{-2} \cdot (dg/dx)$. Jetzt setzen wir die Produktregel zusammen:

$$\frac{dh}{dx} = g^{-1}\frac{df}{dx} - fg^{-2}\frac{dg}{dx} \quad .$$

Wie heißt die Ableitung von $h(x) = \ln x$? Der ln ist die *Umkehrfunktion* der e-Funktion: $h = \ln x$ ist völlig gleichbedeutend mit $x = e^h$. Die Graphen von Funktion und Umkehrfunktion entstehen auseinander durch Vertauschung von h und x oder graphisch durch Spiegelung an der 45°-Diagonalen (Abb. 0.16). Ihre Ableitungen sind also reziprok zueinander:

$$\frac{dh}{dx} = \frac{1}{dx/dh} \quad . \tag{0.2}$$

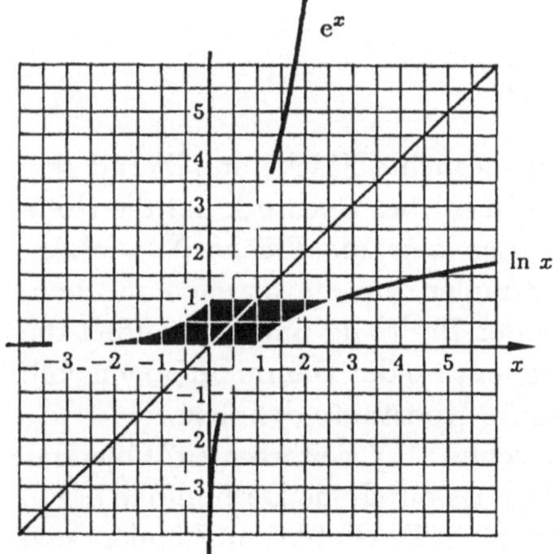

Abb. 0.16. Die Funktion e^x und ihre Umkehrfunktion $\ln x$

0.10 Prüfen Sie (0.2) auch an den Steigungsdreiecken nach.

$x = e^h$ können wir sofort ableiten: $dx/dh = e^h$, was wir auch $dx/dh = x$ schreiben können. Somit ist auch die Ableitung von $h = \ln x$ bekannt:

$$\frac{d \ln x}{dx} = \frac{1}{x} \quad .$$

0.5 Das Integral

Wieviel Beton braucht man für einen Damm, der eine Straße vom Profil $h(x)$ über die Ebene führen soll? Entscheidend dafür ist die Fläche unter dem Funk-

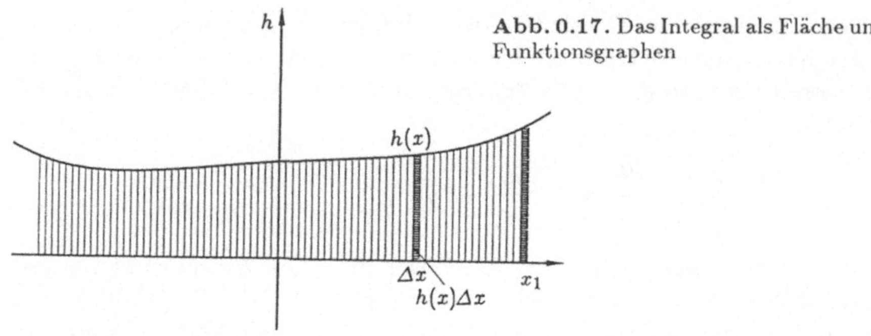

Abb. 0.17. Das Integral als Fläche unter dem Funktionsgraphen

tionsgraphen $h(x)$, die man dann nur noch mit der konstanten Breite des Betondammes zu multiplizieren braucht (Abb. 0.17). Diese Fläche hängt davon ab, bis zu welcher Stelle x_1 der Damm gebaut werden soll. Die Fläche F ist also eine Funktion des Endpunktes x_1, kurz $F(x_1)$. Wir nennen $F(x_1)$ ein *unbestimmtes Integral* und x_1 die obere Grenze dieses Integrals. Geschrieben:

$$F(x_1) = \int^{x_1} h(x)dx \quad .$$

Diese Schreibweise suggeriert: Wir können die gesuchte Fläche annähernd zerlegen in viele sehr schmale Rechteckstreifen. Ein solches Rechteck hat die Höhe $h(x)$ und die Breite Δx, alle zusammen haben also die Fläche $\sum h(x)\Delta x$. Diese Näherung wird um so genauer, je schmaler wir die Streifen machen. Der Grenzübergang $\Delta x \to 0$ führt zu Streifen der Breite dx und verwandelt die Summe in ein Integral. Da wir nicht gesagt haben, wo der Damm anfangen soll, ist $F(x_1)$ nur bis auf eine additive unbestimmte Konstante definiert.

Wie ändert sich $F(x_1)$, wenn wir ein Stückchen Δx_1 weiterbauen? Offenbar um das schmale Rechteck, dessen Höhe gegeben ist durch die Dammhöhe $h(x_1)$ an dieser Stelle, multipliziert mit dem Zuwachs Δx_1. Die Funktion F ändert sich also um $\Delta F = h(x_1)\Delta x_1$. Das können wir nach dem Grenzübergang $\Delta x \to 0$ auch schreiben $dF(x_1)/dx_1 = h(x_1)$. Dies ursprüngliche Profil $h(x)$ ist die Ableitung des unbestimmten Integrals über $h(x)$ nach der oberen Grenze. Das Integrieren ist einfach die Umkehrung des Ableitens. Wenn wir die Ableitung einer Funktion $f(x)$ kennen und diese $g(x)$ heißt, kennen wir auch das Integral über $g(x)$: Es heißt $f(x)$. In Formeln:

$$\frac{df}{dx} = g(x) \quad \text{und} \quad \int^{x_1} g(x)dx = f(x_1)$$

sind gleichbedeutend. Speziell können wir alle Potenzfunktionen integrieren:

$$\int^{x_1} x^n\, dx = \frac{1}{n+1}x_1^{n+1} \quad ,$$

denn die Ableitung von $\frac{1}{n+1}x^{n+1}$ heißt x^n. Dies geht nur schief für $n = -1$, aber da wir $1/x$ bereits als Ableitung von $\ln x$ kennen, haben wir umgekehrt

14

$$\int^{x_1} \frac{1}{x}\,dx = \ln x_1 \quad .$$

Weiter

$$\int^{x_1} e^x\,dx = e^{x_1} \quad , \qquad \int^{x_1} \sin x\,dx = -\cos x_1, \quad , \qquad \int^{x_1} \cos x\,dx = \sin x_1 \quad .$$

Mehr Integrale brauchen wir hier nicht.

0.6 Vektoren

Ein *Skalar* ist eine Größe, die durch eine einzige Zahlenangabe gekennzeichnet ist, z. B. die Temperatur oder die Masse. Im Gegensatz dazu ist ein *Vektor* erst voll gekennzeichnet, wenn man außer seinem Betrag auch seine Richtung angibt. Um z. B. eine Verschiebung im Raum zu kennzeichnen, genügt es nicht zu sagen, "Ich gehe 5 m", man muß auch sagen, in welche Richtung man geht. Dies ist auf verschiedene Weise möglich, speziell zunächst für Verschiebungen in der Ebene: Man kann eine beliebige Ausgangsrichtung festlegen und den Winkel angeben, den meine Verschiebung dagegen bildet. Man kann auch – ebenso willkürlich – festlegen, was rechts und was vorn sein soll, und die *Komponenten* des Vektors nach rechts bzw. nach vorn angeben. Ich kann z. B. 4 m nach rechts und gleichzeitig 3 m nach vorn gehen (Abb. 0.18). Dann habe ich nach Pythagoras eine Strecke $\sqrt{(4\,\mathrm{m})^2 + (3\,\mathrm{m})^2} = 5\,\mathrm{m}$ zurückgelegt. Den Winkel z. B. gegen die Rechtsachse finde ich daraus, daß sein Tangens $\frac{3}{4}$ ist.

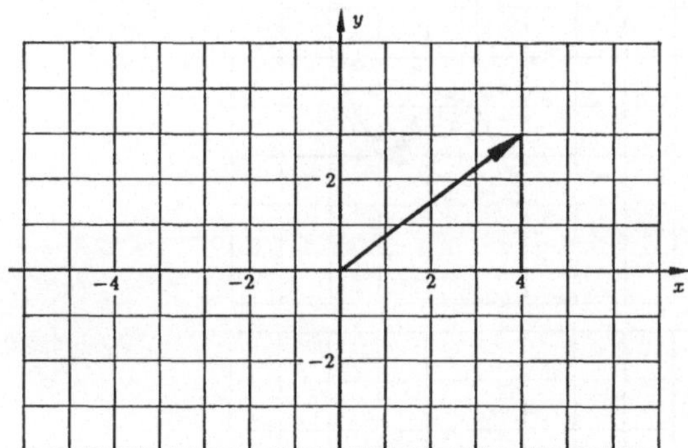

Abb. 0.18. Der Vektor $(4,3)$

Allgemein ist ein Vektor in der Ebene, ein zweidimensionaler Vektor, durch zwei Komponenten gegeben, die wir gewöhnlich, getrennt durch ein Komma, in Klammern schreiben. Den Vektor selbst schreiben wir fett: $\boldsymbol{a} = (a_1, a_2)$. Dieser Vektor hat den Betrag (Abb. 0.19)

$$|\boldsymbol{a}| = a = \sqrt{a_1^2 + a_2^2} \quad ,$$

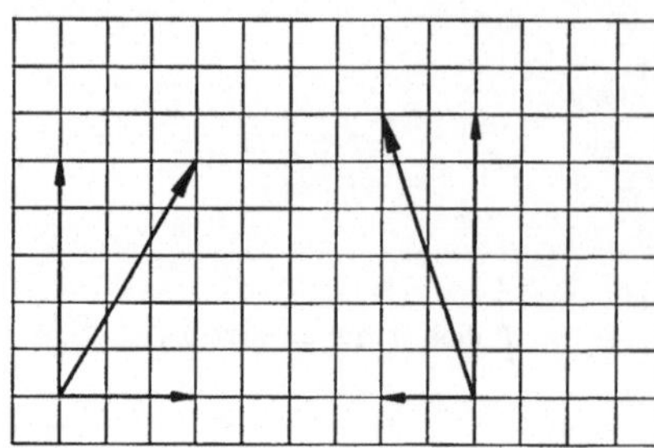

sein Winkel α gegen die 1-Achse ergibt sich aus

$$\tan \alpha = \frac{a_2}{a_1} \quad .$$

Ist die Verschiebung auch in der dritten Richtung nach oben oder nach unten möglich, kommen wir zu dreidimensionalen, räumlichen Vektoren. Ein solcher Vektor ist durch drei Komponenten oder durch seinen Betrag und *zwei* Winkel gekennzeichnet.

Zwei Verschiebungen, hintereinander ausgeführt, kann man auch durch eine einzige ersetzen: Die Summe zweier Vektoren ist wieder ein Vektor. Man kann ihn rein graphisch bestimmen, indem man den zweiten Vektor am Ende des ersten anfangen läßt. Der Summenvektor schließt dann das Dreieck. Die Rechts-Komponente des Summenvektors ist offenbar die Summe der Rechts-Komponenten der Einzelvektoren, usw. (Abb. 0.20):

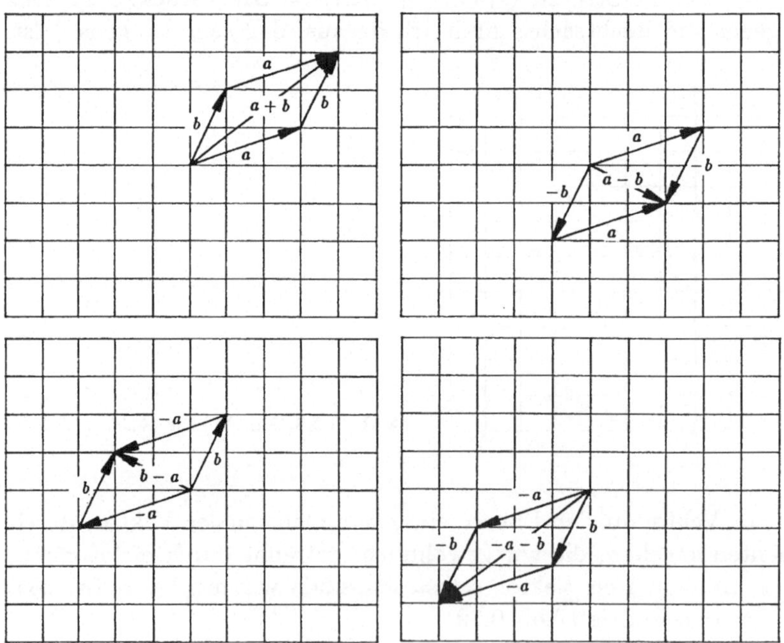

Abb. 0.20. Addition und Subtraktion: $a + b$, $a - b$, $-a + b$, $-a - b$

16

$$a + b = (a_1 + b_1,\, a_2 + b_2) \quad .$$

Es gibt noch zwei andere physikalisch wichtige Verknüpfungen zweier Vektoren. Beide heißen Produkt, aber das Ergebnis dieser Multiplikation ist einmal ein Skalar, das anderemal ein Vektor. Das *Skalarprodukt* $a \cdot b$ (gekennzeichnet durch einen Malpunkt) bildet man, indem man den einen Vektor, z. B. a auf den anderen, z. B. b projiziert und die Länge von b mit der Länge dieser Projektion multipliziert (Abb. 0.21). Die Projektion hat offenbar die Länge $a \cos \alpha$, also ist

$$a \cdot b = ab \cos \alpha \quad .$$

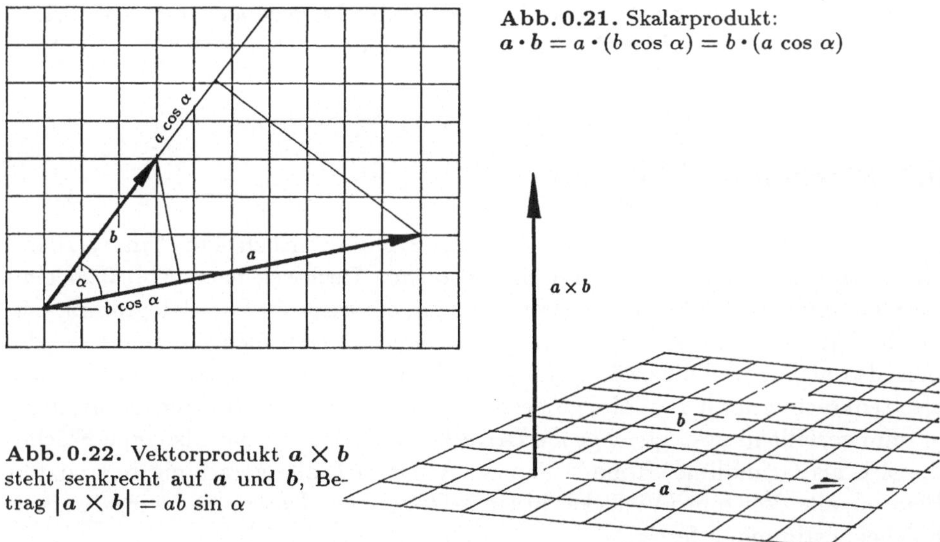

Abb. 0.21. Skalarprodukt:
$a \cdot b = a \cdot (b \cos \alpha) = b \cdot (a \cos \alpha)$

Abb. 0.22. Vektorprodukt $a \times b$ steht senkrecht auf a und b, Betrag $|a \times b| = ab \sin \alpha$

0.11 Überlegen Sie, ob dasselbe herauskommt, wenn Sie b auf a projizieren. Wann ist das Skalarprodukt 0, obwohl beide Vektoren endliche Länge haben? Wann ist $a \cdot b$ gleich dem Produkt der Beträge von a und b?

Das *Vektorprodukt* $a \times b$ ist selbst ein Vektor, der senkrecht auf der von a und b aufgespannten Ebene steht, und zwar so, daß a, b und $a \times b$ zueinander stehen wie Daumen, Zeigefinger und Mittelfinger (in dieser Reihenfolge!) der gespreizten rechten Hand (Abb. 0.22). Der Vektor $a \times b$ hat die Länge $ab \sin \alpha$.

0.12 Wann ist $a \times b = 0$? Wann hat $a \times b$ den Betrag ab? Was bedeuten $|a \times b|$ und $a \cdot (b \times c)$ geometrisch?

Wir beweisen mittels Vektoren den für die Dreiecksberechnung wichtigen Cosinussatz. Wie groß ist die dritte Seite c in einem Dreieck, dessen beide an-

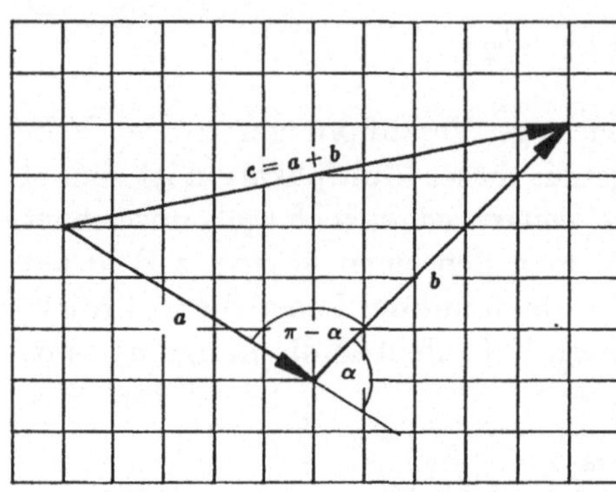

Abb. 0.23. Cosinussatz im beliebigen Dreieck:
$a^2 + b^2 + 2ab \cos \alpha = c^2$

deren Seiten a, b samt dem eingeschlossenen Winkel α gegeben sind (Abb. 0.23)?
$c = a + b$, $c^2 = a^2 + b^2 + 2a \cdot b$, aber $a \cdot b = ab \cos \alpha$, also $c^2 = a^2 + b^2 + 2ab \cos \alpha$.

0.7 Flächen und Volumina

Ein Zimmer mit 5 m Länge und 4 m Breite hat natürlich $4\,\text{m} \cdot 5\,\text{m} = 20\,\text{m}^2$ Grundfläche. Schneidet man von einem solchen Rechteck nach Abb. 0.24 eine Ecke ab und setzt sie an der anderen Seite an, entsteht ein Parallelogramm. Die Fläche hat sich beim Abschneiden und Wiederansetzen nicht geändert, ergibt sich also als Grundlinie · Höhe, die Höhe längs der ehemaligen Rechteckseite, also senkrecht zur Grundlinie, gemessen. Ein diagonal zerschnittenes Parallelogramm zerfällt in zwei gleichgroße Dreiecke. Jedes davon hat also eine Fläche, die sich als Grundlinie · Höhe/2 berechnet. Da sich alle geradlinig begrenzten Figuren, alle Polygone (Vielecke) in Dreiecke zerlegen lassen, sind wir mit deren Flächenbestimmung fertig.

Bei allen Kreisen hat der Umfang zum Durchmesser dasselbe Verhältnis: Er ist immer etwas mehr als dreimal so lang. Wir nennen dieses Verhältnis

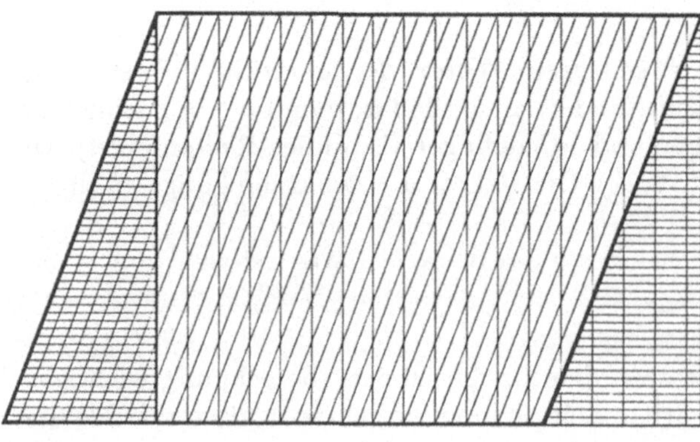

Abb. 0.24. Fläche des Parallelogramms = Grundlinie · Höhe

π, sein genauerer Wert ist $\pi \approx 3,141528$. Die Fläche des Kreises erhalten wir so: Wir zerschneiden ihn in sehr viele sehr schmale Sektoren, viel schmaler als Tortenstücke. Jedes Stück ist praktisch ein Dreieck, abgesehen von der leichten Krümmung der Grundlinien, deren Abweichung von einer Geraden wir beliebig klein machen können, indem wir noch schmalere Stücke schneiden (Abb. 0.25). Nun schieben wir die Stücke zusammen. Sie haben alle die gleiche Höhe, nämlich den Kreisradius r. Die Summe ihrer Grundlinien ist der Kreisumfang $2\pi r$. Die Gesamtfläche ist also $\frac{1}{2}2\pi r \cdot r = \pi r^2$.

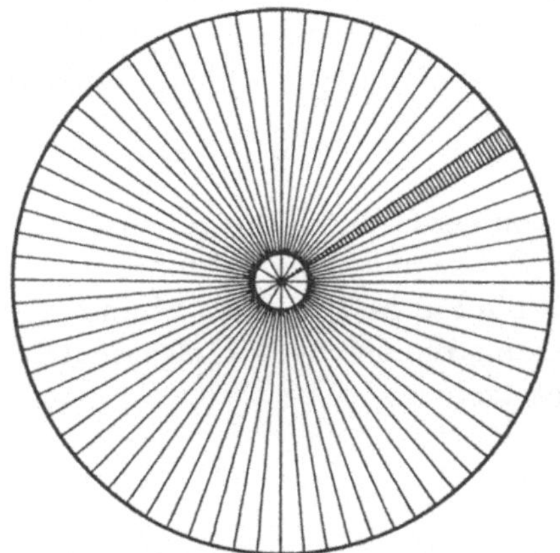

Abb. 0.25. Kreisfläche gleich Summe der Dreiecksflächen $= \frac{1}{2}$ Grundline $\cdot$ Höhe $= \frac{1}{2}2\pi r \cdot r$

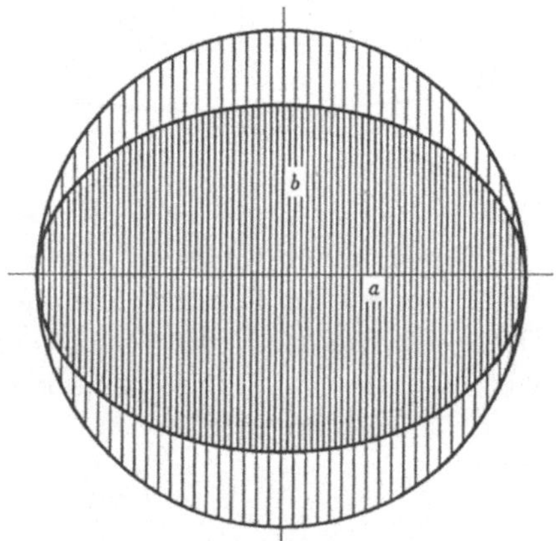

Abb. 0.26. Ellipsenfläche πab

Die Ellipse mit den Halbachsen a und b können wir als plattgedrückten oder aus schräger Richtung betrachteten Kreis auffassen. Anfangs hatten beide Halbachsen die Länge a, dann hat man in einer Richtung alles um den Faktor a/b gestaucht (Abb. 0.26). Im gleichen Verhältnis hat sich auch die Fläche verringert: Statt πa^2 ist sie jetzt $\pi a^2 \cdot b/a = \pi ab$.

Nun zur Volumenberechnung. Ein Zimmer mit $4\,\text{m} \cdot 5\,\text{m}$ und der Höhe $2,5\,\text{m}$ faßt $4 \cdot 5 \cdot 2,5\,\text{m}^3 = 50\,\text{m}^3$ Luft. Ein runder Turm der Höhe $h = 8\,\text{m}$, dessen Grundfläche ein Kreis von Radius $r = 3\,\text{m}$ ist, hat das Volumen $\pi r^2 h = 226,19\,\text{m}^3$. Volumen $=$ Grundfläche $\cdot$ Höhe gilt für alle Körper, deren Querschnitt, parallel zur Grundfläche geschnitten, in jeder Höhe gleichgroß ist, d.h. für alle Prismen und Zylinder, gerade und schiefe, unabhängig von der Form der Grundfläche. Wenn die Seitenflächen oben in einer Spitze zusammenlaufen, aber jede Linie auf einer Seitenfläche, von der Spitze zu einem beliebigen Punkt des Randes der Grundfläche, noch gerade bleibt, kommen wir zur Pyramide (Grundfläche Polygon) oder zum Kegel (Grundfläche Kreis). Hier sind alle Querschnitte parallel zur Grundfläche nicht mehr gleich, aber ähnlich. Ihre Abmessung (z. B. der Radius r des Schnittkreises bei einem Kegel) nimmt proportional zum Abstand x von der Spitze des Kegels zu: $r = ax$ (Abb. 0.27).

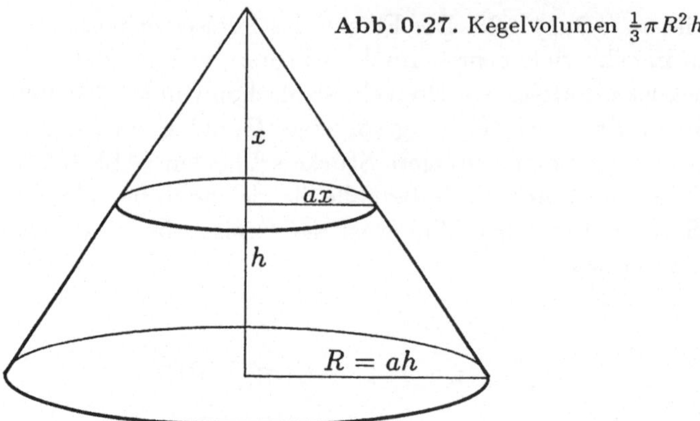

Abb. 0.27. Kegelvolumen $\frac{1}{3}\pi R^2 h$

Dabei ist a um so größer, je flacher der Kegel von der Grundfläche her ansteigt. Wir zersägen den Kegel im Abstand x von der Spitze und gleich nochmal etwas tiefer, bei $x + dx$. Die entstehende Scheibe hat die Fläche $\pi r^2 = \pi a^2 x^2$ und die Dicke dx, also das Volumen $\pi a^2 x^2 dx$. Das Gesamtvolumen des Kegels erhalten wir, indem wir alle diese Scheiben zusammensetzen:

$$V = \int_0^h \pi a^2 x^2 dx = \tfrac{1}{3}\pi a^2 h^3 = \tfrac{1}{3}\pi R^2 h \quad .$$

ah ist ja der Radius R der Grundfläche. Allgemein gilt für alle Kegel und Pyramiden

$$\text{Volumen} \; = \; \tfrac{1}{3} \; \text{Grundfläche} \cdot \text{Höhe} \quad ,$$

statt $\frac{1}{2}$ Grundlinie $\cdot$ Höhe bei der Dreiecks*fläche*. Man kann sich auch anschaulich überzeugen, daß in jedes Prisma drei gleichgroße Pyramiden passen (Abb. 0.28; am besten aus Karton zusammenkleben!). Allerdings haben diese Pyramiden verschiedene Formen, aber ihre Grundflächen sind gleich, ihre Höhen auch.

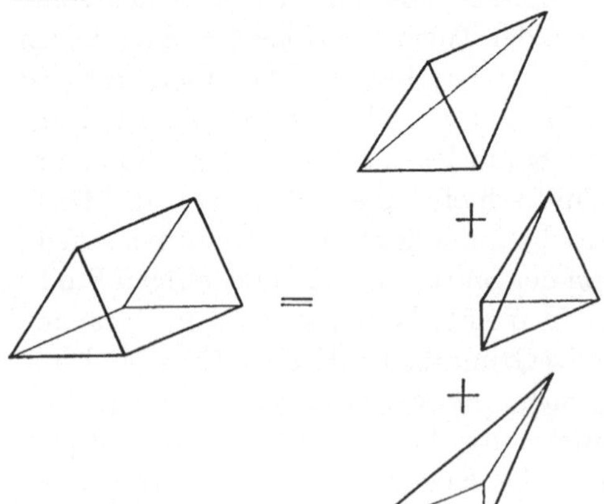

Abb. 0.28. Jedes Prisma läßt sich in drei Pyramiden mit gleicher Grundfläche und Höhe, also gleichem Volumen zerlegen

Am schwierigsten ist die Kugel. Wir schätzen zuerst ihr Volumen und ihre Oberfläche. Eine Orange sei in einen kleinen Karton gepackt, der sie an allen sechs Seiten berührt, also die Kantenlänge $2r$ hat. Wieviel größer ist der Karton als die Orange? Doppelt so groß? Nicht schlecht geschätzt. Wie groß ist die Oberfläche der Orange? Wir halbieren die Orange und löffeln sie aus. Wieviel größer ist jede Schalenhälfte als ihr Schnittkreis? Drücken Sie die Schale platt. Etwa doppelt so groß wie der Kreis? Noch besser geschätzt! Jedenfalls: Wenn wir die Oberfläche der Kugel wüßten, könnten wir ihr Volumen bestimmen, und zwar nach der gleichen Idee wie bei der Kreisfläche. Wir zerlegen die Kugel in sehr viele sehr schmale Pyramiden, alle mit der Spitze im Mittelpunkt, also der Höhe r. Jede Pyramide hat das Volumen $\frac{1}{3}$ Grundfläche $\cdot$ Höhe. Die Grundflächen aller Pyramiden zusammen ergeben die Oberfläche A der Kugel. Daher ist das Kugelvolumen $V = \frac{1}{3}Ar$. Eins brauchen wir aber: Oberfläche oder Volumen.

Wir setzen die Kugel vom Radius R in eine zylindrische Schachtel, die wieder so eng wie möglich ist. Daneben stellen wir einen ebensogroßen Vollzylinder, aus dem wir oben und unten je einen Kegel herausdrehen, der seine Spitze in der Zylindermitte hat (Abb. 0.29). Behauptung: Der so entstandene Hohlkörper hat dasselbe Volumen wie die Kugel. Beweis: Wir legen durch beide – Kugel und Hohlkörper – einen Schnitt im Abstand x von der Mitte. Bei der Kugel entsteht als Schnittfigur ein Kreis vom Radius $r = \sqrt{R^2 - x^2}$, also von der Fläche $\pi r^2 = \pi(R^2 - x^2)$. Beim ausgedrehten Zylinder entsteht ein Kreisring, Außenradius R, Innenradius x. Seine Fläche ist die Differenz der Kreisfläche πR^2 und des Innenkreises πx^2, also ebenfalls $\pi(R^2 - x^2)$. Beide Körper haben in jeder Höhe gleichgroße Querschnitte, also sind auch ihre Volumina gleich. Nun hatte der Zylinder vor dem Ausdrehen der Kegel das Volumen $\pi R^2 \cdot 2R = 2\pi R^3$, der fehlende Doppelkegel hat das Volumen $\frac{1}{3}2\pi R^2 \cdot R$, Restkörper und Kugel haben also

$$V = (2 - \tfrac{2}{3})\pi R^3 = \tfrac{4}{3}\pi R^3 \quad .$$

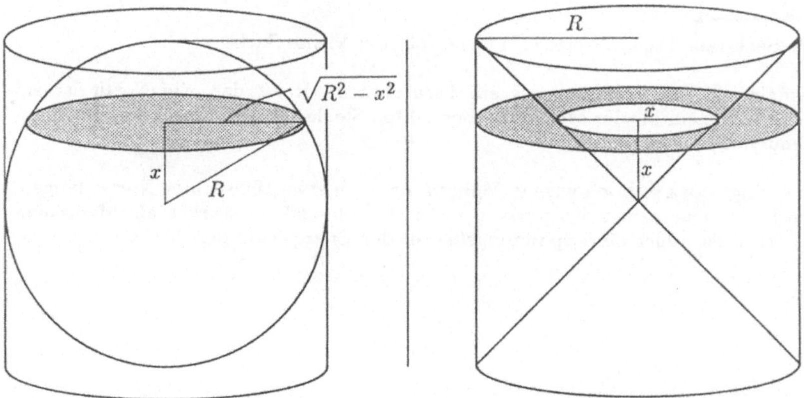

Abb. 0.29. *Archimedes'* Beweis: Die Kugel hat das gleiche Volumen wie der Zylinder mit ausgedrehtem Doppelkegel

Damit ergibt sich auch die Oberfläche als

$$A = 3\,\frac{V}{R} = 4\pi R^2 \quad .$$

Noch ein Rat: Rechnen Sie nicht zu kompliziert. Welches Volumen hat ein Rohr von 1 m Länge, 20 cm Durchmesser und 1 mm Wandstärke? Sie könnten natürlich den Vollzylinder berechnen und den fehlenden Innenzylinder davon abziehen. Stellen Sie sich aber das Rohr längs aufgeschnitten und zum Blech ausgewalzt vor. Wegen der geringen Wandstärke treten beim Walzen kaum Zerrungen auf, und das Volumen ergibt sich sofort als $1\,\mathrm{m} \cdot 2\pi \cdot 10\,\mathrm{cm} \cdot 1\,\mathrm{mm} = 628\,\mathrm{cm}^3$. Wieviel Wasser enthalten alle Ozeane der Erde? Kompliziert: Kugel mit $R = 6370\,\mathrm{km}$ minus Kugel mit $R = 6366\,\mathrm{km}$ (mittlere Meerestiefe etwa 4 km), davon $\frac{2}{3}$ ($\frac{2}{3}$ der Erdoberfläche ist Meer). Einfach: $\frac{2}{3}4\pi R^2 \cdot 4\,\mathrm{km}$.

Galilei und *Newton* gelten zu Recht als Ahnherrn der modernen Naturwissenschaft. *Newton* prägte (gleichzeitig mit *Leibniz*) den Begriff der Ableitung. *Galilei* wandte fast 100 Jahre vorher wohl als erster systematisch eines der wichtigsten Werkzeuge des quantitativen Denkens an: Die Proportionalität. Diesen Begriff müssen Sie sich selbst erarbeiten, dann sehen Sie, wieviel schneller und leichter man damit denken kann. Aus einer Gleichung, z. B. Kugelvolumen $V = \frac{4}{3}\pi r^3$, entsteht eine Proportionalität, indem man alle Faktoren wegläßt, die konstant sind: $V \sim r^3$. Man sagt auch: "V geht mit r^3". Wenn sich r ändert, interessiert nur der *Faktor*, um den es sich ändert, z. B.: Eine Kugel mit dem doppelten Radius hat das wievielfache Volumen? $V \sim r^3$, also das $2^3 = 8$-fache Volumen. Zur ersten Einübung hier drei Probleme steigender Schwierigkeit:

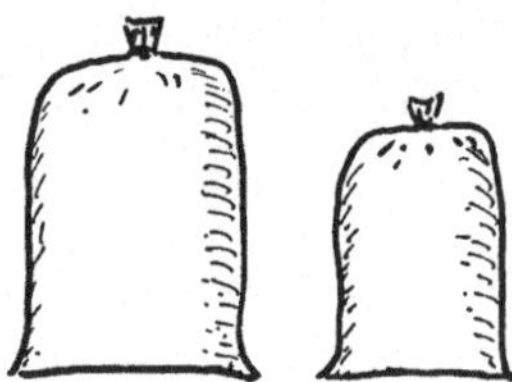

0.13 Der große Sack faßt 100 kg Weizen. Wieviel faßt der kleine Sack?

0.14 Ein Grashalm ist viel schlanker als ein Fernsehturm. Heißt das, die Natur ist ein besserer Bauingenieur als der Mensch? (Hier sollten Sie den Begriff "mechanische Spannung" benutzen.)

0.15 Ein Floh springt etwa so hoch wie ein Mensch, nämlich etwa 1000 seiner Körperlängen, der Mensch nur eine seiner Körperlängen. Sind Flohmuskeln stärker als Menschenmuskeln? (Hier ist außer dem Spannungsbegriff der Energiesatz nützlich.)

1 Messen

1.1 Meßgrößen

Die vielen Meßgrößen der Physik werden durch ein *Maßsystem* auf wenige Grundgrößen zurückgeführt. Das praktischste, heute in fast allen Ländern gesetzlich vorgeschriebene Maßsystem ist das Système International, kurz SI. Es hat 7 Grundgrößen:

Größe	Einheit	alte Definition	neue Definition
Zeit	Sekunde s	1/86400 der Umdrehungszeit der Erde um ihre Achse	Zeit für 9192631770 Schwingungen des Lichts einer bestimmten Spektrallinie des Cs-Atoms
Länge	Meter m	1/40 000 000 des Erdumfangs	Strecke, die das Licht im Vakuum in 1/299792458 s zurücklegt
Masse	Kilogramm kg	Masse von $1\,\mathrm{dm}^3$ Wasser	Masse des kg-Normals in Sèvres
Temperatur	Kelvin K	vgl. Abschnitt 4.1	
Stromstärke	Ampere A	vgl. Abschnitt 5.7	
Stoffmenge	mol	vgl. Abschnitt 4.2	
Lichtstärke	Candela cd	vgl. Abschnitt 5.4	

(Wer sich die hier genannten Zahlen merkt, ist selber schuld). Alle anderen Größen sind Potenzprodukte dieser Grundgrößen. Wir werden sie nach und nach entwickeln.

Eine Größe besteht i. allg. immer aus Zahlenwert und Einheit. Bis auf die wenigen Größen ohne Einheit, z. B. reine Zahlen oder Winkel im Bogenmaß, wäre ein Zahlenwert ohne Einheit sinnlos. Um extrem große oder kleine Zahlenwerte zu vermeiden, benutzt man gewisse Vielfache oder Bruchteile der Einheit, angegeben durch Präfixe:

Bruchteil			Beispiel	Vielfaches			Beispiel
Dezi	d	10^{-1}	dm				
Zenti	c	10^{-2}	cm	Hekto	h	10^2	hl
Milli	m	10^{-3}	mm	Kilo	k	10^3	kg
Mikro	μ	10^{-6}	μm	Mega	M	10^6	MJ
Nano	n	10^{-9}	nm	Giga	G	10^9	GHz
Piko	p	10^{-12}	pF	Tera	T	10^{12}	TΩ

Es gibt noch mehr solche Kürzel, aber sie sind weniger gebräuchlich.

1.2 Längenmessung

Beim Messen haben die Leute beträchtlichen Einfallsreichtum entwickelt, wie
wir am Beispiel der einfachsten Größe, der Länge, erläutern wollen (Abb. 1.1).
Das direkte Anlegen eines Meterstabes versagt, sobald man es mit zu großen
oder zu kleinen Längen zu tun hat. *Pierre Fermat* hat zwar versucht, die Entfernung Paris-Orléans zu messen, indem er die Umdrehungen des Rades seiner
Postkutsche zählte, aber es gibt bessere, indirekte Methoden.

Abb.1.1. Größenordnungen der Länge

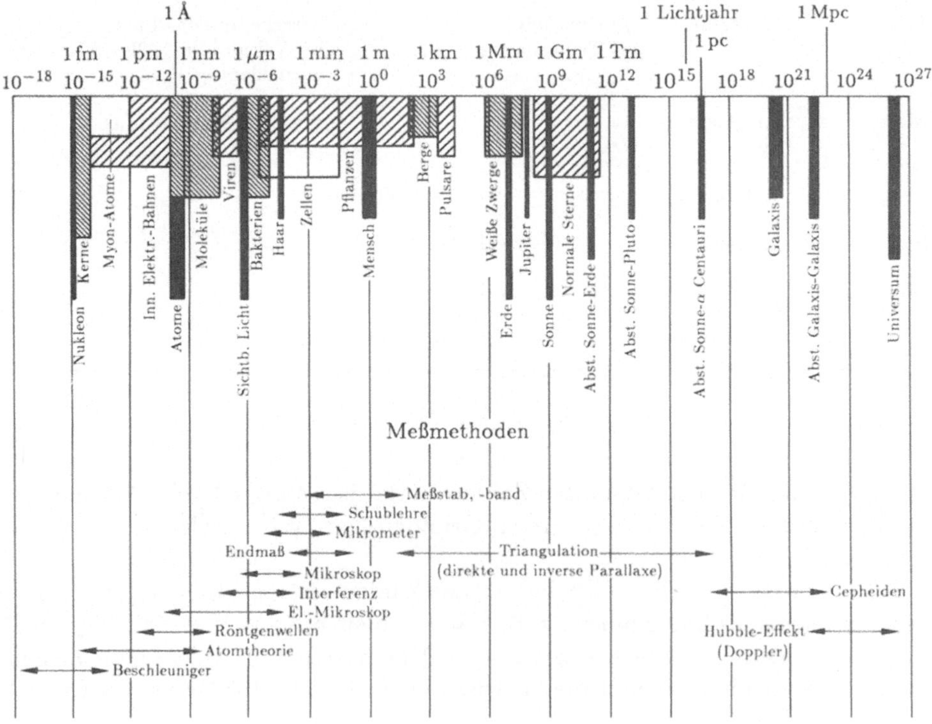

1.1 Was war schlecht an Fermats Methode? Wie genau dürfte sie gewesen sein?

Von geographischen bis weit in astronomische Entfernungen reicht die Methode der *Triangulation*. Um den Abstand bis zu einem fernen Punkt P zu bestimmen, mißt man eine Basisstrecke $b = \overline{AB}$ direkt ab und visiert von deren Ende zu P hin (Abb. 1.2). Der Winkel γ zwischen den Visierrichtungen AP und BP gibt den Abstand. Es liege z. B. bei B im Dreieck ABP ein rechter Winkel. Dann ist der Abstand $a = BP = b/\tan\gamma$. Wenn γ sehr klein ist, wird der Tangens gleich dem Winkel, im Bogenmaß natürlich:

$$a \approx \frac{b}{\gamma} \ . \tag{1.1}$$

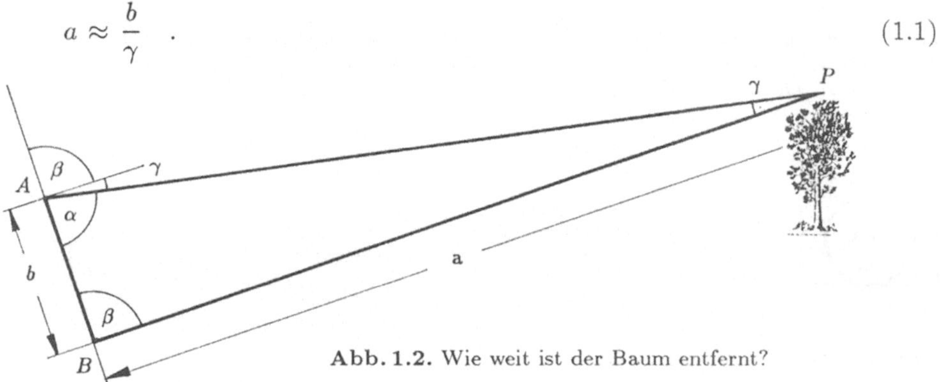

Abb. 1.2. Wie weit ist der Baum entfernt?

Man kann das Verfahren auch umkehren: Wenn die Basis mit ihrer bekannten Länge weit entfernt liegt, messen wir den Sehwinkel γ, unter dem sie uns erscheint, d. h. den Winkel zwischen den Geraden, die vom Beobachtungsort zu den beiden Enden der Basis führen. Die Berechnung geht bei dieser *inversen Triangulation* genau wie oben.

Noch weiter in den Weltraum hinaus führt die Methode des Helligkeitsvergleichs. Zwei gleich starke Lampen erscheinen ganz verschieden hell, wenn sie verschiedene Abstände von uns haben. Bei doppeltem Abstand erscheint eine Lampe nur $\frac{1}{4}$ so hell, wenn sie ihr Licht allseitig abstrahlt, denn dieselbe Lichtmenge muß sich auf eine viermal so große Kugeloberfläche verteilen (Oberfläche $\sim r^2$). Wenn von zwei Sternen oder Sternsystemen A und B bekannt ist, daß sie gleichviel Licht abstrahlen, und wenn A uns 100mal heller erscheint als B, ist B 10mal weiter entfernt.

Entfernungen, die zu *klein* sind, um mit der Schublehre oder der Mikrometerschraube abgetastet zu werden, mißt man ebenfalls indirekt. Bei den Interferenzmethoden benutzt man die Wellenlänge des Lichts als Maßstab (Abschnitt 6.8). Sichtbares Licht hat Wellenlängen zwischen ca. 400 nm und 800 nm. Wie man die noch viel kleineren Abmessungen von Molekülen, Atomen und Kernen mit Hilfe von ziemlich viel Theorie ermittelt, erfahren wir im Kap. 7.

1.2 Eines Tages kam eine Studentin zu mir: Sie müsse für ihre Diplomarbeit die Höhen aller Bäume im Park messen. Ob wir ein Gerät dazu hätten? "Nein", sagte ich, "aber wir bauen uns jetzt gleich eins für 5 Pfennig". Ich nahm einen DIN A4-Pappdeckel, hielt ihn quer, klebte ein Ende eines Fadens in eine obere Ecke und hängte eine Büroklammer ans andere Ende des Fadens, zeichnete schließlich an den unteren Rand des Deckels einen Maßstab. "Damit stellen Sie sich 20 m vom Fuß des Baumes und visieren am oberen Rand entlang den Wipfel an. Der Faden zeigt auf dem Maßstab die Baumhöhe." Wie funktioniert das? Machen Sie sich so einen Höhenmesser. Wie teilen Sie den Maßstab ein?

1.3 *Eratosthenes* von Kyrene (um 300 v. Chr.) wußte: Von Alexandria bis Syene (heute Assuan) geht es 800 km nach Süden. In Syene gibt es einen tiefen Brunnen, in dem sich die Sonne am 21. Juni mittags spiegelt. In Alexandria wirft um dieselbe Zeit ein 7 Fuß langer, senkrecht in den Sand gesteckter Stock einen 1 Fuß langen Schatten. *Eratosthenes* bestimmte daraus die Größe der Erde. Wie?

1.4 Sirius, der hellste und einer der nächsten Fixsterne, steht gegenüber dem Hintergrund sehr viel weiter entfernter Sterne im Frühjahr an einer um 0,7″ anderen Stelle als im Herbst (Abb. 1.3). Was folgt daraus?

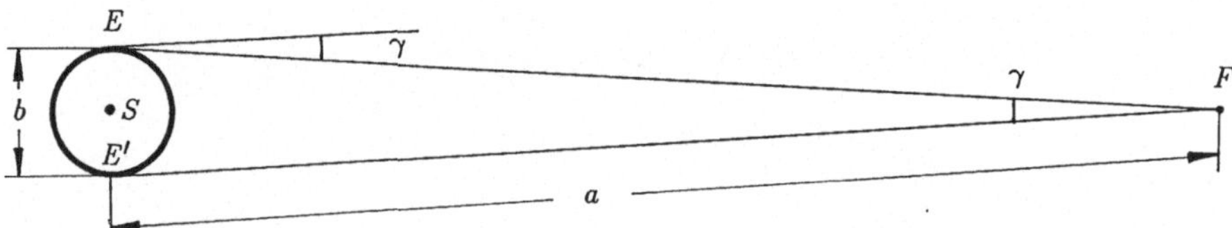

Abb. 1.3. Wie weit ist der Fixstern entfernt?

1.3 Meßgenauigkeit

Es hätte wenig Sinn, wenn Sie Ihre Körpergröße auf den Millimeter oder Ihr Alter auf die Sekunde genau angeben würden. Ebenso ist es ein Aberglaube, die Naturwissenschaft zeichne sich dadurch aus, daß sie "immer so unheimlich präzis" sei. Sie kann nur so präzis sein, wie es die Umstände erlauben. Diese mögliche Präzision sollte sie aber auch ausschöpfen. Stellen Sie sich vor, sie haben ein Gerät produziert und sollen seine Leistungsfähigkeit angeben. Sind Sie zu bescheiden, werden Sie es gegen schärfer kalkulierende Konkurrenten nicht los, übertreiben Sie, riskieren Sie Regreßansprüche. Ebenso ist es mit Genauigkeitsangaben. Achten Sie darauf, wenn Sie selbst messen. Eine Messung ist nicht um so besser, je mehr Stellen Sie als Ergebnis hinschreiben, sondern je sorgfältiger Sie überlegt haben, welche Genauigkeitsangabe wirklich gerechtfertigt ist.

Beim Messen kann man systematische und zufällige Fehler machen. Systematische Fehler beruhen darauf, daß man ein ungeeignetes Meßinstrument benutzt, dieses falsch eicht, es falsch anwendet, Einflüsse, die die Messung stören, nicht beachtet usw. Solche Fehler lassen sich durch sorgfältige Überlegung oder zusätzliche Messung beseitigen oder wenigstens verringern. Anders bei zufälligen Fehlern. Sie äußern sich, indem bei sorgfältigster Wiederholung der gleichen Messung unter den gleichen Umständen jedesmal etwas anderes herauskommt, mal mehr, mal weniger.

1.5 Sie messen Ihre Körpergröße. Wo liegen Quellen für systematische Fehler? Wie groß sind etwa die zufälligen Fehler?

Den Fehler einer Meßgröße x bezeichnet man als Δx. Ein bestimmter *absoluter Fehler* Δx macht um so weniger aus, je größer x selbst ist, denn oft kommt es auf den *relativen Fehler* $\Delta x/x$ an.

1.6 Amateurfotografen haben oft Schwierigkeiten, die Entfernung des aufzunehmenden Objekts zu schätzen. Manche Kameras bieten Entfernungsmesser, die nach demselben Prinzip arbeiten wie die langen Querrohre der Marine (Abb. 1.4). Ein Spiegel (oder Umlenkprisma) ist schwenkbar; seine Stellung kann mit dem Entfernungs-Einstellring am Objektiv gekoppelt sein. Bei richtiger Einstellung verschmelzen die beiden Bilder des Objekts im Sucher zu einem einzigen.
Erklären Sie das Meßprinzip! Wie funktioniert unser räumliches Sehen ohne Gerät? Wie groß ist die Meßunsicherheit für die Entfernung? Bedenken Sie: Unser Auge hat nur eine Winkelauflösung von einer Bogenminute (Abschn. 6.6). Vergleichen Sie Ihr Ergebnis mit der Seemannsformel

$$\Delta e = \frac{e^2 \, \Delta\eta}{(2 \cdot 10^5 bV)} \quad ;$$

e : Entfernung, $\Delta\eta$: kleinster vom Auge auflösbarer Winkel, b : Basislänge, V : Fernrohrvergrößerung (Abschn. 6.6). Wie weit können wir ohne Gerät höchstens räumlich sehen? Gibt es eine Entfernung, bei der der Meßfehler für den Fotografen praktisch nichts mehr ausmacht?
Wenn Sie mehr über Tiefenschärfe (eigentlich "Schärfentiefe") wissen, erklären Sie, warum der eingebaute Entfernungsmesser bei einem Normalobjektiv für alle Entfernungen ausreichend genau mißt, bei einem Teleobjektiv dagegen eigentlich für keine.

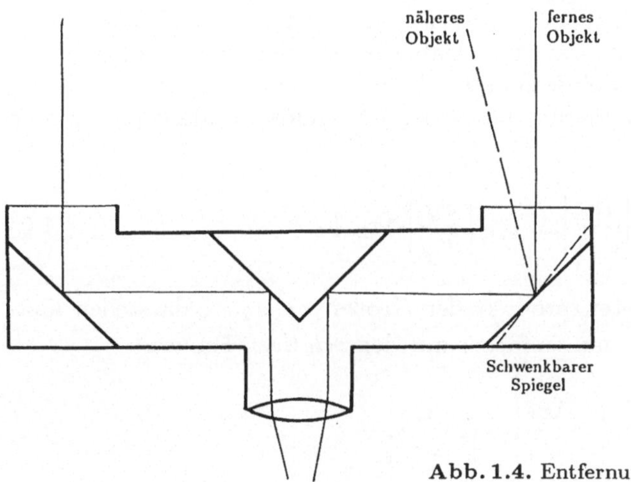

Abb. 1.4. Entfernungsmesser

1.4 Fehlerfortpflanzung

Oft will man aus einer Meßgröße x eine andere Größe y berechnen. Die beiden Größen y und x sind durch den Funktionszusammenhang $y = f(x)$ verknüpft.

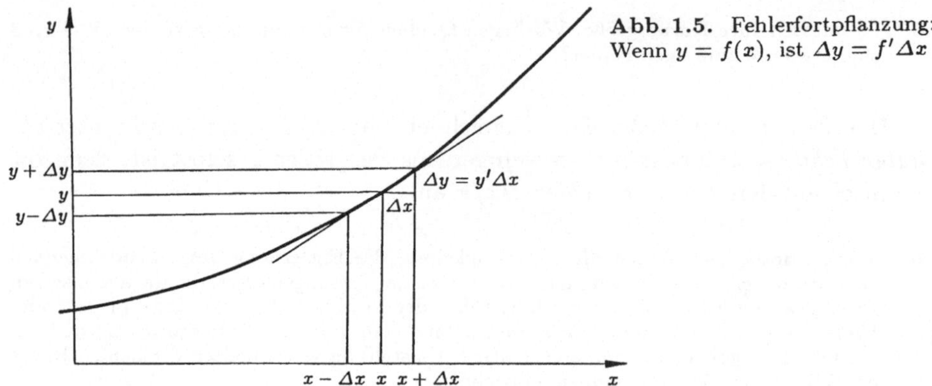

Abb. 1.5. Fehlerfortpflanzung: Wenn $y = f(x)$, ist $\Delta y = f'\Delta x$

Die Größe x sei mit einem Fehler Δx behaftet. Wie wirkt sich das auf y aus? Man kann das aus einem Diagramm ablesen, in dem y über x aufgetragen ist (Abb. 1.5). Die Senkrechten bei $x - \Delta x$ und $x + \Delta x$, die den möglichen Bereich von x abgrenzen, treffen die Kurve $y = f(x)$ an zwei Punkten, deren y-Werte den möglichen y-Bereich umschließen. Wenn Δx hinreichend klein ist, kann man die Kurve durch ihre Tangente mit der Steigung dy/dx ersetzen, und man liest ab

$$\Delta y = \frac{dy}{dx}\Delta x \quad .\tag{1.2}$$

Oft fließen mehrere direkte Meßgrößen $x_1, x_2, \ldots$ in die Berechnung der Größe y ein: $y = f(x_1, x_2, \ldots)$. Dann wird der Einfluß einer der Größen, z.B. von x_1, auf y gegeben durch $(\partial y/\partial x)\Delta x_1$. Dabei bezeichnen die "runden d" die partielle Ableitung, die man einfach bildet, indem man alle Variablen außer x_1 als konstant ansieht. Der Gesamtfehler von y ist schlimmstenfalls die Summe aller dieser Einflüsse:

$$\Delta y = \left|\frac{\partial y}{\partial x_1}\right|\Delta x_1 + \left|\frac{\partial y}{\partial x_2}\right|\Delta x_2 + \ldots \quad .\tag{1.3}$$

Wenn y sich durch ein Potenzprodukt der Größen $x_1, x_2 \ldots$ darstellen läßt, also $y = x_1^{\alpha} x_2^{\beta} \ldots$, rechnet man einfacher mit den *relativen* Fehlern:

$$\frac{\Delta y}{y} = \left|\alpha\frac{\Delta x_1}{x_1}\right| + \left|\beta\frac{\Delta x_2}{x_2}\right| + \ldots \quad .\tag{1.4}$$

1.7   Weisen Sie aus (1.3) nach, daß (1.4) stimmt!

1.5 Fehlerreduktion durch Vielfachmessung

Zufällige Fehler kann man verringern, indem man dieselbe Größe mehrfach mißt
und die Ergebnisse mittelt. Solche Messungen liefern ja im Mittel ebensooft zu
große wie zu kleine Werte, und zwar haben diese Werte eine *Gauß-Verteilung*
(oder *Normalverteilung*). Wenn man unendlich oft mäße und die Häufigkeit n
eines Ergebnisses x in ein $n(x)$-Diagramm eintrüge, käme eine Glockenkurve
der Form

$$n(x) = \frac{1}{\sqrt{2\pi}\sigma}\exp[-(x - x_0)^2/2\sigma^2] \tag{1.5}$$

heraus, eine Gauß-Kurve, deren Maximum beim Mittelwert x_0 dieser unendlich
vielen Ergebnisse liegt (Abb. 1.6, 1.7, 1.8). Die Breite der Glocke stellt die *Standardabweichung* σ der vielen Einzelergebnisse dar, die man so berechnet:

$$\sigma = \sqrt{\frac{\Sigma(x_i - x_0)^2}{N}} = \sqrt{\overline{x^2} - x_0^2} \quad . \tag{1.6}$$

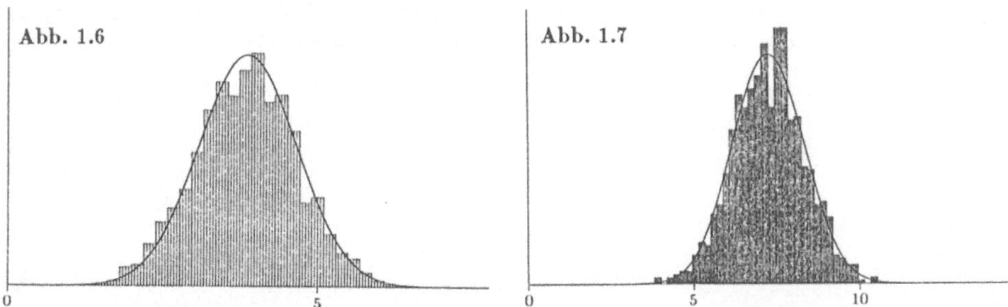

Abb. 1.6. Gauß-Verteilung: 2000mal wurden je acht Zufallszahlen addiert, die zwischen 0
und 1 liegen. Die Häufigkeitsverteilung der 2000 Ergebnisse (schraffiertes Histogramm) nähert
sich einer Gauß-Kurve mit dem Mittel 4,016 und der Standard-Abweichung $\sigma = 0,829$.
Theorie: Die Zufallszahlen verteilen sich gleichmäßig über das Intervall $(0,1)$. Der Mittelwert
vieler solcher Zahlen ist $\overline{x} = \int_0^1 x\, dx = 1/2$, das Quadratmittel $\overline{x^2} = \int_0^1 x^2\, dx = 1/3$, die
Standardabweichung $\sigma_1 = \overline{x^2} - \overline{x}^2 = 1/\sqrt{12}$. Viele Summen von je N solchen Zahlen haben
das Mittel $N/2$, die Standardabweichung $\sigma_N = \sqrt{N}\sigma_1 = \sqrt{N/12}$. Prüfen Sie nach!

Abb. 1.7. 1000 Summen aus je 15 Zufallszahlen: Die Kurve wird relativ schmaler, aber
absolut breiter (Mittel 7,531, $\sigma = 1,10$)

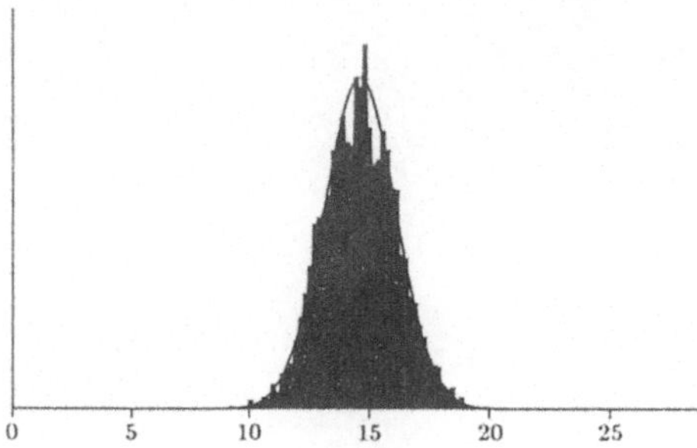

Abb. 1.8. 4000 Summen aus je 30 Zufallszahlen: Mittel 14,979, $\sigma = 1,60$; das Histogramm paßt sich der Gauß-Kurve besser an

29

Bei einer endlichen Anzahl N von Messungen wird die Kurve nicht so schön glatt, und auch der *Mittelwert* $\overline{x_N}$ dieser Messungen weicht von x_0 ab, und zwar im Durchschnitt um

$$\Delta\overline{x_N} = \frac{\sigma}{\sqrt{N}} \quad . \tag{1.7}$$

1.8 Konstruieren Sie auf Millimeterpapier eine Gauß-Kurve aus der Darstellung (1.5). Wählen Sie selbst Werte von x_0 und σ. Wie ändert sich die Kurve, wenn Sie x_0 oder σ ändern?

$\Delta\overline{x_N}$ ist um den Faktor $\sqrt{N}$ kleiner als die Abweichung der Einzelergebnisse. Wenn man 100mal mißt, verringert sich der Fehler des Mittelwertes auf ein Zehntel des Wertes der Einzelmessung.

1.9 Sie gehen sicher sehr oft den gleichen Weg, z. B. vom Studentenheim zum Hörsaal. Eine Uhr mit Sekundenzeiger haben Sie auch? Dann messen Sie Ihre Gehzeit für diesen Weg. Wenn Sie das mindestens etwa 20mal gemacht haben, bilden Sie Mittelwert t und Standard-Abweichung σ_t der Ergebnisse. Vorher allerdings berücksichtigen Sie systematische Fehler (worin könnten die hier bestehen?) Konstruieren Sie eine Häufigkeitsverteilung der verschiedenen Ergebnisse, ein Histogramm oder Säulendiagramm. Sind Ihre Gehzeiten normalverteilt? Liefert die Zeichnung auch die berechneten Werte t und σ_t?

2. Teilchen

Ein *Teilchen* ist für uns ein Objekt, von dem uns vorerst nur interessiert, daß es sich bewegen kann. Größe, Form, Farbe, Härte und andere Eigenschaften werden erst in späteren Kapiteln eine Rolle spielen. Nicht nur ein Elektron, sondern auch ein komplexeres Gebilde (z. B. ein Auto) ist als Teilchen aufzufassen, solange es seine Form nicht ändert (Unfälle schließen wir also zunächst aus), und solange nicht nach der Bewegung seiner Bestandteile (Räder, Kolben, Scheibenwischer) gegeneinander gefragt ist. In diesem Fall kann die Bewegung des ganzen Teilchens durch die Bewegung eines einzigen Punktes, des *Schwerpunktes* beschrieben werden. In diesem Kapitel fragen wir also nur: Wo befindet sich unser Teilchen, wie schnell und in welcher Richtung bewegt es sich, wie ändert es seine Geschwindigkeit und warum?

2.1 Beschreibung von Bewegungen

Bewegung eines Teilchens ist Veränderung seines Ortes. Den Ort, an dem sich das Teilchen zu einer bestimmten Zeit befindet, beschreiben wir so: Wir legen einen Bezugspunkt oder *Ursprung* fest, z. B. eine bestimmte Ecke eines Zimmers, die Spitze eines Kirchturms, das Zündschloß eines Autos o. ä. Dabei ist es zunächst gleichgültig, ob das Auto z. B. steht oder fährt. Schließlich bewegen sich Kirchturmspitze und Zimmerecke ja auch, sehr kompliziert sogar: Sie laufen täglich um die Erdachse, jährlich um die Sonne, mit der Sonne durch das Milchstraßensystem ... . In diesem Ursprung denken wir uns drei *Achsen* befestigt, am einfachsten gerade und zueinander senkrechtstehend (beide Eigenschaften sind nicht notwendig, aber praktisch). Wir nennen sie x-, y- und z-Achse, in beliebiger Reihenfolge, aber am besten so, daß x, y und z in der Richtung dem Daumen, Zeige- und Mittelfinger der rechten Hand entsprechen. So erhalten wir ein *rechtshändiges Koordinatensystem* oder *Bezugssystem*. Im folgenden beschäftigen wir uns mit Koordinatensystemen mit zueinander senkrechten geraden Achsen, d. h. mit kartesischen Bezugssystemen.

Vom Ursprung unseres Bezugssystems zum Ort P des Teilchens (wenn es ein ausgedehntes Teilchen ist, zu einem bestimmten Punkt an ihm, z. B. zum Zündschloß des Autos) ziehen wir einen geraden Strahl und nennen ihn den *Ortsvektor* $\boldsymbol{r}$ unseres Teilchens. Offenbar hängt er vom gewählten Bezugssystem ab: Ortsangaben sind immer *relativ* zum Bezugssystem zu verstehen. Wenn das Teilchen sich relativ zum Bezugssystem bewegt, hängt der Ortsvektor auch von der Zeit ab. Die Projektionen des Ortsvektors auf die drei Achsen, jeweils erzeugt durch die Fußpunkte der Lote von P auf die jeweilige Achse, sind die *Komponenten* des Ortsvektors. Durch Angabe dieser Komponenten x, y, z ist der Ortsvektor voll bestimmt; man kann ihn darstellen als $r = (x, y, z)$. Fette Buchstaben stehen hier immer für Vektoren.

2.1 Wählen Sie ein Bezugssystem und geben Sie den Ortsvektor komponentenweise an für
– die Mitte der Pupille Ihres rechten Auges im Augenblick, wo Sie diesen Satz lesen (Vektor a),
– das Versteck der Weinflasche oder eines anderen Wertgegenstandes in Ihrem Zimmer (Vektor s),
– die Lage Ihres Wohnortes auf der Erde (Vektor o),
– die Lage Ihres Lieblings-Badeplatzes an See, Fluß oder Meer (Vektor b).

Nach dem Satz des *Pythagoras* ist unser Teilchen am Ort r vom Ursprung um $\sqrt{x^2 + y^2 + z^2}$ entfernt. Diese Größe heißt auch *Betrag* des Vektors r, geschrieben $|r|$ oder einfach r. Wenn zwei Teilchen die Orstvektoren r und r' haben, wie weit sind sie dann voneinander entfernt? Der Vektor, der vom ersten zum zweiten Teilchen geht, ist $r' - r$, das ist der Vektor mit den Komponenten $x' - x$, $y' - y$, $z' - z$. Die Entfernung zwischen beiden Teilchen ergibt sich daraus durch Betragsbildung.

2.2 Was bedeuten die Differenzen der oben definierten Ortsvektoren, z. B. $s - a$, $b - o$, was bedeuten ihre Beträge, wie lauten ihre Komponenten?

Wenn sich das Teilchen (relativ zum gewählten Bezugsystem) bewegt, ändert sich sein Ortsvektor mit der Zeit. Zum Zeitpunkt t habe das Teilchen den Ortsvektor $r(t)$, eine Zeitspanne Δt später, also zum Zeitpunkt $t + \Delta t$, sei sein Ortsvektor $r(t + \Delta t)$. Inzwischen hat es sich also um den Vektor $\Delta r = r(t + \Delta t) - r(t)$ verschoben. Es hat sich in dieser Zeit mit der *mittleren Geschwindigkeit*

$$\overline{v} = \frac{\Delta r}{\Delta t} \tag{2.1}$$

bewegt (Abb. 2.1). Das sagt noch nicht viel über die wirkliche Geschwindigkeit aus, wie sie z. B. der Tachometer eines Autos anzeigt. Das Teilchen könnte sich ja während des Zeitraumes Δt zeitweise langsamer, zeitweise entsprechend schneller bewegt haben. Wenn der Zeitraum Δt aber sehr klein ist (eigentlich erst, wenn er gegen Null konvergiert), besteht diese Gefahr nicht, und wir erhalten durch diesen Grenzübergang die *Momentangeschwindigkeit* v des Teilchens zur Zeit t :

$$v(t) = \lim_{\Delta t \to 0} \frac{\Delta r}{\Delta t} = \frac{dr}{dt} \quad . \tag{2.2}$$

Wenn wir in Zukunft von Geschwindigkeit reden, meinen wir immer ihren Momentanwert, falls wir sie nicht ausdrücklich als mittlere Geschwindigkeit bezeichnen.

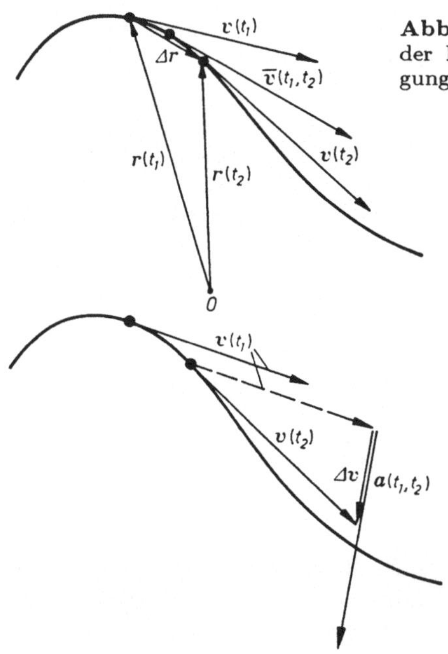

Abb. 2.1. *Oben:* Konstruktion der Geschwindigkeit aus der Bahnkurve. *Unten:* Konstruktion der Beschleunigung aus den Geschwindigkeitsvektoren

2.3 Ein Polizeihubschrauber, der immer dicht über dem gleichen Bodenpunkt steht, beobachtet um $12^h\,00^m\,00^s$ in 1 km Entfernung ein Fahrzeug in östlicher Richtung. Um $12^h\,01^m\,30^s$ taucht dasselbe Fahrzeug hinter einem Wald wieder auf, und zwar in 3 km Entfernung genau nordöstlich. Was kann man daraus schließen?

Die Geschwindigkeit ist dieser Definition nach ein Vektor. Seinen Betrag (z. B. in km/h) gibt der Tachometer an. Seine Richtung, in die sich das Teilchen bewegt, ist aber auch ein wesentliches Bestimmungsstück. Diese Richtung liegt immer tangential zu der Bahn, die das Teilchen beschreibt. Ebenso wie der Ortsvektor hat der Geschwindigkeitsvektor nur Sinn relativ zum gewählten Bezugssystem S.

Will man dieselbe Bewegung in einem anderen Bezugssystem S' beschreiben, dann muß man wissen, ob die Achsen beider Systeme zueinander parallel sind (wir setzen hier der Einfachheit halber voraus, das sei der Fall). Zweitens muß man wissen, wie sich der Ursprung von S' relativ zum Ursprung von S bewegt. Er tue dies mit der Geschwindigkeit $\boldsymbol{w}$. Wenn sich unser Teilchen dann in S mit $\boldsymbol{v}$ bewegt, bewegt es sich in S' mit $\boldsymbol{v}-\boldsymbol{w}$.

2.4 Hat die Lage des Ursprungs des Bezugssystems einen Einfluß auf den Ortsvektor oder den Geschwindigkeitsvektor eines Teilchens?

2.5 Welchen Einfluß hat die Drehung der Achsen eines Bezugssystems auf Orts- und Geschwindigkeitsvektor eines Teilchens?

Wenn die Bewegung längs einer Linie erfolgt, z. B. einer Straße oder Eisenbahnlinie, egal ob diese gerade oder krumm ist, wird die Beschreibung einfacher.

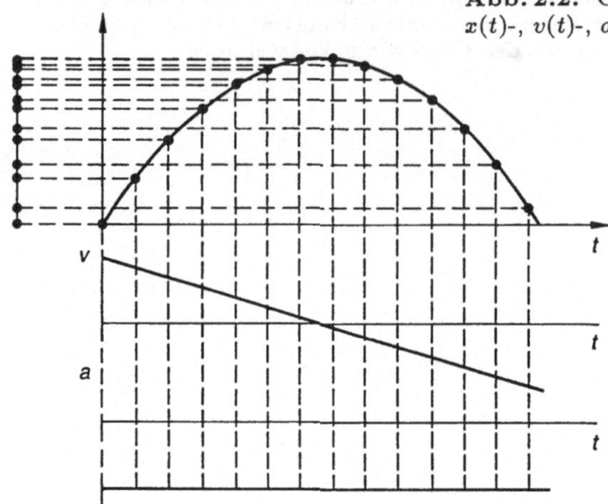

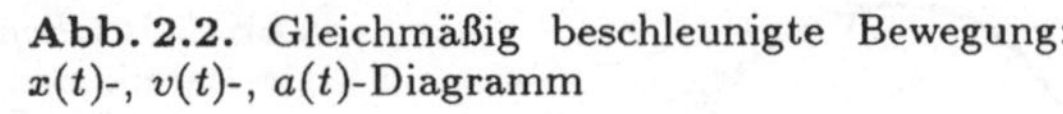

Abb. 2.2. Gleichmäßig beschleunigte Bewegung: $x(t)$-, $v(t)$-, $a(t)$-Diagramm

Den Ort des Fahrzeuges kennzeichnen wir einfach durch den km-Stein, bei dem es sich befindet, natürlich mit feinerer Unterteilung in m oder noch feiner. Zur Zeit t sei dieser Ort x. Wir tragen ihn als Punkt (x, t) in ein Diagramm mit den Achsen x und t ein. Auch andere Zeiten geben je einen Punkt. Die ganze Bewegung wird also durch eine Linie dargestellt, den *graphischen Fahrplan* (die *Weltlinie*) dieser Bewegung (Abb. 2.2). Ein stehendes Fahrzeug ergibt eine Parallele zur t-Achse, ein bewegtes eine schräge Linie, mit um so größerem Winkel gegen die t-Achse, je größer die Geschwindigkeit v ist. Diese läßt sich hier in Vereinfachung von (2.2) berechnen als

$$v = \frac{dx}{dt} \quad .$$ (2.3)

Die Geschwindigkeit ist die Ableitung des Ortes nach der Zeit. Wir werden so oft mit Ableitungen nach der Zeit zu tun bekommen, daß wir diese Ableitung durch einen Punkt über dem Symbol kennzeichnen, also

$$v = \dot{x} \quad .$$ (2.3')

2.6 Welchen Vorteil hat der graphische Fahrplan der Eisenbahn, der den ganzen Zugverkehr auf einer Strecke darstellt, gegenüber einem üblichen Fahrplan, wie er für die Bahnreisenden aushängt?

Natürlich kann sich auch die Geschwindigkeit v eines Teilchens mit der Zeit ändern. Das Fahrzeug kann beschleunigen oder bremsen, was den *Betrag* von v beeinflußt. Aber auch eine reine *Richtungsänderung* von v, das Durchfahren einer Kurve mit konstanter Tachometeranzeige, ist eine Änderung des Vektors v. Wir wollen jede zeitliche Änderung von v, sei es dem Betrag oder der Richtung nach, als *Beschleunigung* bezeichnen. Um sie zu bestimmen, ver-

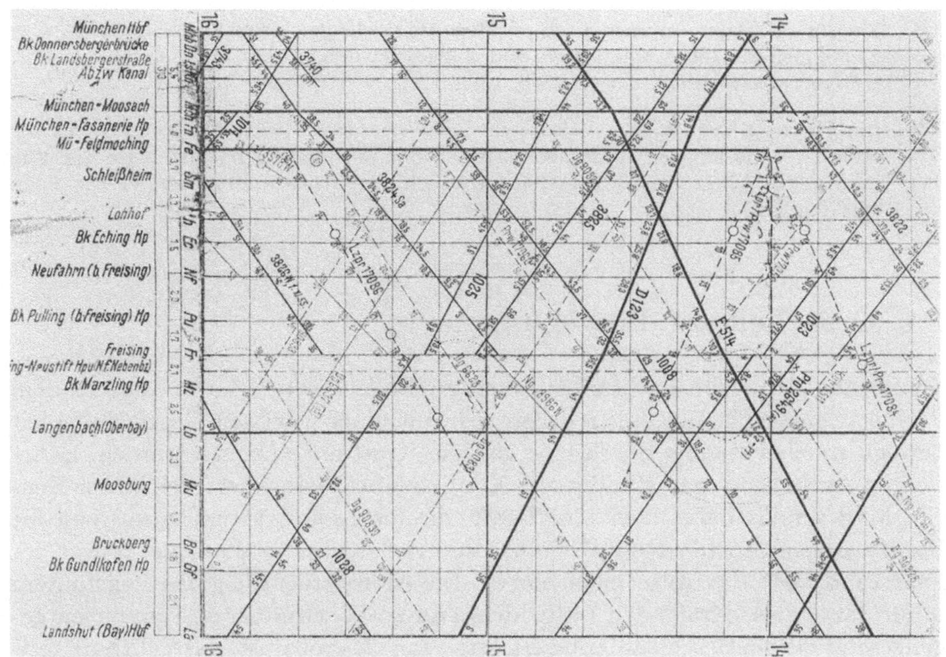

Abb. 2.3. Ein Ausschnitt aus dem graphischen Fahrplan einer Bahnstrecke

fahren wir ganz analog zur Bestimmung von v aus $r(t)$: Wenn das Fahrzeug zur Zeit t mit $v(t)$ fuhr und zur Zeit $t + \Delta t$ mit $v(t + \Delta t)$, ist die *mittlere Beschleunigung* während dieser Zeit Δt

$$\overline{a} = \frac{\Delta v}{\Delta t} \quad . \tag{2.4}$$

Durch Übergang zu einem sehr kurzen Zeitraum, in dem sich z. B. an der Stellung des Gaspedals nicht viel ändern kann, ergibt sich die *momentane Beschleunigung* zur Zeit t

$$a = \lim_{\Delta t \to 0} \frac{\Delta v}{\Delta t} = \frac{dv}{dt} \quad . \tag{2.5}$$

Der Beschleunigungsvektor ist die Ableitung des Geschwindigkeitsvektors nach der Zeit und damit die *zweite* Ableitung des Ortsvektors nach der Zeit. Wir können das auch kurz schreiben als

$$a = \dot{v} = \ddot{r} \quad . \tag{2.6}$$

2.7   Welchen Winkel bilden a-Vektor und v-Vektor, wenn ein Fahrzeug auf gerader Strecke bremst oder beschleunigt, wenn es mit konstanter Tachometeranzeige eine Kurve fährt, wenn es beim Kurvenfahren bremst?

2.8 Ein 100 m-Sprinter erreicht nach ca. 30 m die Höchstgeschwindigkeit, die er bis zum Ziel beibehält. Geben Sie mittlere und Endgeschwindigkeit an; zeichnen Sie ein $s(t)$-, $v(t)$-, $a(t)$-Diagramm.

2.9 Ein Flugzeug fliegt mit der Reisegeschwindigkeit v eine Strecke d hin und zurück. Es weht ein Wind mit der Geschwindigkeit w genau in Flugrichtung bzw. beim Rückflug in Gegenrichtung. Gleicht der Gewinn an Flugzeit beim Hinflug den Verlust beim Rückflug aus?

2.2 Ursachen von Bewegungen

Wenn man Alltagsbeobachtungen nicht zu Ende denkt, könnte man zu dem Schluß kommen: Damit ein Teilchen sich mit einer gewissen Geschwindigkeit bewegt, muß es ständig durch eine gewisse Kraft angeschoben werden. Es ist richtig: Auch wenn man ständig mit 90 km/h fährt, verbraucht der Motor Benzin. Man vergißt dabei aber eine Kraft, die man sofort spürt, wenn man die Hand aus dem Fenster steckt: Genauso und viel stärker als die Hand drückt der Fahrtwind auch das Auto nach hinten. Die Motorkraft dient bei konstantem v nur dazu, diese Kraft, den Luftwiderstand zu überwinden und ist ihr entgegengesetzt gleich. Beschleunigung erfolgt, wenn sie größer ist, das Fahrzeug rollt aus, wenn sie kleiner ist. Oder: Lassen Sie einen Stein über den Boden gleiten. Er kommt schnell zum Stehen, die Reibung bremst ihn. Auf dem Eis, wo die Reibung geringer ist, rutscht er schon sehr viel weiter. Was täte er ohne jede Reibung? Er flöge mit konstantem v weiter. Das tut jeder Körper im Vakuum des Weltraums fern von Sternen oder Planeten, die ihn anziehen könnten.

> Ein Teilchen, auf das keine Kräfte wirken, bewegt sich geradlinig-gleichförmig, also mit konstanter Geschwindigkeit v (Trägheitsgesetz).

Im Umkehrschluß folgt sofort: Wenn man ein Teilchen beschleunigen, d.h. seine Geschwindigkeit v dem Betrag *oder* der Richtung nach ändern will, braucht man dazu eine Kraft. Diese Kraft ist um so größer, je stärker man beschleunigt und je größer die Masse m des Teilchens ist. Man kann die Masse so als Widerstand gegen das Beschleunigtwerden definieren und messen. *Isaac Newton* hat dies zusammengefaßt im wichtigsten Gesetz der ganzen Physik:

$$\boxed{\text{Kraft } = \text{ Masse} \cdot \text{Beschleunigung}, \quad \boldsymbol{F} = m\boldsymbol{a} \; .} \tag{2.7}$$

Die Einheit der Kraft, die sich daraus als $1\,\mathrm{kg\,m\,s^{-2}}$ ergibt, wird auch als 1 N (1 Newton) abgekürzt.

Nur eine Geschwindigkeits*änderung* bedarf also einer besonderen Ursache, die wir Kraft nennen. Diese Entdeckung von *Galilei* und *Newton* war der Grundstein der modernen Naturwissenschaft.

Wenn Sie einen Sack Kartoffeln in die Hand nehmen, übt er offenbar eine Kraft nach unten auf diese Hand aus; sein Gewicht (genauer: seine Gewichts-

kraft) ist gleich der Schwerkraft (Anziehungskraft, die die Erde auf den Sack
ausübt). Wenn Ihre Muskeln nicht auf Ihre Hand eine gleichgroße Kraft nach
oben ausüben, bewegen sich Sack und Hand beschleunigt abwärts. Lassen wir
den Sack frei fallen, dann wird er mit etwa $10\,\mathrm{m/s^2}$ abwärts beschleunigt. Diesen
Wert der Fallbeschleunigung in Erdbodennähe kürzt man mit g ab. Nach (2.7)
wirkt auf den Sack der Masse m das *Gewicht* $F = mg$ nach unten. Die Masse m
ist also etwas ganz anderes als das Gewicht mg. Im Weltraumzeitalter sollte das
klar sein: 1 kg Butter hat auf dem Mond noch immer 1 kg Masse; das Gewicht
der Butter ist aber nur auf dem Erdboden etwa 10 N, dagegen auf dem Mond,
der wegen seiner kleineren Masse alle Körper 6mal weniger stark anzieht, nur
etwa 1,7 N.

Man muß hier zwei Arten von Kräften unterscheiden. Die einen beruhen
auf klar sichtbaren Ursachen: Etwas schiebt oder zieht an einem Teilchen und
beschleunigt es dadurch. Dieses Etwas kann auch ein Gas sein, z. B. die Luft
oder das heiße Gas im Zylinder eines Benzinmotors. Bei der zweiten Art von
Kräften ist nichts nachweisbar, das zieht oder schiebt: Wenn das Auto bremst,
drückt irgendwas Unsichtbares die Insassen nach vorn, in der Kurve nach außen.
Solche Kräfte mit unsichtbaren Ursachen treten nur in bestimmten Bezugssystemen auf, z. B. im Bezugssystem des beschleunigten (oder bremsenden)
Autos. Für den Beobachter am Straßenrand gibt es keine solchen Kräfte, die
die Insassen des Autos irgendwohin schieben: Wenn das Auto bremst, verhalten
die Leute darin sich ganz normal, sie behalten nämlich ihre Bewegung bei, bis
der Gurt oder die Windschutzscheibe sie bremsen. Bezugssysteme, in denen
keine Kräfte mit unsichtbarer Ursache auftreten, heißen *Inertialsysteme.*

Die Schwerkraft ist eine Sache für sich. Hier zieht oder schiebt auch nichts
Ersichtliches, und doch ist diese Kraft nicht so einfach durch Übergang zu
einem anderen Bezugssystem ganz zu beseitigen. Dies gelang erst *Einstein* in
der Allgemeinen Relativitätstheorie.

2.10 Ist die Schwerkraft aufgehoben, wenn man sich frei fallen läßt, oder nicht? Bleibt noch
etwas übrig?

Kräfte (wie alle anderen Vektoren) können in Komponenten zerlegt werden. Wenn z. B. ein Radler eine Straße mit der Steigung s hochfährt (s ist
der Tangens des Winkels α, den die Straße mit der Horizontalen bildet), muß
er nicht gegen sein ganzes Gewicht mg, sondern nur gegen die Komponente
$mg \sin \alpha$ dieses Gewichts ankämpfen, die parallel zur Straße liegt. Die Komponentenzerlegung kann in jedes passende Paar von Richtungen erfolgen und
ist genau der Umkehrprozeß zur Addition zweier Vektoren zu einem Summenvektor, erfolgt also wie diese nach der Parallelogrammregel.

2.3 Wie behandelt man Bewegungen?

Es gibt zwei Grundaufgaben der Bewegungslehre oder Dynamik (Abb. 2.4):

1. Man weiß, wie die Bewegung verläuft, kennt also die Funktion $r(t)$, die angibt, wo sich das Teilchen zu jeder beliebigen Zeit befindet; man suche die Ursachen dieser Bewegung, d. h. die Kräfte, die sie bewirken.
2. Man kennt die Kräfte, die auf ein Teilchen wirken; man suche den Verlauf der Bewegung, gebe also zu jeder Zeit t an, an welchem Ort $r(t)$ sich das Teilchen dann befindet.

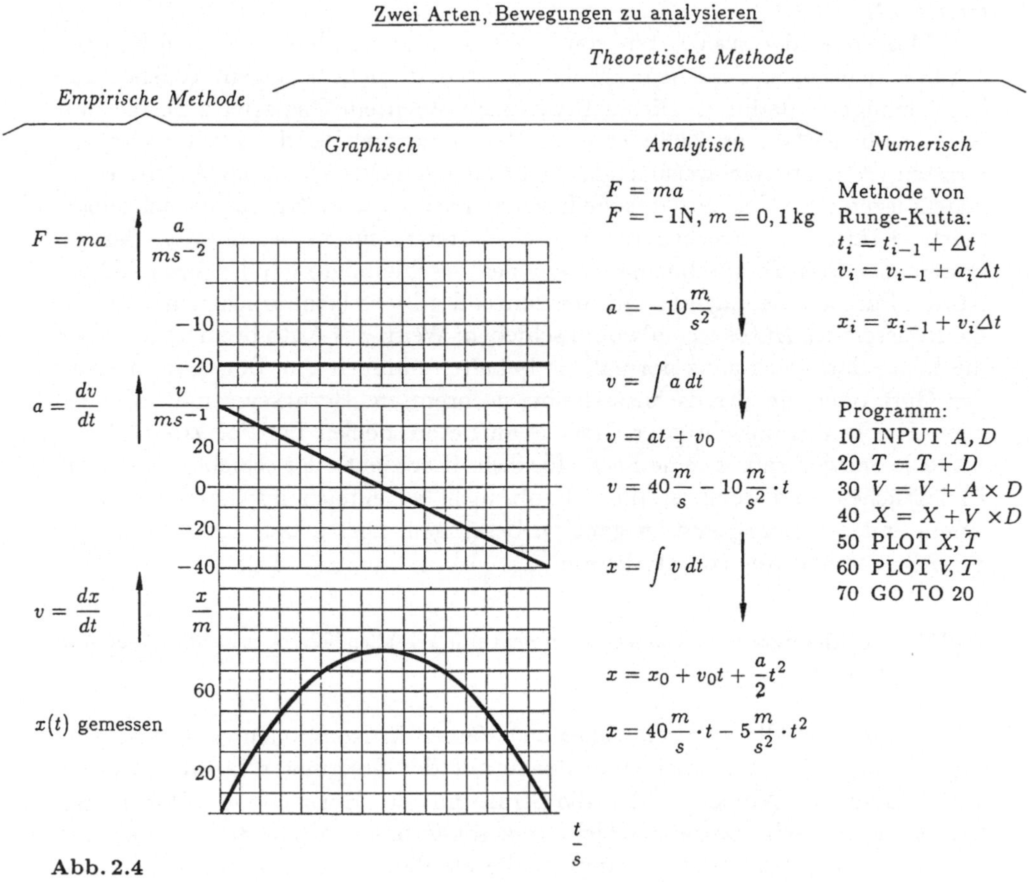

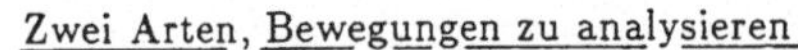

Abb. 2.4

Um die erste Aufgabe zu lösen, leitet man $r(t)$ nach der Zeit ab, erhält die Geschwindigkeit $v(t)$, leitet dies nochmals ab, erhält die Beschleunigung $a(t)$, multipliziert diese mit der Masse m des Teilchens und erhält die Kraft F, die auf das Teilchen gewirkt hat. Sie kann von der Zeit abhängen. Man kann sich dann noch fragen, woher diese Abhängigkeit kommt, aber rein mathematisch ist die Aufgabe gelöst.

Bei der zweiten Aufgabe durchläuft man diese ganze Kette rückwärts, muß also zweimal integrieren, weil das die Umkehrung des Differenzierens ist.

$$F(t) \text{ sei bekannt: } a(t) = F/m$$

$$v(t) = \int a(t)dt$$

$$r(t) = \int v(t)dt \quad . \tag{2.8}$$

Da ein solches Integral nur bis auf eine beliebige additive Konstante bestimmt ist, muß man zum Ergebnis v noch ein v_0 addieren, zum r noch $v_0 t + r_0$. Das ist auch physikalisch vernünftig: Wenn man nur die Kräfte, also die Beschleunigungen kennt, weiß man ja nicht, wie schnell das Teilchen vorher flog (v_0) und erst recht nicht, wo es anfangs war (r_0). Anfangsort r_0 und Anfangsgeschwindigkeit v_0 lassen sich nicht aus den Kräften ermitteln, sondern können jeden beliebigen Wert gehabt haben.

Wenn die Kraft nicht in Abhängigkeit von der Zeit t, sondern z. B. vom Ort r gegeben ist, muß man etwas anders verfahren. Wir sehen das gleich an einigen Beispielen.

2.4 Die gleichmäßig beschleunigte Bewegung

Auf unser Teilchen der Masse m wirke eine zeitlich konstante Kraft F. Diese Konstanz gilt wohlgemerkt für Betrag *und* Richtung der Kraft. Sie erzeugt eine ebenfalls konstante Beschleunigung $a = F/m$. Wir lösen die Aufgabe 2 des vorigen Abschnitts, d. h. integrieren erst a, um v zu erhalten:

$$v = at + v_0 \quad , \tag{2.9}$$

dies integrieren wir nochmals und erhalten

$$r = \tfrac{1}{2}at^2 + v_0 t + r_0 \quad . \tag{2.10}$$

Um zu sehen, was das bedeutet, unterscheiden wir zwei Fälle:

1. $a \| v_0$ ($\|$ bedeutet "parallel zu"). In die Richtung von a legen wir unsere x-Achse, und zwar durch den Anfangspunkt der Bewegung, gegeben durch r_0. Wir sehen, daß der momentane Ort des Teilchens (gegeben durch r) immer auf der x-Achse bleibt, und können vereinfachen

$$x = \tfrac{1}{2}at^2 + v_0 t + x_0 \quad . \tag{2.11}$$

Speziell mit $a = -g$ beschreibt (2.11) einen freien Fall aus der Ruhe ($v_0 = 0$) und der Höhe x_0, oder einen senkrechten Wurf mit der Anfangsgeschwindigkeit v_0 ($v_0 > 0$ aufwärts, $v_0 < 0$ abwärts) von der Höhe x_0 aus. Genausogut kommt aber auch die Bremsung eines Autos, das anfangs mit v_0 fuhr, heraus. a ist dann negativ und heißt Bremsverzögerung.

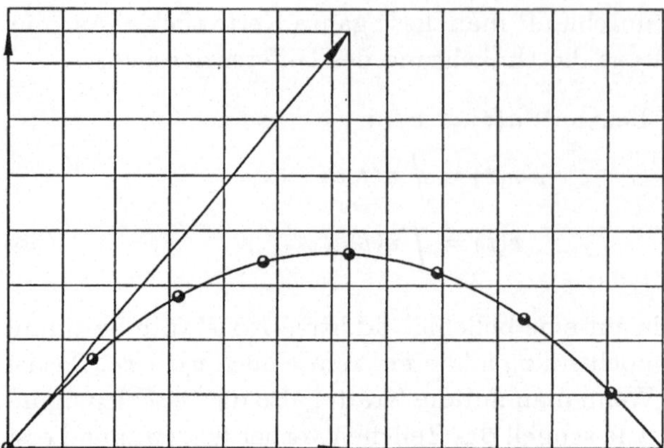

Abb. 2.5. Die Wurfbewegung ergibt sich, wenn man die Schicksale der waagerechten und der senkrechten Geschwindigkeitskomponente unabhängig verfolgt und sie dann wieder zusammensetzt

2. $\boldsymbol{a}$ nicht parallel zu $\boldsymbol{v_0}$. Das beschreibt z. B. einen schiefen (nicht senkrechten) Wurf. Wir legen die y-Achse in die Richtung von $-\boldsymbol{a}$ (z. B. senkrecht nach oben), die x-Achse so, daß $\boldsymbol{v_0}$ in der x, y-Ebene liegt. Wir zerlegen $\boldsymbol{v_0}$ in seine x- und y-Komponente (Abb. 2.5):

$$v_{x0} = v_0 \cos \alpha \; ,$$
$$v_{y0} = v_0 \sin \alpha \; . \tag{2.12}$$

α ist der Winkel gegen den Erdboden, unter dem wir abwerfen.

Wir studieren, was im weiteren zeitlichen Verlauf aus diesen Komponenten wird. v_x ändert sich nicht, denn in x-Richtung wirkt keine Kraft (vom Luftwiderstand sehen wir vorerst ab), und v_y entwickelt sich gemäß (2.9):

$$v_x = v_0 \cos \alpha \; ,$$
$$v_y = v_0 \sin \alpha - gt \; . \tag{2.13}$$

Wo der geworfene Stein zur Zeit t ist, erfahren wir, indem wir nochmal integrieren:

$$x = v_0 t \cos \alpha$$
$$y = y_0 + v_0 t \sin \alpha - \tfrac{1}{2} g t^2 \; . \tag{2.14}$$

(Wir werfen von $x = 0$, aber $y = y_0$ ab). Um die Form der Bahnkurve zu finden, d. h. den Zusammenhang zwischen y und x, kann man t gern entbehren (man will ja gar nicht wissen, wo der Stein zu jeder Zeit ist). Man eliminiert also t aus der ersten Gleichung: $t = x/(v_0 \cos \alpha)$, und setzt dies in die zweite ein. Offenbar wird y eine quadratische Funktion von x : Die Bahnkurve ist eine Parabel (Abb. 2.6).

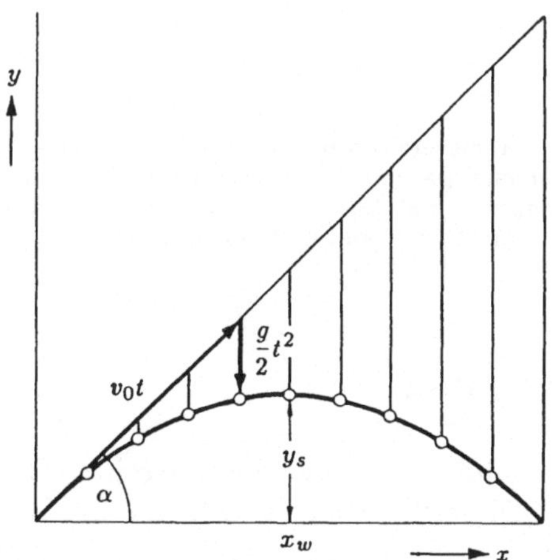

Abb. 2.6. Man kann den Wurf auch aus einer schrägen geradlinig gleichförmigen Bewegung und der reinen Fallbewegung zusammensetzen

Wir brauchen aber gar nicht soviel zu rechnen, um zu erfahren, wie weit der Stein fliegt, wie lange er in der Luft ist und wie hoch er maximal kommt. Dazu genügt (2.13). Am höchsten Punkt seiner Bahn ist v_y gerade durch die Wirkung der Beschleunigung g aufgezehrt. Das dauert eine Zeit

$$t_{\mathrm{s}} = \frac{v_0}{g} \sin \alpha \quad .$$

In dieser Zeit fliegt der Stein waagerecht (in x-Richtung) mit $v_0 \cos \alpha$, also eine Strecke

$$x_{\mathrm{s}} = t_{\mathrm{s}} v_0 \cos \alpha = \frac{v_0^2}{g} \sin \alpha \cos \alpha \quad .$$

Dort liegt der Bahnscheitel. Genau doppelt so weit entfernt schlägt der Stein wieder auf dem Boden auf, falls er auch vom Boden abgeworfen wurde. Die Wurfweite ist also

$$x_{\mathrm{w}} = 2x_{\mathrm{s}} = 2\frac{v_0^2}{g} \sin \alpha \cos \alpha = \frac{v_0^2}{g} \sin 2\alpha \quad .$$

Die Scheitelhöhe ergibt sich aus der halben Flugdauer, d. h. aus t_{s} zu

$$y_{\mathrm{s}} = y(t_{\mathrm{s}}) = \frac{1}{2}gt_{\mathrm{s}}^2 = \frac{1}{2}\frac{v_0^2}{g} \sin^2 \alpha \quad .$$

Um von y_{s} bis zum Boden zu fallen, braucht der Stein ja auch t_{s}.

Man kann die Scheitelhöhe y_{s} ebenso wie die Bremsstrecke eines Autos auch so finden: Anfangs stieg der Stein mit $v_0 \sin \alpha$, am Scheitel ruht er momentan. Inzwischen hat seine Geschwindigkeit linear mit der Zeit abgenommen. Also ist die mittlere Geschwindigkeit $\overline{v} = \frac{1}{2}v_0 \sin \alpha$. Während der Zeit $t_{\mathrm{s}} = (v_0/g)\sin \alpha$ steigt er also um $\overline{v}t_{\mathrm{s}} = \frac{1}{2}(v_0^2/g)\sin^2 \alpha$.

2.11 Unter welchem Winkel sollte man einen Stein werfen, damit er möglichst weit fliegt, wenn man ihm unabhängig vom Abwurfwinkel immer die gleiche Anfangsgeschwindigkeit v_0 erteilen kann?

2.12 Der TÜV verlangt von Kraftfahrzeugen eine Bremsverzögerung von mindestens $6\,\mathrm{m\,s^{-2}}$. Nach welcher Bremsstrecke kommt ein Fahrzeug, das mit der Geschwindigkeit v_0 fuhr, zum Stehen, und wie lange dauert der Bremsvorgang? Entwickeln Sie eine Faustregel, nach der man die Bremsstrecke möglichst schnell im Kopf ausrechnen kann.

2.5 Die gleichförmige Kreisbewegung

Ein Teilchen bewege sich auf einer Kreisbahn, wobei der *Betrag* seiner Geschwindigkeit v sich zeitlich nicht ändere. Diese Situation ist sehr häufig: Der Mond läuft um die Erde, die Erde um die Sonne, ein Auto durch eine Kurve, Räder rotieren usw. Welche Kräfte stecken hinter einer solchen Bewegung? Wird denn das Teilchen beschleunigt? Ja, denn obwohl der Betrag von v konstant bleibt, ändert sich seine Richtung, und das ist auch eine Beschleunigung.

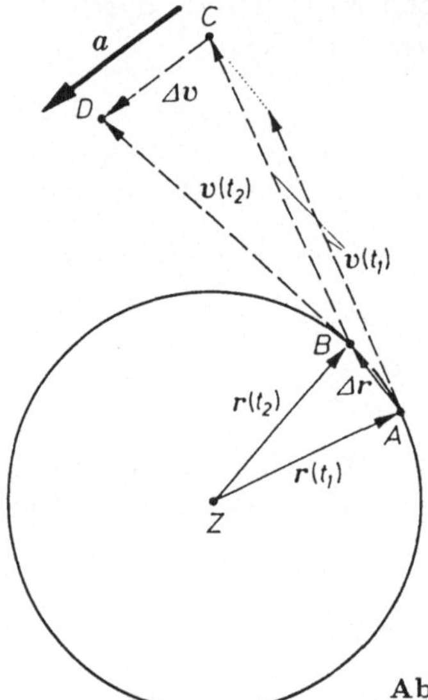

Abb. 2.7. Kinematik der gleichförmigen Kreisbewegung

Wir betrachten das Teilchen in zwei eng benachbarten Zeitpunkten t und $t + \Delta t$ (Abb. 2.7). Seine beiden Ortsvektoren für diese Zeiten sind Kreisradien, bilden also die Schenkel eines gleichschenkligen Dreiecks. Die entsprechenden Geschwindigkeitsvektoren stehen tangential zum Kreis, also senkrecht zum jeweiligen Ortsvektor. Da beide v-Vektoren den gleichen Betrag haben, bilden sie ebenfalls ein gleichschenkliges Dreieck, wenn man sie vom gleichen Punkt aus anträgt. Da sie senkrecht zu den beiden r-Vektoren stehen, schließen sie den gleichen Winkel ein wie diese. Also ist das Dreieck der v-Vektoren *ähnlich* dem der r-Vektoren. Die dritte Seite des r-Dreiecks ist die Verschiebung Δr, die in der Zeit Δt eintritt, die dritte Seite des v-Dreiecks ist die Geschwindigkeitsänderung Δv in derselben Zeit. Da die Dreiecke ähnlich sind, folgt

$$\frac{\Delta v}{v} = \frac{\Delta r}{r} \quad . \tag{2.15}$$

Hier brauchen wir nur die *Längen* der Dreiecksseiten, nämlich die *Beträge* der betreffenden Vektoren. Deshalb können wir jetzt den Fettdruck weglassen.

Teilen wir beide Seiten durch Δt, ergibt sich

$$\frac{\Delta v/\Delta t}{v} = \frac{\Delta r/\Delta t}{r} \quad . \tag{2.16}$$

Das bleibt auch richtig, wenn wir zur Grenze $\Delta t \rightarrow 0$ übergehen:

$$\frac{dv/dt}{v} = \frac{a}{v} = \frac{dr/dt}{r} = \frac{v}{r} \quad , \tag{2.17}$$

oder, nach a aufgelöst

$$a = \frac{v^2}{r} \quad . \tag{2.18}$$

Das ist der *Betrag* der Beschleunigung, die unser Teilchen erfährt. Die Kraft, die auf das Teilchen wirkt, hat also den Betrag

$$F = ma = m\frac{v^2}{r} \quad . \tag{2.19}$$

Die Richtung von a und F ergibt sich aus der Richtung von Δv, zeigt also immer radial nach innen.

Eine gleichförmige Kreisbewegung setzt eine Kraft vom Betrag mv^2/r voraus, die immer zum Bahnmittelpunkt hin, also immer senkrecht zur Teilchenbewegung zeigt, eine *Zentripetalkraft*. Umgekehrt: Wenn ein Teilchen eine Kraft konstanten Betrages erfährt, die immer senkrecht zu seiner Bewegung steht, kann diese Kraft ja den *Betrag* der Geschwindigkeit des Teilchens nicht ändern, und daher sind die Bedingungen für eine gleichförmige Kreisbewegung erfüllt: Das Teilchen beschreibt eine Kreisbahn.

Wenn unser Teilchen eine Geschwindigkeit vom Betrag v hat, braucht es zu einem Umlauf um den Kreis, dessen Radius r sei, die *Umlaufzeit* $T = 2\pi r/v$. Allgemein legt es in der Zeit t den Kreisbogen der Länge vt zurück, der über einem Winkel $\varphi = vt/r$ liegt. Das Verhältnis "überstrichener Winkel/dazu nötige Zeit" $\varphi/t = v/r$ nennen wir *Winkelgeschwindigkeit* ω, genau wie wir das Verhältnis "Weg/Zeit" Geschwindigkeit v nennen. Manchmal ist es günstig, die Zentripetalkraft durch ω statt durch v auszudrücken:

$$F = m\omega^2 r \quad . \tag{2.20}$$

2.13 Geben Sie v, ω und T für den Umlauf des Mondes um die Erde und den Umlauf der Erde um die Sonne an (Abstand Erde-Mond 380 000 km, Sonne-Erde 150 000 000 km).

2.14 Welche Größen (v, ω, T, usw.) sind gleich bei den Zahnrädern am Pedal und am Hinterrad Ihres Fahrrades, beim Zahnrad und beim Reifen Ihres Hinterrades?

2.15 Warum fällt ein Erdsatellit nicht herunter? Wie schnell fliegt er und wie lange braucht er für einen Umlauf, wenn seine Kreisbahn nicht sehr hoch über dem Erdboden liegt?

2.16 Kommt man auf der Innen- oder der Außenspur in kürzerer Zeit durch eine Kurve, wenn man nicht "schneiden" kann oder darf, sondern in der Spur bleiben muß?

2.6 Die harmonische Schwingung

Wenn wir eine gleichförmige Kreisbewegung von der Seite, d. h. von einem Punkt in der Kreisebene sehr weit außerhalb betrachten, sehen wir das Teilchen nur um eine Mittellage (die Kreismitte) hin- und herschwingen. Diesen Bewegungsablauf, also die seitliche Projektion einer gleichförmigen Kreisbewegung, definieren wir als *harmonische Schwingung* (Abb. 2.8).

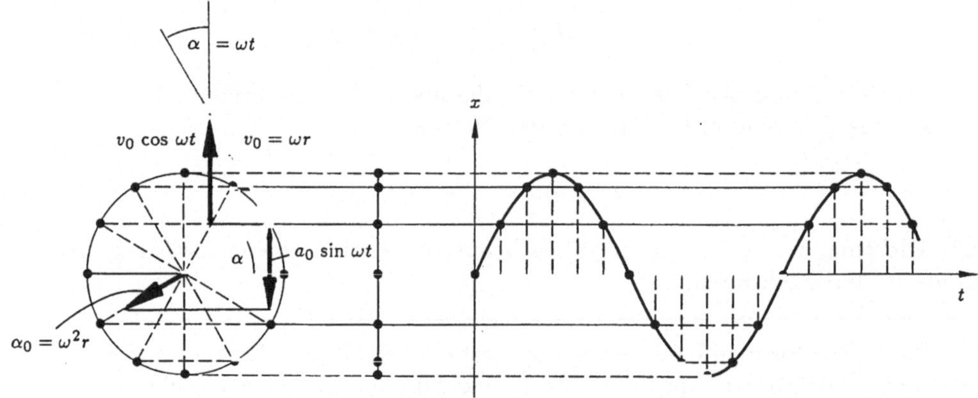

Abb. 2.8. Die harmonische Schwingung als "von der Seite gesehene" gleichförmige Kreisbewegung

Die Kreisbahn habe den Radius r und werde mit der Winkelgeschwindigkeit ω, also mit der Bahngeschwindigkeit $v = \omega r$ durchlaufen. Zur Zeit $t = 0$ sei das Teilchen dem von der Seite schauenden Beobachter am fernsten. Dann befindet es sich zur späteren Zeit t auf einem Radius, der den Winkel ωt gegen die Richtung zum Beobachter bildet. Daher ist die seitliche Projektion seines Ortes zur Zeit t, die *Auslenkung* oder Elongation der Schwingung,

$$x = r \sin \omega t \quad . \tag{2.21}$$

Die Geschwindigkeit des schwingenden Teilchens erhalten wir durch seitliche Projektion des Tangentenvektors v der Kreisbewegung:

$$v = v_0 \cos \omega t = \omega r \cos \omega t \quad . \tag{2.22}$$

Wir erhalten dasselbe, indem wir $x(t)$ nach t ableiten. Analog ergibt sich die

Beschleunigung des schwingenden Teilchens graphisch und rechnerisch zu

$$a = -\omega v_0 \sin \omega t = -\omega^2 r \sin \omega t \quad . \qquad (2.23)$$

Diese Beschleunigung muß auf einer Kraft

$$F = ma = -m\omega^2 r \sin \omega t \qquad (2.24)$$

beruhen. Vergleich mit (2.21) zeigt:

$$F = -m\omega^2 x \quad . \qquad (2.25)$$

Eine harmonische Schwingung beruht auf einer elastischen Rückstellkraft:
Diese ist proportional zur Auslenkung x aus der Ruhelage und wirkt ihr
entgegen.

Elastische Kräfte sind sehr verbreitet. Sie treten auf, wenn man z. B. einen
elastischen Körper deformiert, etwa eine Spiralfeder etwas dehnt. Den Zusammenhang zwischen der Kraft F, mit der die Feder zurückzieht, und ihrer Verlän-
gerung x gegenüber der Ruhelage drückt man durch ihre Federkonstante D aus:

$$F = -Dx \quad . \qquad (2.26)$$

Vergleich mit (2.25) ergibt, wie schnell ein Teilchen der Masse m schwingt,
wenn es an dieser Feder hängt:

$$\omega = \sqrt{\frac{D}{m}} \quad . \qquad (2.27)$$

ω ist offenbar die *Winkelgeschwindigkeit* der entsprechenden Kreisbewegung.
Für die Schwingung heißt ω *Kreisfrequenz*.

2.17 Ein gefederter Stuhlsitz sinkt um 10 cm ab, wenn Sie sich daraufsetzen. Mit welcher
Frequenz können Sie auf diesem Stuhl mit geringstem Kraftaufwand auf- und ab-
schwingen?

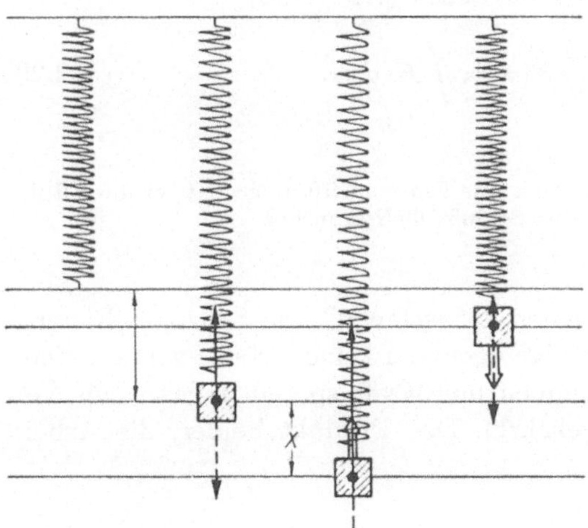

Abb. 2.9. Das elastische Pendel

2.18 Ein Teilchen der Masse m ist an einem Faden der Länge l aufgehängt. Schwingt solch ein Pendel harmonisch und mit welcher Frequenz? Woher kommt die Rückstellkraft? Betrachten Sie sehr kleine Auslenkungen, sonst wird es schwierig.

2.19 Eine Flüssigkeit, die in beiden Schenkeln eines U-Rohrs steht, schwingt hin und her, nachdem man in ein Rohrende geblasen hat. Schwingt sie harmonisch, und mit welcher Frequenz?

2.7 Energie und Leistung

Wenn jemand etwas mit noch soviel Kraft am Ort festhält, verrichtet er physikalisch keine Arbeit. Er könnte ja das Ding auch mit einem Keil o. ä. festklemmen und frühstücken gehen. Arbeit verrichtet man nur, wenn man etwas *gegen* eine Kraft F um eine Strecke x verschiebt. Natürlich zählt hierbei immer nur *die* Komponente der Kraft F, die wirklich in Gegenrichtung zur Verschiebung wirkt (Abb. 2.10). Diese Komponente ist $F \cos \alpha$, wenn α der Winkel zwischen F und x ist. Wenn diese Komponente sich nicht längs des Verschiebungsweges ändert, ist die Arbeit

$$W = xF \cos \alpha = x \cdot F \quad . \tag{2.28}$$

Das Skalarprodukt zweier Vektoren, bezeichnet durch den Malpunkt, ist ja genau das Produkt ihrer Beträge mal dem Cosinus des Winkels zwischen ihnen.

2.20 Wieviel Arbeit verrichten Sie, wenn Sie Ihre Treppe hochsteigen, einen Klimmzug machen, eine Kniebeuge machen, auf einen Berg steigen?

2.21 Wieviel Arbeit verrichtet Ihr Auto oder sonstiges Motorfahrzeug, wenn es eine 10 km lange Steigung von 10% hochfährt?

Wenn die Kraft sich längs des Verschiebungsweges ändert, muß man diesen Weg in so kleine Stücke Δx aufteilen, daß innerhalb Δx keine merkliche Änderung der Kraft mehr eintritt. Die Beiträge dieser Stücke muß man summieren. Wenn man noch zur Grenze $\Delta x \to 0$ übergeht, kann gar nichts mehr passieren. Die allgemeine Definition der Arbeit heißt somit (Abb. 2.10)

$$W = \lim_{\Delta x \to 0} \sum F \cdot x = \int F \cdot dx \quad . \tag{2.29}$$

2.22 Welche Arbeit verrichtet man, wenn man eine Feder um 10 cm gegenüber ihrer Ruhelage in die Länge zieht, wobei man zum Schluß 100 N braucht?

Die Erfahrung zeigt: Alle einfachen "Maschinen" wie Seilzüge, Riemen- und Zahnradtriebe, Hebel, Flaschenzüge erzeugen keine Arbeit, sondern wandeln sie nur um. Wenn solche Maschinen uns Kraft sparen, müssen wir Verschiebungsweg zusetzen (oder umgekehrt). Das Produkt beider, die Arbeit, bleibt konstant.

(a)

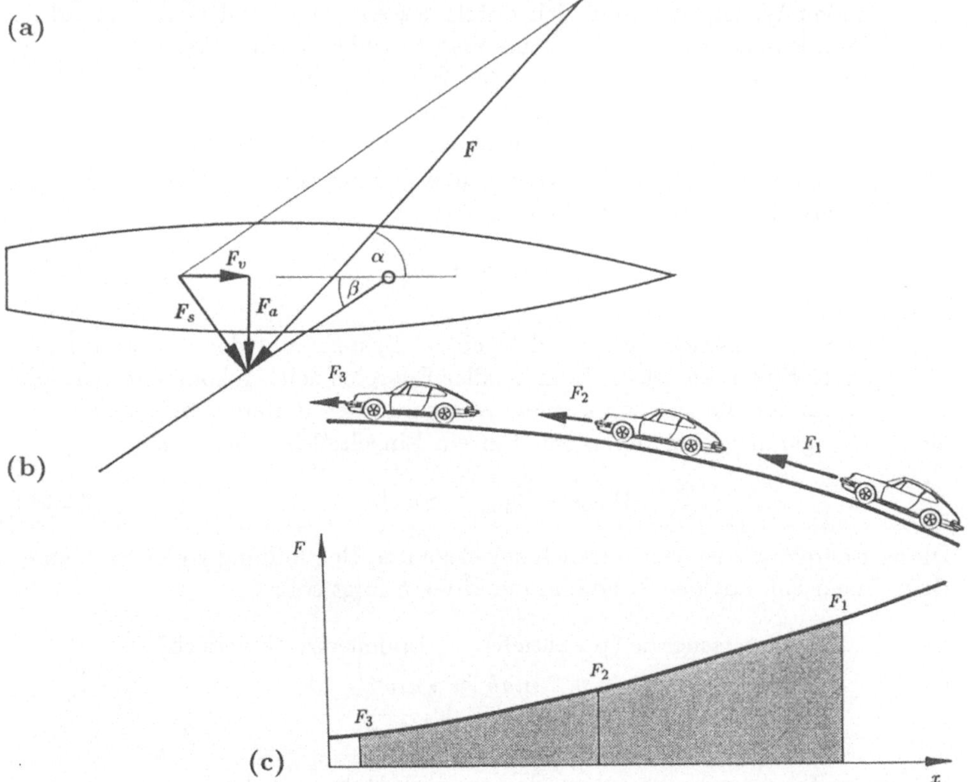

Abb. 2.10. (a) Welche Arbeit leistet der Turner Hoppenstedt? Welche Energie entlädt sich auf Familie Meck und ihren guten Hund Fidelio? (W. Busch, "Die Folgen der Kraft") **(b)** Von der Windkraft F kommt nur der Anteil F_v dem Boot in Fahrtrichtung zugute. Wie groß ist F_v, bei welchem β ist F_v maximal? Was wird aus F_a? Welche Arbeit leistet der Wind auf einer Fahrstrecke Δx? **(c)** Die zu überwindende Kraft ändert sich: $F(x)$. Wie hängen die Kurven $h(x)$ und $F(x)$ zusammen?

2.23 Weisen Sie am Flaschenzug nach, daß das Produkt von Kraft und Weg beiderseits gleich ist. Um wieviel hebt sich die Last, wenn Sie das freie Seilende um x abwärts ziehen? Zählen Sie dazu die Seilstücke, auf die sich x verteilt.

Arbeit, die man gegen eine Kraft verrichtet hat, steckt hinterher noch in dem verschobenen Teilchen (sofern es sich nicht um eine Reibungskraft handelt; in diesem Fall ist die Arbeit leider verloren). Denken Sie an Wasser, das man zu einem Speichersee hochpumpt, oder an eine Feder, die man spannt. Wenn man das Wasser oder die Feder losläßt, kann man im Prinzip die investierte Arbeit voll zurückgewinnen und einem anderen Teilchen zuführen. Eine solche gespeicherte Arbeit heißt *potentielle Energie* W_{pot}.

Bringt man einen Wagen durch Anschieben über eine bestimmte Strecke in Schwung, hat man ebenfalls Arbeit geleistet. Beschleunigt man mit zeitlich konstantem a, also mit der Kraft $F = ma$ über die ganze Strecke x, hat man die Arbeit $W = Fx = max$ in den Wagen hineingesteckt. Der Wagen kann auch eine schräge Rampe entsprechend weit hinaufrollen und kann somit die aufgewendete Arbeit in potentielle Energie umwandeln. Diese Energie steckt auch schon im rollenden Wagen und muß sich durch dessen Masse und Geschwindigkeit ausdrücken lassen. Wie und wie lange man beschleunigt hat, weiß ja niemand mehr, wenn er den Wagen rollen sieht. Wir speziell haben eine Zeit t lang mit a beschleunigt, was die Endgeschwindigkeit $v = at$ und die Schubstrecke $x = \frac{1}{2}at^2 = \frac{1}{2}v^2/a$ ergibt. Im Ausdruck für die Arbeit brauchen wir ax, das ist $\frac{1}{2}v^2$, also haben wir in den Wagen unabhängig von den Einzelheiten des Anschiebens, die *kinetische Energie*

$$W_{\mathrm{kin}} = \tfrac{1}{2}mv^2 \tag{2.30}$$

hineingesteckt.

Im abgeschlossenen System, d.h. einem System, auf das von außen her keine Kräfte einwirken, ist die Summe aller Energien zeitlich konstant. Das gilt zunächst nur für die Mechanik unter Ausschluß der Reibung, bei der mechanische Energie in Wärme übergeht. Für ein Einzelteilchen heißt es

$$W_{\mathrm{pot}} + W_{\mathrm{kin}} = \mathrm{const} \quad . \tag{2.31}$$

Dieser Energiesatz ist sehr nützlich zur eleganten Behandlung vieler Probleme. Beim freien Fall aus der Ruhe und der Höhe h folgt sofort:

$$\text{Anfangsenergie (potentiell)} = \text{Endenergie (kinetisch)}$$
$$mgh = \tfrac{1}{2}mv^2 \quad \text{also}$$
$$v = \sqrt[2]{2gh} \quad .$$

Bei einem Teilchen der Masse m, das an einer Feder mit der Federkonstanten D schwingt, muß die potentielle Energie beim Maximalausschlag $\frac{1}{2}Dx^2$ gleich der kinetischen Energie $\frac{1}{2}mv^2$ beim Nulldurchgang sein. Daraus folgt wieder $Dx^2 = mv^2$ und wegen $v_0 = \omega x_0$ auch $\omega = \sqrt{D/m}$ (Abb. 2.11).

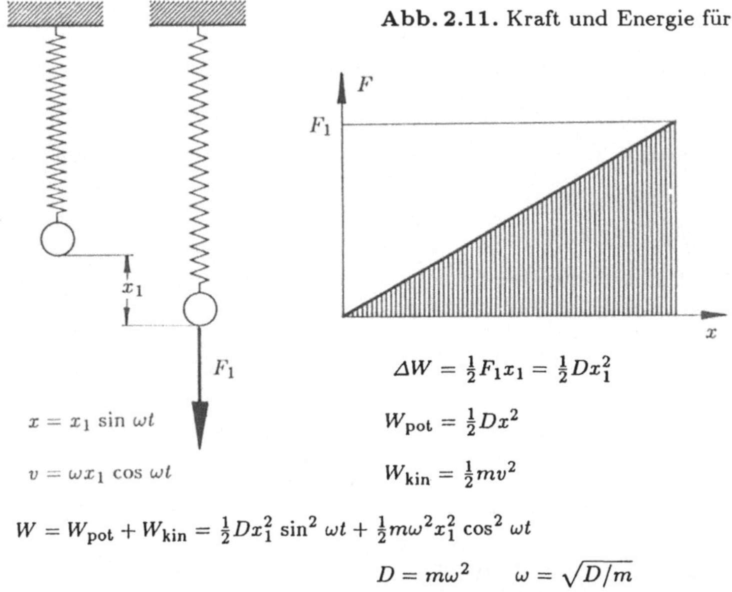

$$\Delta W = \tfrac{1}{2} F_1 x_1 = \tfrac{1}{2} D x_1^2$$

$$W_{\text{pot}} = \tfrac{1}{2} D x^2$$

$$W_{\text{kin}} = \tfrac{1}{2} m v^2$$

$$W = W_{\text{pot}} + W_{\text{kin}} = \tfrac{1}{2} D x_1^2 \sin^2 \omega t + \tfrac{1}{2} m \omega^2 x_1^2 \cos^2 \omega t$$

$$D = m\omega^2 \qquad \omega = \sqrt{D/m}$$

Auf einer schiefen Ebene mit dem Steigungswinkel α steigt ein Wagen, der die Strecke x fährt, nur um $x \sin \alpha$ höher. Die potentielle Energie ist um $mgx \sin \alpha$ gewachsen, infolge einer gleichgroßen Schubarbeit Fx, woraus $F = mg \sin \alpha$ folgt (Abb. 2.12).

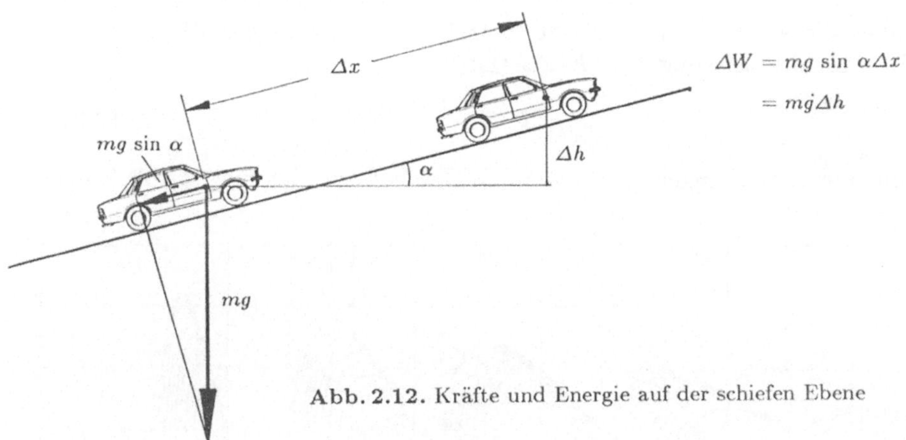

Abb. 2.12. Kräfte und Energie auf der schiefen Ebene

Den Luftwiderstand auf ein schnell bewegtes Fahrzeug oder Geschoß können wir auch nach dem Energiesatz berechnen. Das Fahrzeug, das mit v fährt, muß ja mit seiner Stirnfläche A einen Kanal durch die Luft bohren, d. h. die darin befindliche Luft beiseite schieben und sie dabei auf eine Geschwindigkeit bringen, die auch ungefähr v ist. Wir betrachten eine Fahrstrecke x, d. h. einen Kanal vom Volumen Ax (Abb. 2.13). Darin steckt die Luftmasse ϱAx (ϱ: Dichte der Luft). Diese Masse auf v zu beschleunigen, kostet die Energie $W = \tfrac{1}{2} \varrho A x v^2$.

Abb. 2.13. Welche Energie muß das Auto aufbringen, um sich einen "Kanal" durch die Luft zu bohren?

Diese Energie, die die Luft erhalten hat, muß dem Fahrzeug entzogen worden sein, indem eine Kraft F auf dieses gewirkt hat, so daß $Fx = \frac{1}{2}\varrho Axv^2$. Diese Kraft, der Luftwiderstand, ist also

$$F = \tfrac{1}{2}\varrho Av^2 \quad . \tag{2.32}$$

Wenn das Fahrzeug Stromlinienform oder einen spitzen Bug hat, braucht die Luft nicht ganz auf v gebracht zu werden, und es wird

$$F = \tfrac{1}{2}c_{\mathrm{w}}\varrho Av^2 \quad , \tag{2.32'}$$

mit $c_{\mathrm{w}}<1$. c_{w} heißt Luftwiderstandsbeiwert.

Leistung: Wird während der Zeit Δt die Arbeit ΔW verrichtet, spricht man von einer mittleren Leistung $\overline{P} = \Delta W/\Delta t$. Wenn sie zeitlich stark variiert, muß man zur Grenze $\Delta t \to 0$ übergehen:

$$P = \frac{dW}{dt} = \dot{W} \quad . \tag{2.33}$$

Wir können die Arbeit auch als Kraft $\cdot$ Verschiebung ausdrücken: $W = \boldsymbol{F}\cdot\Delta\boldsymbol{x}$. Dann folgt für die Leistung $P = \boldsymbol{F}\cdot\Delta\boldsymbol{x}/\Delta t$, also

$$P = \boldsymbol{F}\cdot\boldsymbol{v} \quad . \tag{2.34}$$

Wir können jetzt z. B. angeben, wie weit ein Geschoß wirklich fliegt (Abb. 2.14).

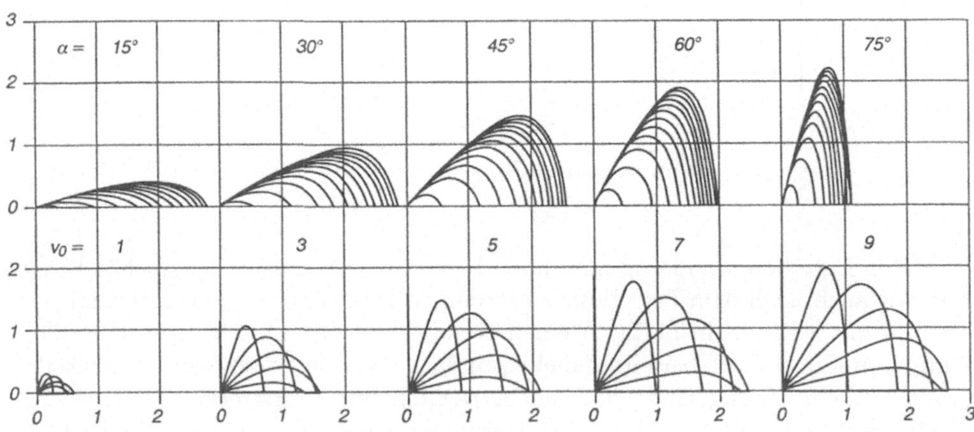

Abb. 2.14. Bildunterschrift s. gegenüberliegende Seite

50

Ohne Luftwiderstand haben wir aus der Wurfparabel die maximale Schußweite $x = v^2/g$ gefolgert. Bei $v_0 = 2\,\text{km/s}$ wären das $400\,\text{km}$! In Wirklichkeit verzehrt der Luftwiderstand die Leistung $P = -\dot{W} = \frac{1}{2}c_\text{w}\varrho Av^3$. Bliebe P konstant, dann wäre die Anfangsenergie $W_0 = \frac{1}{2}mv^2$ nach der Zeit $t = W_0/P = m/c_\text{w}\varrho Av$, also nach der Flugstrecke $vt = m/c_\text{w}A$ aufgezehrt. Bei $c_\text{w} \approx 1$ (Kanonenkugel) folgt: Eine Bleikugel fliegt etwa das 10 000fache ihres eigenen Durchmessers weit, eine Eisenkugel das 7 000fache. Moderne spitze Geschosse mit kleinem c_w fliegen weiter.

2.8 Impuls

Stellen Sie sich vor, Sie schweben ganz allein im Weltall. Jetzt bewegen Sie sich mal von der Stelle. Sie können mit sämtlichen Gliedmaßen strampeln, wie Sie wollen: Ihr Schwerpunkt rührt sich nicht. Das einzige Mittel wäre, sich an etwas anderem abzustoßen, wie wir das beim Gehen oder Fahren tun; da stoßen wir uns nämlich von der Erde ab. Im Weltall, wo nichts ist außer Ihnen, können Sie sich höchstens an einem entbehrlichen Gegenstand "abstoßen", den Sie bei sich haben, indem Sie ihn möglichst kräftig nach hinten werfen: Einen Hammer, Ihr Frühstück, etwas Sauerstoff aus dem Atemgerät, den Sie ausströmen lassen. So funktioniert natürlich auch der Raketenantrieb: Die Rakete stößt sich am Treibstrahl ab.

Was heißt überhaupt "sich von der Stelle bewegen"? Von welcher Stelle? Vielleicht bewegen Sie sich schon bedenklich schnell, das ist ja nur eine Frage des Bezugssystems. Was Sie wollen, ist Ihren Bewegungszustand ändern, sich beschleunigen (bremsen natürlich inbegriffen). Dazu muß eine Kraft $\boldsymbol{F} = m\boldsymbol{a}$ auf Ihren Körper wirken. Wer soll diese Kraft ausüben? Wenn Sie mit Ihrem Raumschiff zusammengekoppelt sind, können Sie mit der Kraft $\boldsymbol{F}$ ("actio") am Seil ziehen. Sie wirkt auch auf das Raumschiff. Auf Sie selbst wirkt die entgegengesetzte Kraft $-\boldsymbol{F}$ ("re-actio") (Kraft = Gegenkraft), ganz egal, ob Sie das Seil einziehen oder ob jemand im Schiff das tut. Sie beschleunigen sich mit $\boldsymbol{a} = -\boldsymbol{F}/m$, das Raumschiff (Masse M) mit $\boldsymbol{a}' = \boldsymbol{F}/M$. Dabei behält der Schwerpunkt des Systems Schiff-Sie, der von Ihnen M/m mal weiter entfernt ist als vom Schiff, seinen Bewegungszustand bei. Sie beide bilden ein *abgeschlossenes System*, in das keine Kräfte von außen hineingreifen. Es wirken nur innere Kräfte (z. B. am Seil), und die können den Bewegungszustand des Schwerpunkts nicht beeinflussen (Abb. 2.15).

Abb. 2.14. Ballistische Kurven, berechnet nach dem Runge-Kutta-Verfahren. Annahme: Luftwiderstand $\sim v^2$. Ähnlich wirkt sich der Luftwiderstand auf einen Wasserstrahl aus, unterstützt durch das Zersprühen in Tropfen. v_0: Anfangsgeschwindigkeit, α: Abschußwinkel. Oben: Für jedes α läuft v_0 von 1 bis 12. Unten: Für jedes v_0 läuft α von $15°$ bis $90°$ in Schritten von $15°$. Einheit des Weges ist $m/k = 2m/c_\text{w}\varrho A$, Einheit der Geschwindigkeit ist $\sqrt{mg/k}$. So lassen sich die Kurven für jedes Geschoß verwenden. Beispiel: Infanteriegeschoß mit $A = 0,5\,\text{cm}^2$, $c_w = 0,2$, $m = 20\,\text{g}$; x-Einheit $3\,\text{km}$, v-Einheit $170\,\text{m/s}$

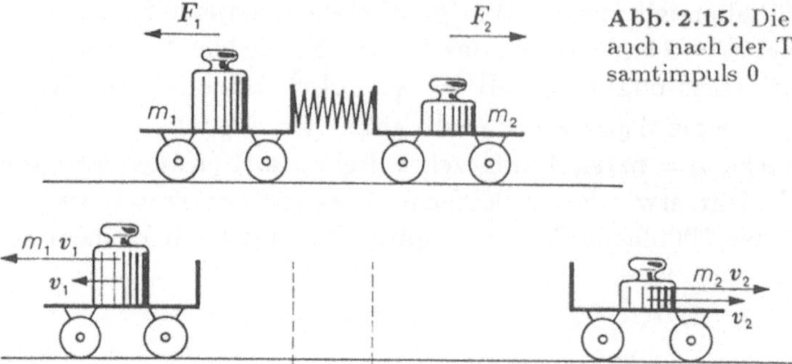

Abb. 2.15. Die beiden Wagen haben auch nach der Trennung noch den Gesamtimpuls 0

Für jede innere Kraft zwischen zwei Teilchen mit den Massen m_1 und m_2 gilt

$$\text{Kraft auf 1} \;=\; -\text{Gegenkraft auf 2}$$
$$F_1 = m_1 a_1 = -F_2 = -m_2 a_2 \quad .$$

a ist die zeitliche Ableitung von v. Die *Änderungen* der Größen $m_1 v_1$ und $m_2 v_2$ sind also entgegengesetzt, ihre Summe ist 0. Daher ändert sich die Größe

$$p = p_1 + p_2 = m_1 v_1 + m_2 v_2 \tag{2.35}$$

in einem abgeschlossenen System zeitlich *nicht*. Konstante Größen haben immer eine besondere Bedeutung. Wir nennen p den Impuls des Systems, $m_i v_i$ die Impulse seiner Bestandteile. Nur eine *äußere* Kraft F kann den Impuls des Systems ändern:

$$\boxed{F = \dot{p} \;, \quad \text{speziell } p = \text{const}, \text{ wenn } F = 0 \;.} \tag{2.36}$$

Ebenso wie v hängt der Wert von $p = mv$ vom Bezugssystem ab. Die *Impulserhaltung* gilt noch strenger als die Energieerhaltung, nämlich immer, während mechanische Energie z. B. durch Reibung verzehrt wird; bezieht man die dabei entstehende Wärmeenergie in die Bilanz ein, ist der Energiesatz allerdings auch allgemeingültig.

Jetzt können wir einen senkrechten Raketenaufstieg berechnen, wobei wir Schwerkraft und Luftwiderstand vernachlässigen. Das Triebwerk stoße die Verbrennungsgase mit der Geschwindigkeit w aus (Abb. 2.16). In der Zeit dt werde so eine Masse $dm = -\dot{m}\,dt$ weggeblasen. Bei diesem Ausstoß mit dem Impuls $w\,dm$ nach hinten erhält die Rakete (Masse m) einen ebenso großen Impuls nach vorn, denn der Gesamtimpuls ändert sich nicht. Wenn die Rakete vorher

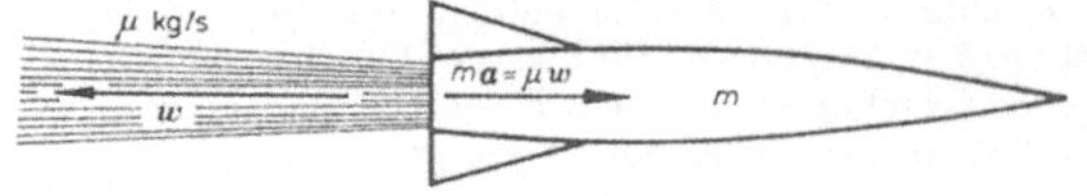

Abb. 2.16. Raketenantrieb

ruhte, fliegt sie jetzt mit dv, so daß $m\,dv = -w\,dm$. Wenn sie schon flog, nimmt ihre Geschwindigkeit um dieses dv zu. In beiden Fällen ist die Beschleunigung

$$a = \frac{dv}{dt} = -\frac{w}{m}\frac{dm}{dt} \quad , \tag{2.37}$$

die Kraft (der *Schub* des Triebwerks) ist

$$F = m\frac{dv}{dt} = w\left|\frac{dm}{dt}\right| = w|\dot{m}| \quad . \tag{2.38}$$

Wir wollen wissen, wieviel Treibstoff man braucht, um wieviel also m abgenommen hat, bis man von der Ruhe aus die Geschwindigkeit v erreicht hat. Wir suchen also die Funktion $m(v)$. In (2.37) können wir beiderseits mit $m\,dt$ multiplizieren und durch $w\,dv$ teilen:

$$\frac{dm}{dv} = -\frac{m}{w} \quad . \tag{2.39}$$

Was sagt diese Gleichung? Die Ableitung der gesuchten Funktion $m(v)$ ist, bis auf den konstanten Faktor $-1/w$, gleich der Funktion m selbst. Es gibt nur eine Funktion, die gleich ihrer eigenen Ableitung ist: Die Exponentialfunktion e^x. Hier muß natürlich v im Exponenten stehen, eventuell mit einem Faktor davor. Wir versuchen es mit $m = e^{\alpha v}$. Was α ist, erfahren wir durch Einsetzen in (2.39): Links entsteht $\alpha\,e^{\alpha v}$, was gleich αm ist, also ist $\alpha = -1/w$, oder ausführlich $m = e^{-v/w}$. Diese Funktion löst unsere Gleichung (2.39), aber stimmen kann sie nicht, denn links steht eine Masse, rechts eine reine Zahl. Also schreiben wir rechts auch eine Masse hin:

$$m = m_0\,e^{-v/w} \quad \text{(Ziolkowski-Gleichung, Abb. 2.17)} \quad . \tag{2.40}$$

Löst das unsere Gleichung (2.39)? Ja. Was ist m_0? Der Wert von m bei $v = 0$, also beim Start, denn $e^0 = 1$.

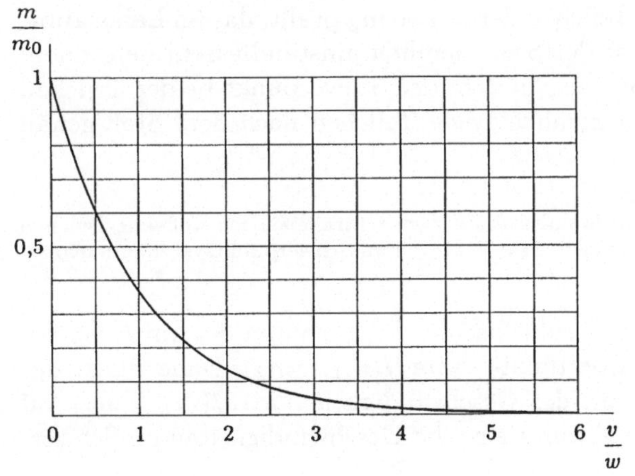

Abb. 2.17. Welchen Bruchteil der Startmasse einer Rakete kann man auf die Geschwindigkeit v bringen?

Dieses "Probieren" ist dem Anfänger oft verdächtig, geht aber bei einiger
Übung viel schneller und ist auch universeller brauchbar als folgende Methode:
Wir gehen von $dv = -w\,dm/m$ aus. Die Variablen v und m stehen hier auf
verschiedenen Seiten, sie sind separiert. Jetzt setzen wir beiderseits ein Integral
drüber und vergessen die zueinanderpassenden Grenzen nicht: Über v vom
Start, also $v = 0$, bis zur Endgeschwindigkeit v_e, über m von der Startmasse
m_0 bis zur "Nutzlast" m_e:

$$\int\limits_0^{v_e} dv = -w \int\limits_{m_0}^{m_e} \frac{dm}{m} \quad .$$

Links gibt die Integration v, rechts $\ln m$, also

$$v_e = -w \ln m \big|_{m_0}^{m_e} = -w \ln \frac{m_e}{m_0} \quad .$$

Damit der Logarithmus wegfällt, setzt man beide Seiten in den Exponenten
von e und erhält genau wieder (2.40).

Der Treibstrahl kommt typischerweise mit $w \approx 2\,\mathrm{km/s}$ aus der Düse. In
Abschnitt 4.1 werden wir sehen, warum das so ist: Bei Temperaturen um 4000 K,
die die Brennkammer gerade noch aushält, fliegen die Moleküle der Verbrennungsgase so schnell.

2.24 Wieviel Treibstoff braucht man, um 10^3 kg Nutzlast auf eine erdnahe Kreisbahn zu
bringen?

Zusammen mit dem Energiesatz beschreibt der Impulsatz alle *Stoßvorgänge*.

2.25 Wenn eine Stahlkugel zentral auf eine gleichschwere prallt, bleibt sie liegen, und die
gestoßene läuft genausoschnell weiter. Warum? Zeigen Sie: Energie- und Impulssatz
sind so und nur so zu erfüllen.

Wir betrachten allgemein ein Teilchen der Masse m_1, das mit der Geschwindigkeit v zentral auf ein Teilchen der Masse m_2 prallt, das im Labor ruht.
Im Bezugssystem des Labors ist der Stoß ziemlich umständlich zu berechnen,
sehr einfach dagegen in dem System, in dem der Schwerpunkt beider Teilchen
ruht. In diesem System kehren nämlich beide Teilchen nach dem Stoß genau
ihre Geschwindigkeiten um.

2.26 Beweisen Sie, daß Energie- und Impulssatz für zwei zentral elastisch stoßende Teilchen
erfüllt sind, wenn und nur wenn sich die v-Vektoren im Schwerpunktsystem umkehren.

Wenn Teilchen 2 im Ursprung ruht, hat der Schwerpunkt der um x voneinander entfernten Teilchen die Koordinate $-xm_1/(m_1 + m_2)$. Daher fliegt der
Schwerpunkt im Laborsystem mit der Geschwindigkeit $+m_1v/(m_1 + m_2)$ auf
Teilchen 2 zu (Abb. 2.18). Man gewinnt also die Geschwindigkeiten im Schwer-

54

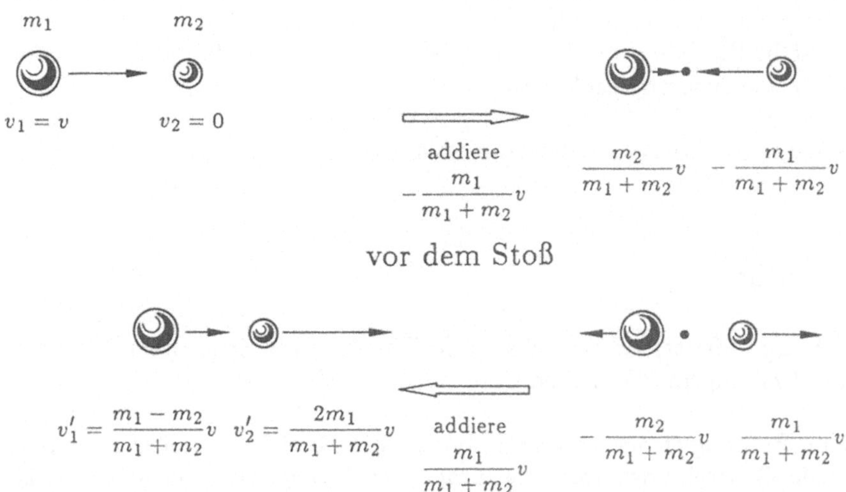

Abb. 2.18. Der Stoß (hier elastisch und zentral) ist am einfachsten im Schwerpunktsystem zu behandeln

punktsystem aus denen im Laborsystem, indem man von jeder Seite die Schwerpunktsgeschwindigkeit $m_1v/(m_1+m_2)$ subtrahiert. Die so erhaltenen Geschwindigkeiten im Schwerpunktsystem kehrt man einfach um und erhält so die Geschwindigkeiten nach dem Stoß. Durch Addition von $vm_1/(m_1 + m_2)$ transformiert man wieder zurück ins Laborsystem und erhält für die Geschwindigkeiten nach dem Stoß im Laborsystem:

$$v_1' = v\frac{m_1 - m_2}{m_1 + m_2} \ , \quad v_2' = v\frac{2m_1}{m_1 + m_2} \ . \tag{2.41}$$

(Der Strich bedeutet: *nach* dem Stoß). Auf Teilchen 2 ist die kinetische Energie

$$W = \tfrac{1}{2}m_2v'^2 = 2\frac{m_2m_1^2}{(m_1 + m_2)^2}v^2 \tag{2.42}$$

übertragen worden (anfangs hatte es ja keine), also der Bruchteil

$$\frac{\Delta W}{W} = 4\frac{m_1m_2}{(m_1 + m_2)^2} \tag{2.43}$$

der Energie, mit der Teilchen 1 ankam. Bei gleichen Massen ist die Übertragung vollständig.

2.27 Wieviel Energie kann ein Elektron auf das 1836mal schwerere Proton übertragen? Gilt das umgekehrt auch? Warum bremst man Neutronen im Kernreaktor am liebsten mit Wasser?

Bisher haben wir einen elastischen Stoß vorausgesetzt, bei dem keine Energie verlorengeht. Ein Autounfall z. B. ist hochgradig inelastisch: Kinetische Energie geht in Blechdeformation und Wärme über. Oft rollen die stoßenden Autos weiter wie zusammengeklebt.

2.28 *Behandeln Sie auch einen inelastischen Stoß, z. B. einen Autounfall.

2.9 Reibung

Wenn Reibung auftritt, geht mechanische Energie in Wärme über. Die drei wichtigsten Reibungsmechanismen sind:

1. Coulomb-Reibung (trockene Gleitreibung): Ein Festkörper gleitet auf einem anderen. Die Gleitreibungskraft, die immer der Bewegung entgegenwirkt, ist überraschenderweise so gut wie unabhängig von der Größe der Berührungsfläche und der Gleitgeschwindigkeit, sondern nur abhängig von der Kraft, mit der die beiden Körper senkrecht zur Berührungsfläche zusammengedrückt werden. Der Betrag der Gleitreibungskraft ist ein konstanter Bruchteil dieser Normalkraft:

$$F_r = \mu F_N \quad . \tag{2.44}$$

μ heißt Gleitreibungsfaktor und hängt stark von Art und Beschaffenheit der beiden Oberflächen ab. Beispiele für μ: Gummi auf trockenem Asphalt um 0,6, auf feuchtem um 0,4, auf vereistem um 0,1 oder weniger; Stahl auf Stahl um 0,1. Die Normalkraft ist oft einfach das Gewicht des oberen Körpers (Abb. 2.19).

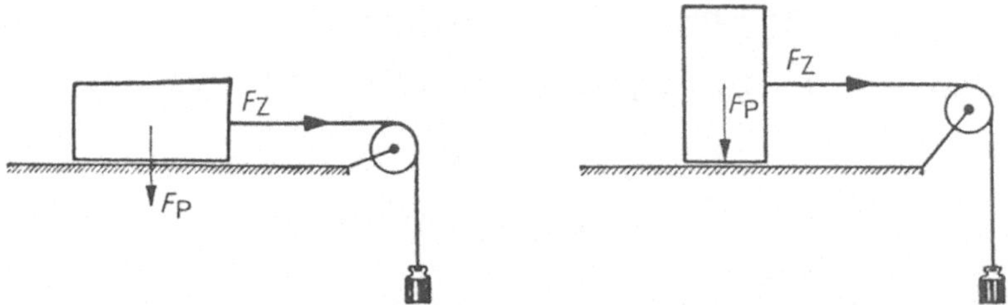

Abb. 2.19. Der Klotz erfährt hochkant die gleiche Reibung wie breitseits, zu deren Überwindung die gleiche Zugkraft F_z nötig ist, denn es kommt nur auf die Normalkraft an, und die ist beidemal gleich dem Gewicht F_p

Wenn die beiden Körper relativ zueinander ruhen, muß man den einen mit einer Kraft $F = \mu_h F_N$ schieben, damit er auf dem anderen zu gleiten beginnt. Diese Haftreibung ist meist deutlich größer als die Gleitreibung: μ_h etwa 0,8 für Gummi auf Asphalt, 0,2 für Stahl auf Stahl.

Noch sehr viel kleiner als die Gleitreibung (oft mehr als hundertmal) ist die Rollreibung der Räder oder Kugellager.

2.29 Warum soll man nicht zu stark aufs Bremspedal treten (zwei Gründe)? Auf welche maximalen Steigungen oder Gefälle können Sie sich bei Glatteis mit dem Auto gerade noch trauen? Wie schnell kann ein Auto bei verschiedenen Straßenverhältnissen durch eine nicht überhöhte Kurve vom Krümmungsradius R fahren?

2.30 Beweisen Sie: Ein Klotz beginnt auf einer schiefen Ebene vom Winkel α zu rutschen (Abb. 2.20), wenn $\tan \alpha > \mu$ ist (μ: Reibungsfaktor Klotz-Ebene).

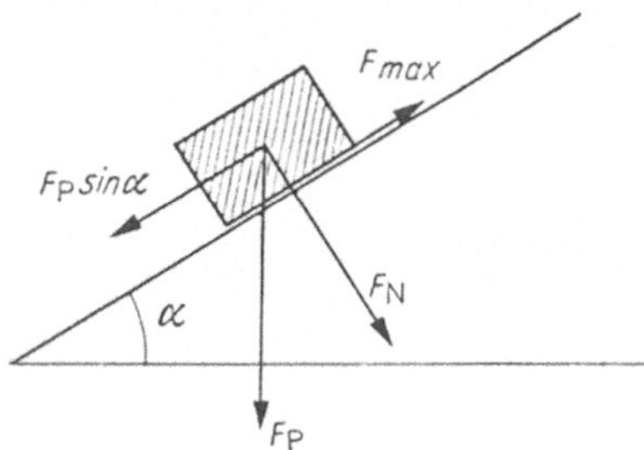

Abb. 2.20. Der Klotz beginnt zu rutschen, wenn $\tan \alpha$ gleich dem Reibungskoeffizienten μ wird

2. Stokes-Reibung (viskose Reibung) tritt auf, wenn sich nicht zu große Körper nicht zu schnell durch eine Flüssigkeit oder ein Gas bewegen. Sie ist proportional zur Geschwindigkeit, wie wir in Abschnitt 3.3 herleiten werden. Speziell für Kugeln gilt

$$F_r = -6\pi\eta r \boldsymbol{v} \quad . \tag{2.45}$$

η ist die Viskosität der Flüssigkeit. Damit ergibt sich die Bremsleistung $P = Fv = 6\pi\eta r v^2$. Ein vom Sturm aufgewirbeltes Staubkorn wird in große Höhe getragen. Dann wird es für kurze Zeit mit g beschleunigt. Bald erreicht es eine Geschwindigkeit, bei der die Stokes-Kraft $F = 6\pi\eta r v$ ebenso groß wird wie das Gewicht mg. Von da ab sinkt das Korn weiter mit $v = mg/6\pi\eta r$ (stationärer Zustand).

2.31 Nach einem Hochwasser ist ein See manchmal tagelang trüb. Wie groß sind etwa die aufgeschwemmten Teilchen? Welche Kräfte wirken auf die aufgeschwemmten Teilchen? Um wieviel schneller verläuft eine solche Sedimentation in der Zentrifuge als in einem stehenden Gefäß?

3. Newton-Reibung wirkt auf große, schnelle Körper in Flüssigkeiten und Gasen. Wir kennen schon aus Abschnitt 2.7 ihr v^2-proportionales Kraftgesetz und die v^3-proportionale Leistung:

$$F = \tfrac{1}{2} c_{\mathrm{w}} \varrho A v^2 \ , \qquad P = \tfrac{1}{2} c_{\mathrm{w}} \varrho A v^3 \quad . \tag{2.46}$$

2.32 Wie groß muß ein Fallschirm sein, damit er einen Menschen nicht zu schnell auf den Boden setzt? Wann erreicht der Springer sein stationäres Sinken? Wie würde der Absprung ohne Fallschirm verlaufen? Kann sich eine Ameise totfallen? (Abb. 2.21)

Jede Schwingung wird durch Reibung gedämpft. Wenn der Körper mit der Amplitude x, also der Geschwindigkeitsamplitude $v = \omega x$ schwingt und einer

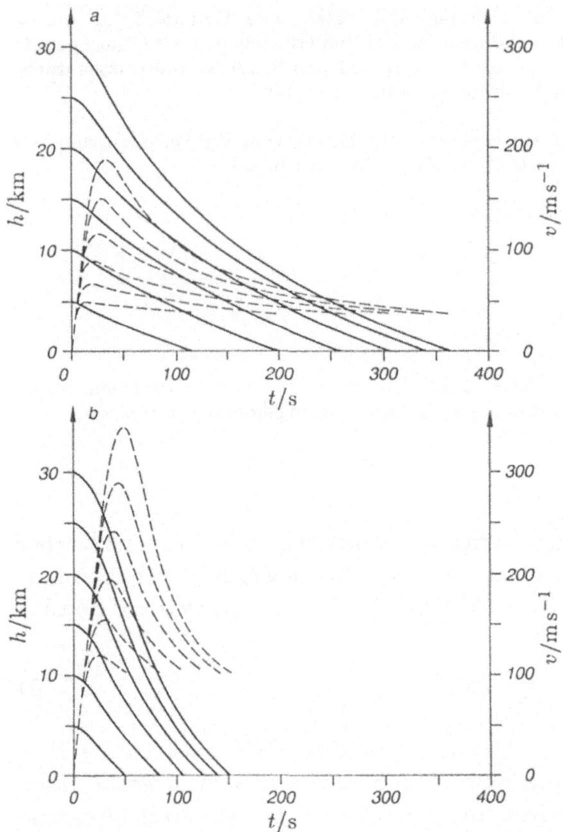

Abb. 2.21a,b. Fall eines Menschen aus verschiedenen großen Höhen durch die Luft. — Höhe h, --- Geschwindigkeit v als Funktion der Zeit, (a) in Querlage, (b) in Aufrechtstellung des Körpers. Spätestens nach 1 Minute nimmt v seinen stationären Wert an, der sich mit der Luftdichte ändert und am Boden unabhängig von der Anfangshöhe immer die gleiche Größe hat

Stokes-Reibung unterliegt, verliert er die Leistung $P = kv^2$ (k steht für $6\pi\eta r$), d. h. seine Energie $W = \frac{1}{2}mv^2$ verringert sich gemäß $P = -\dot{W} = -mv\dot{v} = kv^2$ oder $\dot{v} = -(k/m)v$. Die Ableitung der gesuchten Funktion $v(t)$ ist, bis auf einen konstanten Faktor, gleich der Funktion selbst, also klingt v und damit x exponentiell mit der Zeit ab

$$v = v_0\, \mathrm{e}^{-kt/m} \quad . \tag{2.47}$$

Um eine zeitlich konstante Amplitude aufrechtzuerhalten, muß man der Schwingung die verlorene Energie immer wieder ersetzen. Bei der mechanischen Uhr besorgt die Unruhe oder das Pendel, gesteuert durch den Ankermechanismus, diesen Nachschub aus Feder oder Gewicht; bei der modernen Uhr holt sich der Schwingquarz diese Energie aus der Batterie.

58

2.10 Drehbewegung

Ein Teilchen kann sich nicht nur im Raum verschieben, es kann sich auch drehen, zumindest wenn es eine gewisse Ausdehnung hat (bei einem exakt punktförmigen Teilchen würde man von einer Drehung nichts merken). Wir unterscheiden unter den Bewegungsformen eine *Translation*, bei der alle Punkte des Teilchens Bahnen gleicher Form und Größe (kongruente Bahnen) beschreiben, eine *Rotation*, bei der alle Bahnen konzentrische, also verschieden große Kreise sind, und aus beiden zusammengesetzte Bewegungen (Abb. 2.22).

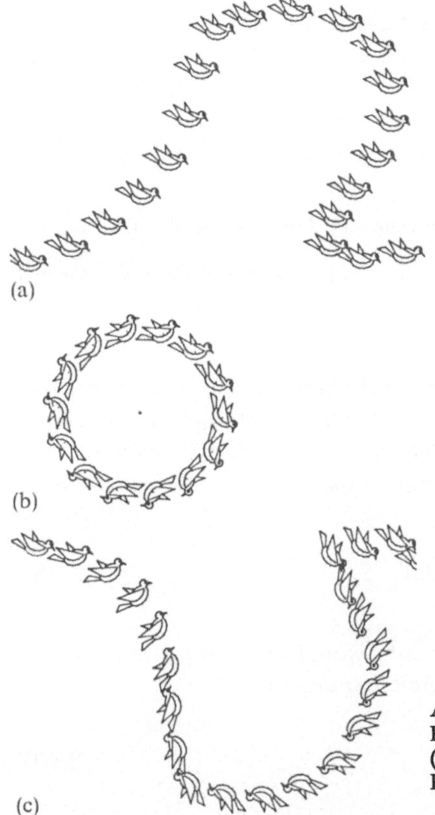

Abb. 2.22. (a) Translation: Die Richtung der Körperachsen bleibt trotz Kurvenbahn erhalten, (b) reine Rotation, (c) Translation mit Rotation: Körperachsen ändern ihre Richtung

2.33 Führt ein Auto in der Kurve, ein Pedal eines Radfahrers, der Mond beim Umlauf um die Erde, ein Bussard, der zum Sturzflug ansetzt, eine Translation, eine Rotation oder beides zusammen aus?

Unsere bisherigen Bewegungsgesetze galten für die Translation. Wie wir sehen werden, gelten für die Rotation ganz ähnlich gebaute Gesetze, wir müssen nur einige Begriffe umbenennen. Die Zusammenhänge zwischen ihnen sind die gleichen wie bei der Translation.

Zunächst müssen wir die Lage der Achse, um die sich das Teilchen dreht, festlegen und den Winkel φ, um den es sich gegen eine willkürliche Ausgangslage gedreht hat. Genau analog mußten wir bei der Translation den Ort des Teilchens durch willkürliche Festlegung eines Ursprungs, dreier Achsen und eines Ortsvektors darin beschreiben. Auch bei der Drehung können wir alle notwendigen Angaben zusammenfassen in einen Vektor, dessen Richtung die der Drehachse angibt, und dessen Betrag gleich dem Drehwinkel φ ist (im Bogenmaß natürlich). Wenn sich dieser Winkel ändert, also das Teilchen sich immer weiterdreht, bilden wir die zeitliche Ableitung dieses Winkels und erhalten den Vektor der *Winkelgeschwindigkeit* ω. Sie hat den Betrag ω, den wir schon von der Kreisbewegung her kennen, enthält aber als weitere Information auch die Richtung der Drehachse als Richtung des Vektors ω. Natürlich können wir auch die Winkelbeschleunigung $\dot{\omega}$ bilden. Wenn $\dot{\omega}$ parallel (antiparallel) zu ω ist, wird die Drehung schneller (langsamer), ohne ihre Richtung zu ändern. Ist $\dot{\omega}$ senkrecht zu ω, ändert sich der Betrag ω nicht, aber die Drehachse schwenkt in eine andere Richtung, und zwar in der von ω und $\dot{\omega}$ bestimmten Ebene.

2.34 Wie lauten die den letzten beiden Sätzen entsprechenden Aussagen bei der Translation?

2.35 Warum arbeiten wir hier immer mit der Winkelgeschwindigkeit und nicht mit der viel anschaulicheren Bahngeschwindigkeit?

Welche Energie hat das Teilchen infolge der Rotation? Ein Stückchen von der Masse dm, das im Abstand r von der Drehachse sitzt, bewegt sich mit $v = \omega r$, hat also die kinetische Energie $dW = \frac{1}{2}dm\omega^2 r^2$. Die Energie des ganzen Teilchens ergibt sich durch Summation, besser Integration aller dieser Beiträge:

$$W = \tfrac{1}{2}\omega^2 \int r^2\, dm \quad , \tag{2.48}$$

also ganz analog zur Translationsenergie $\frac{1}{2}mv^2$, wobei ω an die Stelle von v tritt; an die Stelle der Masse m tritt das *Trägheitsmoment*

$$J = \int r^2\, dm \quad . \tag{2.49}$$

Jedes Teilchen hat nur einen bestimmten Wert der Masse, aber beliebig viele Werte des Trägheitsmoments, nämlich für jede mögliche Lage der Achse einen. Am kleinsten ist J für eine Achse, die durch den Schwerpunkt geht. Für jede dazu im Abstand a parallel laufende Achse ist J um ma^2 größer (Satz von *Steiner*).

2.36 *Beweisen Sie den Satz von *Steiner*, indem Sie (2.49) für eine Achse durch den Schwerpunkt und für eine dazu parallele Achse schreiben. Hinweis: Welche Differenz haben die Vektoren r und r', die die Abstände eines Punktes von den beiden Achsen darstellen?

2.37 Bestimmen Sie das Trägheitsmoment eines Stabes, der sich um eine Achse durch seine Mitte bzw. durch sein Ende dreht (beide Achsen senkrecht zur Stabachse), ebenso für eine Kreisscheibe oder einen Kreiszylinder bei der Drehung um die Symmetrieachse, schließlich für eine Kugel (*!) und eine Achse durch den Mittelpunkt.

Wenn man die Rotationsenergie ändern will, muß man eine Kraft F an einer Stelle des Teilchens im Abstand r von der Achse ausüben, außerhalb der Achse natürlich, weil man sonst nur eine Translationsbeschleunigung erzielt, und am besten mit $F \perp r$, weil man so am meisten ausrichtet. Tut man das, während das Teilchen sich um den Winkel $d\varphi$ weiterdreht, also der Angriffspunkt der Kraft sich um $r\,d\varphi$ weiterbewegt, dann hat man die Arbeit $dW = Fr\,d\varphi$ verrichtet. Das ist genau analog zur translatorischen Beziehung $dW = F\,dx$. Wir wollten ja φ mit x als Lagekoordinate vergleichen, müssen also anstelle von F für die Rotation die Größe Fr, nämlich das *Drehmoment*, als Ursache von Beschleunigungen setzen. Wenn F nicht senkrecht auf r steht, führt nur die Komponente von F, die senkrecht zu r steht, also die Komponente $F\sin(r, F)$ zu einer Drehbeschleunigung. Das Vektorprodukt $r \times F$ (sprich: "r kreuz F") faßt alle diese Tatsachen bequem zusammen: Das Drehmoment ist selbst ein Vektor

$$T = r \times F \quad , \tag{2.50}$$

seine Richtung steht immer senkrecht zu F und zu r.

Die Kraft F ändert die Rotationsenergie; deren zeitliche Ableitung, die Leistung, ist $P = d(\frac{1}{2}J\omega^2)/dt = J\dot\omega\omega$. Das ist analog zur translatorischen Beziehung $P = Fv$, denn ω steht statt v, also steht $J\dot\omega$ statt F. Andererseits stand aber T für F. Beide müssen gleich sein:

$$T = J\dot\omega \quad . \tag{2.51}$$

Das ist analog zur Beziehung $F = m\dot v = \dot p$. Anstelle des Impulses tritt bei der Rotation der *Drehimpuls*

$$L = J\omega \quad , \tag{2.52}$$

und *Newtons* Bewegungsgesetz lautet

$$T = \dot L \quad . \tag{2.53}$$

2.38 An einem leichten Drehschemel, dessen Achse mittels einer Spiralfeder gebunden ist, muß man 20 cm außerhalb der Achse mit 10 N ziehen, damit er sich um 45° verdreht. Wenn Sie sich daraufstellen, schwingt er mit einer Periode von 4 s hin und her. Wie groß ist Ihr Trägheitsmoment um Ihre Längsachse?

2.39 Man stellt einen Bleistift mit der Spitze nach unten auf die Tischplatte und läßt ihn los. Welche Kräfte und Momente wirken, wie lauten die Bewegungsgleichung für das Kippen und ihre Lösung? Wenn eine Winkelfunktion auftaucht, vereinfachen Sie sie in der Näherung kleiner Winkel. Könnte man 10 s Kippzeit erreichen?

Drehbewegung (Rotation)	Fortschreitende Bewegung (Translation)
Drehwinkel φ	Ortsvektor $\boldsymbol{r}$
Winkelgeschwindigkeit $\boldsymbol{\omega}$ Betrag: ω Richtung: Drehachse Sinn: rechter Daumen Beispiel: Gleichf. Rotation $\qquad \omega = \text{const}\,,\quad \varphi = \omega t$	*Geschwindigkeit $\boldsymbol{v} = \dot{\boldsymbol{r}}$* Beispiel: Geradl.-gleichf. Bew. $\qquad v = \text{const}\,,\quad x = vt$
Drehbeschleunigung $\dot{\boldsymbol{\omega}}$ Beispiel: $\dot{\boldsymbol{\omega}} \| \boldsymbol{\omega} \to \omega$ wächst $\qquad \dot{\boldsymbol{\omega}} \perp \boldsymbol{\omega} \to \boldsymbol{\omega}$ dreht sich	*Beschleunigung $\boldsymbol{a} = \dot{\boldsymbol{v}}$* Beispiel: $\dot{\boldsymbol{v}} \| \boldsymbol{v} \to v$ wächst $\qquad \dot{\boldsymbol{v}} \perp \boldsymbol{v} \to \boldsymbol{v}$ dreht sich
Rotationsenergie $W = \frac{1}{2}\int v^2\,dm$ $v = \omega r \to W = \frac{1}{2}\omega^2 \int r^2\,dm = \frac{1}{2}\omega^2 J$	*Translationsenergie* $W = \frac{1}{2}mv^2$
Trägheitsmoment $J = \int r^2\,dm$ Scheibe: $J = \frac{1}{2}mr^2$ Stab um Mitte: $J = \frac{1}{12}mL^2$ Stab um Ende: $J = \frac{1}{3}mL^2$ Kugel: $J = \frac{2}{5}mR^2$	*Masse m*
Beschleunigungsleistung $P = dW/dt = F\,dx/dt = Fr\omega = T\omega$ $P = d(\frac{1}{2}J\omega^2)/dt = J\omega\dot{\omega}$	$P = dW/dt = F\,dx/dt = Fv$ $P = d(\frac{1}{2}mv^2)/dt = m\dot{v}v$
Drehmoment $\boldsymbol{T}$ *Drehimpuls $\boldsymbol{L} = J\boldsymbol{\omega}$* *Bewegungsgleichung* $\boldsymbol{T} = \dot{\boldsymbol{L}} = J\dot{\boldsymbol{\omega}}$	*Kraft $\boldsymbol{F}$* *Impulse $\boldsymbol{p} = m\boldsymbol{v}$* *Bewegungsgleichung* $\boldsymbol{F} = \dot{\boldsymbol{p}} = m\dot{\boldsymbol{v}}$
Erhaltungssatz: Im abgeschlossenen System bleibt der	
Drehimpuls $\boldsymbol{L}$	Impuls $\boldsymbol{p}$ \qquad erhalten.

Wir übersetzen jetzt einige Translationsgeschichten in die Sprache der Rotation (Abb. 2.23). Ein Teilchen sei elastisch an eine Ruhelage gebunden, d. h. durch eine Kraft, die der Auslenkung entgegengesetzt und ihr proportional ist ($F = -Dx$), z. B. durch eine Spiralfeder. Auf "rotatorisch" heißt das: Eine Scheibe

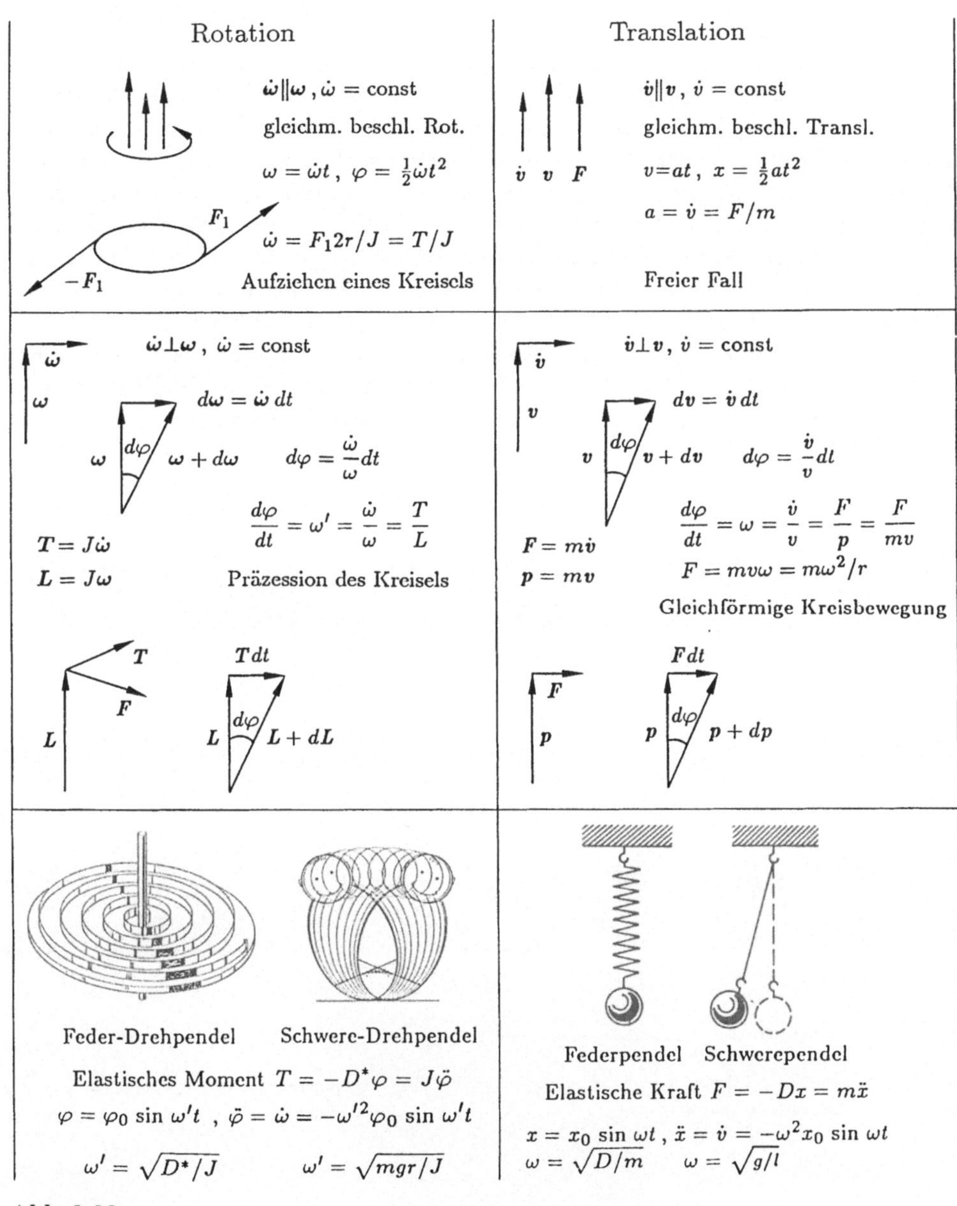

Abb. 2.23

unterliegt einem Rückstellmoment, das proportional zum Auslenkwinkel zunimmt ($T = -D'\varphi$), z. B. durch eine Unruhfeder. Folge: Das Teilchen schwingt wie $x = x_0 \sin\omega t$, wobei $\omega = \sqrt{D/m}$. Auf rotatorisch: Die Scheibe schwingt wie $\varphi = \varphi_0 \sin\omega t$, wobei $\omega = \sqrt{D'/J}$.

Auf ein mit $\boldsymbol{v}$ bewegtes Teilchen wirke ständig eine Kraft $\boldsymbol{F}$ von konstantem Betrag senkrecht zu $\boldsymbol{v}$. Folge: Das Teilchen beschreibt eine Kreisbahn, d. h. der $\boldsymbol{v}$-Vektor dreht sich, ohne seinen Betrag zu ändern, mit der

Winkelgeschwindigkeit $\omega = F/mv$ in der durch F und v bestimmten Ebene. F wirkt ja hier als Zentripetalkraft, die man auch $F = mv\omega$ schreiben kann. Rotatorisch: Auf einen Kreisel, der sich mit ω dreht, wirke ständig ein Drehmoment T senkrecht zu ω, aber von konstantem Betrag. Solch ein Drehmoment wirkt auf einen Kreisel, dessen Achse um α gegen das Lot geneigt ist, infolge der Schwerkraftkomponente $mg \sin \alpha$. Wenn der Schwerpunkt um h vom Punkt entfernt ist, wo die Kreiselspitze auf dem Boden aufsitzt, ist das Moment $T = mgh \sin \alpha$, und seine Richtung ist horizontal (senkrecht zur Drehachse und zu F!). Folge: Der ω-Vektor schwenkt, ohne seine Größe zu ändern, mit der Winkelgeschwindigkeit $\omega' = T/J\omega$ auf einem Kegelmantel herum. Der Kreisel kippt also nicht in Richtung der Schwerkraft um, sondern weicht seitlich aus: Er präzediert, um so langsamer, je schneller er rotiert. (Bitte nicht die Präzessions-Kreisfrequenz ω' mit der Winkelgeschwindigkeit der Rotation verwechseln!)

3. Teilchensysteme

3.1 Druck

Wir betrachten jetzt nicht mehr Einzelteilchen, sondern Systeme aus vielen
Teilchen. Ein solches System kann sich als Ganzes, als *starrer Körper*, bewegen,
ohne daß seine Bestandteile ihre gegenseitige Lage ändern; ein starrer Körper
kann Translationen, Rotationen oder beides zusammen ausführen. Darüber wissen wir schon Bescheid. Im allgemeinen Fall kann ein Teilchensystem aber auch
deformiert werden, indem seine Bestandteile sich gegeneinander verschieben.

Wenn das System die Masse m hat und seine Teilchen sich gleichmäßig
über das Volumen V verteilen, hat es die mittlere *Dichte* $\varrho = m/V$. Bei ungleichmäßiger Verteilung kann man die Dichte nur jeweils für ein sehr kleines
Teilvolumen dV definieren, in dem die Masse dm sitzt: $\varrho = dm/dV$.

In einem idealen Gas üben die Teilchen − die Moleküle − keine Kräfte
aufeinander aus, außer wenn sie direkt zusammenstoßen; sonst fliegen sie ungehindert durcheinander.

In einer Flüssigkeit oder einem Festkörper ziehen die Teilchen einander an,
wenn sie weiter auseinander sind als ein gewisser Gleichgewichtsabstand. Bringt
man sie noch näher zusammen, stoßen sie sich sehr heftig ab: Die Teilchen haben
ein gewisses Eigenvolumen, das nur durch großen Kraftaufwand unterschritten
werden kann. Ihr Gleichgewichtsabstand entspricht einer dichten Packung, bei
der sich diese Volumina direkt berühren. Im Festkörper ist jedes Teilchen durch
die zwischenmolekularen Kräfte an seine Ruhelage gebunden, in der Flüssigkeit
dagegen können die Teilchen durcheinanderkrabbeln wie die Bienen in einem
sitzenden Schwarm, ohne die gegenseitige Berührung aufzugeben.

Wir unterscheiden folgende Arten von Deformationen (Abb. 3.1):

Kompression: Alle Teilchen bewegen sich aufeinander zu, das System verringert sein Volumen. Die Kompression kann in *einer* Richtung erfolgen, so daß
sich nur eine der drei Abmessungen des Systems ändert − dann spricht man
von *Stauchung*.

Dilatation: Alle Teilchen bewegen sich voneinander weg, das Volumen
nimmt zu; wenn dies nur in einer Richtung erfolgt, spricht man von *Dehnung*.

Scherung: Auf der einen Seite des Systems, z. B. oben, bewegen sich die
Teilchen nach rechts, dagegen unten nach links. Das Volumen ändert sich
dabei (zunächst) nicht. Eine spezielle Form der Scherung ist die *Torsion* oder
Drillung: Man nehme einen Stock zwischen beide Hände und tue so, als sei er
eine Schraubflasche, die man öffnen oder schließen will.

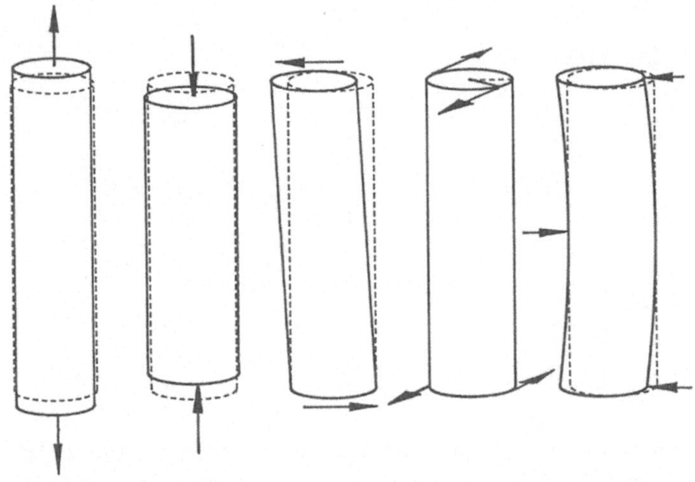

Abb. 3.1. Die Grundtypen der Deformation

Andere Deformationen sind aus diesen Grundtypen zusammengesetzt. Bei einem Stock, den man biegt, wird die eine Seite gedehnt, die andere gestaucht.

Ein Gas und eine Flüssigkeit widersetzen sich nur solchen Deformationen, die das Volumen ändern (das Gas tut das viel weniger heftig). Eine Scherung löst nur dann größere Gegenkräfte aus, wenn sie schnell ausgeführt wird (siehe Viskosität, Abschnitt 3.3). Beim Festkörper erfordert jede Deformation Kräfte.

Kräfte in einem Teilchensystem verteilen sich auf viele Teilchen, d. h. auf größere Flächen. Wichtiger als die Kraft selbst ist der Quotient "Kraft auf eine bestimmte Fläche geteilt durch diese Fläche". Dieser Quotient heißt *Druck* oder (mechanische) *Spannung.* Die Einheit des Drucks ergibt sich so als $N/m^2 = $ Pa (Pascal). Wenn ein System mit der Kraft F senkrecht auf eine Fläche A drückt und diese gleichmäßig belastet, übt es auf diese einen Druck $p = F/A$ aus. F kann das Gewicht mg des Systems sein oder eine andere Kraft oder beides zusammen. Zunächst beschränken wir uns auf eine Gewichtskraft. Flüssigkeiten und Gasen bleibt nichts anderes übrig, als ihre Grundfläche gleichmäßig zu belasten. Hat das System bis zur Höhe h über der Grundfläche die konstante Dichte ϱ, dann liegt über der Grundfläche A eine Säule der Masse $m = \varrho A h$; auf diese Fläche wirkt der *Schweredruck* (hydrostatische Druck)

$$p = \varrho g h \quad . \tag{3.1}$$

3.1   Welcher Druck herrscht in 10 m Tiefe unter dem Wasserspiegel? Was bedeutet die alte Einheit "mm Wassersäule" in Pa ausgedrückt?

3.2   Welchen (positiven und negativen) Druck können Sie mit der Lunge ausüben? Messen Sie dies möglichst einfach.

3.3   Warum steht Wasser in einem beliebig komplizierten zusammenhängenden Röhrensystem überall gleich hoch (Prinzip der Maurer-Wasserwaage)? Wie hoch steht Quecksilber in einem Schenkel eines U-Rohrs, wenn im anderen Schenkel Wasser ist? Was schließen Sie aus dem abgebildeten Verhalten? (Abb. 3.2)

66

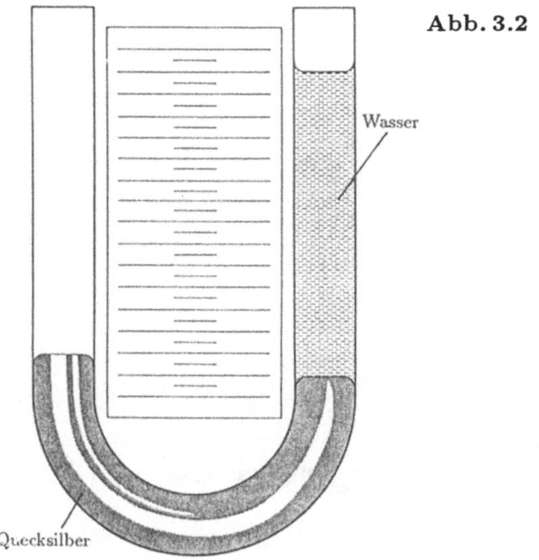

3.4 Früher wunderten sich die Leute und erklärten es zum "hydrostatischen Paradoxon", daß der Bodendruck nur von der Wasserhöhe, nicht aber von der Form des Gefäßes abhängt. Erklären Sie das.

Daß der Kolben einer Pumpe oder Injektionsspritze Flüssigkeit nachsaugt, erklärte man früher durch den "horror vacui", den die Natur habe. Über 10 m kann man Wasser aber so nicht hochsaugen. *Torricelli* fragte, warum der horror vacui gerade bei 10 m aufhöre. Er stellte ein mit Quecksilber gefülltes etwa 1 m langes Glasrohr mit dem offenen Ende, zunächst mit dem Finger oder Korken verschlossen, in eine Schale, in der ebenfalls Quecksilber war.

3.5 Was passierte, als *Torricelli* den Finger wegnahm, und wie deutet man das?

In der Tiefe H unter dem Wasserspiegel ist der Wasserdruck $\varrho g H$, egal ob dort der Boden ist oder nur eine gedachte Meßfläche. Eine flache, geschlossene Dose, in der Luft ist, wird eingebeult, falls sie tief genug unter Wasser ist. Der Dosendeckel allein, wenn er aus Plastik ist und die gleiche Dichte hat wie Wasser, schwebt dagegen in jeder Tiefe. Von unten muß die gleiche Kraft auf ihn wirken wie von oben, d. h. der Druck wirkt nach allen Seiten, z. B. auch nach oben. Nun betrachten wir die luftgefüllte geschlossene z. B. zylindrische Plastikdose der Grundfläche A und Höhe h, die mit senkrechtstehender Achse unter Wasser steht (Abb. 3.3). Jeder weiß: Man muß sie hinunterdrücken, sonst schießt sie nach oben. Auf die Deckfläche, die um h_1 unter Wasser sei, wirkt der Druck $\varrho g h_1$, also die Kraft $F_1 = A\varrho g h_1$ abwärts; auf die Grundfläche, die um $h_2 - h_1$ tiefer liegt, wirkt der Druck $\varrho g h_2$, also die Kraft $F_2 = A\varrho g h_2$ aufwärts. Die Differenz $F_2 - F_1 = A\varrho g(h_2 - h_1)$ ist der *Auftrieb* der Dose. Da $V = (h_2 - h_1)A$ das Volumen der Dose ist, kann man auch sagen

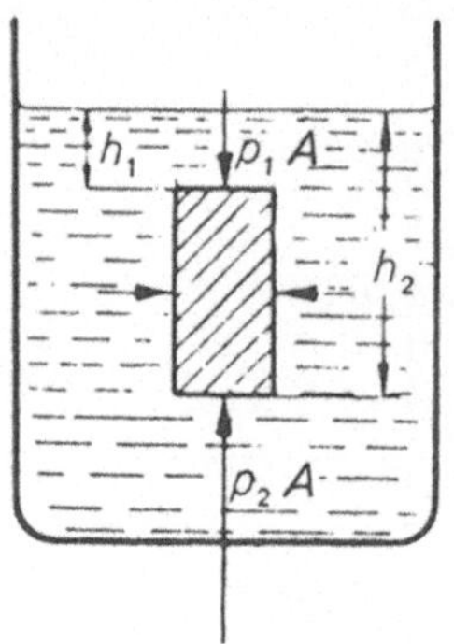

Abb. 3.3. Auftrieb als Differenz von Druckkräften

$$F_\mathrm{a} = \varrho g V \quad . \tag{3.2}$$

Der Auftrieb ist gleich dem Gewicht der verdrängten Wassermenge (Prinzip von *Archimedes*).

3.6 Warum spielt der Druck auf die Seitenflächen der Dose keine Rolle? Gilt (3.2) auch bei beliebiger Form der Dose, und warum?

3.7 Formulieren Sie, unter welcher Bedingung ein Körper schwimmt, schwebt oder sinkt. Wieviel von ihm schaut oben heraus, wenn er schwimmt?

Schiebt man einen Kolben der Fläche A gegen den Druck p, also gegen die Kraft $F = Ap$ ein Stück Δx vor, muß man die Arbeit $\Delta W = F\Delta x = pA\Delta x$ verrichten (Abb. 3.4). Da $\Delta V = A\Delta x$ das Volumen ist, das man dabei überstrichen hat, kann man auch sagen: Die *Druckarbeit* ist

$$\Delta W = p\Delta V \quad . \tag{3.3}$$

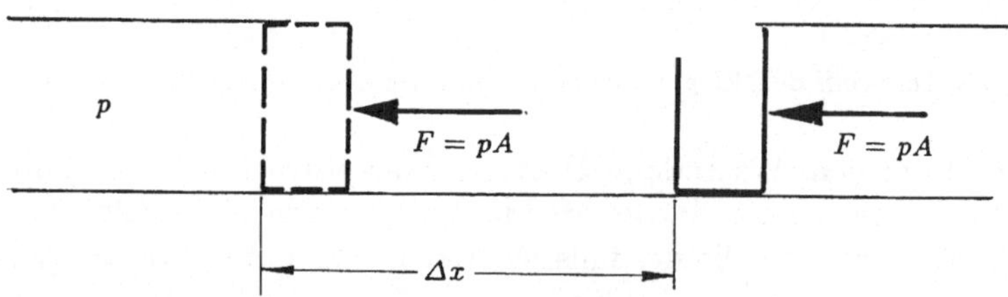

Abb. 3.4. Druckarbeit $W = F\Delta x = p\Delta V$

Das gilt natürlich nur, wenn der Druck auf dem Weg Δx konstant ist. Sonst muß man die Beiträge kleiner Wegstücke dx, d. h. der Volumenstücke $dV = A\,dx$ summieren:

$$W = \int p(V)dV \quad . \tag{3.4}$$

Beim idealen Gas hängt die Dichte stark vom Druck ab, und zwar linear, wenn sich die Temperatur nicht ändert:

$$p \sim \varrho \quad . \tag{3.5}$$

Wir werden dieses Gesetz in Abschnitt 4.2 erklären. Eine Flüssigkeit läßt sich viel weniger zusammendrücken. Bei einer Druckzunahme um dp nimmt die Dichte um $d\varrho$ zu. Die relative Dichteänderung $d\varrho/\varrho$, geteilt durch die dazu nötige Druckzunahme dp, heißt *Kompressibilität*:

$$\kappa = \frac{d\varrho}{\varrho\,dp} \quad . \tag{3.6}$$

Wasser hat $\kappa = 5 \cdot 10^{-10}\,\mathrm{m^2/N}$.

3.8 Wieviel dichter ist das Wasser am Grund des Philippinen-Grabens als an der Oberfläche? Wie groß ist die Kompressibilität eines Gases? Kommt es darauf an, von welchem Gas die Rede ist? Vergleichen Sie mit der Kompressibilität einer Flüssigkeit.

In einem tiefen See ist die Dichte so gut wie konstant, daher nimmt der Druck mit der Tiefe nach $p = \varrho g h$ linear zu. Anders in der Atmosphäre: Hier nehmen Druck und Dichte mit der Höhe über dem Erdboden ab; der Druck nimmt ab, weil immer weniger Luft darüberliegt, die Dichte, weil der Druck abnimmt.

3.9 Nachdem man eine Literflasche evakuiert hat, wiegt sie 1,3 g weniger als voher. Was folgt daraus? Zeichnen Sie je ein Modell für Luft und Wasser, worin die Moleküle als kleine Kreise angedeutet sind.

Wir untersuchen, wie Druck und Dichte in der Atmosphäre mit der Höhe abnehmen, und zwar unter der Annahme, die Temperatur sei überall gleich, was erfahrungsgemäß nicht ganz stimmt. In der Höhe h über dem Meeresspiegel sei der Druck $p(h)$, die Dichte $\varrho(h)$. Wenn wir von dieser Höhe h um dh aufsteigen, nimmt der Druck um soviel ab, wie das Verhältnis Gewicht zu Grundfläche der Luftsäule von der Höhe dh ausmacht, die oberhalb von h liegt. Der Druck ändert sich bei diesem Aufstieg dh um

$$dp = -g\varrho\,dh \quad , \tag{3.7}$$

(Abb. 3.5), denn wenn dh sehr klein ist, können wir ϱ noch als konstant betrachten. In dieser Gleichung (3.7) stehen 3 Variable: p, ϱ und h. Eine davon müssen wir loswerden, wozu wir den Zusammenhang (3.5) benutzen. Wir schreiben ihn ausführlicher mit den bekannten Werten ϱ_0 und p_0 am Erdboden: $\varrho = \varrho_0 p/p_0$ und setzen dies in (3.7) ein:

$$dp = -g\frac{\varrho_0}{p_0}p\,dh \quad . \tag{3.8}$$

Diese Gleichung ist genauso gebaut wie die Raketengleichung (2.39) $dm = -(m/w)dv$ und läßt sich genauso lösen: Man dividiert durch dh

$$\frac{dp}{dh} = -g\frac{\varrho_0}{p_0}p \quad . \tag{3.9}$$

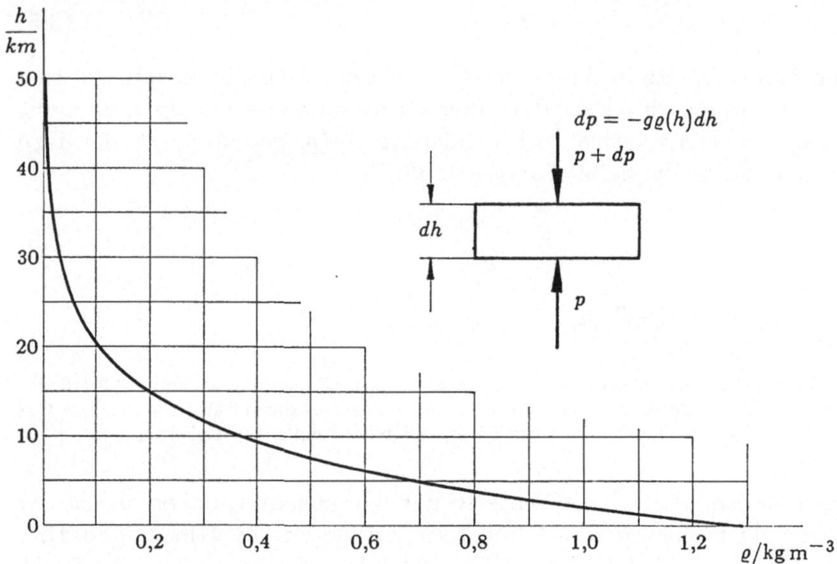

Abb. 3.5. Luftdruck und Luftdichte nehmen exponentiell mit der Höhe ab, wenn die Temperatur konstant ist

Die Ableitung der Funktion $p(h)$ ist bis auf den konstanten Faktor $g\varrho_0/p_0$ gleich der Funktion selbst. $p(h)$ ist also eine Exponentialfunktion

$$p = p_0\, e^{-g\varrho_0 h/p_0} \quad . \tag{3.10}$$

Wer bezweifelt, daß (3.10) stimmt, setze (3.10) in (3.9) ein und beachte auch, daß am Erdboden der Druck p_0 herrscht.

3.10 Wie groß sind Luftdruck und Luftdichte in 8, 13, 25, 100, 300 km Höhe? Warum untersuchen wir gerade diese Höhen? In welcher Höhe entspricht der Druck einem guten Hochvakuum von 10^{-6} mbar? Um welches Vielfache ihrer Durchmesser sind die Luftmoleküle dort voneinander entfernt?

Eine genauere atmosphärische Höhenverteilung, die auch die Temperaturänderung berücksichtigt, finden Sie in Abschnitt 4.4.

3.2 Oberflächenspannung

Ein Teilchen im Innern einer Flüssigkeit oder eines Festkörpers wird durch seine Nachbarn angezogen, und zwar überwiegend nur durch die Nachbarn, die es direkt berührt. Diese Kräfte haben nämlich nur kurze Reichweite. Sitzt es an der Oberfläche, dann hat es weniger Nachbarn, und diese ziehen alle mehr oder weniger einwärts in die Flüssigkeit (Abb. 3.6).

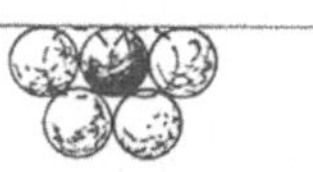

9 Nachbarn

12 Nachbarn

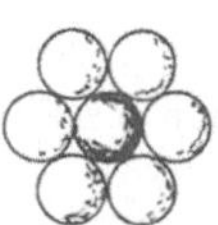

Draufsicht auf Oberfläche.
Oben fehlen 3 Nachbarn

Abb. 3.6. Oberflächenenergie als Verlust an Bindungsenergie für Teilchen an der Oberfläche

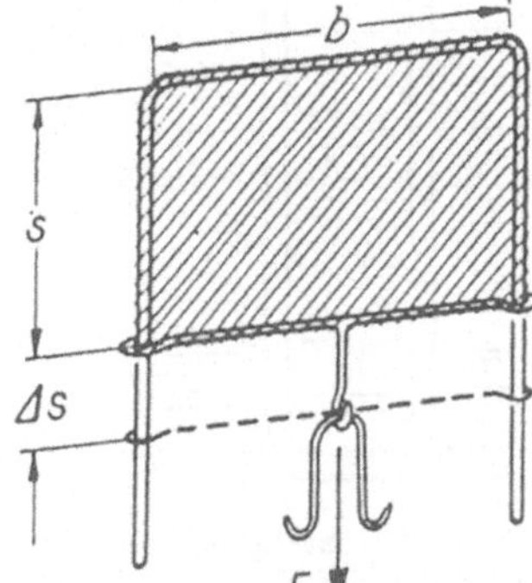

Abb. 3.7. Modellversuch zur Bestimmung der Oberflächenspannung

3.11 Wieviele nächste Nachbarn hat ein kugelförmiges Teilchen im Innern und an der Oberfläche einer dichten Packung? Welcher Bruchteil der vollen Bindungsenergie geht ihm verloren, wenn es an die Oberfläche kommt? Was bedeutet die volle Bindungsenergie? Wie kann man sie am einfachsten messen?

Um das Teilchen an die Oberfläche zu bringen, muß man diese einwärtsziehenden Kräfte überwinden, man muß Arbeit verrichten. Schaffung einer neuen Oberfläche dA kostet also eine Energie dW, die zu dA proportional ist:

$$dW = \sigma \, dA \quad . \tag{3.11}$$

σ mit der Einheit J/m^2 heißt *spezifische Oberflächenenergie*. Irreführend, aber gebräuchlich ist der Name *Oberflächenspannung*.

In dem Bügel mit verschiebbarem Schenkel der Länge b (Abb. 3.7) sei eine Seifenhaut gespannt. Schiebt man den Bügel um ds nach unten, vergrößert man also die Fläche der Seifenhaut um $dA = 2b\,ds$ (die Haut hat zwei Seiten!), muß man die Oberflächenarbeit $dW = \sigma 2b\,ds$ leisten. Arbeit setzt immer eine Kraft F voraus, die auf dem Verschiebungsweg ds zu überwinden war, nämlich $dW = F\,ds$. Der Vergleich ergibt $F = \sigma 2b$: Die Kraft, mit der eine Flüssigkeitsoberfläche sich zu verkleinern sucht, ist proportional zu ihrer Randlänge mit dem gleichen Koeffizienten σ.

Wenn die Flüssigkeit nicht an Luft grenzt, sondern an einen anderen Stoff, z. B. an Glas, dann ziehen dessen Teilchen die Flüssigkeitsteilchen ebenfalls an (Adhäsion). Sind diese Kräfte stark, so benetzt die Flüssigkeit das Glas, d. h. sie hat nicht mehr die Tendenz, sich zu Tröpfchen zusammenzuballen wie etwa Wasser auf einer fettigen Oberfläche, sondern bedeckt das saubere Glas als sehr dünne Haut. Ein sauberes Glasrohr, das man zunächst ganz ins Wasser

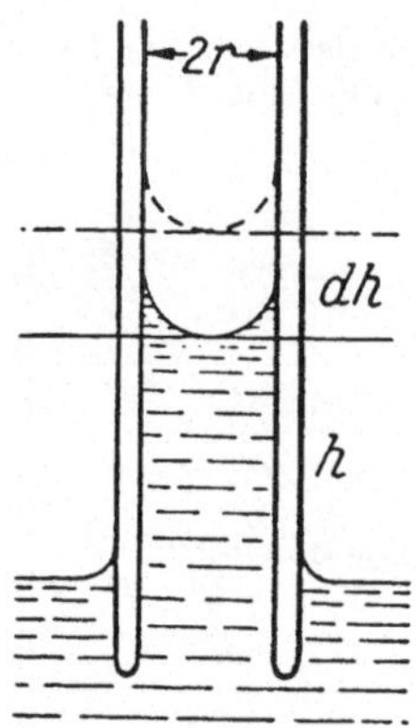

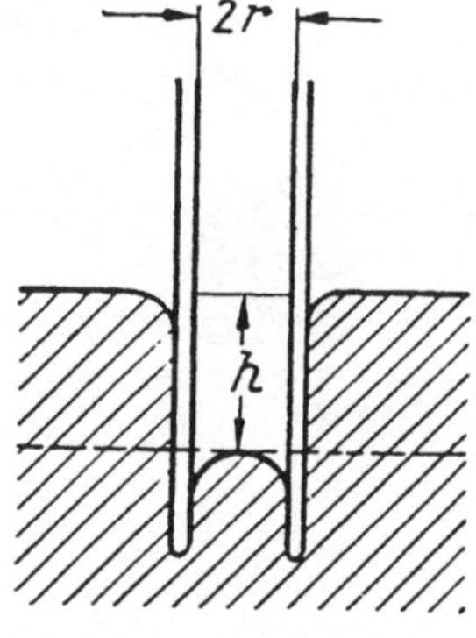

Abb. 3.8. Steighöhe einer benetzenden Flüssigkeit in einem engen Rohr

Abb. 3.9. Kapillardepression für eine nichtbenetzende Flüssigkeit

taucht, bleibt, auch wenn man es teilweise herauszieht, mit einer solchen dünnen Wasserhaut bedeckt. Innen im Rohr steht das Wasser um h höher als draußen (Abb. 3.8). Durch dieses Hochsteigen hat sich nämlich die Gesamtoberfläche der Wasserhaut auf der Rohrinnenwand verkleinert. Wenn das Rohr den Radius r hat, ist das Gewicht der Wassersäule der Höhe h im Rohr $g\varrho\pi r^2 h$. Dieses Gewicht hängt an der Randlinie der Länge $2\pi r$, an der die Wasserhaut mit der Kraft $\sigma 2\pi r$ aufwärts zieht. Da beide Kräfte gleich sind, folgt

$$\sigma 2\pi r = g\varrho\pi r^2 h \;\Rightarrow\; h = \frac{2\sigma}{g\varrho r}. \tag{3.12}$$

Das ist die Kapillarsteighöhe. Nichtbenetzende Flüssigkeiten wie Quecksilber im Glas stehen im Rohr entsprechend tiefer als draußen (Kapillardepression, Abb. 3.9).

Auch Schaum- und Blasenbildung wird beherrscht von der Oberflächenspannung. Die Flüssigkeitshäute, die Schaumbläschen trennen oder Blasen umspannen, sind Minimalflächen, d. h. sie haben immer so kleine Flächen, wie es die Umstände zulassen. Herrscht beiderseits gleicher Druck, dann haben sie die Krümmung Null. Das heißt nicht unbedingt, daß sie eben sind, sondern die Krümmung Null ergibt sich auch aus einer positiven Krümmung in einer und einer ebenso starken negativen Krümmung in der anderen Richtung. Beispiel: Die Seifenhaut zwischen zwei parallelen Kreisringen beult sich sanduhrförmig ein. Jeder Punkt einer solchen Fläche ist ein Sattelpunkt. Die positive Krümmung einer Kugel kommt erst zustande, wenn drinnen ein Überdruck Δp herrscht. Er muß um so größer sein, je *kleiner* die Seifenblase ist. Wir betrachten ein kleines Stück einer Seifenhaut (Kugelviereck, Abb. 3.10) mit dem Krümmungsradius r. An beiden gegenüberliegenden Rändern der Länge dy ziehen Oberflächenkräfte der Größe $\sigma\, dy$, aber diese Kräfte bilden einen Winkel $d\varphi = dx/r$ miteinander (Bogenmaß!), heben einander also nicht auf, sondern addieren sich zu einer Resultierenden

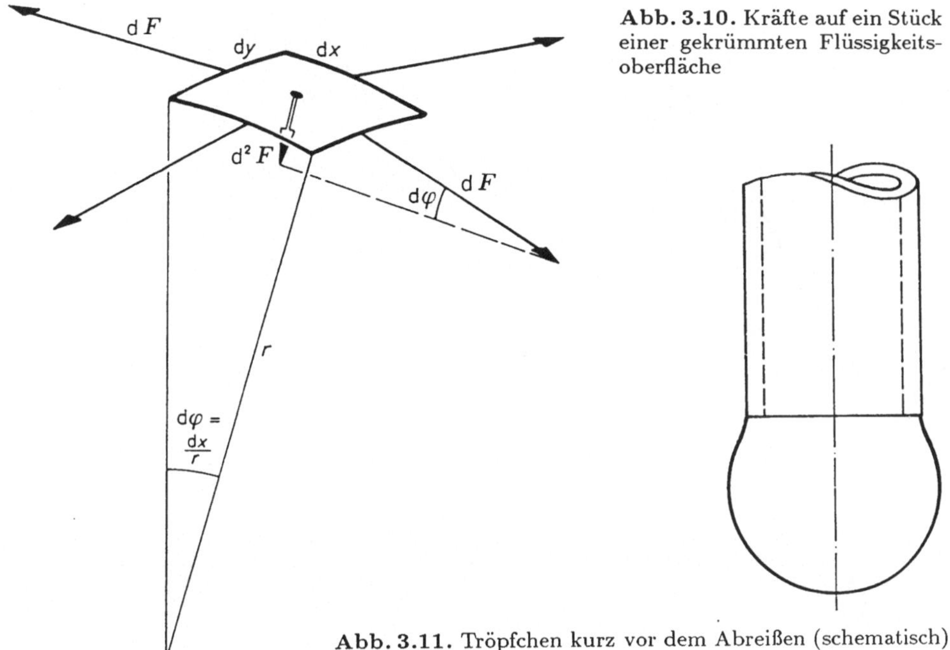

Abb. 3.10. Kräfte auf ein Stück einer gekrümmten Flüssigkeitsoberfläche

Abb. 3.11. Tröpfchen kurz vor dem Abreißen (schematisch)

$$\sigma \, dy \, d\varphi = \sigma \, dy \frac{dx}{r} = \sigma \frac{dA}{r} \quad ,$$

die radial nach innen zeigt. In der anderen Krümmungsrichtung ergibt sich nochmal dieselbe Kraft. Diese Kraft nach innen muß durch die Kraft des Überdrucks Δp (Innen- minus Außendruck) ausgeglichen werden, sonst zieht sich die Blase zusammen oder bläht sich auf. Diese Kraft ist $\Delta p \, dA$. Also gilt

$$\Delta p = \frac{4\sigma}{r} \quad . \tag{3.13}$$

Die Seifenhaut hat ja zwei Oberflächen (außen und innen). Dieselbe Betrachtungsweise können Sie an vielen Stellen brauchen.

3.12 Warum sind kleine Tropfen kugelförmig? An der Mündung einer Pipette vom Radius r hängt ein Tropfen. Warum reißt er nicht ab? Wann reißt er doch ab? Wie groß ist er dann? Hat das Schütteln der Pipette einen Einfluß und warum (Abb. 3.11).

3.13 In einem flachen Schälchen liegt eine gerade noch mit Wasser bedeckte Münze. Man nehme die Münze mit den Fingern heraus, ohne die Finger naß zu machen und das Schälchen sonst zu berühren. Lösung: Man gieße etwas Alkohol auf die Münze. Erklären Sie, was Sie dabei beobachten.

3.14 Warum versinkt ein Wasserläufer (Gerris lacustris, Abb. 3.12) nicht? Wie groß und schwer könnte er werden?

Die Reinigungswirkung von Seife und Detergentien beruht hauptsächlich auf einer Herabsetzung der Oberflächenspannung des Wassers, das normaler-

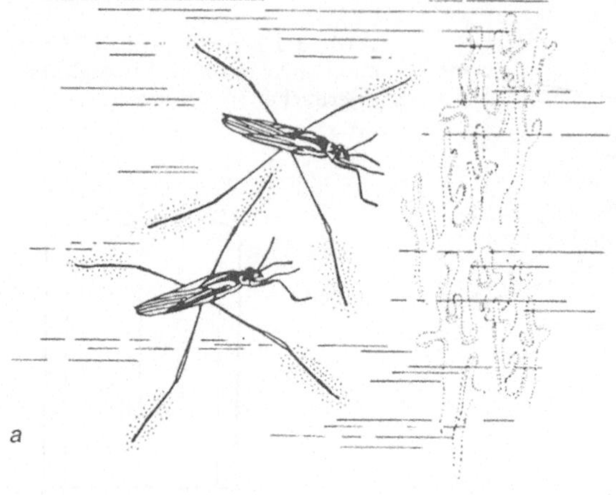

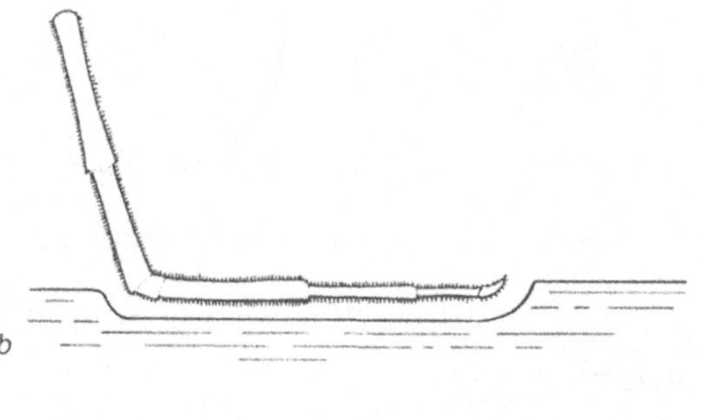

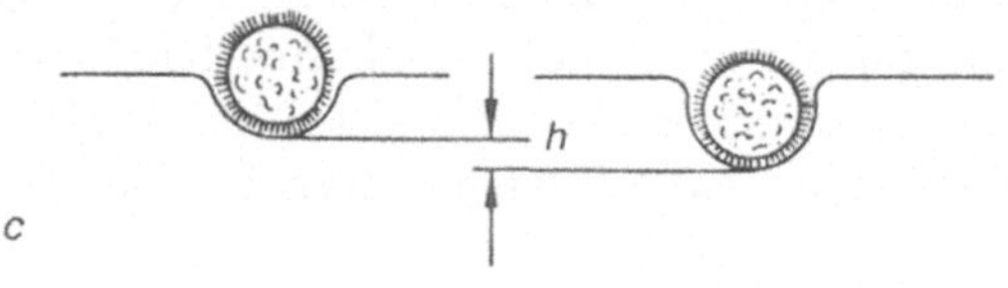

Abb. 3.12. Der Wasserläufer (hier dargestellt die Art Gerris lacustris) wird von der Oberflächenspannung getragen

weise nicht unter Fettpartikel kriechen kann. Ein Fettauge auf der Suppe hat Linsenform mit ganz bestimmten Winkeln am Rand, die sich aus den Oberflächenspannungen von Fett und Wasser ergeben (Abb. 3.13).

Ähnlich ergibt sich der Winkel, unter dem eine Flüssigkeit den Rand des Gefäßes berührt, ganz daran hochkriecht oder, bei Nichtbenetzbarkeit, am Rand tiefer steht als in der Mitte.

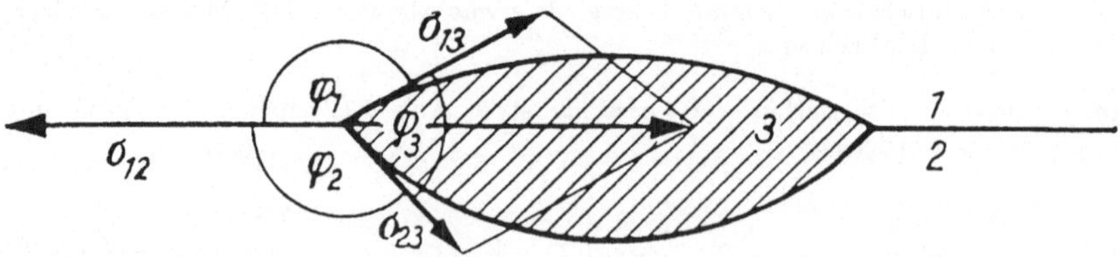

Abb. 3.13. Gestalt eines Fetttropfens auf Wasser

3.3 Viskosität

Man braucht mehr Kraft, um über Kopfsteinpflaster zu radeln als über Asphalt. Warum eigentlich? Wenn man zwei parallele Platten, zwischen denen eine Flüssigkeitsschicht der Dicke d ist, gegeneinander mit der Geschwindigkeit v verschiebt (Abb. 3.14), muß jede Molekülschicht über die darunterliegende rollen wie Räder über das Holperpflaster. Eine solche Schicht habe die Dicke δ; dann liegen d/δ solche Schichten zwischen beiden Platten, und jede hat gegen die Nachbarschicht die Relativgeschwindigkeit $v' = v\delta/d$. Die Kraft, die man zum Verschieben braucht, ist proportional zu v' und zur Anzahl der "Räder", also zur Fläche der Platte, d. h.

$$F = \eta A \frac{v}{d} \quad . \tag{3.14}$$

η ist ein Koeffizient, der die Zähigkeit der Flüssigkeit beschreibt. Er heißt (dynamische) *Viskosität*, seine Einheit ergibt sich aus (3.14) zu $N\,m^{-2}\,s = Pa\,s$. In Flüssigkeiten nimmt die Viskosität bei Erwärmung sehr schnell ab ($\eta = \eta_0\,e^{W/kT}$), in Gasen nimmt sie zu, allerdings langsamer. Beides verstehen wir nach Kapitel 4 und 5 etwas besser.

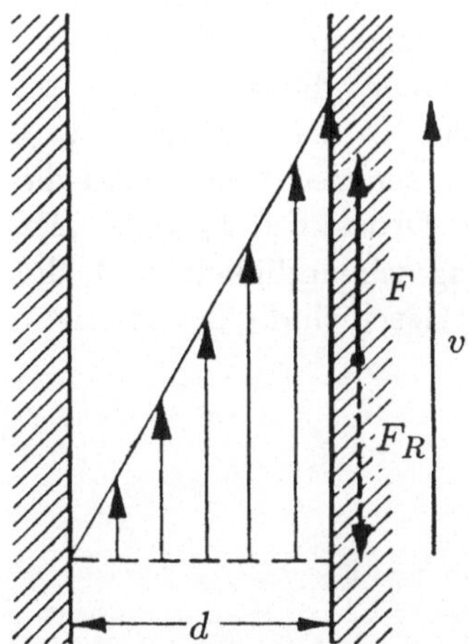

Abb. 3.14. Zwischen einer bewegten und einer ruhenden Platte bildet sich ein lineares Geschwindigkeitsprofil aus. Sein Gradient bestimmt die zum Verschieben nötige Kraft

Wir können jetzt einige wichtige Strömungen berechnen, immer unter der Voraussetzung, daß die Flüssigkeit nicht beschleunigt wird, sondern daß sie überall mit zeitlich konstanter (stationärer) Geschwindigkeit strömt. Natürlich wird diese Geschwindigkeit an den einzelnen Stellen verschieden groß sein. Ganz dicht an einer Wand z. B. zwingt die Reibung die Flüssigkeit, ebenso schnell zu strömen wie die Wand sich bewegt, bzw. an einer ruhenden Wand zu ruhen. Da keine Beschleunigungen auftreten, werden die antreibenden Druckkräfte von den Reibungskräften kompensiert: Beide Kräfte sind entgegengesetzt gleich (Abb. 3.15). Eine solche Strömung heißt *laminar*.

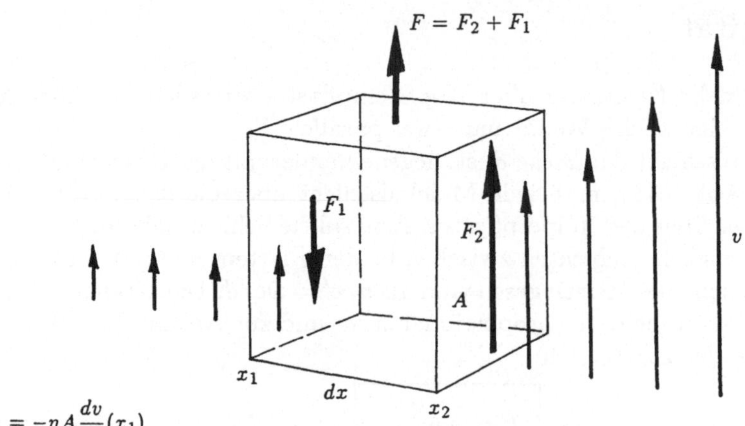

$$F_1 = -\eta A \frac{dv}{dx}(x_1)$$

$$F_2 = \eta A \frac{dv}{dx}(x_2)$$

$$F = -\eta A \frac{d^2 v}{dx^2}$$

Abb. 3.15. Wenn an einer Seite der v-Gradient steiler ist, wirkt dort stärkere Reibung: Die Gesamtkraft hängt von der Krümmung des v-Profils ab

Strömung durch einen engen Spalt der Breite 2d zwischen ruhenden Wänden: Durch solche Spalte preßt man z. B. die Milch, um sie zu homogenisieren, d. h. um die Fett-Tropfen so zu zerkleinern, daß sie viel langsamer aufrahmen als in der Naturmilch. Wir betrachten eine Flüssigkeitsschicht, die beiderseits von der Mittelebene des Spaltes bis zum Abstand x reicht. In Strömungsrichtung erstreckt sich diese Schicht im Spalt über eine Länge l, senkrecht dazu über die Breite b (Abb. 3.16). An der Stirnfläche $2xb$ schiebt die Druckkraft $F_\mathrm{p} = 2xb\Delta p$. Im Abstand x von der Mitte herrscht die Strömungsgeschwindigkeit $v(x)$, die wir bestimmen wollen. Wichtiger ist zunächst der Geschwindigkeitsgradient

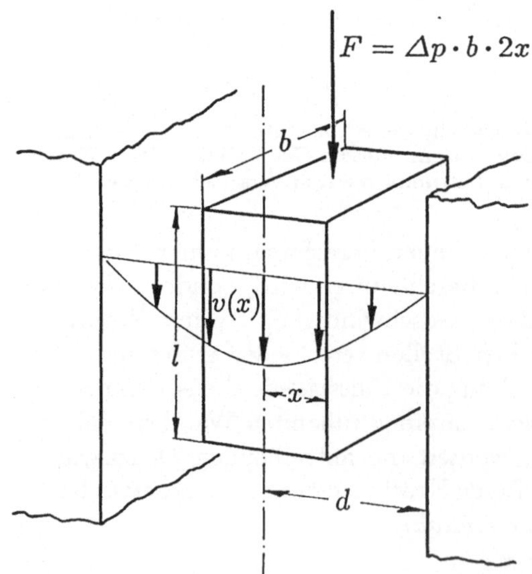

Abb. 3.16. Eine Flüssigkeitsschicht in einem Spalt wird von der Druckkraft angetrieben, von der Reibung zurückgehalten. Das Gleichgewicht beider liefert ein parabolisches v-Profil

dv/dx, denn er bestimmt die Reibung an den Seitenflächen, zweimal lb. Diese Kraft ist $F_r = 2\eta lb\, dv/dx$ und muß gleich der negativen Druckkraft sein:

$$-2\eta lb\frac{dv}{dx} = 2xb\Delta p \;\Rightarrow\; \frac{dv}{dx} = -\frac{\Delta p}{\eta l}x \quad . \tag{3.15}$$

$v(x)$ ist eine Funktion, deren Ableitung im wesentlichen gleich x ist. Das trifft nur für eine Parabel zu:

$$v(x) = A + Bx^2 \quad . \tag{3.16}$$

Leitet man das ab $(dv/dx = 2Bx)$, dann sieht man, daß $B = -\Delta p/2\eta l$ ist. Die Konstante A ergibt sich daraus, daß an der Wand, bei $x = \pm d$, $v = 0$ sein muß, also $A = B\,d^2$. Damit lautet (3.16)

$$v(x) = \frac{\Delta p}{2\eta l}(d^2 - x^2) \quad . \tag{3.17}$$

Natürlich ist die Strömung in der Mitte ($x = 0$) am schnellsten, und zwar $v_0 = \Delta p\, d^2/2\eta l$. Dies steigt mit dem Druckgradienten $\Delta p/l$ und mit dem Quadrat der Spaltbreite.

Luft hat $\eta \approx 2\cdot10^{-5}\,\mathrm{Pa\,s}$, Wasser hat $\eta \approx 10^{-3}\,\mathrm{Pa\,s}$, Milch etwa das Zehnfache, kaltes Motorenöl $\eta \approx 1\,\mathrm{Pa\,s}$, bei Betriebstemperatur fließt es wie Wasser oder noch leichter.

3.15 Wie schnell strömen diese Stoffe durch einen Schlitz von $10\,\mu$m Weite und $10\,$cm Länge, angetrieben durch 1 bar Druck?

Strömung durch ein Rohr vom Innenradius R und der Länge l: In diesem Fall grenzen wir im Innern des Rohres einen Flüssigkeitszylinder vom Radius r rings um die Achse ab (Abb. 3.17). Auf seine Stirnfläche πr^2 wirkt

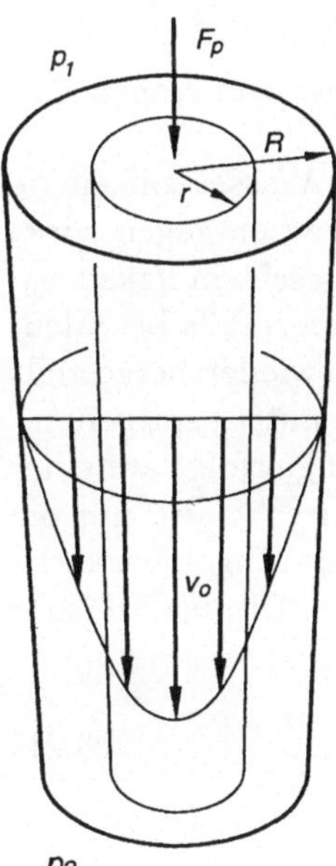

Abb. 3.17. Ein Flüssigkeitszylinder in einem Rohr wird von der Druckkraft angetrieben, von der Reibung zurückgehalten. Das Gleichgewicht beider liefert ein parabolisches v-Profil

die Druckkraft $F_{\mathrm{p}} = \pi r^2 \Delta p$. Ihr wirkt die Reibungskraft auf die Außenwand dieses Zylinders entgegen, wo der Geschwindigkeitsgradient dv/dr herrscht, also $F_{\mathrm{r}} = 2\pi\eta rl\,dv/dr$. Aus der Gleichheit beider Kräfte folgt

$$-2\pi\eta rl\frac{dv}{dr} = \pi r^2 \Delta p \;\Rightarrow\; \frac{dv}{dr} = -\frac{\Delta p}{2\eta l}r \quad . \tag{3.18}$$

Auch hier ist das Geschwindigkeitsprofil parabelförmig, aber nach allen Seiten von der Achse aus, also ein Rotationsparaboloid. An der Rohrwand $r = R$ klebt die Flüssigkeit wieder mit $v = 0$, also

$$v(r) = \frac{\Delta p}{4\eta l}(R^2 - r^2) \quad . \tag{3.19}$$

Am schnellsten ist die Strömung in der Achse:

$$v_0 = \frac{\Delta p R^2}{4\eta l} \quad .$$

Wir mitteln die Geschwindigkeit über den ganzen Rohrquerschnitt. Auf jedem Ring von der Fläche $dA = 2\pi r\,dr$ hat sie den konstanten Wert $v(r)$, also ist das Mittel

$$\overline{v} = \frac{1}{A}\int_0^R v(r)\,dA = \frac{1}{\pi R^2}\int_0^R 2\pi r\,dr\,v(r)$$
$$= \frac{\Delta p R^2}{8\eta l} \quad .$$

Der gesamte Volumenstrom durch das Rohr

$$\dot{V} = \pi R^2 \overline{v} = \frac{\pi \Delta p R^4}{8\eta l} \tag{3.20}$$

wird 16mal größer, wenn man den Radius verdoppelt (Gesetz von *Hagen* und *Poiseuille*).

Fett-Tröpfchen in der Milch steigen, Lehmpartikel im Wasser sinken, je nachdem, ob Auftrieb oder Gewicht größer ist. Der Bewegung entgegen wirkt die Reibung; die bewegte Kugel erreicht die Gleichgewichtsgeschwindigkeit v_0. Diese wird so groß, daß beide Kräfte einander aufheben. Andernfalls beschleunigt oder verlangsamt sich die Kugel, bis das stationäre v_0 wieder hergestellt ist. Dicht an der Oberfläche der Kugel wird die Flüssigkeit mit v_0 mitgenommen, in größerem Abstand ruht sie (Abb. 3.18). Der Übergang erfolgt auf einer Strecke, die ungefähr dem Kugelradius r entspricht. Es herrscht also um die Kugel ein Geschwindigkeitsgradient $dv/dr \approx v_0/r$, der auf die Kugeloberfläche $4\pi r^2$ eine Reibungskraft $F_{\mathrm{r}} \approx 4\pi\eta r^2\,dv/dr \approx 4\pi\eta v_0 r$ ausübt. Die exakte (sehr schwierige) Rechnung von *Stokes* liefert

$$F_{\mathrm{r}} = 6\pi\eta v_0 r \quad . \tag{3.21}$$

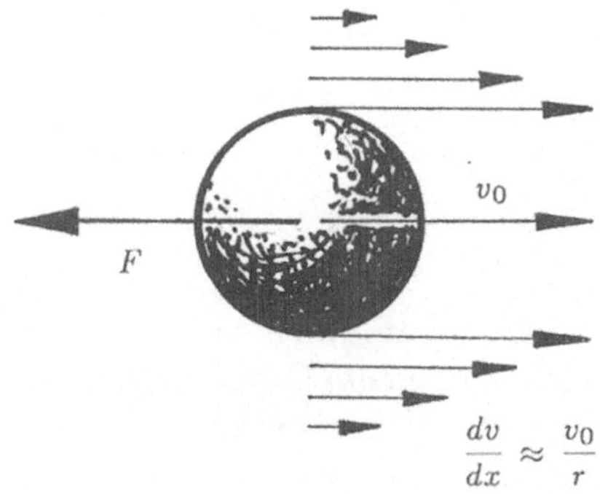

Abb. 3.18. v-Profil um eine bewegte Kugel (schematisch)

An jeder Wand, an der eine Flüssigkeit vorbeiströmt, haftet eine *Prandtl-Grenzschicht*. Sie beherrscht alle Austauschvorgänge zwischen Wand und Flüssigkeit, z. B. den Wärmeverlust durch eine Mauer oder ein Fenster, die CO_2-Aufnahme durch ein Blatt usw. Wir bestimmen die Dicke d dieser Schicht. Während die Flüssigkeit mit v_0 an der Wandlänge l vorbeiströmt, herrscht die Reibungskraft $F_r = \eta A\, dv/dx$, die der Flüssigkeit die Energie $W = F_r l = \eta A l\, dv/dx$ entzieht. Diese Energie kommt als Differenz der kinetischen Energie zwischen freier Strömung und Grenzschicht zur Geltung. In der Grenzschicht bewegt sich die Flüssigkeitsmasse $\varrho A d$ im Mittel nur mit $v_0/2$, hat also die Energie $\frac{3}{8}\varrho A d v_0$ *verloren* (genauere Rechnung ergibt durch Integration über v_0 einen Verlust $\frac{1}{6}\varrho A d v_0^2$).

Gleichsetzen mit der Bremsarbeit liefert

$$\frac{1}{6}\varrho A d v_0^2 = \eta A l \frac{v_0}{d} \Rightarrow d = \sqrt{\frac{6\eta l}{\varrho v_0}} \quad . \tag{3.22}$$

Die Prandtl-Schicht wird dicker, wenn die Flüssigkeit viskoser und die Wand länger ist. Sie wird dünner, wenn die Flüssigkeit dichter ist oder schneller strömt.

Leider sind durchaus nicht alle Strömungen laminar. Am klarsten zeigt dies ein Fluß oder Bach. Wir versuchen, ihn laminar zu behandeln. Am Grund haftet das Wasser, an der Oberfläche strömt es am schnellsten. Das v-Profil entspricht genau der *Hälfte* einer Spaltströmung, die Tiefe des Flusses ist die halbe Spaltweite d. Antreibende Kraft ist die Gewichtskomponente $mg \sin \alpha \approx mg\alpha$, wobei α das Gefälle des Flußbettes ist. Auf dem Flußquerschnitt A und der Länge l bedeutet das einen Druckgradienten

$$\frac{\Delta p}{l} = \frac{\varrho l A g \alpha}{A l} = \varrho g \alpha \quad .$$

Nach (3.17) müßte der Fluß also mit $v_0 = \varrho g \alpha d^2 / 2\eta$ strömen.

3.16 Rechnen Sie v_0 nach (3.17) für vernünftige Annahmen aus.

Wann man laminar rechnen kann oder wie die Strömung sonst erfolgt, erfahren wir in Abschnitt 5.2.

3.4 Festigkeit

Wir haben uns den Festkörper als System aus Teilchen mit kleinen Federn zwischen je zwei Nachbarn vorgestellt, die die Teilchen in einem Gleichgewichtsabstand halten. Federn ändern ihre Länge proportional zur darauf wirkenden Kraft, und es ist plausibel, daß der ganze Festkörper das auch tut, wenigstens bei nicht zu großer Deformation, solange die Federn noch nicht überdehnt sind. Wir ziehen z. B. mit der Kraft F an einem Draht vom Querschnitt A und der Länge l. Der Draht verlängert sich um ein Stück Δl.

3.17 An allen drei Federsystemen (Abb. 3.19) zieht man mit der gleichen Kraft F. Wie verhalten sich die Strecken, um die man den Punkt P abwärts zieht, bei den drei Systemen? Formulieren Sie die Gesetze der Addition von Federstärken. Welchen Zusammenhang zwischen l, F, A, Δl erwarten Sie bei unserem Draht?

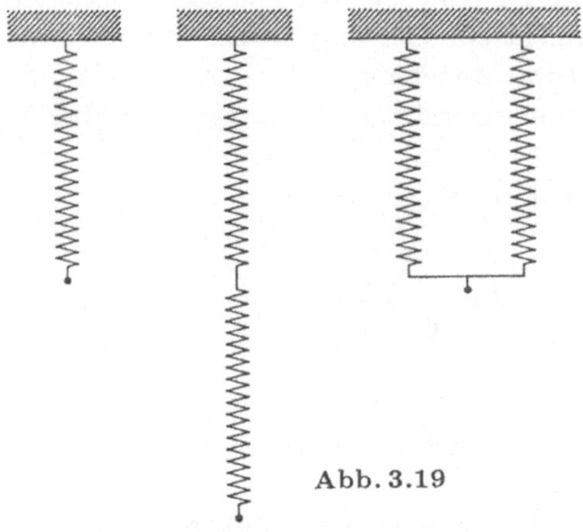

Abb. 3.19

Für kleine Deformationen gilt das Gesetz von *Hooke*

$$\Delta l = \frac{F}{EA} l \quad . \tag{3.23}$$

Um von den zufälligen Größen l und A loszukommen, führen wir die *relative Dehnung* $\varepsilon = \Delta l/l$ und die *Spannung* $\sigma = F/A$ ein:

$$\varepsilon = \frac{1}{E} \sigma \quad . \tag{3.24}$$

Die Materialkonstante E, der *Dehnungs-* oder *Elastizitätsmodul*, hat offenbar die Einheit $\mathrm{N\,m^{-2}}$.

Ein Draht, an dem man zieht, wird nicht nur länger, sondern auch dünner (probieren Sie es mit einer Gummihaut, da sieht man es deutlicher). Sein Durchmesser d ändere sich um $-\Delta d$. Das Verhältnis der beiden relativen Deformationen

$$\left|\frac{\Delta d}{d}\right| \cdot \frac{l}{\Delta l} = \mu \tag{3.25}$$

heißt *Poisson-Zahl*. Wir können ihre möglichen Werte dadurch eingrenzen, daß das Volumen $V = \frac{1}{4}\pi d^2 l$ des Drahtes sicher nicht abnimmt, wenn man daran zieht. Die relative Volumenänderung infolge der Deformationen Δl und Δd ist

$$\begin{aligned} \frac{\Delta V}{V} &= \frac{\Delta l}{l} + 2\frac{\Delta d}{d} = \varepsilon(1 - 2\mu) \\ &= \frac{\sigma}{E}(1 - 2\mu) \quad . \end{aligned} \tag{3.26}$$

3.18 Beweisen Sie (3.26). Vergleichen Sie notfalls Abschnitt 1.4.

Da $\Delta V > 0$, ist $\mu < 0,5$. Man mißt für μ Werte zwischen 0,2 und 0,5.

Ein allseitiger Druck Δp verringert das Volumen in allen drei Richtungen so stark, wie die Spannung $\sigma = -\Delta p$ es nach (3.24) in einer Richtung tat, also insgesamt um

$$\frac{\Delta V}{V} = -\frac{3\Delta p}{E}(1 - 2\mu) \quad . \tag{3.27}$$

Vergleich mit (3.6) liefert die Kompressibilität

$$\kappa = \frac{3}{E}(1 - 2\mu) \quad . \tag{3.28}$$

Wenn die Kraft F tangential zur Fläche A eines Klotzes angreift (Scherkraft oder Schubkraft), wenn also eine Schubspannung $\sigma = F/A$ wirkt, kippen alle zu A senkrechten Kanten um einen Winkel α, der proportional zu σ ist (Abb. 3.20):

$$\alpha = \frac{1}{G}\sigma \quad . \tag{3.29}$$

G heißt *Torsions-* oder *Schubmodul*.

Die Hookeschen Gesetze (3.24) und (3.29) gelten nur bis zu einer bestimmten Belastung, der *Proportionalitätsgrenze* σ_p. Bei höherer Belastung wächst die Dehnung meist stärker, die $\sigma(\varepsilon)$-Kurve krümmt sich nach rechts (Abb. 3.20). Etwa bis σ_p (genauer bis zur *Elastizitätsgrenze* σ_E) kehrt der Körper nach langsamer Entlastung wieder zur ursprünglichen Gestalt zurück: Bei zu- und abnehmender Spannung durchläuft man die gleiche $\sigma(\varepsilon)$-Kurve. Oberhalb von σ_E lassen innere Umlagerungen auch nach der Entspannung

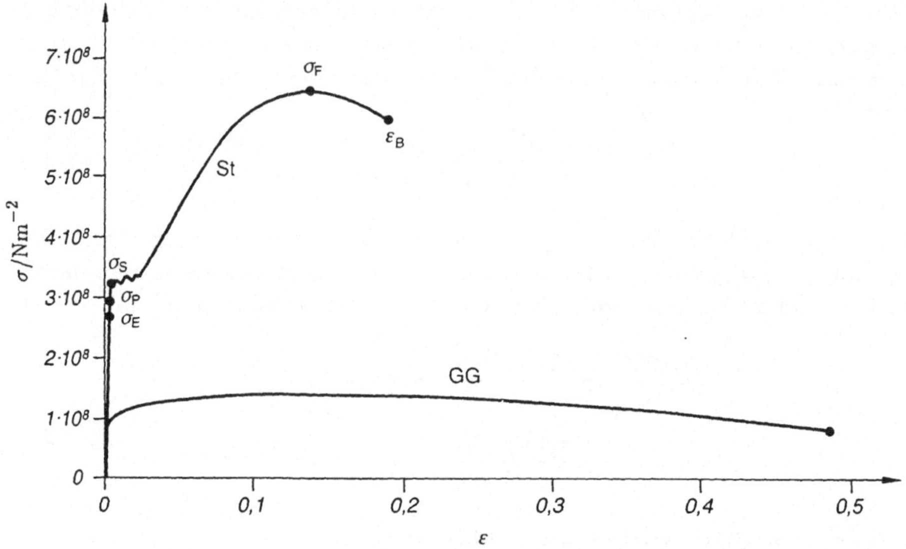

Abb. 3.20. Spannungs-Dehnungs-Diagramm eines harten Stahls und des Gußeisens (Grauguß)

dauernde Formänderungen zurück: Bei wechselnder Spannung durchläuft man eine *Hysteresis-Schleife*. An der *Streckgrenze* σ_S beginnt, meist schubweise, starke plastische Verformung, die jedesmal zu einer Wiederverfestigung führen kann. Überschreitet man schließlich die *Festigkeitsgrenze* σ_F, die höchste Spannung, die das Material aushält, indem man immer weiter zieht, dann führt starke Einschnürung zur Abnahme der Festigkeit und zum Bruch bei der *Bruchdehnung* ε_B.

3.19 Welche Federkonstante kann man unserem Draht im Proportionalitätsbereich zuschreiben? Welche Arbeit verrichtet die dehnende Kraft F? Welche elastische Energiedichte (Energie pro Volumen) steckt im gedehnten Draht? Wie kann man diese Energiedichte im $\sigma(\varepsilon)$-Diagramm ablesen? Geht das auch bei Verformung bis oberhalb σ_P? Welche energetische Bedeutung hat die Fläche, die die Hysteresisschleife umschließt?

Wenn sich ein Balken z. B. nach unten biegt, weil er am Ende durch eine Kraft F belastet ist, wird seine obere Hälfte gedehnt, die untere gestaucht, nur die Mittelebene bleibt undeformiert (Abb. 3.21). Indem das Material versucht, diese Deformationen zu beseitigen, also sich wieder geradezustrecken, kompensiert es das Drehmoment FL, das die Kraft F am Balkenende, um L von der Einspannstelle entfernt, ausübt. Das elastische Gegenmoment hat einen viel kleineren Arm zur Verfügung, nämlich nur etwa die Dicke d des Balkens. Dort sind die Kräfte F' also viel größer als die Last F, nämlich ungefähr $F' \approx FL/d$. Die Kraft F' kommt zustande als elastische Spannung $\cdot$ Fläche $d \cdot b$ (b : Breite des Balkens). Wir haben also angenähert

$$\sigma d \cdot b \approx F\frac{L}{d} \;\Rightarrow\; \sigma \approx F\frac{L}{bd^2} \quad . \tag{3.30}$$

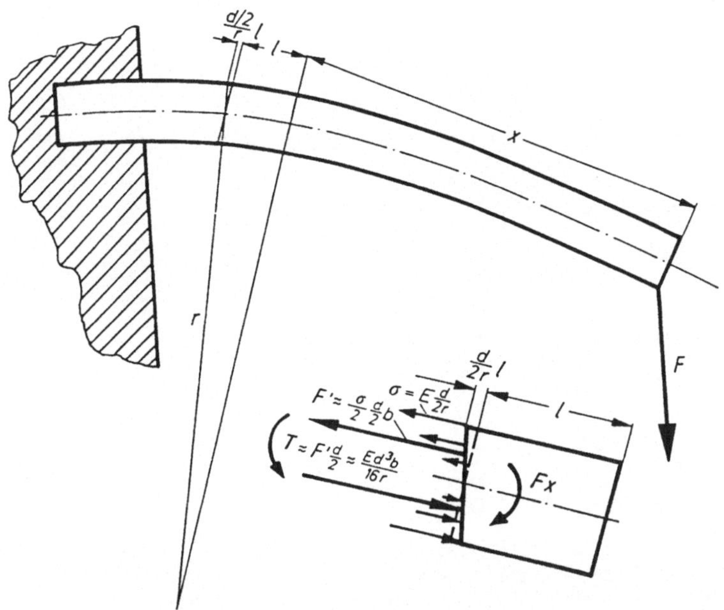

Abb. 3.21. Balkenbiegung. *Unten:* Kräfte an einer gedachten Trennfläche

Wenn dieses σ größer ist als die Festigkeitsgrenze σ_{F} des Materials, bricht der Balken. Seine Tragfähigkeit $F \approx \sigma_{\mathrm{F}} bd^2/L$ hängt also, wie jeder im Gefühl hat, stärker von der Dicke ab als von den anderen Abmessungen.

Mit einer ähnlichen Betrachtung kann man zeigen, daß die Krümmung $1/R$ des Balkens (R: Krümmungsradius) vom Lastmoment T abhängt wie

$$\frac{1}{R} \approx \frac{8T}{Ebd^3} \ . \tag{3.31}$$

4. Wärme (Zufallsbewegte Teilchensysteme)

4.1 Was ist Wärme?

4.1 Ein Tauchsieder mit 1 kW Leistung braucht 7–8 Minuten, um 1 Liter kaltes Wasser zum Kochen zu bringen. Probieren Sie es selbst! Wenn die Leistung nicht auf dem Tauchsieder oder der Kochplatte vermerkt ist, wie bestimmen Sie sie dann? Denken Sie an Ihren Elektrozähler! Wenn Sie eine elektrische Kochplatte benutzen, beachten Sie die höheren Verluste! Mit der gleichen Energie, die Sie in das Wasser hineingesteckt haben, könnten Sie es wie hoch heben oder auf welche Geschwindigkeit beschleunigen? Wie lange müßte ein Mensch hart körperlich arbeiten, um die gleiche Arbeit zu leisten? Vergleichen Sie auch die Lohnkosten für einen solchen Schwerarbeiter mit den Kosten für die elektrische Energie. Wenn Sie mit Gas oder Kohle kochen: Wieviel davon verbrauchen Sie, um Ihren Liter Wasser zum Kochen zu bringen?

Wo bleibt die viele Energie, die man zum Wassererhitzen investiert und die ausreichen würde, um das gleiche Wasser auf fast 1 km/s zu beschleunigen? Bisher kennen wir kinetische und potentielle Energie. Wenn Wärme nicht eine völlig neue Energieform ist, spricht alles für folgende Deutung, für die wir gleich Argumente sammeln werden:

— Energie eines heißen Körpers ist kinetische Energie,
— Energie eines chemischen Vorgangs, z. B. der Verbrennung, ist potentielle Energie (bitte schön, mgh ist nur ein Spezialfall der potentiellen Energie, im Schwerefeld in Erdnähe nämlich).

Dadurch haben wir die Wärme auf die Mechanik zurückgeführt.

Wenn die Energie des heißen Wassers kinetische Energie ist, obwohl es sich praktisch nicht bewegt, muß es sich um eine "mikroskopische" (eigentlich submikroskopische) Bewegung seiner kleinsten Teilchen handeln. Oft beobachtet man im Wald einen Mückenschwarm, in dem die einzelnen Tiere wild durcheinandertanzen, während der ganze Schwarm an der Stelle bleibt oder sich nur ganz langsam verschiebt. Ähnlich würde ein Luftvolumen aussehen, wenn man es im "Submikroskop" beobachten könnte. Die einzelnen Moleküle wimmeln ständig heftig und wahllos umher, auch wenn die Luft nicht strömt. Selbst der heftigste Orkan gleicht nur einem langsam dahintreibenden Mückenschwarm. Aus seiner Zufallsbewegung wird jedes Molekül nur durch den Stoß mit einem anderen abgelenkt, ebenfalls in praktisch nicht vorhersagbare und daher zufällige Richtung. In Flüssigkeiten und Festkörpern sind die Moleküle ziemlich dicht gepackt; sie können nicht frei durcheinanderwirbeln, schwingen aber um ihre Ruhelagen, z. B. im Blech eines Autos viel schneller, als irgendein Auto fahren kann.

Wärme ist ungeordnete Bewegung der Moleküle.
Wärmeenergie ist kinetische Energie dieser Bewegung.
Temperatur ist ein Maß für diese Energie.

Auch ohne zu wissen, wie groß die Moleküle sind, können wir daraus wichtige Folgerungen ziehen. Bestimmt fliegen nicht alle Moleküle in einem Körper gleichschnell, auch das ist Zufallssache. Was zählt und was man makroskopisch sieht, ist die *mittlere Energie*. Nun betrachten wir ein Gas, in dem leichte und schwere Moleküle durcheinanderfliegen. Welche Sorte hat mehr Energie? Aus den Stoßgesetzen (Abschnitt 2.8) wissen wir: Zwei Teilchen, die zentral stoßen, tauschen nur dann keine Energie aus, wenn der gemeinsame Schwerpunkt ruht, also wenn z. B. das doppelt so schwere Teilchen halb so schnell fliegt wie das leichtere (Abb. 4.1). Dann und nur dann kehren sich ja die Impulse beider Teilchen beim Stoß einfach um, ohne ihre Beträge zu ändern. Bedeutet also Gleichgewicht, d. h. Aufhören des Energieaustausches zwischen den beiden Teilchenarten, daß beide gleiche Impulse haben? Das wäre ein Fehlschluß, denn es gibt nicht nur zentrale Stöße. Manchmal fliegt z. B. ein Teilchen hinter dem anderen her und stößt es von hinten. Wenn dann beide gleiche Impulse haben, kann das verfolgende Teilchen nur das leichtere sein und muß beim Stoß Energie ans schwerere abgeben. Berücksichtigt man alle Stoßrichtungen, auch schiefe, dann folgt der *Gleichverteilungssatz*:

Im thermischen Gleichgewicht hat jedes Teilchen, unabhängig von seiner Art oder Masse, im Durchschnitt gleichviel Energie der Translation.

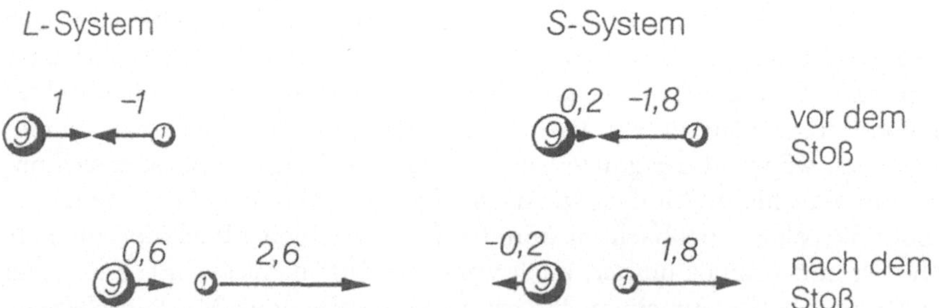

Abb.. 4.1. Gleichverteilungssatz: Zwei Teilchen verschiedener Massen ändern beim Stoß ihre Geschwindigkeiten in Richtung einer Angleichung der kinetischen Energie. Nach sehr vielen Stößen in allen Richtungen nehmen alle Teilchensorten im Mittel die gleiche kinetische Energie an

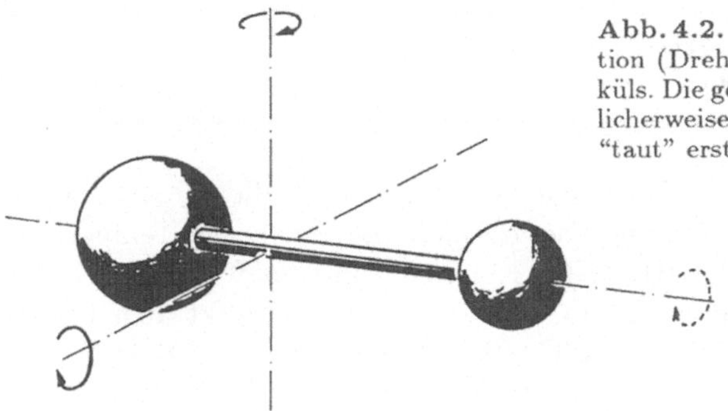

Teilchen im Gas können aber auch rotieren. Die gebundenen Teilchen im Festkörper können um ihre Ruhelagen schwingen; zu ihrer kinetischen Energie kommt dann noch die potentielle der beim Verschieben gestauchten oder gedehnten "Federn" der Bindungen hinzu. Jede dieser unabhängigen Bewegungsformen heißt ein *Freiheitsgrad*. Ein punktförmiges Teilchen, bei dem man von einer Rotation nicht sprechen kann, hat nur Translationsfreiheitsgrade, und zwar drei. Man kann nämlich jede Bewegung aus ihren Komponenten in den drei Raumdimensionen zusammensetzen; insofern sind diese drei Bewegungen unabhängig voneinander. Ein ausgedehntes Teilchen, z. B. ein Molekül aus vielen Atomen, kann sich um drei wechselweise senkrechte Achsen drehen (Abb. 4.2), von denen jede also einen Freiheitsgrad der Rotation ergibt. Bei einem Molekül aus zwei punktförmig vorzustellenden Atomen zählt allerdings eine dieser Drehungen nicht, nämlich die um die Verbindungslinie der Atome. Ein solches Molekül hat nur zwei Rotationsfreiheitsgrade. Ein Teilchen im Festkörper kann in allen drei Richtungen schwingen (drei Translationsfreiheitsgrade); für jede Richtung ist die potentielle Energie im Mittel ebensogroß wie die kinetische: Ein solches Teilchen hat 6 Freiheitsgrade. In jedem Fall muß man aber untersuchen, welches die unabhängig beweglichen Teilchen sind: Manchmal sind es die Moleküle, manchmal aber auch die Einzelatome im Molekül oder ganze Atomgruppen in komplexeren Molekülen. Wir fassen zusammen:

Einatomige Gase haben 3 Freiheitsgrade (nur Translation);
Gase aus zweiatomigen oder allgemein linear (ungewinkelt) aufgebauten Molekülen haben 5 Freiheitsgrade (3 translatorische, 2 rotatorische);
Gase aus komplexeren, z. B. gewinkelten Molekülen haben 6 Freiheitsgrade (3 translatorische, 3 rotatorische);
Teilchen in Festkörpern haben 6 Freiheitsgrade (3 kinetische und 3 potentielle der Schwingung).

Wir können also den Temperaturbegriff präzisieren, ohne angeben zu müssen, von welchem Stoff die Rede ist:

> Die Temperatur ist proportional zur mittleren Energie der Teilchen
> pro Freiheitsgrad.

Es folgt sofort: Es gibt eine kleinstmögliche Temperatur, diejenige nämlich,
bei der die Teilchen *keine* Bewegungsenergie mehr haben. Diese Temperatur
heißt absoluter Nullpunkt oder 0 K (Null Kelvin). Sinngemäß zählen wir die
absolute Temperatur oder Kelvin-Temperatur von diesem Punkt aus. 1 K ist
die gleiche Temperatur*änderung* wie 1°C. Eis schmilzt bei 273,2 K (wir werden das in Abschnitt 4.2 messen), Wasser kocht unter 1013 mbar Luftdruck bei
373,2 K.

Wenn man einen Körper erhitzen will, braucht man um so mehr Energie, je
mehr Teilchen er enthält und je mehr Freiheitsgrade diese haben. Wenn man
eine Energie W braucht, um eine Masse m eines Stoffes um ΔT K zu erwärmen,
nennt man $c = W/(m\,\Delta T)$ die *spezifische Wärmekapazität* dieses Stoffes.

4.2 Hat Blei oder Aluminium die höhere spezifische Wärmekapazität?

4.2 Gasdruck

Wenn sich die Moleküle ständig sehr schnell bewegen, kann man sich leicht
vorstellen, warum ein Gas einen Druck auf die Gefäßwände ausübt: Seine
Moleküle trommeln unaufhörlich auf diese Wände und üben eine Kraft auf sie
aus, ebenso wie ein Ball, den man auf einem Tennisschläger auf- und abspringen läßt. Ein Maurer und ein Tennisspieler schleudern mit dem gleichen Impuls
einen Mörtelklumpen bzw. einen Ball senkrecht gegen eine Wand. Der Mörtel
bleibt kleben: Die Wand nimmt seinen Impuls mv auf. Der Tennisball übergibt
ihr ebenfalls seinen Impuls mv und kommt für einen Augenblick zur Ruhe. Sofort danach prallt er aber mit dem entgegengesetzten Impuls $-mv$ zurück.
Den Rückstoß mv dazu muß wieder die Wand aufnehmen. Sie hat also im
ganzen $2\,mv$ erhalten. Dem Tennisball entspricht das elastisch zurückprallende
Molekül. In beiden Fällen kommen Wand + Erde wegen ihrer riesigen Masse
durch diese Impulsaufnahme nicht merklich in Bewegung.

Wieviele Moleküle prallen auf eine Wandfläche A in einer kurzen Zeit dt?
Das tun alle Moleküle, die soeben auf die Wand zufliegen und die zu Beginn
dieses Zeitintervalls dt nicht weiter als $v\,dt$ von ihr entfernt sind (Abb. 4.3). Die
verschiedenen Flugrichtungen berücksichtigen wir so, daß wir sagen: Je $\frac{1}{6}$ aller
Moleküle fliegen gerade nach oben, unten, rechts, links, vorn, hinten. Nur eine
dieser Richtungen, z. B. die nach rechts, führt zur Wand. Also prallen $\frac{1}{6}$ aller
Moleküle, die in dem Volumen $Av\,dt$ sind, innerhalb dt auf die Wand. Nun sei
n die *Teilchenzahldichte* des Gases, d. h. die Anzahl der Moleküle in einem bestimmten Volumen geteilt durch dieses Volumen. Im fraglichen Volumen $Av\,dt$
sind dann $nAv\,dt$ Moleküle. $\frac{1}{6}$ davon prallen in der Zeit dt auf die Wand, jedes

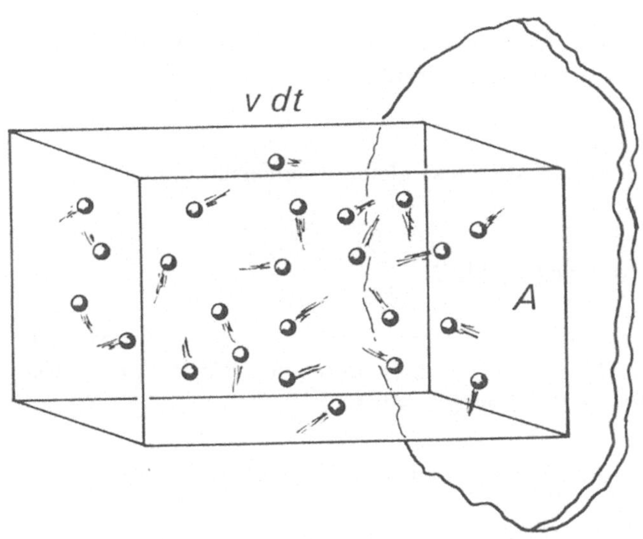

Abb. 4.3. Der Gasdruck entsteht durch das Trommeln (die Impulsübertragung) der Moleküle auf die Wand. Der dargestellte Kasten (Grundfläche A, Höhe $v\,dt$) enthält $nAv\,dt$ Moleküle, von denen $\frac{1}{6}$ in der Zeit dt an die Wand prallen und dort den Impuls $dI = 2mv\frac{1}{6}nAv\,dt$ abliefern. Der Druck ist $p = dI/A\,dt = \frac{1}{3}mnv^2$

übergibt dieser den Impuls $2mv$, alle zusammen liefern also den Impuls

$$\tfrac{1}{6}nAv\,dt\,2mv = \tfrac{1}{3}nmv^2 A\,dt$$

ab. Impulsänderung pro Zeiteinheit ist Kraft, Kraft durch Fläche ist Druck, also übt das Gas den Druck

$$p = \tfrac{1}{3}nmv^2 \tag{4.1}$$

aus. Hier brauchen wir noch nicht zu wissen, welche Masse m die Teilchen haben, denn nm ist einfach die Masse dieser Teilchen pro Volumeneinheit, also die Dichte ϱ des Gases:

$$p = \tfrac{1}{3}\varrho v^2 \quad. \tag{4.2}$$

Auch hieraus können wir auf die Molekülgeschwindigkeit schließen.

4.3 Welche Molekülgeschwindigkeit ergibt sich für Luft aus (4.2)? Vergleichen Sie mit dem Ergebnis aus der spezifischen Wärmekapazität.

Da die mittlere kinetische Energie der Moleküle $\frac{1}{2}mv^2$ proportional zur absoluten Temperatur T ist, folgt auch

$$p \sim nT \quad. \tag{4.3}$$

Je dichter und je heißer ein Gas ist, desto höher ist sein Druck. Da die Proportionalitätskonstante, die noch fehlt und die wir im nächsten Abschnitt bestimmen werden, eine allgemeine Naturkonstante ist, folgt auch der Satz von *Avogadro*:

Bei gegebenem T und p haben alle Gase gleiche Teilchenzahldichte n.

4.3 Wie groß sind die Moleküle?

Wenn alle Teilchen gleiche mittlere thermische Energie haben, muß das auch für so große zutreffen, deren Bewegung man z. B. unter dem Mikroskop verfolgen kann, wie das *Robert Brown* 1827 erstmals tat.

4.4 Wie groß ist die mittlere thermische Geschwindigkeit eines Menschen bzw. eines Bakteriums?

4.5 *In einem Spiegelgalvanometer ist ein winziges Spiegelchen an einem Metall- oder Quarzfaden aufgehängt. Das Drehmoment, das eine kleine Spule in einem Magneten erfährt, verdrillt den Faden, der Spiegel dreht sich mit. Sein Reflex wandert auf einer Skala und zeigt so den Strom durch die Spule an. Um möglichst kleine Ströme messen zu können, nimmt man einen sehr feinen Faden. Bei einem $2\,\mu$m dicken Quarzfaden braucht man nur $4\cdot 10^{-14}$ Nm, um ihn um 90° zu verdrillen. Dieses System ist aber selbst bei völliger Ruhe von Luft und Boden nicht ganz zu beruhigen: Auf der 5 m entfernten Skala zittert der Reflex um etwa 4 mm hin und her. Wie kommt das? Kann man daraus die mittlere Molekülenergie pro Freiheitsgrad bestimmen? Wenn ja, tun Sie es!

Aus Messungen (s. z. B. Aufgabe 4.5) folgt in schönster Übereinstimmung die noch fehlende Proportionalitätskonstante:

Mittlere Energie pro Freiheitsgrad	$\frac{1}{2}kT$	(4.4)
mit der Boltzmann-Konstante	$k = 1,38\cdot 10^{-23}$ J/K	(4.5)
Mittlere Energie eines Teilchens	$W = \frac{f}{2}kT$	(4.6)
mit der Anzahl f der Freiheitsgrade.		
Zustandsgleichung des Idealgases	$p = nkT.$	(4.7)

4.6 Leiten Sie (4.7) her.

Ein Gasvolumen V enthält $N = nV$ Teilchen, also kann man auch sagen

$$p = \frac{N}{V}kT \quad .$$
(4.8)

In diesem Volumen sind $\nu = N/N_{\mathrm{A}}$ mol ($N_{\mathrm{A}} = 6,0\cdot 10^{23}$ mol^{-1}, die Avogadro-Konstante, gibt die Anzahl der Teilchen im mol an). Also gilt auch

$$pV = \nu N_{\mathrm{A}}kT = \nu RT$$
(4.9)

mit $R = N_A k = 8,3\,\mathrm{JK^{-1}\,mol^{-1}}$, der Gaskonstanten. Beachten Sie unbedingt: k gilt fürs Molekül, R fürs mol! Die verbreitete Schreibweise $pV = RT$ stimmt nur für 1 mol Gas!

Das leichteste Atom, das des Wasserstoffs, hat eine Masse

$$m_\mathrm{H} = \frac{1g}{6\cdot 10^{23}} = 1,67\cdot 10^{-27}\,\mathrm{kg} \quad . \tag{4.10}$$

Jedes andere Atom oder Molekül hat um soviel mehr Masse, wie seine relative Atom- bzw. Molekülmasse (oft auch Atom- bzw. Molekulargewicht genannt) angibt. Wir können jetzt auch den Radius dieser Teilchen schätzen. In festen und flüssigen Stoffen liegen sie ja praktisch dicht gepackt. Im Wasser z. B. steht einem Molekül mit seinen $m = 3\cdot 10^{-26}$ kg ein Volumen $m/\varrho = 3\cdot 10^{-29}\,\mathrm{m^3}$ zur Verfügung, das wir angenähert als Würfel von $3\cdot 10^{-10}$ m Kantenlänge auffassen können. Das ist der Abstand zweier Moleküle, also der Durchmesser eines Moleküls im flüssigen Wasser.

4.7 Welchen mittleren Abstand haben zwei benachbarte Moleküle in der Luft dieses Zimmers? Welchen Radius hat ein Eisenatom?

Die mittlere Teilchenenergie ist $\frac{1}{2}fkT$; in einer Masse M eines Stoffes, der aus Teilchen der Masse m besteht, sind M/m Teilchen, also hat dieser Stoff die thermische Energie

$$W = \frac{M}{m}\frac{f}{2}kT \quad .$$

Teilt man das durch die Masse M und die Temperatur T, dann erhält man die spezifische Wärmekapazität, die sich ja auf 1 kg und 1 K Erwärmung bezieht:

$$c = \frac{f}{2m}k \quad . \tag{4.11}$$

4.8 Geben Sie theoretische Werte für die spezifische Wärmekapazität von Gasen. Welches sind die unabhängig beweglichen Teilchen im flüssigen Wasser? Erklären Sie die Regel von *Dulong-Petit*, nach der ein einfacher Festkörper, z. B. ein Metall, die molare Wärmekapazität $25\,\mathrm{J\,mol^{-1}\,K^{-1}}$ hat. Prüfen Sie alle diese Angaben anhand von Tabellen gemessener Werte.

Aus einem Loch, das ins Vakuum führt, z. B. aus der Düse einer Rakete strömen die Gase höchstens so schnell, wie ihre Moleküle fliegen. Wenn draußen auch Gas ist, erfolgt das Ausströmen viel langsamer. Versuchen Sie mal schnell aus einer Tür zu kommen, wenn draußen massenhaft Leute stehen!

4.9 Eine Raketen-Brennkammer hält höchstens 4500 K aus. Wie schnell strömen die Verbrennungsgase aus der Düse? Was für Gase sind es? Ältere Raketen verbrannten meist Benzin, Alkohol u. ä. mit Sauerstoff, neuere wie der Space shuttle haben Knallgas-Antrieb. Warum ist das günstiger (und gefährlicher), und wieviel macht es aus? Schätzen Sie den Treibstoffaufwand für einen Satellitenstart auf eine erdnahe Kreisbahn für beide Antriebe. Warum könnte ein Kernreaktor als Motor noch günstiger sein?

Nicht nur Gasmoleküle üben einen Druck aus. Im Prinzip verhalten sich
Moleküle in einer Lösung genauso, nur daß sie nicht im Vakuum, sondern zwischen den Molekülen des Lösungsmittels, z. B. des Wassers, umherwimmeln.
Wir füllen das Lösungsmittel in ein Gefäß mit zwei Kammern. Die mittlere
Trennwand des Gefäßes sei eine semipermeable Wand, die nur die Wassermoleküle durchläßt, nicht aber den gelösten Stoff. Auf diese Wand treffen immer
wieder die Teilchen des Lösungsmittels. Das Trommeln der gelösten Moleküle
erzeugt einen einseitigen Druck. Dieser *osmotische Druck* ist dann ebensogroß
wie der Druck eines Gases der gleichen Teilchenzahldichte:

$$p = nkT = \frac{\nu}{V} RT \tag{4.9'}$$

(Gesetz von *J. H. van't Hoff*).

4.10 Mit welchem osmotischen Sog kann die dicke Zuckerlösung in einem Baumstamm das
Wasser durch die semipermeable (zuckerundurchlässige) Wurzelhaut ansaugen? Wie
hoch könnte der Saft infolge dieses Mechanismus steigen?

4.11 Meerwasser mit 35 g/l Salzgehalt kann durch Umkehrosmose entsalzt werden. Welcher
Druck ist dazu nötig? Wieviel Energie kostet die Herstellung von 1 m^3 Süßwasser auf
diesem Wege mindestens?

Auch viel entlegenere Probleme können wir mit unseren einfachen Mitteln lösen: Wie heiß ist es im Innern der Sonne? Zunächst brauchen wir den
Druck dort. Er beruht auf dem Gewicht der darüberlastenden Gasschichten,
also der Anziehung, die der innere Teil der Sonne auf die äußeren Schichten
ausübt. Ganz grob können wir sagen: Die Sonnenmasse M hält sich selbst mit
der Kraft $F = GM^2/R^2$ zusammen (s. Abschnitt 5.5). Diese Kraft verteilt
sich über die Fläche $4\pi R^2$ und ergibt etwa den Druck $p \approx GM^2/4\pi R^4$. Setzen
wir hier etwas kühn den vollen Sonnenradius $R = 7 \cdot 10^5$ km und die Sonnenmasse $M = 2 \cdot 10^{30}$ kg ein, erhalten wir $p \approx 10^{15}$ N m^{-2} $= 10^{10}$ bar (eine
"genauere" Angabe hätte bei diesen Vernachlässigungen keinen Sinn). Diesem
Schweredruck muß das Sonnengas durch seinen thermischen Druck $p = nkT$
widerstehen, sonst wird es zusammengequetscht.

Die Sonne besteht überwiegend aus Wasserstoffatomen mit der mittleren
Dichte $2 \cdot 10^3$ kg m^{-3}, die allerdings zum Zentrum hin etwa 10mal höher ist,
also etwa $2 \cdot 10^4$ kg m^{-3}, etwa 15000mal dichter als unsere Luft, obwohl H-
Atome 29mal leichter sind als Luftmoleküle. Somit ist n dort $5 \cdot 10^5$mal höher
und der Druck 10^{10}mal höher, also die Temperatur $2 \cdot 10^4$mal höher, d. h. etwa
10^7 K. Tatsächlich ist dies die Temperatur, bei der die Fusion von Wasserstoff
zu Helium einsetzt, von der die Sonne und damit auch alles Leben auf der Erde
seit mehreren Milliarden Jahren existieren.

4.4 Wärmekraftmaschinen

Ohne Wärmekraftmaschinen, die chemische Energie in Wärme und diese in mechanische (oder elektrische) Energie umsetzen, wie Lokomotiven, Autos, Dampfer, Kraftwerke, Landmaschinen, wäre unser Leben kaum noch denkbar ebensowenig ohne Geräte, die das Gegenteil tun, nämlich mechanische (oder elektrische) Energie in Wärme zu verwandeln, wie Kühlschränke, Klima-Anlagen, Wärmepumpen. Eine solche Maschine kann Wärmeenergie, also Zufallsbewegung der Moleküle, nicht vollständig in mechanische Energie, also gerichtete Bewegung aller Moleküle, umwandeln, ebensowenig wie sich eine durcheinanderwimmelnde Menschenmenge so einfach zu einer gemeinsamen Aktion veranlassen läßt. Wir untersuchen, wodurch der nutzbare Anteil dieser Wärme-Energie, also der Wirkungsgrad η einer Wärmekraftmaschine, bestimmt wird.

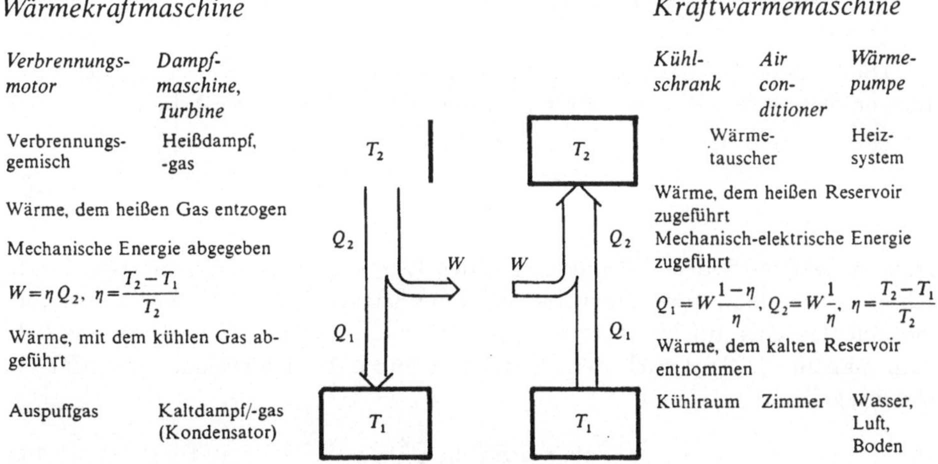

Abb. 4.4. Wärmekraftmaschine und Kraftwärmemaschine

Grundsätzlich entnimmt jede solche Maschine einem heißen Arbeitsstoff eine Energie W und wandelt einen Teil ηW davon in mechanische Energie um; der Rest wird einem kalten Stoff zugeführt (Abb. 4.4). Manchmal sind heißer und kalter Arbeitsstoff identisch, z. B. die Verbrennungsgase im Auto, die zum Auspuffgas abkühlen; manchmal sind sie verschieden, z. B. Verbrennungsgase und Kühlwasser oder -luft im Kraftwerk. In beiden Fällen gewinnen wir eine Energie W und verlieren eine Energie W', nur die Differenz $W_m = W - W'$ kommt uns als mechanische Energie zugute. Der Wirkungsgrad ist also

$$\eta = \frac{W - W'}{W} \quad .$$

W und W' sind als thermische Energien proportional zur Temperatur des heißen bzw. kalten Stoffes, was besonders klar ist, wenn es sich um den gleichen

Stoff handelt, z. B. im Auto. Also folgt

$$\eta = \frac{T - T'}{T} \quad .$$

(4.12)

Diesen maximal möglichen, nämlich durch Verluste wie Wärmeleitung, Reibung usw. meist noch erheblich verringerten Wirkungsgrad der Wärmekraftmaschine hat *Sadi Carnot* 1824 als erster vor der Entwicklung des allgemeinen Energiebegriffs auf viel kompliziertere Weise abgeleitet.

Kühlgeräte und Wärmepumpen "heben" umgekehrt Wärmeenergie von einem kalten in einen warmen Stoff, wozu sie sich einen Bruchteil η davon als mechanische Energie zuführen müssen.

4.12 Identifizieren Sie den warmen und den kalten Arbeitsstoff bei Dampfmaschine, Kraftwerksturbine, Kühlschrank, Klimaanlage, Wärmepumpe; geben sie die beiden Arbeitstemperaturen, die Leistungen und die Wirkungsgrade an.

Die meisten Wärmekraftmaschinen gewinnen Arbeit aus der Ausdehnung eines heißen Gases. Wie wir wissen (Abschnitt 3.1), ist diese Arbeit

$$W = \int_{V_1}^{V_2} p \, dV \quad .$$

(4.13)

Diese Arbeit wird der Wärmeenergie des Gases entnommen; das Gas kühlt sich ab, es sei denn, man führt die verlorene Energie gleich wieder zu und hält dadurch das Gas auf konstanter Temperatur (isotherm). Wenn man das tut, kann man in (4.13) p nach dem Gasgesetz durch V ausdrücken: $p = \nu RT/V$ und integrieren:

$$W = \nu RT \ln \frac{V_2}{V_1} \quad .$$

(4.14)

Ganz anders verläuft der Arbeitsprozeß, wenn man keine Energie zuführt, sondern das Arbeitsgas während seiner Ausdehnung thermisch isoliert, den Prozeß *adiabatisch* führt. Die vom Gas verrichtete Arbeit ist dann einfach die Differenz der Wärmeenergien das Gases vorher und nachher. Wir haben N_{A} Moleküle, jedes hat die Energie $\frac{1}{2} f k (T_2 - T_1)$ zur Expansionsarbeit beigetragen, also beträgt diese insgesamt

$$W = \frac{f}{2} \nu R (T_2 - T_1) \quad .$$

(4.15)

Hier betrachten wir besser kleine Änderungen der Zustandsgrößen. Wenn sich das Gas der Masse M um dV ausdehnt, verrichtet es die Arbeit $p \, dV$ und kühlt sich dadurch ab um $-dT$, so daß

$$p \, dV = -M c \, dT = -M \frac{f k}{2m} dT \quad .$$

(4.16)

Hier drücken wir dT durch Differenzieren der Gasgleichung (4.8) nach den beiden Variablen aus:

$$T = \frac{mpV}{Mk} \ , \quad \text{also} \quad dT = \frac{m(p\,dV + V\,dp)}{Mk} \ ;$$

in (4.16) eingesetzt ergibt sich

$$p\,dV = -\tfrac{1}{2}f(p\,dV + V\,dp) \ ,$$

oder nach Trennung der Variablen p und V (Sortieren und Teilen durch pV)

$$\left(1 + \frac{f}{2}\right)\frac{dV}{V} = -\frac{f}{2}\frac{dp}{p} \ . \tag{4.17}$$

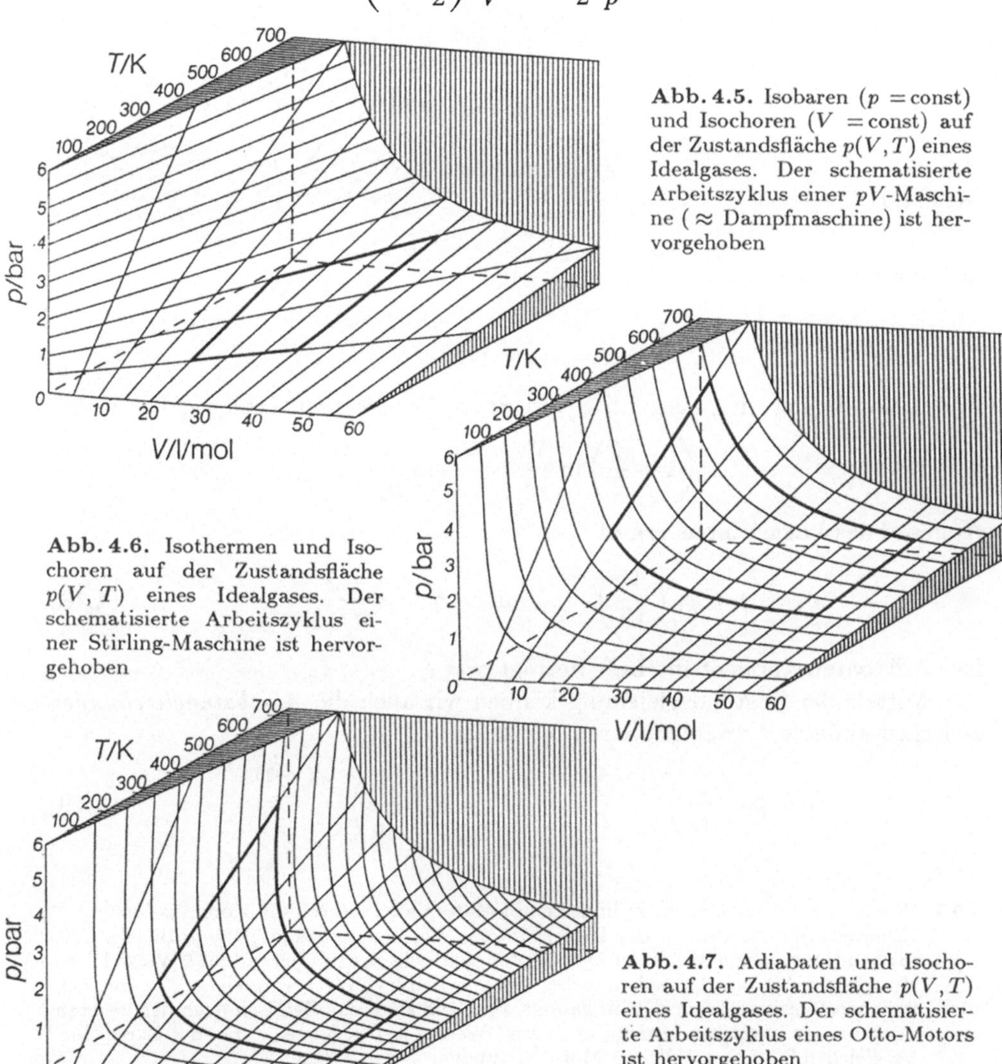

Abb. 4.5. Isobaren ($p = $ const) und Isochoren ($V = $ const) auf der Zustandsfläche $p(V, T)$ eines Idealgases. Der schematisierte Arbeitszyklus einer pV-Maschine ($\approx$ Dampfmaschine) ist hervorgehoben

Abb. 4.6. Isothermen und Isochoren auf der Zustandsfläche $p(V, T)$ eines Idealgases. Der schematisierte Arbeitszyklus einer Stirling-Maschine ist hervorgehoben

Abb. 4.7. Adiabaten und Isochoren auf der Zustandsfläche $p(V, T)$ eines Idealgases. Der schematisierte Arbeitszyklus eines Otto-Motors ist hervorgehoben

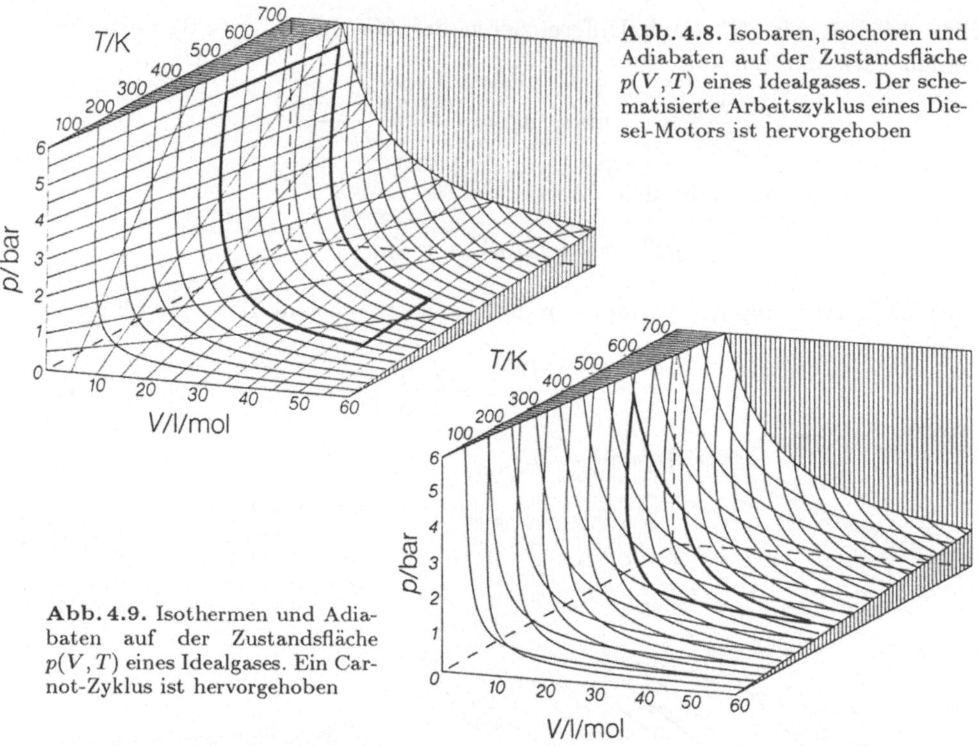

Abb. 4.8. Isobaren, Isochoren und Adiabaten auf der Zustandsfläche $p(V,T)$ eines Idealgases. Der schematisierte Arbeitszyklus eines Diesel-Motors ist hervorgehoben

Abb. 4.9. Isothermen und Adiabaten auf der Zustandsfläche $p(V,T)$ eines Idealgases. Ein Carnot-Zyklus ist hervorgehoben

Integration beiderseits, ausgehend von einem Vergleichszustand p_0, V_0, liefert

$$\left(1 + \frac{f}{2}\right) \ln \frac{V}{V_0} = -\frac{f}{2} \ln \frac{p}{p_0} \quad .$$

Auflösen des Logarithmus ergibt

$$p = p_0 \left(\frac{V}{V_0}\right)^{-\gamma} \quad \text{mit} \quad \gamma = \frac{f+2}{f} \quad . \tag{4.18}$$

Der Adiabatenexponent für Luft beträgt $\gamma = \frac{7}{5}$.

Mittels der Zustandsgleichung können wir auch die *Adiabatengleichungen* zwischen anderen Variablenpaaren herstellen:

$$p = p_0 \left(\frac{T}{T_0}\right)^{\gamma/(\gamma-1)} \quad , \quad V = V_0 \left(\frac{T}{T_0}\right)^{-1/(\gamma-1)} \quad . \tag{4.19}$$

4.13 Wie heiß wird das Gas im Zylinder eines Motors allein durch die Kompression? Erläutern Sie das Prinzip des Diesel-Motors. Welches ist das günstigste Benzin-Luft-Mischungsverhältnis für einen Otto-Motor, und wie wird es hergestellt? Wieviel Benzin spritzen Sie also bei jedem Arbeitstakt in den Zylinder? Vergleichen Sie mit dem üblichen Benzinverbrauch beim Fahren. Wie heiß kann das Gemisch nach der Verbrennung werden? Welchen Druck übt es aus? Welche Arbeit leistet es bei der Expansion? Vergleichen Sie mit wirklichen Motorleistungen.

Die Luft ist nur näherungsweise so geschichtet, wie wir in Abschnitt 3.1 abgeleitet haben. Diese exponentielle Schichtung setzt nämlich eine höhenunabhängige Temperatur voraus, gegen die schon einfachste Erfahrung spricht. Näher der Wahrheit kommt die adiabatisch-indifferente Schichtung, bei der jedes zufällig aufsteigende Luftvolumen in eine Umgebung gerät, wo die Dichte seiner eigenen gleich ist, so daß weder ein weiterer Auftrieb noch ein Abstieg resultiert. Beim Aufsteigen ins Gebiet geringeren Druckes dehnt sich ja die Luft aus und muß die dazu nötige Energie aus ihrem Wärmevorrat schöpfen, kühlt sich also ab. Die Wärmeleitfähigkeit der Luft ist so gering, daß vertikale Luftströme von einiger Ausdehnung immer adiabatisch erfolgen. Daher regeln die Adiabatengleichungen den Zusammenhang zwischen Druck und Dichte, den wir brauchen, um die Betrachtung von Abschnitt 3.1 zu wiederholen: Wenn man um dh aufsteigt, ändert sich der Druck um $dp = -g\varrho\,dh$. Die Adiabatengleichung liefert $\varrho = \varrho_0(p/p_0)^{1/\gamma}$, also

$$p^{-1/\gamma}dp = -g\varrho_0 p_0^{-1/\gamma}dh \quad . \tag{4.20}$$

Die Integration liefert

$$\frac{\gamma}{\gamma-1}(p^{1-1/\gamma} - p_0^{1-1/\gamma}) = -g\varrho_0 p_0^{-1/\gamma}h$$

$$p = p_0\left(1 - \frac{\gamma-1}{\gamma}\frac{g\varrho_0}{p_0}h\right)^{\gamma/(\gamma-1)} \quad . \tag{4.21}$$

Nach Einführung der Größe

$$H' = \frac{\gamma}{\gamma-1}\frac{p_0}{g\varrho_0}$$

können wir auch schreiben:

$$\varrho = \varrho_0\left(1 - \frac{h}{H'}\right)^{1/(\gamma-1)} \quad , \qquad T = T_0\left(1 - \frac{h}{H'}\right) \quad , \tag{4.22}$$

wobei H' sich von der isothermen Skalenhöhe durch den Faktor $\gamma/(\gamma-1) = \frac{7}{2}$ unterscheidet. In der Höhe $H' = 28\,\mathrm{km}$ müßte demnach die Atmosphäre zu Ende und T auf $0\,\mathrm{K}$ abgefallen sein. In Wirklichkeit fällt die Temperatur nur in der Troposphäre so ab und bleibt in der Stratosphäre (ab etwa $12\,\mathrm{km}$) etwa konstant. Diese wird nämlich durch direkte Absorption der Sonnenstrahlung geheizt, die Troposphäre dagegen überwiegend vom Erdboden aus.

4.5 Die Boltzmann-Verteilung

Obwohl wir inzwischen Genaueres über den Aufbau unserer Atmosphäre erfahren haben, wollen wir doch zum einfachsten Modell dieses Aufbaus zurückkehren, das wir in Abschnitt 3.1 diskutiert haben. Es hat den Vorteil, daß es thermisches Gleichgewicht voraussetzt, nämlich eine überall gleiche Temperatur.

Ein Gleichgewicht, im mechanischen wie im thermischen Sinn, ist dadurch definiert, daß sich zeitlich nichts ändert. Das kann nicht der Fall sein, wenn die Temperatur z. B. mit der Höhe abnimmt, denn dann fließt ständig Wärme nach oben (durch Wärmeleitung und noch mehr durch Wärmestrahlung) und verschwindet im Weltall. Damit eine solche Verteilung der Atmosphäre zeitlich erhalten bleibt, muß von unten ständig Wärme nachgeliefert werden, hier durch die Sonneneinstrahlung auf den Erdboden (Bodenheizung). Im echten Gleichgewicht ist die Temperatur überall gleich. Damit folgt die exponentielle Verteilung der Dichte ϱ über die Höhe h [vgl. (3.10)]:

$$\varrho = \varrho_0\, e^{-h/H} \quad \text{mit der Skalenhöhe} \quad H = \frac{p_0}{g\varrho_0} \quad . \tag{4.23}$$

Jedesmal, wenn wir um H aufsteigen, nimmt die Dichte um den Faktor e ab. Wie locker oder wie dicht sich die Atmosphäre um einen Planeten schichtet, d. h. wie groß oder klein H ist, hängt ab von der Schwerebeschleunigung dieses Planeten — je größer sie ist, desto näher zieht sie die Moleküle an den Boden — und von der Geschwindigkeit der Moleküle, also der Temperatur — je höher sie ist, desto mehr widersetzen sich die Moleküle der Schwerkraft.

4.14 Wir wissen: Im Durchschnitt fliegen unsere Luftmoleküle mit fast 500 m/s. Wie hoch könnten sie vom Boden hochsteigen, wenn sie nicht auf andere Moleküle stießen?

Vom Wert der Temperatur ist aber in (4.23) nicht die Rede, nur von Druck und Dichte am Erdboden, p_0 und ϱ_0. Das sind ganz zufällige Werte. Sie könnten ganz anders sein; auf anderen Planeten sind sie auch anders, z. B. auf der Venus viel höher, auf dem Mars viel kleiner. Die Skalenhöhe H hängt ja aber, außer vom Schwerefeld des Planeten (im Fall der Erde also von g) nur vom *Verhältnis* p_0/ϱ_0 ab; dieses Verhältnis liefert nach (4.7) genau T oder v:

$$p = nkT = \frac{\varrho}{m}kT \quad .$$

Wir schreiben also statt (4.23)

$$\varrho = \varrho_0\, e^{-mgh/kT} \quad , \quad \text{also} \quad H = \frac{kT}{mg} \quad . \tag{4.24}$$

m ist die Masse eines Luftmoleküls, $W = mgh$ ist also die potentielle Energie, die es hat, wenn es sich in der Höhe h über dem Meeresspiegel befindet. Eleganter können wir also sagen

$$\varrho = \varrho_0\, e^{-W/kT} \quad . \tag{4.25}$$

Wärme ist *ungeordnete* Molekülbewegung. Diese Unordnung bringt es mit sich, daß nicht alle Moleküle die gleiche Energie haben. Einige fliegen schnell, andere langsam (verschiedene kinetische Energien), einige fliegen in Bodennähe, andere hoch oben (verschiedene potentielle Energien). In Bodennähe, also bei minimaler potentieller Energie, findet man die meisten Moleküle (Dichte ϱ_0), aber bei höheren Energien gibt es auch Moleküle, um so mehr, je höher die Temperatur ist.

Wir suchen ähnliche Situationen, wo nämlich viele Teilchen vorhanden sind, die sich über mehrere Zustände mit verschiedenen Energiewerten verteilen können, und prüfen, ob für diese Verteilung ein ähnliches Gesetz wie (4.25) gilt.

Wir stellen ein Glas mit Wasser in einen geschlossenen Behälter und warten. War zuwenig Wasser im Glas, verdunstet alles. Andernfalls bleibt etwas Wasser im Glas zurück, und im Behälter stellt sich eine ganz bestimmte Konzentration an Wasserdampf ein, die nur von der Temperatur abhängt: Die *Sättigungsfeuchte* oder die Gleichgewichts-Dampfkonzentration. Sie ist unabhängig davon, ob außerdem Luft im Behälter ist und wieviel. Pumpt man den Behälter vorher ganz aus, dann kann man den Gleichgewichtsdruck des Wasserdampfes direkt mit einem üblichen Manometer messen. Man erhält folgende Werte (Abb. 4.10):

T/°C	0	10	20	30	40	50	60	70	80	90	100
p/mbar	6	12	23	42	74	123	199	311	473	701	1013

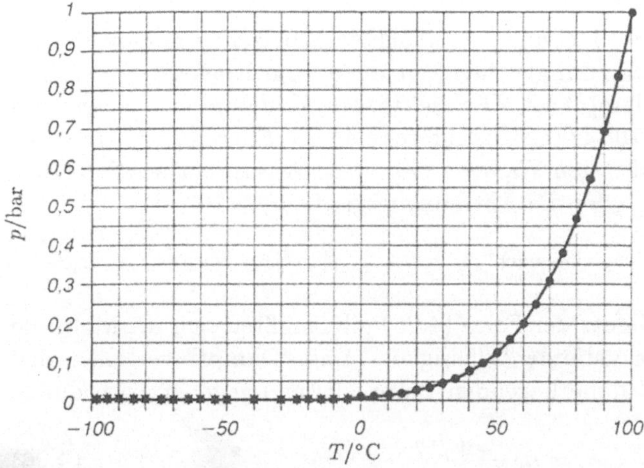

Abb. 4.10. Dampfdruckkurve des Wassers. Meßpunkte: ● für flüssiges Wasser, * für Eis

Wie man sieht, verdoppelt sich der Dampfdruck um 0°C herum alle 10 Grad, also steckt etwas Exponentielles dahinter; bei höheren Temperaturen wird dieser Faktor anders, also heißt das Gesetz nicht einfach $p\sim e^{aT}$. Wie heißt es denn? Wir machen ein Modell. Jedes Wassermolekül hat zwei mögliche Zustände: Es kann als Dampfmolekül frei im Behälter schweben, oder es kann sich ins Gedränge in der Flüssigkeit mischen. In welchem Zustand hat es die höhere Energie? Natürlich im Dampf, denn man braucht Energie, um Wasser zu verdampfen, ziemlich viel sogar: Stellt man 1 l kochendes Wasser auf eine Heiz-

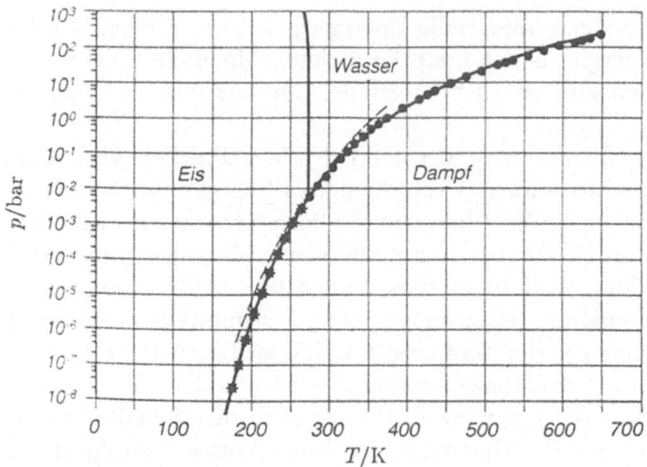

Abb. 4.11. Um die Dampfdruckkurve bis zum kritischen Punkt darstellen zu können, muß man die p-Achse stauchen, am besten durch Logarithmieren. In der Auftragung $\ln p(T)$ wird die Kurve noch nicht ganz gerade. Die Dampfdruckkurve für Eis (Sublimationskurve) verläuft etwas steiler. Beide schneiden sich im Tripelpunkt. Von dort geht auch die Koexistenzlinie Wasser-Eis (Schmelzkurve) aus. Ihr Verhalten ist beim Wasser ungewöhnlich, da sie nach links geneigt ist

platte und 5,5 l Wasser von 0°C auf eine gleichstark heizende andere Platte, dann kommen die 5,5 l etwa zum gleichen Zeitpunkt zum Kochen, zu dem der eine Liter vollständig verdampft ist. Die *spezifische Verdampfungsenergie* des Wassers ist also $q = 2,3 \cdot 10^6$ J/kg. Uns interessiert die Energie, die nötig ist, um *ein Molekül* aus dem flüssigen Wasser zu lösen. 1 l Wasser enthält $3,3 \cdot 10^{25}$ Moleküle, also entfällt auf jedes die Abtrennenergie $W = 7 \cdot 10^{-20}$ J.

4.15 Messen und rechnen Sie das alles nach!

Wenn auch hier ein Gesetz der Form (4.25) gilt, müßten sich die Moleküle so über die beiden Energiezustände "Flüssigkeit" und "Dampf" verteilen, daß ihre Anzahl in dem um W höherliegenden Dampfzustand gegeben wird durch

$$n = n_0 \, e^{-W/kT} \quad . \tag{4.26}$$

Wir prüfen das, indem wir die Dampfdruckwerte, die ja eng mit n zusammenhängen, logarithmieren und über $1/T$ auftragen (Abb. 4.12). Das Logarithmieren nimmt uns ein log-Papier ab, aber $1/T$ müssen wir selber ausrechnen. Die Punkte der Tabelle liegen schön auf einer Geraden, wie erwartet, denn $\log p = \log p_0 - \frac{W}{k} \frac{1}{T}$. Die Neigung dieser Geraden ist also W/k. Wir lesen ab

$$W = k \frac{4 \cdot 2,3}{1,75 \cdot 10^{-3}\,\mathrm{K}^{-1}} = 7,2 \cdot 10^{-20}\,\mathrm{J} \tag{4.27}$$

in bester Übereinstimmung mit der Verdampfungsenergie pro Molekül.

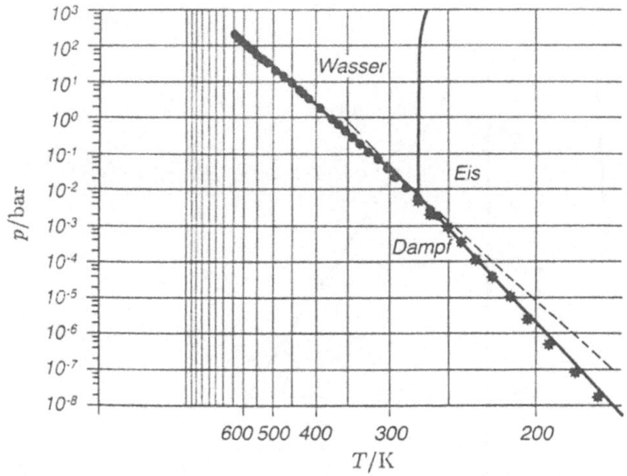

Abb. 4.12.
Transformiert man auch die T-Achse und trägt $1/T$ auf, werden die Dampfdruckkurven für Wasser und Eis fast gerade. Das entspricht der Boltzmann-Verteilung $p \approx p_0\, e^{-W/kT}$

4.16 Stellen Sie eine solche Auftragung her!

Die Verteilung (4.26) hat also eine sehr allgemeine Bedeutung. Sie wurde von *Ludwig Boltzmann* entdeckt und ist nach ihm benannt.

Wenn viele Teilchen mehrere mögliche Zustände mit verschiedenen Energien W zur Verfügung haben, dann verteilen sie sich im thermischen Gleichgewicht über diese Zustände so, daß im Zustand mit der Energie W

$$n = n_0\, e^{-W/kT} \qquad\qquad (4.26')$$

Teilchen sitzen.

Wir können hier nur wenige Anwendungen der Boltzmann-Verteilung von der Elektrotechnik bis zur Biologie erwähnen.

In einem Metall haben die Elektronen viele Energiezustände zur Verfügung: Sie können sich in einer Art See sammeln, können aber auch wie eine Wasserdampfatmosphäre über dem See schweben ("über" hat hier natürlich keine geometrische, sondern nur energetische Bedeutung). Diese Atmosphäre ist ähnlich exponentiell geschichtet wie die der Erde. Der Zustand außerhalb des Metalls liegt in ziemlicher Höhe über dem Seespiegel, denn es kostet einen großen Energiebetrag, genannt *Austrittsarbeit* W_a, das Elektron aus dem positiven Metallgitter zu lösen. Je heißer das Metall, desto höher reicht die Elektronenatmosphäre hinauf, desto mehr Elektronen können aus dem Metall entweichen. Ihre Anzahl ergibt sich wieder aus der Boltzmann-Verteilung

$$n = n_0 \exp(-W_\mathrm{a}/kT) \quad . \qquad\qquad (4.26'')$$

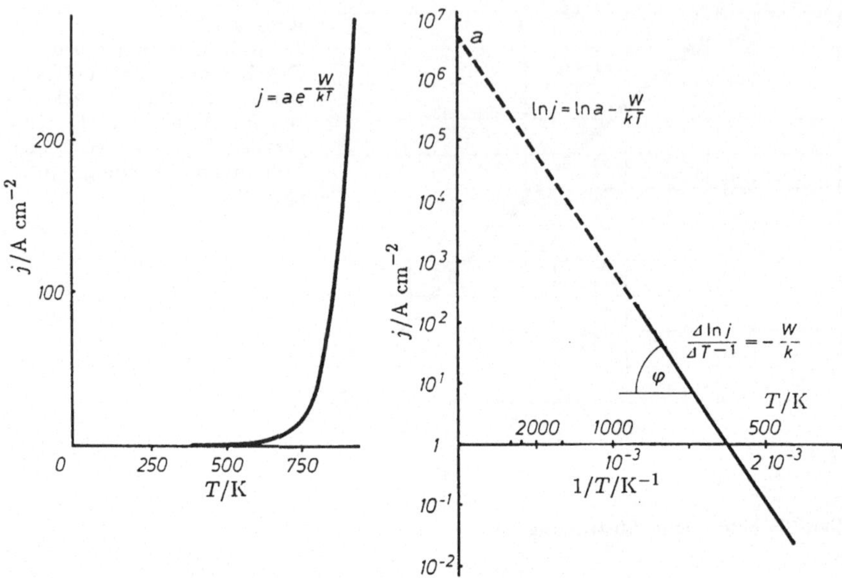

Abb. 4.13. Der Glühemissionsstrom als Funktion der Temperatur; *rechts* in Arrhenius-Auftragung

Ebenso verhält sich der Strom, der fließt, wenn man diese Elektronen durch eine Spannung absaugt (Abb. 4.13). Man muß die Kathode bis zu schwacher Rotglut heizen, damit der Strom brauchbare Werte erreicht. So behandelte *Richardson* die *Glühkathodenröhre,* die heute als Gleichrichter und Verstärker in vielen Kleingeräten durch den Transistor verdrängt ist, aber im Fernseher und in Sendern immer noch eine große Rolle spielt.

Der Spiegel des Elektronensees liegt in verschiedenen Metallen verschieden hoch, also ist auch die Austrittsarbeit und damit der Strom austretender Elektronen bei jedem anders (Abb. 4.14). Berühren sich zwei verschiedene Stoffe, dann tritt zunächst aus dem einen ein größerer Strom in den anderen, bis sich beide so aufladen, daß ein weiterer Stromfluß verhindert wird. Zwischen beiden stellt sich so eine *Berührungsspannung* ein. Sie liefert in der galvanischen Batterie oder im Akkumulator einen allerdings kleinen Vorrat an elektrischer Energie.

Wenn zwischen zwei Gebieten eine Spannung U liegt, bedeutet das für ein Elektron eine Differenz $W = eU$ in der potentiellen Energie (e : Elementarladung). Die Elektronenkonzentrationen in diesen beiden Gebieten müssen daher im Gleichgewicht verschieden sein um den Faktor

$$\frac{n_A}{n_B} = e^{eU/kT} \quad . \tag{4.28}$$

Auch das Umgekehrte gilt: Wenn die Konzentrationen von Elektronen oder anderen geladenen Teilchen in zwei Gebieten verschieden sind, nämlich n_A und n_B, besteht zwischen diesen Gebieten eine Spannung

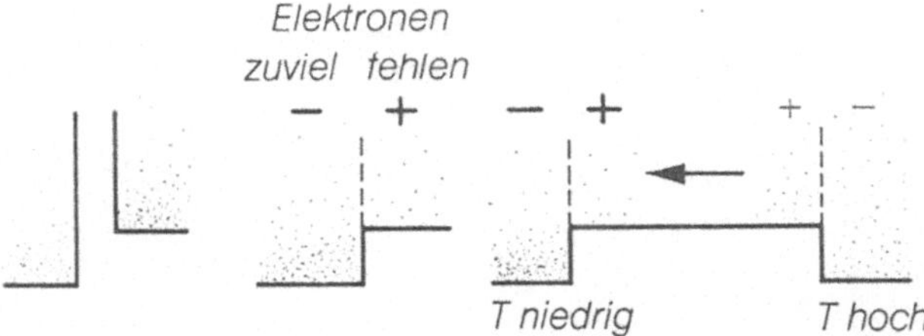

Abb. 4.14a. Bei verschiedenen Stoffen liegt das Grundniveau der Elektronen verschieden hoch. Darüber türmt sich eine Elektronenatmosphäre, deren Skalenhöhe proportional zu T ist. Bei Berührung erfolgt Ausgleich durch einen Diffusionsstrom, bis die Aufladung so groß ist, daß das elektrochemische Potential konstant wird. Die Dichteunterschiede, also die Aufladungen sind um so schwächer, je höher T ist

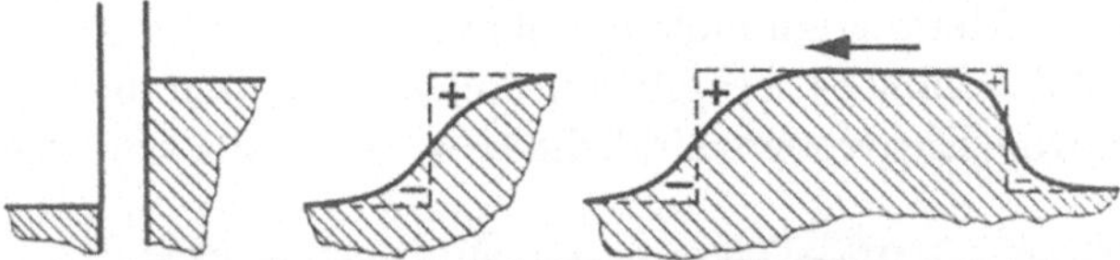

Abb. 4.14b. Nach der Fermi-Statistik ist die Lage sogar einfacher. Die Elektronenzustände sind bis zu einem gewissen Niveau (Oberfläche des Fermi-Sees, Fermi-Grenze, elektrochemisches Potential) aufgefüllt, das für verschiedene Stoffe verschieden hoch liegt. Bei Berührung erfolgt Ausgleich der elektrochemischen Potentiale durch Diffusionsstrom. Je höher T, desto enger die Übergangsschicht, desto geringer also die Aufladung

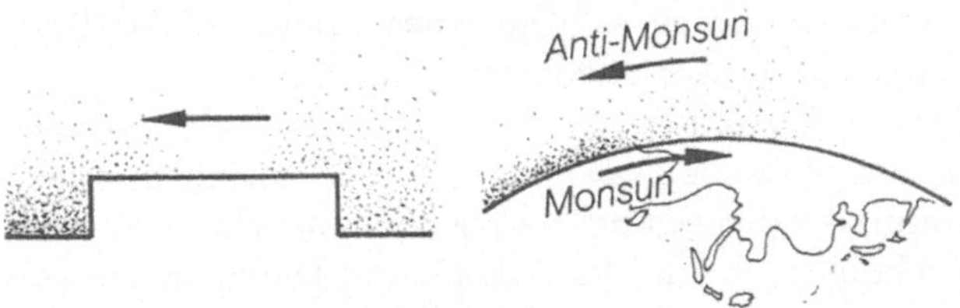

Abb. 4.14c. Der Thermostrom ist ein Elektronen-Antimonsun

$$U = \frac{kT}{e} \ln \frac{n_A}{n_B} \quad . \tag{4.29}$$

Dieses Gesetz stammt von *W. Nernst*. So kommt z.B. die Spannung zwischen dem Innern einer Nervenzelle und dem Außenraum infolge der Konzentrationsunterschiede von Na- und K-Ionen zustande. Kurzzeitige Entladung dieser "Batterie" läuft als Nervenreiz die Zellwand entlang. Egal was Sie denken — *Boltzmann* ist immer im Spiel.

Die Kontaktspannung zwischen zwei Metallen A und B mit den Elektronenzahldichten n_A und n_B ist nach (4.29) temperaturabhängig. Lötet oder schweißt man also an die Enden eines Drahtes aus dem Metall B zwei Drahtstücke aus dem Metall A und macht die eine Kontaktstelle um ΔT wärmer als die andere (Abb. 4.15), dann herrscht zwischen den freien Enden eines solchen *Thermoelements* eine Thermospannung, die annähernd proportional zu ΔT ist:

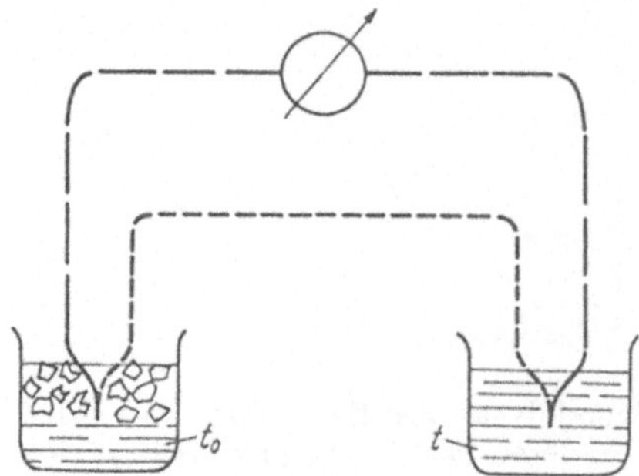

Abb. 4.15. Temperaturmessung mittels Thermoelement

$$U_{\text{th}} \approx s_{AB}\,\Delta T \quad . \tag{4.30}$$

Die Konstante s_{AB}, die von der Metallkombination abhängt, heißt auch *Thermokraft* dieser Kombination. Gleichung (4.30) gilt nur angenähert, weil die zur elektrischen Leitung verfügbaren Elektronenzahldichten n_i ebenfalls von der Temperatur abhängen.

Mit Thermoelementen kann man Temperaturunterschiede zuverlässig messen. Ähnliche Systeme lassen sich mit heute noch geringem Wirkungsgrad zur direkten Umwandlung von Wärme in elektrische Energie im *Thermogenerator* einsetzen. Der fließende Thermostrom kühlt dabei die "heiße Lötstelle" ab.

Schickt man umgekehrt einen Gleichstrom durch eine Thermokette aus besonderen Metallkombinationen, so lassen sich an einer Kontaktstelle Temperaturen unter der Umgebungstemperatur erzeugen.

Wegen des sehr schlechten Wirkungsgrades bleibt die Anwendung dieses *Peltier-Effekts* zur Kühlung auf spezielle Anwendungen bei geringem Energiedurchsatz beschränkt (Taupunktspiegel und Vergleichsstellenthermostat in der Meßtechnik, Objektträgerkühlung beim Mikroskopieren, Dampfsperre von Öldiffusionspumpen etc.).

Heute mißt man Temperaturen noch bequemer mit einem *Widerstandsthermometer*. Dabei nutzt man aus, daß bei einem Metall der elektrische Widerstand mit Erwärmung steigt, bei einem Halbleiter sehr stark abnimmt. Im Halbleiter sitzen nämlich die Elektronen in ihrem normalen Zustand (dem Valenzband) so dicht, daß sie keinen Strom befördern können. Sie können das erst im Leitungsband, das um die Energie W höher liegt als das Valenzband. Der Strom hängt von der Anzahl der Elektronen ab, die ins Leitungsband springen konnten, und diese ist ebenfalls gegeben durch $e^{-W/kT}$.

Jede *chemische Reaktion* bedeutet den Übergang eines oder einiger Atome von einem Bindungszustand in den anderen. Im einfachsten Fall geht ein Molekül aus dem Zustand A in den Zustand B über. Auch der umgekehrte Übergang ist immer möglich: $A \leftrightarrow B$. Im Gleichgewicht gehen gleichviele Moleküle in beiden Richtungen über. In den beiden Zuständen haben die Moleküle i. allg. verschiedene Energien W_A bzw. W_B. Dann verteilen sie sich im Gleichgewicht über die beiden Zustände gemäß

$$\frac{n_A}{n_B} = \exp[-(W_A - W_B)/kT] \quad . \tag{4.31}$$

Das ist das *Massenwirkungsgesetz*. Der Zehnerlogarithmus der rechten Seite heißt pK-Wert der Reaktion. Wie man sieht, hat er eine Temperaturabhängigkeit, die durch die Energiedifferenz gegeben ist. Ähnlich kann man auch das Massenwirkungsgesetz für eine kompliziertere Rekation, z. B. $A + B \leftrightarrow C + D$ herleiten:

$$\frac{n_A \cdot n_B}{n_C \cdot n_D} = \exp(-\Delta W/kT) \quad . \tag{4.31'}$$

Eine Reaktion läuft i. allg. bevorzugt in Richtung auf den Zustand geringerer Energie. Die Differenz wird als Wärme frei (exotherme Reaktion).

Wie schnell aber eine solche Reaktion abläuft, hängt nicht allein von der Energiedifferenz zwischen Ausgangs- und Endzustand ab. Bevor sich z. B. H_2 und O_2 zu H_2O vereinigen, muß man ja die Bindungen in H_2 und O_2 aufbrechen, d. h. einen Zwischenzustand mit freien Atomen schaffen. Das erfordert eine gewisse *Aktivierungsenergie W'*. Sie läßt sich als Höhe einer Schwelle zwischen Anfangs- und Endzustand darstellen (Abb. 4.16). Um zu reagieren, muß das System über diese Schwelle der Höhe W' springen. Dies gelingt nur einem Bruchteil der Teilchen, der mit der Temperatur wie $e^{-W'/kT}$ steigt.

Auch die Reaktionsrate steigt also mit diesem Faktor. Viele Reaktionen, besonders biochemische, laufen doppelt so schnell ab, wenn man um $10\,\mathrm{K}$ erwärmt. Vergleich mit (4.27) zeigt: Bei solchen Reaktionen ist die Aktivierungs-

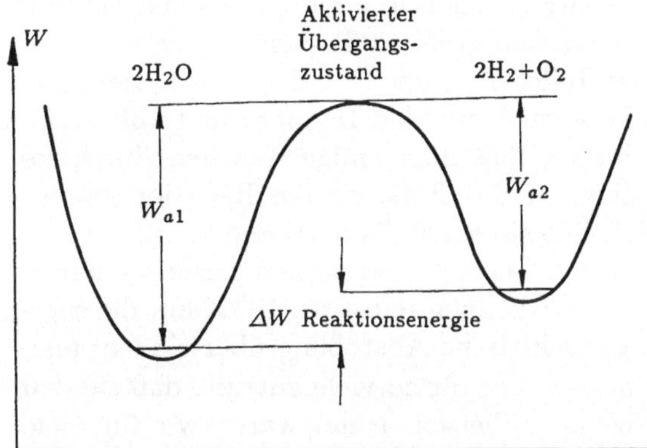

Abb. 4.16. Energieschema für chemische Reaktionen

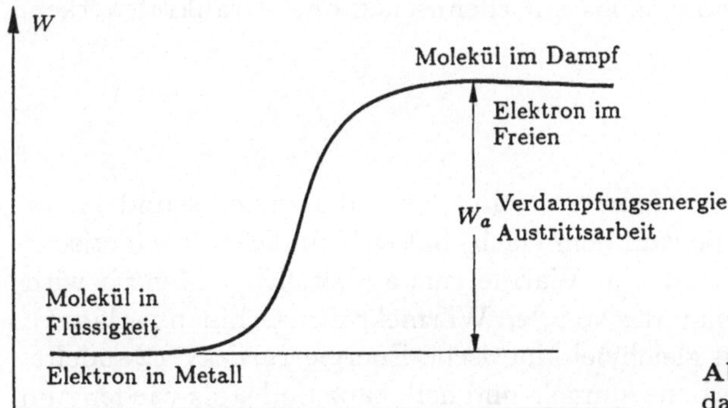

Abb. 4.17. Energieschema für Verdampfung oder Elektronenemission

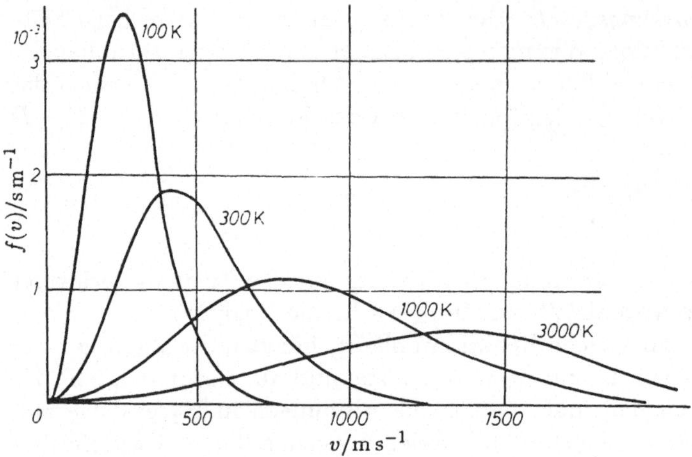

Abb. 4.18. Maxwell-Verteilung der Molekülgeschwindigkeiten in Luft für drei verschiedene Temperaturen

energie ähnlich wie die Verdampfungsenergie des Wassers, nämlich $7 \cdot 10^{-20}$ J pro Molekül. Katalysatoren und noch viel stärker biologische Enzyme steigern die Reaktionsrate oft um viele Zehnerpotenzen. Sie tun das nicht durch Verschiebung der Anfangs- und Endenergie, sondern durch Abbau der Aktivierungsschwelle. Diese Überlegungen stammen größtenteils von *S. Arrhenius*.

Nur immer die energiereichsten Teilchen können über den Aktivierungsberg springen. Ihr Anteil steigt sehr schnell mit der Temperatur (Abb. 4.18). Zündung einer Reaktion beruht darauf, daß man einige Teilchen durch lokale Erhitzung zum Reagieren befähigt, und daß die bei der Reaktion gewonnene Energie die übrigen so aufheizt, daß sie ebenfalls reagieren können. Ganz ähnlich wie bei den chemischen ist es auch bei den thermischen Kernreaktionen, speziell der Fusion von H zu He. Auch hier können selbst bei 10^8 K nur die energiereichsten Teilchen die gegenseitige elektrische Abstoßung überwinden; man hofft in einigen Jahren zu erreichen, daß dies für so viele zutrifft, daß sie den Rest des Reaktionsgemisches genügend aufheizen. Dann wären wir für viele Millionen Jahre über alle Energiesorgen hinweg und hätten auch viel weniger Entsorgungs- und Umweltprobleme als mit chemischen oder Urankraftwerken.

4.6 Entropie

Ein Ziegel fällt vom Dach, zertrümmert sich selbst oder anderes und bleibt liegen. Seine potentielle Energie (auf dem Dach) hat sich zunächst in kinetische des Falles und dann letzten Endes in Wärme verwandelt. Kein Mensch wird erwarten (obwohl mancher genau das von den Wärmekraftmaschinen verlangt), daß die Wärme sich wieder in gleichviel kinetische Energie zurückverwandelte, d. h. daß der Ziegel seine Scherben sammele und heil, ganz und stolz wieder zum

Dach aufsteige. Der Energiesatz hätte zwar nichts dagegen, denn beide Energiebeträge sind gleich; er kann überhaupt dem Geschehen keine Ablaufrichtung vorschreiben. Aber die meisten Vorgänge in der Welt sind nicht umkehrbar, sind *irreversibel*.

Unser molekulares Bild zeigt sofort, warum das so ist. Im fallenden Stein fliegen alle Moleküle parallel in strenger Marschordnung. Beim Aufprall wird diese Ordnung gründlich zerstört, wie wenn sich der Inhalt eines Touristenbus am Zielort auf Kulturdenkmäler, Würstelstände und Souvenirshops zerstreut. Der Reiseleiter hat es schon bei seinen mit einigem Verstand begabten "Teilchen" schwer, die ursprüngliche Ordnung wiederherzustellen; die Moleküle haben weder Reiseleiter noch die kleinste Spur Verstand. Irreversible Vorgänge sind also solche, bei denen Ordnung verschwindet. Ordnung ist ein unwahrscheinlicher Zustand. Man kann auch sagen: In einem irreversiblen Prozeß geht ein unwahrscheinlicher in einen wahrscheinlicheren Zustand über.

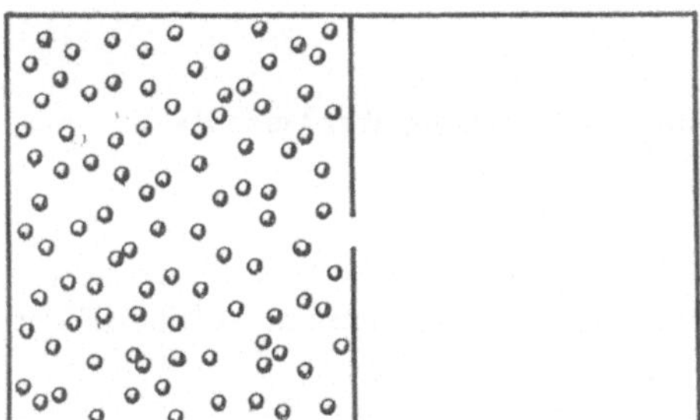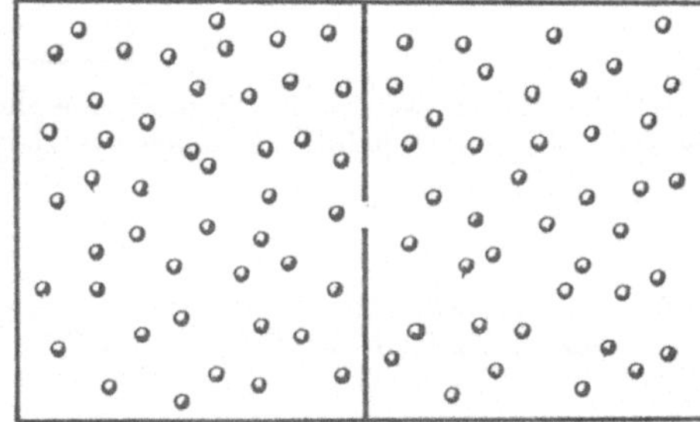

Abb. 4.19. Arbeitsfreie Expansion eines Gases

Wir rechnen das an einem anderen Beispiel durch. Ein Gas sei in einer Hälfte eines Gefäßes, die andere Hälfte sei evakuiert (Abb. 4.19). Wenn man ein Loch in die Trennwand bohrt, strömt Gas hindurch, bis in beiden Hälften gleichviel ist. Nie wird das Gas von selbst in eine Hälfte zurückströmen, obwohl ständig Moleküle durch das Loch fliegen: Es sind eben im Durchschnitt in beiden Richtungen gleichviele. Die Wahrscheinlichkeit P, daß sich ein bestimmtes Molekül in der linken Hälfte aufhält, ist $\frac{1}{2}$; die Wahrscheinlichkeit des Anfangszustandes, wo alle N Moleküle links sind, ist $P_a = (\frac{1}{2})^N = 2^{-N}$ (Abb. 4.20–22). Der Endzustand (alle Moleküle sind, wo es ihnen gerade einfällt) hat dagegen die Wahrscheinlichkeit $P_e \approx 1$. Da N sehr groß ist, ist 2^{-N} eine so winzige Zahl, daß sie sich kaum aufschreiben läßt.

4.17 Wie groß ist die Anzahl N der Luftmoleküle in Ihrem Zimmer? Wieviele Nullen hinter dem Komma hat 2^{-N}?

So extreme Zahlen macht man handlicher, indem man ihren Logarithmus bildet. So kommt man von der Wahrscheinlichkeit P eines Zustandes zu seiner *Entropie S* :

$$S = k \ln P \quad . \tag{4.32}$$

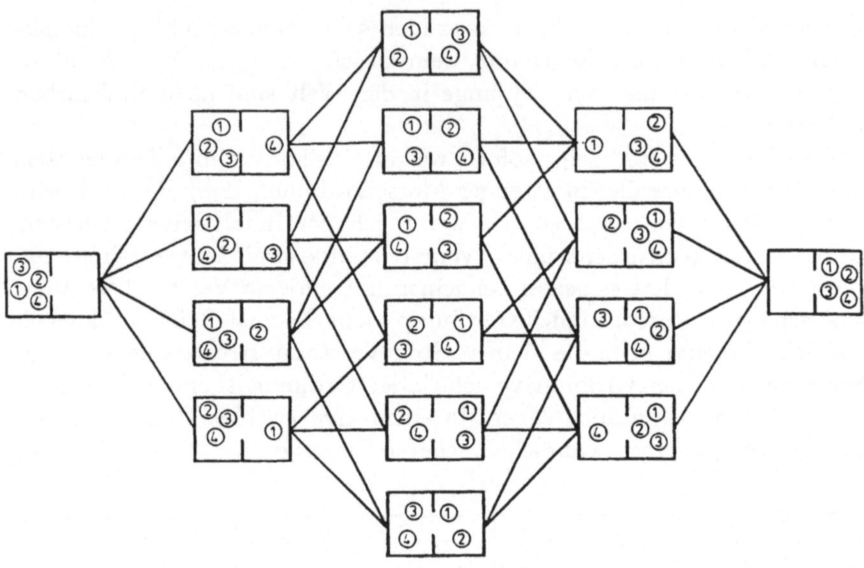

Abb. 4.20. Schon bei vier Teilchen ist eine gleichmäßige Verteilung über beide Hälften eines Volumens viel wahrscheinlicher als eine ungleichmäßige

4.18. Wie wahrscheinlich ist es, daß Sie ersticken, weil alle Luftmoleküle zufällig in der anderen Hälfte Ihres Zimmers sind?

In unserem Beispiel hat der Ausgangszustand die Entropie $S_\mathrm{a} = -kN \ln 2$, der Endzustand $S_\mathrm{e} = 0$, die Differenz (nur auf Entropie*differenzen* kommt es an) ist

$$\Delta S = Nk \ln 2 \quad . \tag{4.33}$$

Um soviel nimmt die Entropie beim Ausströmen zu. Allgemein läuft jeder Vorgang nur in einer Richtung ab, bei der die Wahrscheinlichkeit, also die Entropie, wächst.

Wenn wir gescheit sind, lassen wir das Gas nicht einfach ins Vakuum strömen, sondern nehmen statt der Trennwand einen Kolben. Wenn das Gas ihn verschiebt, leistet es Arbeit und kühlt sich dadurch ab. Wir wollten aber den gleichen Endzustand erreichen wie bei der freien Expansion ins Vakuum, und bei dieser ändert sich ja die Temperatur nicht. Wir müssen den Energieverlust infolge der Arbeitsleistung am Kolben gleich wieder durch Wärmezufuhr ersetzen. Dann bleibt das Gas auch in diesem Fall isotherm. Bei der Ausdehnung von V auf $2V$ leistet es nach (4.14) die Arbeit

$$\Delta W = NkT \ln \frac{V_\mathrm{e}}{V_\mathrm{a}} = NkT \ln 2 \quad .$$

Die gleiche Energie haben wir als Wärme zugeführt. Dadurch ist das Gas in den gleichen Endzustand gelangt wie bei der Expansion ins Vakuum, seine Entropie

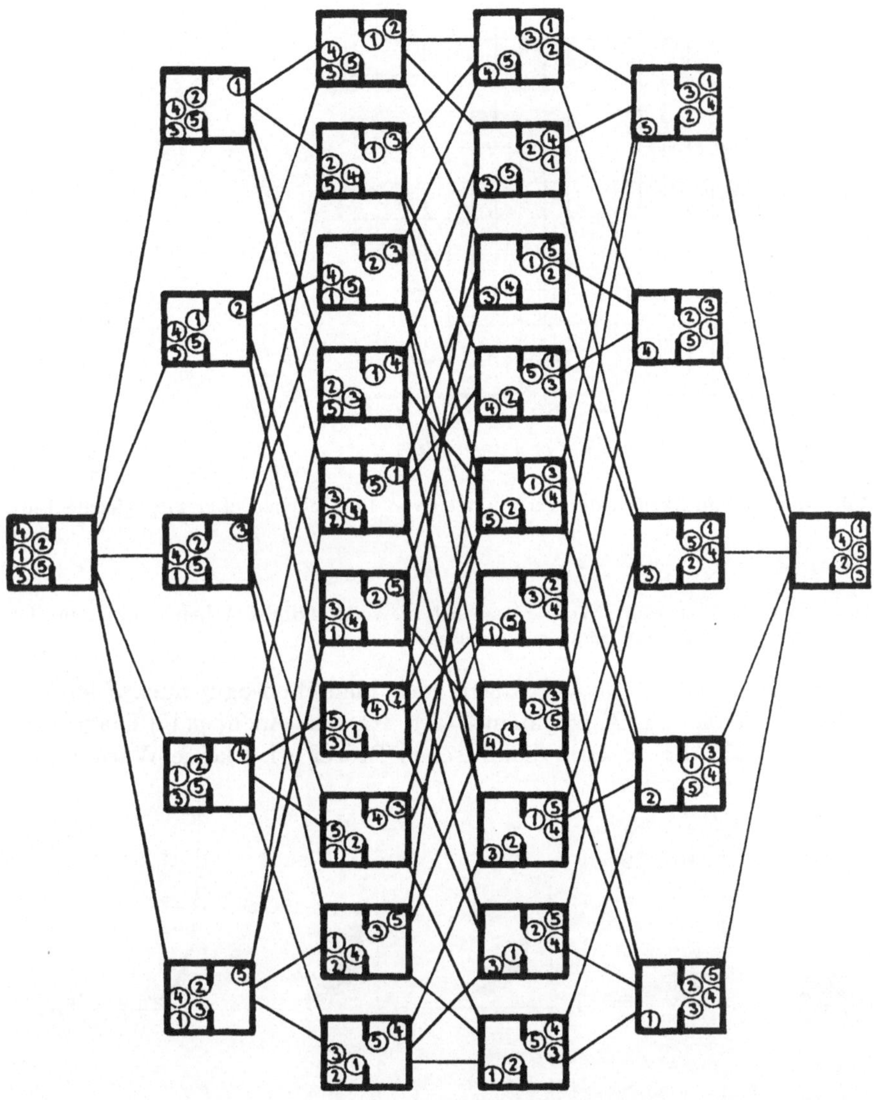

Abb. 4.21. Bei fünf Teilchen überwiegt die gleichmäßige Verteilung noch viel stärker

hat also ebenfalls um $S = kN \ln 2$ zugenommen. Vergleich mit ΔW zeigt, daß

$$\Delta S = \frac{\Delta W}{T} \quad . \tag{4.34}$$

So kommen wir zur makroskopischen Definition der Entropie: Wenn man einem System (reversibel) die Wärmeenergie dW zuführt, steigert man seine Entropie um dW, dividiert durch die Temperatur, bei der das geschieht.

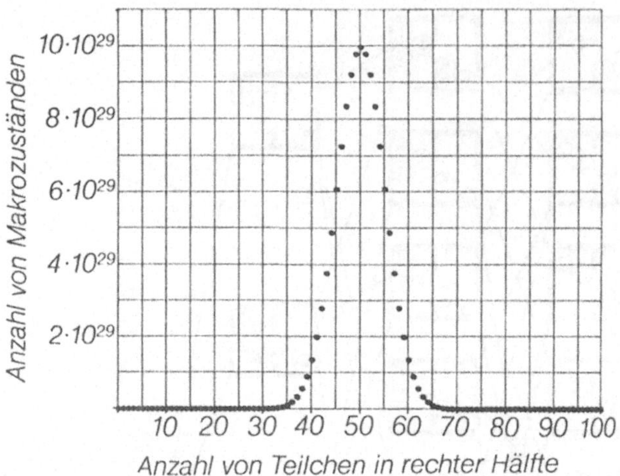

Abb. 4.22. Wahrscheinlichkeiten der Verteilungen von 100 Teilchen über zwei gleiche Teilvolumina

4.19 In manchen Büchern steht, Wärme lasse sich nie vollständig in Arbeit umwandeln. Ist das richtig, oder was muß man noch dazusagen?

Bei der Beschreibung von Vorgängen kann man ebensogut auch S als Zustandsgröße verwenden, z. B. in einem $T(S)$- statt in einem $p(V)$-Diagramm arbeiten (Abb. 4.23). Bei einem adiabatischen Prozeß wird keine Wärme aus-

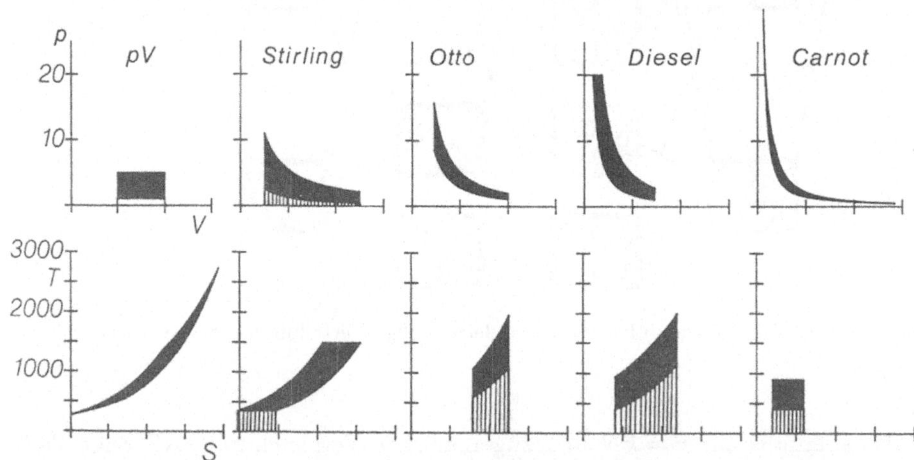

Abb. 4.23. Arbeitsdiagramme von Wärmekraftmaschinen in p, V- und in T, S-Auftragung. Das p, V-Diagramm stellt die Vorgänge im Zylinder sehr anschaulich dar; die gelieferte Arbeit pro Zyklus ist ebenfalls leicht abzulesen (schwarze Fläche), der Energieaufwand aber nicht so einfach (außer im Fall Stirling). Das T, S-Diagramm zeigt die Arbeit (schwarz) und die Verlustenergie (schraffiert) direkt. Um das einzusehen, braucht man nur $\Delta Q = \int T dS$ und den Energiesatz $\Delta W = \Delta Q_1 - \Delta Q_2$. Außerdem muß man wissen, in welchen Takten die Arbeitssubstanz im Wärmekontakt mit einem der beiden Reservoire steht. In den adiabatischen Takten ist das sicher nicht der Fall

getauscht, also bleibt S dabei konstant, er ist isentrop. Ein Kreisprozeß, der aus zwei Isothermen und zwei Adiabaten besteht, wie er z. B. die Vorgänge in der Wärmekraftmaschine schematisch beschreibt, ist im $p(V)$-Diagramm ein sehr schiefgezogenes krummliniges Viereck, im $T(S)$-Diagramm dagegen ein Rechteck, aus dessen Fläche sich sofort der Carnot-Wirkungsgrad $\eta = (T_2 - T_1)/T_2$ ablesen läßt.

Jeder Vorgang oder Zustand, z. B. unsere exponentielle Höhenverteilung der Atmosphäre, läßt sich auch als Konkurrenz zwischen Energie und Entropie verstehen: Die Energie W wäre am günstigsten (minimal), wenn alle Moleküle am Boden lägen; die Entropie S wäre am günstigsten (maximal), wenn sie gleichmäßig übers ganze Weltall verteilt wären. Wie einigen sich die beiden Kontrahenten W und S? So, daß die Größe

$$G = W - TS \quad , \tag{4.35}$$

genannt Gibbs-Potential oder freie Enthalpie, minimal wird. Die Entropie (Unordnungstendenz) spielt also eine um so größere Rolle, je höher die Temperatur ist. Das Minimum von G stellt das Gleichgewicht dar. Vorgänge, die zum Gleichgewicht hinführen, verlaufen um so schneller, je stärker sich G dabei ändert. Hier setzen sehr moderne Untersuchungen über "irreversible Thermodynamik" an, über die Sie in der Spezialliteratur mehr erfahren.

4.7 Sieden und Schmelzen

Die Boltzmann-Verteilung hat schon die wesentlichsten Aussagen über den Siedevorgang gemacht: Wenn Flüssigkeit und Dampf im Gleichgewicht koexistieren, hat der Dampfdruck immer seinen Sättigungswert, der gut durch

$$p = p_0 \, \mathrm{e}^{-W/kT} \tag{4.36}$$

beschrieben wird. p_0 wäre, wie man sieht, der Dampfdruck bei $T = \infty$, der natürlich nicht wirklich erreicht, sondern nur durch Extrapolation bestimmt werden kann. Beim Wasser nennt man die durch (4.36) bestimmte Gleichgewichtskonzentration (meist in g Wasser pro m^3 angegeben) die *Sättigungsfeuchte*. Luft ist zum Glück nicht immer mit Wasserdampf gesättigt. Die wirklich vorhandene Wasserdampfkonzentration heißt *absolute Feuchte*, ihr Verhältnis zur Sättigungsfeuchte heißt *relative Feuchte*. Sie wird mit *Hygrometern* gemessen und bestimmt die Fähigkeit der Luft, noch weiteren Wasserdampf aufzunehmen.

4.20 Wie kann man den Dampfdruck (in mbar) in die Sättigungsfeuchte (in g Wasser pro m^3 Luft) umrechnen? Wieviel g Wasserdampf sind in Ihrem Zimmer?

Eine Flüssigkeit siedet, wenn ihr Sättigungsdampfdruck gleich dem äußeren Druck ist. Im offenen Kochtopf ist das der Luftdruck, im Dampfdrucktopf der höhere, durch das Sicherheitsventil bestimmte Maximaldruck. Führt man der Flüssigkeit dann noch weitere Energie zu, kann sie ihren Dampfdruck ja nicht mehr steigern, obwohl sie sich durch heftiges Verdampfen darum bemüht: Das Gleichgewicht ist nicht mehr aufrechtzuerhalten, mit der Zeit geht alles in Dampf über.

Bei der chemischen Reaktion muß man die Energiedifferenz zwischen Anfangs- und Endzustand streng unterscheiden von der Aktivierungsenergie (sie bestimmt die Reaktionsrate). Beim Verdampfen gibt es keinen solchen Unterschied, denn der Dampfzustand ist vom flüssigen Zustand nicht durch eine erhöhte Energie-Barriere getrennt. Die Verdunstungsrate ist daher proportional zum gleichen Faktor $e^{-W/kT}$ wie der Sättigungsdampfdruck (Abb. 4.17).

Der Schmelzvorgang gehorcht ähnlichen Gesetzen wie das Sieden, nur ist die Energiedifferenz zwischen festem und flüssigem Zustand viel kleiner als zwischen Flüssigkeit und Gas, bei Wasser z. B. $3,3 \cdot 10^5$ J/kg statt $2,3 \cdot 10^6$ J/kg. Beim Sieden und Schmelzen muß man Energie zuführen, beim Kondensieren und Gefrieren wird die gleiche Energie wieder frei.

4.21 Warum sprüht man Wasser in blühende Obstplantagen, wenn Nachtfrost droht?

In einer Lösung üben die gelösten Teilchen auf die Oberfläche, durch die sie ja nicht durchkönnen, einen osmotischen Druck aus. Er muß zum äußeren Luftdruck hinzugerechnet werden. Der Sättigungsdampfdruck erreicht diesen Summendruck erst bei höherer Temperatur als beim reinen Wasser, d. h. der Siedepunkt einer Lösung liegt höher, um so höher, je konzentrierter sie ist. Analog liegt der Schmelzpunkt T_{frier} einer Lösung tiefer (ΔT negativ). Diese Siedepunktserhöhung ΔT läßt sich aus der Steigung $dp/dT = pW/kT^2$ der Dampfdruckkurve des Lösungsmittels ablesen: Die Teilchenzahldichte n bedingt den osmotischen Druck

$$p_{\text{osm}} = nkT \quad ,$$

und dieser erhöht den Siedepunkt um

$$\Delta T = p_{\text{osm}} \frac{dT}{dp} = \frac{nkTkT^2}{pW} \quad .$$

Bedenkt man $p = n_w kT$ (n_w : Teilchenzahldichte des Lösungsmittels), dann folgt

$$\Delta T = \frac{n}{n_w} \frac{kT^2}{W} \quad . \tag{4.37}$$

Für wässrige Lösungen ergeben sich die Zahlenwertgleichungen

$$\Delta T_{\text{sied}} = 0,48c \quad ,$$
$$\Delta T_{\text{frier}} = -1,8c$$

(c : Konzentration in mol/l, T in Kelvin).

Reale Gase: Wir sind bisher von einem sehr vereinfachten Modell des Gases ausgegangen: Die Moleküle in einem idealen Gas haben praktisch keine Ausdehnung und üben nur Kräfte aufeinander aus, wenn sie direkt zusammenstoßen. Beide Forderungen widersprechen einander eigentlich: Wie sollen punktförmige Teilchen einander finden, um zusammenzustoßen? Vor allem ist der Übergang zur Flüssigkeit so nicht zu verstehen, denn er wird ja sicher durch Anziehungskräfte zwischen den Teilchen bewirkt, und das Volumen der Flüssigkeit wird durch die Raumerfüllung dichtgepackter Teilchen gegeben. In der Nähe dieses Überganges ist ein Gas also sicher nicht mehr ideal und wird nicht mehr durch die ideale Zustandsgleichung $p = nkT$ oder $pV = RT$ beschrieben.

Vom Volumen, in dem sich die Moleküle frei bewegen können, ist ihr Eigenvolumen abzuziehen (genauer ihr vierfaches Eigenvolumen b). Außerdem drückt das Gas etwas schwächer auf die Wände als ein Idealgas, denn immer wenn ein Molekül sich der Wand, also dem Rand des Molekülschwarms nähert, halten die anderen es etwas zurück. Diese Kräfte nehmen sehr schnell mit dem Abstand ab, viel schneller als Kräfte zwischen Punktladungen (Abschnitt 5.6). Sie sind angenähert proportional zu r^{-6}, wenn r der mittlere Teilchenabstand ist, also zu V^{-2}, weil ja $V \sim r^3$. Daher ist nicht mehr $p = nkT$ wie im Idealgas, sondern $p = nkT - a/V^2$. Die Stoffkonstante a beschreibt die Stärke der intermolekularen Kräfte. So folgt statt (4.9′)

$$\left(p + \frac{a}{V^2} \right)(V - b) = \nu RT \quad , \tag{4.38}$$

die *van der Waals-Gleichung*. Es gibt bessere Näherungen statt (4.38), die aber viel komplizierter sind.

Verfolgt man das reale Gas in einem $p(V)$-Diagramm bei konstantem T, d. h. längs einer Isotherme, dann erhält man nach (4.38) eine Kurve 3. Grades mit einem Minimum und einem Maximum (Abb. 4.24, 25). Nur bei sehr hohem

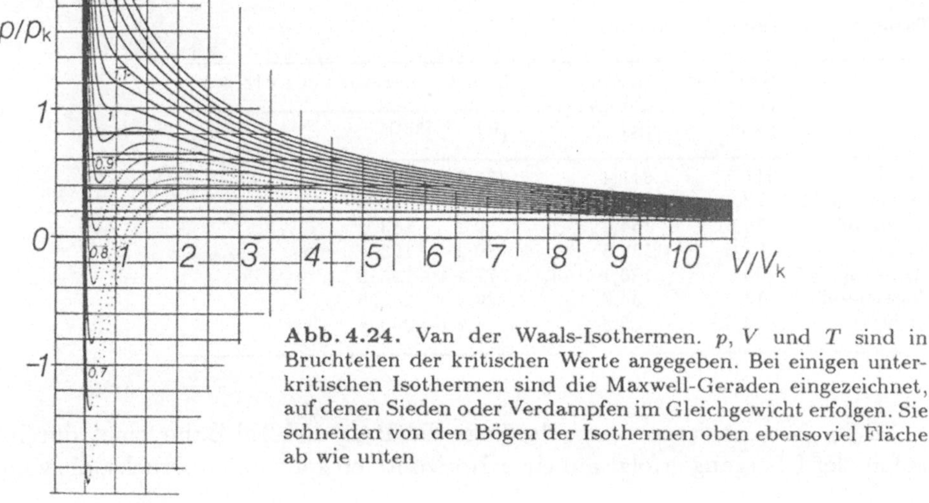

Abb. 4.24. Van der Waals-Isothermen. p, V und T sind in Bruchteilen der kritischen Werte angegeben. Bei einigen unterkritischen Isothermen sind die Maxwell-Geraden eingezeichnet, auf denen Sieden oder Verdampfen im Gleichgewicht erfolgen. Sie schneiden von den Bögen der Isothermen oben ebensoviel Fläche ab wie unten

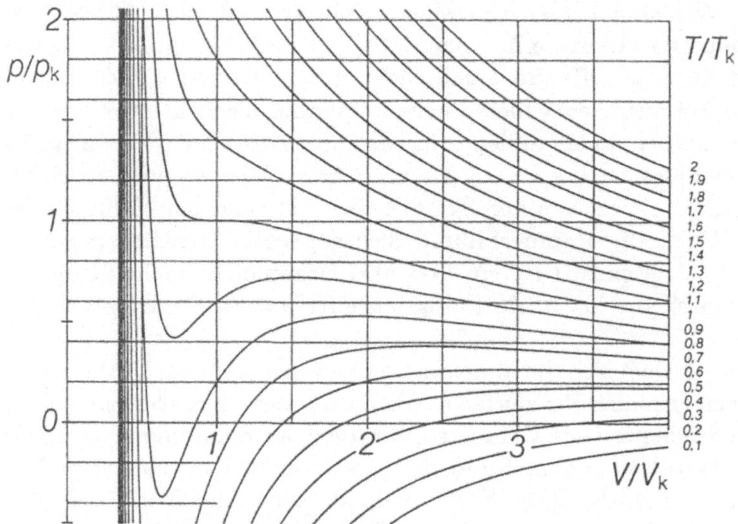

Abb. 4.25. Ausschnitt aus der Schar der van der Waals-Isothermen in der Umgebung des kritischen Punktes

T spielen die Zusätze b und a/V^2 kaum eine Rolle, und die Isotherme hat die ideale Hyperbelform $p{\sim}1/V$. Für so hohe T gibt es keinen Unterschied zwischen Gas und Flüssigkeit, das Gas läßt sich durch noch so hohen Druck nicht verflüssigen, es wird nur immer dichter. So verhalten sich z. B. Luft und Wasserstoff: Sie sind auch in der 50 bar-Druckflasche gasförmig, im Gegensatz zu Propan oder Butan, die in der Flasche deutlich schwappen. Um Luft oder H_2 zu verflüssigen, muß man sie unter diejenige Temperatur kühlen, deren Isotherme sich zu einem horizontalen Wendepunkt einbeult, unter den *kritischen Punkt*. Darunter kommen die Berg- und Tal-Isothermen.

Table 4.1. Kritische Daten einiger Gase

	Kritischer Druck [bar]	Kritische Temperatur [K]	Siedetemperatur bei 1,013 bar	
			[K]	[°C]
Wasser	217,5	647,4	373,2	100
Kohlendioxid	72,9	304,2	194,7	− 78,5
Sauerstoff	50,8	154,4	90,2	−183
Luft	37,2	132,5	80,2	−193
Stickstoff	35	126,1	77,4	−195,8
Wasserstoff	13	33,3	20,4	−252,8
Helium	2,26	5,3	4,2	−268,9

Beim Kondensieren wird allerdings die Berg-und-Tal-Bahn nicht durchlaufen; der Übergang erfolgt auf einer Horizontalen konstanten Drucks, die vom

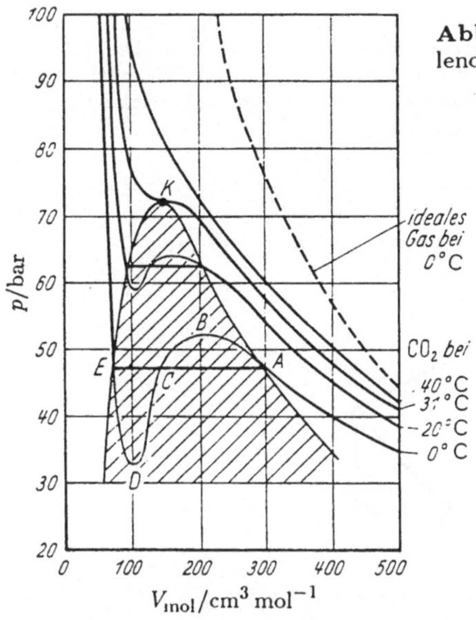

Abb. 4.26. Die Isothermen für 1 mol (= 44 g) Kohlendioxid (CO_2)

Abb. 4.27. $p(V, T)$-Fläche für Flüssigkeit und Dampf, berechnet für ein van der Waals-Gas. Auf den waagerechten Flächenteilen erfolgt das Sieden oder Kondensieren. Die Seitenansicht dieser Fläche gibt die Dampfdruckkurve. Die punktierten Flächenteile sind nur außerhalb des Gleichgewichts teilweise realisierbar (überhitzte Flüssigkeit, übersättigter Dampf)

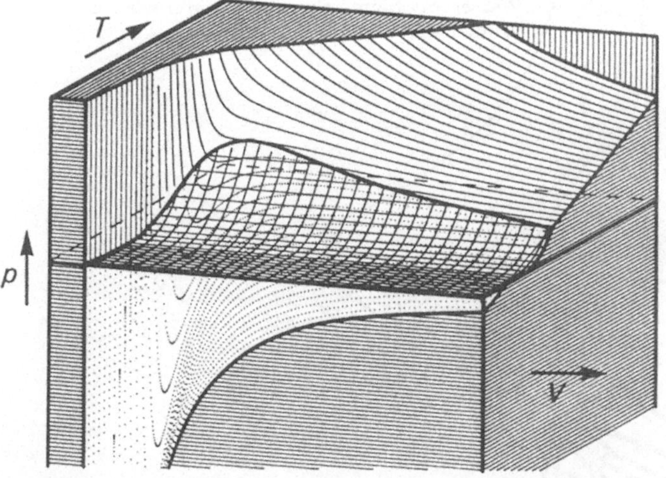

Berg die gleiche Fläche abschneidet wie vom Tal, auf der Maxwell-Geraden. Dieser Druck ist der Sättigungsdampfdruck bei der gegebenen Temperatur. So verlaufen die Vorgänge, wenn man den Zustand des Systems so langsam ändert, daß immer Gleichgewicht besteht. Wenn das nicht zutrifft, kann man z. B. das Gas bis etwas oberhalb der Maxwell-Geraden die van der Waals-Kurve hinauftreiben. Das Volumen ist dann eigentlich zu klein, die Dichte zu groß: Der Dampf ist *übersättigt*. Das kommt besonders in sehr reiner Atmosphäre vor, wo Kondensationskeime fehlen, an denen sich Wassertröpfchen bilden können. Sobald man solche Keime einstreut, z. B. mit dem Treibstrahl eines Flugzeugs oder durch "Impfen" erwünschter Regen- oder drohender Hagelwolken mit Ionenkristallen wie Silberiodid, tritt schlagartig Kondensation ein.

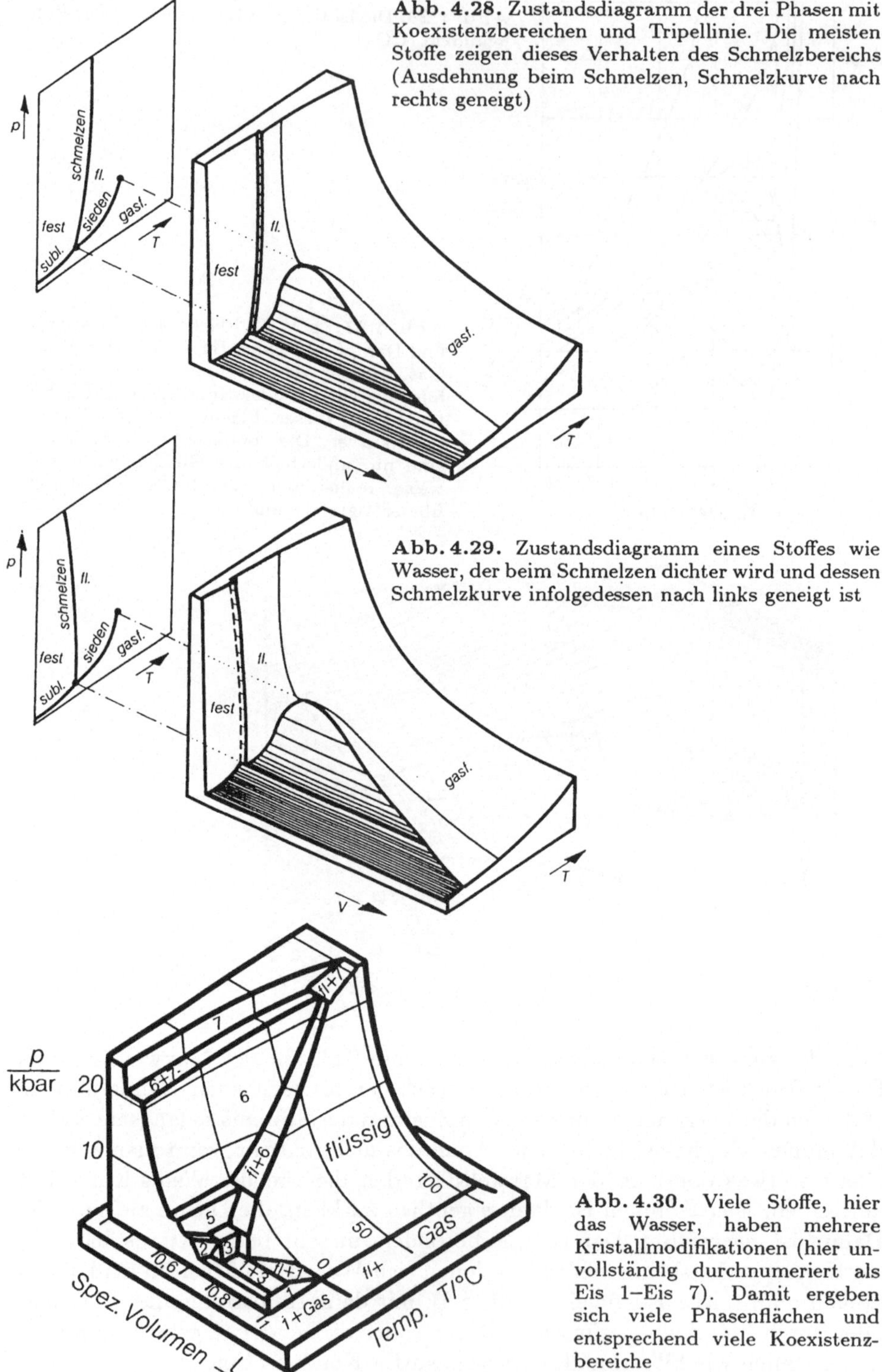

Abb. 4.28. Zustandsdiagramm der drei Phasen mit Koexistenzbereichen und Tripellinie. Die meisten Stoffe zeigen dieses Verhalten des Schmelzbereichs (Ausdehnung beim Schmelzen, Schmelzkurve nach rechts geneigt)

Abb. 4.29. Zustandsdiagramm eines Stoffes wie Wasser, der beim Schmelzen dichter wird und dessen Schmelzkurve infolgedessen nach links geneigt ist

Abb. 4.30. Viele Stoffe, hier das Wasser, haben mehrere Kristallmodifikationen (hier unvollständig durchnumeriert als Eis 1–Eis 7). Damit ergeben sich viele Phasenflächen und entsprechend viele Koexistenzbereiche

Schnelle Teilchen, die die Luft ionisieren, markieren durch solche an den Ionen kondensierte Tröpfchen in der Nebelkammer von *C. T. R. Wilson* ihre eigene Spur. Umgekehrt kann eine Flüssigkeit bis unter die Maxwell-Gerade talwärts rutschen, ohne daß sich das Gleichgewicht mit Dampfbildung einstellt, denn auch Blasenbildung erfordert Keime. Die Flüssigkeit ist dann überdehnt oder überhitzt, denn meistens erreicht man diesen Zustand beim Erhitzen.

Da plötzliche Einstellung des Gleichgewichts durch explosive Dampfblasenbildung sehr gefährlich ist, verhindert man Überhitzung durch poröse "Siedesteinchen" als Blasenkeime. Auch Ionen können wieder als Keime dienen; analog zur Nebelkammer benutzen die Kernphysiker die Blasenkammer.

Die Übergänge flüssig-fest und gelöst-kristallisiert folgen ganz ähnlichen Gesetzen. Auch hier gibt es unterkühlte Schmelzen und übersättigte Lösungen, die erst dann plötzlich kristallisieren, wenn Keime verfügbar werden. Man kann sie sehr primitiv erzeugen, z. B. indem man am Reagenzglas kratzt, oder sehr raffiniert, z. B. durch Bakterien mit bestimmter genetischer Struktur.

5. Felder

5.1 Was ist ein Feld?

Wenn irgendeine Größe vom Ort, gekennzeichnet durch den Ortsvektor r, abhängt, sprechen wir von einem *Feld*. Die Größe kann ein Skalar sein, dann handelt es sich um ein *Skalarfeld*. Die Temperaturverteilung auf der Erdoberfläche ist ein zweidimensionales Feld, denn jeder Ort auf der Erdoberfläche läßt sich durch zwei Zahlen kennzeichnen, z. B. durch seine geographische Breite φ und Länge λ: Dieses Skalarfeld heißt $T(\varphi, \lambda)$. Die Verteilung des Salzgehaltes c im Meer ist ein dreidimensionales Skalarfeld $c(r)$. Die ortsabhängige Größe kann auch ein Vektor sein; dann liegt ein *Vektorfeld* vor. Die Windgeschwindigkeit v in der Atmosphäre (einschließlich des Höhenwindes) und die Strömungsgeschwindigkeit im Meer (einschließlich der Tiefenströme) bilden dreidimensionale Vektorfelder $v(r)$.

Um ein Skalarfeld darzustellen, z. B. die Temperaturverteilung auf der Erdoberfläche, könnte man an möglichst viele Stellen der Erdkarte oder des Globus den Temperatur-Wert schreiben, der dort herrscht. Viel übersichtlicher sind aber die Isothermen, d. h. die Linien, die Orte mit gleichen T-Werten verbinden. Genauso wird auf einer Karte größeren Maßstabes die Geländeform durch Höhenlinien dargestellt (Abb. 5.1). Die Höhe h des Geländes über den einzelnen Punkten mit den Koordinaten x, y ist ja auch ein Skalarfeld $h(x, y)$. Höhenlinien verbinden Orte gleicher Höhenlage.

5.1 Wie verlaufen die Höhenlinien in der Umgebung eines Gipfels, eines Talkessels, eines Passes (Sattelpunktes), eines Grabens, eines V-Tales? Was ist an Stellen los, die von Isothermen umkreist werden? Was folgert man, wenn die Höhenlinien oder Isothermen sehr dicht liegen? Was wird aus den Isothermen, wenn man auch die Temperaturverteilung über die Höhen darstellen will, also das dreidimensionale Feld $T(r)$?

Bei Bergwanderungen ist oft die absolute Höhenlage weniger wichtig als die Steilheit des Geländes. An jeder Stelle steigt das Gelände in den verschiedenen Richtungen verschieden steil an: Längs der Höhenlinie gar nicht, senkrecht dazu am steilsten. Diesen Maximalwert der Steilheit nennen wir die Geländesteigung. Die Steigung hat also eine Richtung (senkrecht zur Höhenlinie), sie ist ein Vektor, genannt Gradient der Höhe (**grad** h). Wenn die Funktion $h(x, y)$ gegeben ist, erhält man diesen Vektor, durch seine Komponenten ausgedrückt, als

$$\mathbf{grad}\, h = \left(\frac{\partial h}{\partial x}, \ \frac{\partial h}{\partial y} \right). \tag{5.1}$$

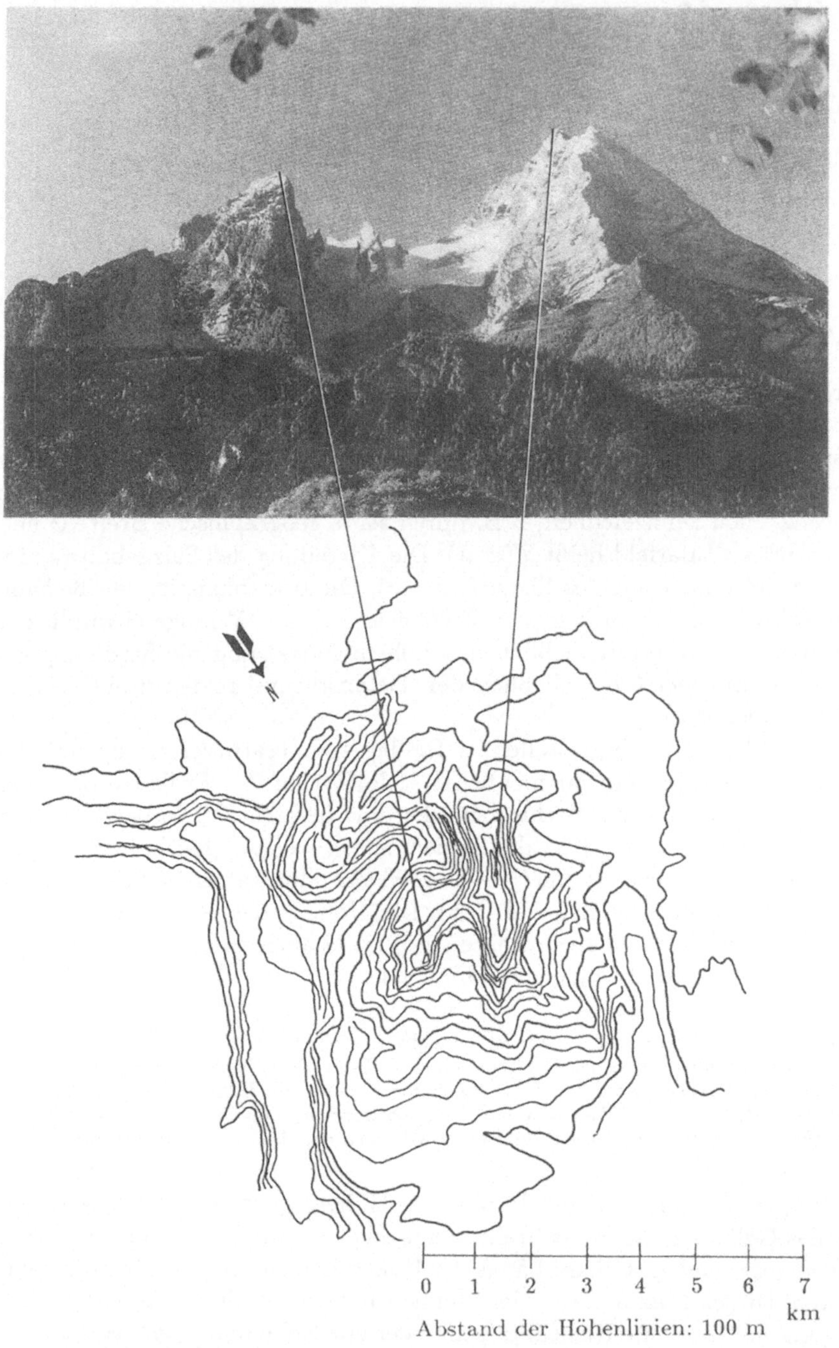

Abb. 5.1a,b. Der Watzmann von Nordosten gesehen und als Höhenlinienkarte. Nicht alle Höhenlinien sind vollständig eingezeichnet. Erkennen Sie den Königssee, den großen und den kleinen Watzmann, das Wimbachtal, die Watzmann-Ostwand? Wie steil ist diese?

120

Bei einem dreidimensionalen Feld kommt noch die dritte Komponente $(\partial h/\partial z)$ dazu. So wird aus dem Skalarfeld $h(\boldsymbol{r})$ das Vektorfeld $\operatorname{grad} h(\boldsymbol{r})$.

5.2 Beweisen Sie, daß ein Hang senkrecht zur Höhenlinie am steilsten ist, und daß der Steigungsvektor sich nach (5.1) darstellen läßt.

Der Gradient ist für vieles wichtig: Dem Bergsteiger zeigt er die "Direttissima"; die Luft wird entgegengesetzt zum Druckgradienten, in Richtung $-\operatorname{grad} p$ beschleunigt; die Wärmeleitung erfolgt längs des Temperaturgradienten; die elektrische Feldstärke ist gleich dem negativen Gradienten des Potentials, usw.

5.2 Das Strömungsfeld

An jedem Ort $\boldsymbol{r}$ hat die Flüssigkeit, die sich dort befindet, eine bestimmte Strömungsgeschwindigkeit $\boldsymbol{v}(\boldsymbol{r})$. Ein solches Vektorfeld ist schwieriger darzustellen als ein Skalarfeld. Man müßte an möglichst viele Stellen Pfeile von entsprechender Länge zeichnen. Erhebliche Vereinfachungen ergeben sich aus der Tatsache, daß hier etwas strömt, für das ein Erhaltungssatz gilt, nämlich z. B. Wasser, das nicht aus nichts entstehen oder einfach verschwinden kann. Dieser Erhaltungssatz gilt für die Masse. Falls die Dichte überall zeitlich konstant ist — wie bei fast allen Flüssigkeiten —, gilt er auch für das Volumen. Wir suchen einen mathematischen Ausdruck für diesen Erhaltungssatz.

Wie mißt man den Volumenstrom $\dot{V}$ eines Flusses, d. h. das Volumen dV, das in einer kurzen Zeit dt durch einen bestimmten Querschnitt des Flußbettes tritt, geteilt durch diese Zeit? Im einfachsten Fall, nämlich wenn $\boldsymbol{v}$ auf dem ganzen Querschnitt A konstant und senkrecht zu diesem Querschnitt ist, gilt $\dot{V} = Av$. Wenn ein Winkel α zwischen $\boldsymbol{v}$ und dem Lot auf den Querschnitt besteht, zählt nur die senkrechte Komponente: $\dot{V} = Av \cos \alpha$ (Abb. 5.2). Ist $\boldsymbol{v}$ nicht überall gleich, muß man integrieren:

$$\dot{V} = \iint v \cos \alpha \, dA \quad . \tag{5.2}$$

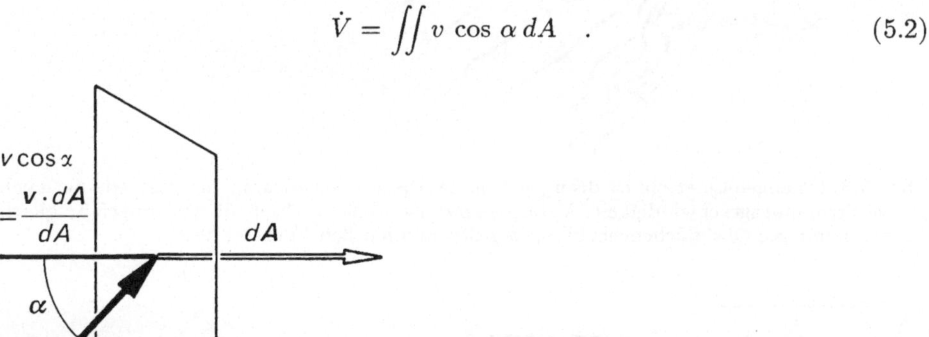

Abb. 5.2. Der Fluß $d\dot{V}$ durch ein Flächenstück $d\boldsymbol{A}$ ist gegeben durch die Normalkomponente der Strömungsgeschwindigkeit: $d\dot{V} = v \cos \alpha \, dA = \boldsymbol{v} \cdot d\boldsymbol{A}$

Das Doppelintegral ist nichts Gefährliches, es bedeutet nur, daß über eine Fläche summiert werden muß, also über zwei Dimensionen. Was hier Volumenstrom heißt, nennt man bei anderen Feldern den *Fluß* durch die Fläche A.

Wie groß ist der Fluß durch eine *in sich geschlossene* Fläche A, z. B. eine kugelförmige Fischreuse oder die Oberfläche eines anderen Raumgebietes? Für Felder, in denen etwas strömt, das einem Erhaltungssatz genügt, kann man sofort sagen: Der Fluß durch eine geschlossene Fläche ist 0. An einigen Stellen fließt etwas in unser Gebiet hinein (positiv gerechnet), aber genausoviel muß irgendwo anders auch wieder hinausfließen (negativer Flußanteil). Die Geschlossenheit einer Fläche deuten wir durch einen Ring am Integral an, also gilt allgemein für Felder mit Erhaltungssatz:

$$\dot{V} = \oint\!\!\!\oint v \cos \alpha \, dA = 0 \quad . \tag{5.3}$$

Für einen Bach können wir die geschlossene Fläche bilden durch zwei Querschnitte A_1 und A_2 und das dazwischenliegende Bachbett plus der Wasseroberfläche. Wenn im Bach nichts versickert und es dort keine Karstquelle gibt, und wenn man Niederschlag und Verdunstung ausschließt, tragen nur die Querschnitte A_1 und A_2 etwas zum Volumenstrom bei, und dieser muß für beide gleich sein (Abb. 5.3, 4), z. B.

$$v_1 A_1 = v_2 A_2 \quad \text{(Kontinuitätsgleichung)} \quad . \tag{5.4}$$

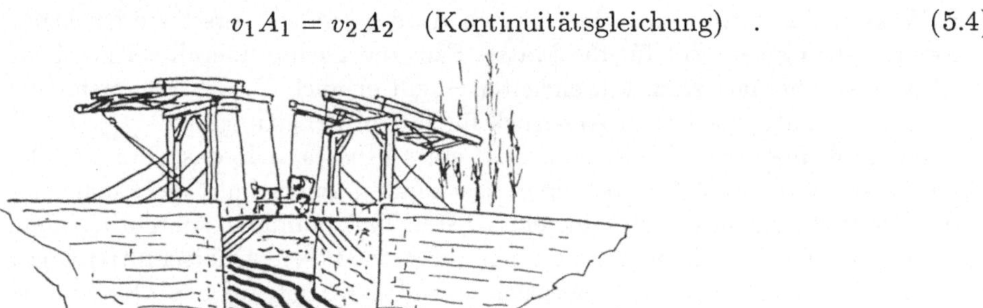

Abb. 5.3. Im engen Querschnitt drängen sich die Stromlinien zusammen. Das bedeutet auch höhere Strömungsgeschwindigkeit. Vorausgesetzt ist, daß der Fluß überall ungefähr gleich tief ist, damit die Oberflächenverteilung der Stromlinien den Vorgang beschreibt

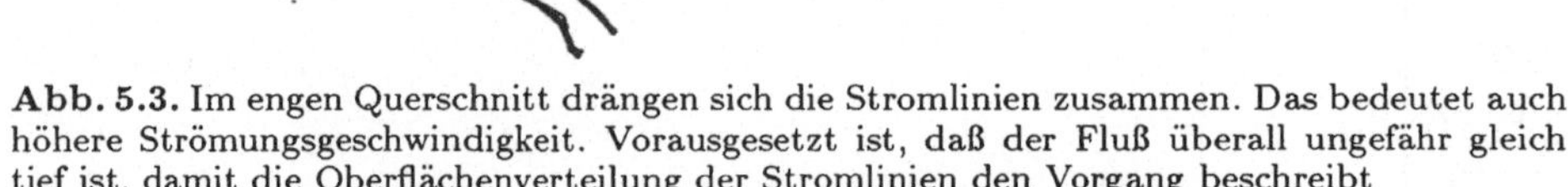
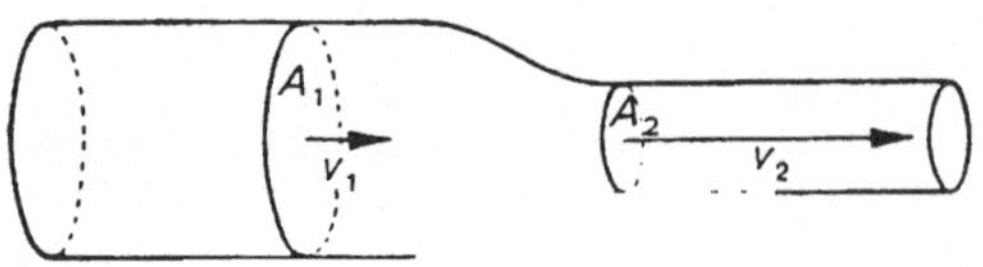

Abb. 5.4. Im engen Querschnitt strömt die Flüssigkeit schneller (Kontinuitätsgleichung)

Sollte das nicht zutreffen, muß man folgern, daß zwischendurch Wasser aus
Quellen dazugekommen oder in *Senken* verschwunden ist. Selbst wenn man
Zuflüsse, Karstquellen, Verdunstung durch Integration über die ganze Oberfläche berücksichtigt, könnte es noch chemische, z. B. elektrolytische Installa-
tionen unter Wasser geben, die Wasser in etwas anderes verwandeln oder aus
etwas anderem erzeugen. Um solche oft schwer zu entdeckenden Quellen und
Senken zu berücksichtigen, ändert man (5.3) in

$$\dot{V} = \oiint v \cos \alpha \, dA = Q \quad . \tag{5.5}$$

Q ist die Stärke aller Quellen innerhalb des von der Fläche A umschlossenen
Gebietes, also das Wasservolumen pro Sekunde, das diese Quellen zusammen
fördern. Senken, wo Wasser verschwindet, sind negativ in die Bilanz einzuset-
zen. Der Satz von *Gauß-Ostrogradski* (Gleichung 5.5) ist für das Strömungsfeld
selbstverständlich, gilt aber auch für viele andere Felder, bei denen die Erhal-
tungseigenschaft nicht so offensichtlich ist (Abb. 5.5).

Grundgesetz des

Strömungsfeldes   elektrischen Feldes

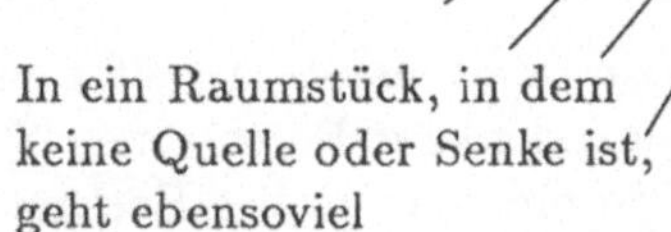

In ein Raumstück, in dem
keine Quelle oder Senke ist,
geht ebensoviel

Wasser   Feldfluß

hinein, wie herauskommt
$\phi = 0$

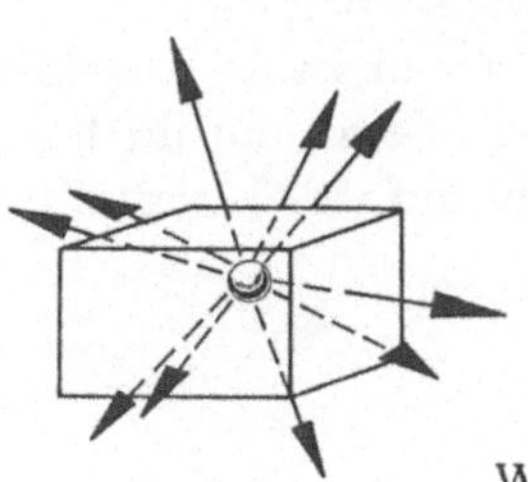

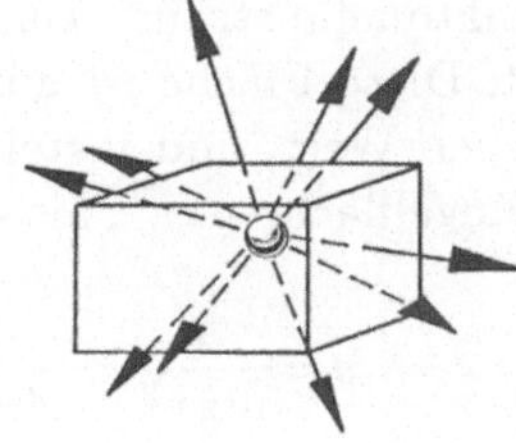

Wenn eine

Quelle   Ladung (hier positiv)

darin ist,
besteht ein Überschuß

$\phi = Q$ $\phi = \dfrac{Q}{\varepsilon_0}$ **Abb. 5.5**

Zu einem anderen Bild des Feldes kommen wir so: Von irgendeinem Ort aus folgen wir ein kleines Stück dem dort herrschenden v-Vektor. Dort, wo wir hinkommen, hat v i. allg. eine andere Richtung, der wir jetzt ein Stückchen folgen, usw. Wir zeichnen so die *Stromlinien* des Strömungsfeldes, deren Tangentenvektoren also überall die v-Vektoren sind. In einem Feld allgemeiner Art erhalten wir so die *Feldlinien*. Haben wir diese Konstruktion in einem genügend großen Bereich ausgeführt, dann können wir aus den Feldlinien überall die *Richtung* des Feldes ablesen. Woher bekommen wir aber seinen Betrag, im Strömungsfeld also v? Denken wir an die Kontinuitätsgleichung: Wo der Querschnitt enger wird, also die Stromlinien enger zusammenrücken, wird die Strömung schneller: $v \sim 1/A$. Die *Dichte* der Stromlinien, ihre Anzahl pro Querschnittsfläche, drückt den Betrag v aus. Das gilt für jedes Feld mit Erhaltungssatz: Die Dichte der Feldlinien gibt den Betrag, ihre Richtung gibt die Richtung des *Feldstärkevektors*. Den Fluß durch eine Fläche A kann man also auch als Anzahl der Feldlinien ausdrücken, die diese Fläche durchsetzen. Der Satz von *Gauß-Ostrogradski* heißt dann: Durch die Oberfläche jedes Raumgebietes tritt eine Anzahl Feldlinien aus, die proportional der Gesamtstärke aller in diesem Gebiet enthaltenen Quellen ist. Oder noch viel einfacher: Feldlinien entspringen nur in Quellen und enden nur in Senken.

Wir berechnen jetzt einige Felder, die wir bei vielen anderen Gelegenheiten wieder antreffen werden, weil wir bei ihrer Herleitung nur die Verteilung der Quellen und den Erhaltungssatz, also den Satz von *Gauß-Ostrogradski* brauchen, und weil folglich alles auf *jedes* Feld mit Erhaltungssatz übertragbar ist.

5.2.1 Feld der Punktquelle

Irgendwo, z. B. im Ursprung des Koordinatensystems, sitze eine Quelle, die nach allen Seiten Wasser spuckt. Man denke z. B. an einen Schlauch, der in einer porösen Kugel endet und tief in ein sehr großes Becken taucht. (Bevor man das Wasser aus der Kugel strömen ließ, war es im Becken ruhig). Der Volumenstrom $\dot{V}$ aus der Kugel verteilt sich gleichmäßig über alle Richtungen. Die v-Linien führen also alle radial von der Quelle weg. Wir sprechen von einem kugelsymmetrischen Feld. Wir wollen wissen, wie schnell das Wasser im Abstand r von der Punktquelle strömt. Dazu denken wir uns eine Kugelfläche um diese Quelle gelegt. Diese Fläche ist günstig, denn überall auf ihr hat der Betrag von v den gleichen Wert, und v steht senkrecht auf ihr. $\dot{V}$ verteilt sich gleichmäßig über die Kugelfläche $4\pi r^2$, also ist

$$v = \frac{\dot{V}}{4\pi r^2} = \frac{Q}{4\pi r^2} \ . \tag{5.6}$$

Der Feldstärkebetrag v nimmt wie r^{-2} mit dem Abstand vom Kugelmittelpunkt ab (Abb. 5.6). Damit haben wir das v-Feld vollständig beschrieben. Voraussetzung ist natürlich, daß störende Oberflächen und Wände fehlen; sonst gilt unser Feld nur in der Nähe der Quelle.

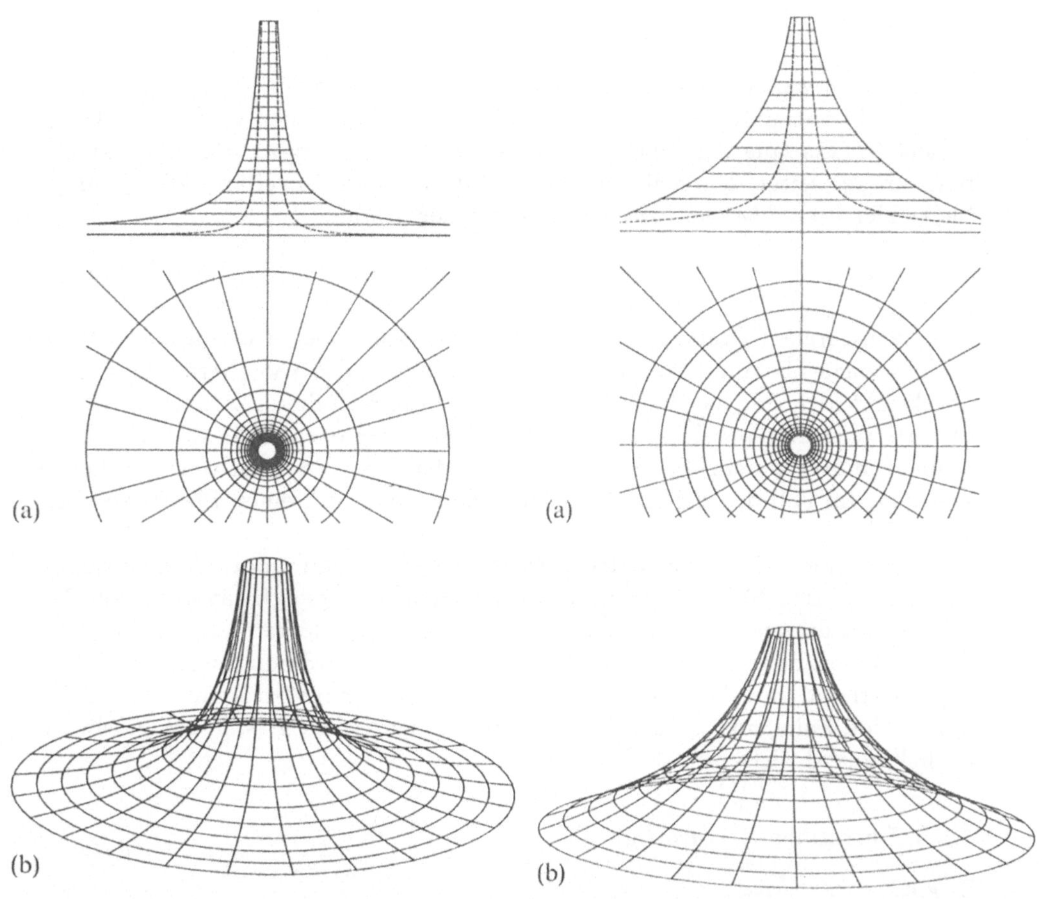

Abb. 5.6a,b. Feld der Punktquelle

Abb. 5.7a,b. Feld der linearen Quelle

5.2.2 Feld der linearen Quelle

Wir bohren in einen sehr langen, geraden Schlauch ringsherum überall Löcher, verstopfen dafür sein Ende (am besten wäre es, der Schlauch wäre unendlich lang) und hängen ihn in ein großes Wasserbassin. Das Wasser spritzt nach allen Seiten aus den Löchern, aber nur senkrecht zur Schlauchachse, denn neben-an sind ja auch gleich wieder Löcher. Das Feld ist zylindersymmetrisch. Der gesamte Volumenstrom $\dot V = Q$, der auf der Länge L austritt, verteilt sich außerhalb des Schlauches gleichmäßig auf jede Zylinderfläche von beliebigem Radius r, also

$$v = \frac{Q}{2\pi L r} \ . \tag{5.7}$$

Hier nimmt v ab wie r^{-1} (Abb. 5.7). Entsprechend verhält sich die Strömung um eine lineare Senke, z. B. einen Schachtbrunnen, durch dessen Wände das Wasser von allen Seiten einströmt oder einsickert.

5.2.3 Feld der ebenen Quelle

In die ebene waagerechte Trennwand zwischen zwei vollen Behältern bohren
wir viele Löcher und erzeugen z. B. im oberen Behälter einen Überdruck. Dann
schießt Wasser aus den Löchern und strömt notgedrungen immer senkrecht
nach unten weiter. Da sich der Querschnitt nirgends erweitert oder verengt,
bleibt hier *v unabhängig vom Abstand* von der Wand:

$$v = \frac{Q}{A} = \text{const} \quad . \tag{5.8}$$

Auf einen geraden Drainagegraben strömt das Grundwasser in ähnlicher Weise
zu. Ein solches Feld mit lauter parallelen Feldlinien, das also überall die gleiche
Größe und Richtung hat, heißt homogen. Am besten ist dieses Strömungsfeld realisiert, wenn man parallel zur ersten Wand eine zweite, ebenfalls durchlöcherte,
aufbaut, hinter der ein Unterdruck herrscht, der den Volumenstrom Q als Senke
aufsaugt. Im Fall des elektrischen Feldes nennt man das einen Plattenkondensator.

Wir wissen noch nicht, welchen *Druck* wir auf Schlauch oder Wand ausüben
müssen, um den Volumenstrom $\dot{V}$ zu erzeugen. Das hängt davon ab, ob das
Wasser *frei* davonströmen kann oder ob ein Reibungswiderstand herrscht, z. B.
im Erdboden mit seinen engen Poren, in dem die Strömungsgeschwindigkeit
$\boldsymbol{v}$ proportional zum Druckgefälle $- \mathbf{grad}\, p$ ist (*laminare* Strömung, Abschnitt
3.3). Beide Fälle sind auch für andere Felder sehr wichtig. Wir behandeln sie
deshalb ausführlich.

5.2.4 Laminare Strömung

Es gilt:

$$\boldsymbol{v} = -\sigma\, \mathbf{grad}\, p \quad . \tag{5.9}$$

Die Konstante σ heißt Leitfähigkeit des Erdbodens. In unseren drei Feldern,
dem der punktförmigen, der linearen und der ebenen Quelle, kennen wir das $\boldsymbol{v}$-
Feld. Die Druckverteilung $p(\boldsymbol{r})$ muß sich danach richten. Wir müssen dasjenige
Feld $p(\boldsymbol{r})$ suchen, dessen negativer Gradient das gegebene Feld $\boldsymbol{v}(\boldsymbol{r})$ ist. Bei der
ebenen Quelle ist das einfach: Das homogene $\boldsymbol{v}$-Feld, in dem $\boldsymbol{v}$ z. B. überall in
x-Richtung zeigt, ist die Ableitung von

$$p = p_0 - \frac{v}{\sigma}x \quad . \tag{5.10}$$

Dies ergibt ja, nach x abgeleitet, $v = -\sigma\, dp/dx = \text{const}$. Hier ist p_0 der Druck
bei $x = 0$, z. B. an der Quellwand. Nach rechts fällt der Druck gleichmäßig ab.
Wenn die Senkenwand sich bei $x = d$ befindet, herrscht dort der Druck $p =
p_0 - vd/\sigma$, zwischen beiden Platten muß also der Druckunterschied $\Delta p = vd/\sigma$
bestehen, damit der Volumenstrom $\dot{V} = Av$ fließt. Der Druck Δp treibt den
Volumenstrom

$$\dot{V} = \sigma A \frac{\Delta p}{d} \quad . \tag{5.11}$$

Das Verhältnis $\dot{V}/\Delta p$ nennen wir Strömungsleitwert, seinen Kehrwert $\Delta p/\dot{V}$ Strömungswiderstand. Das System mit den beiden Wänden hat den Strömungswiderstand $d/\sigma A$.

Im Fall der *Punktquelle* ist $v = -\sigma\, dp/dr = \dot{V}/4\pi r^2$. Von welcher Funktion $p(r)$ ist dies die Ableitung? Von $p = a + b/r$, denn daraus folgt $dp/dr = -b/r^2$. Der Vergleich liefert $b = \dot{V}/4\pi\sigma$, also

$$p = a + \frac{\dot{V}}{4\pi\sigma r} \quad . \tag{5.12}$$

Offenbar ist a der Druck in unendlicher Entfernung von der Quelle, denn dort verschwindet $\dot{V}/4\pi\sigma r$. Unsere Kugel, aus der das Wasser nach allen Seiten quillt, habe den Radius R. Dort herrscht ein Druck, der um

$$\Delta p = \frac{\dot{V}}{4\pi\sigma R} \tag{5.13}$$

höher ist als im Unendlichen. Dieser Überdruck muß in der Kugel bestehen, um den Volumenstrom $\dot{V}$ anzutreiben. Der Strömungswiderstand zwischen Kugel und Unendlich ist hier $1/(4\pi\sigma R)$.

Bei der *linearen Quelle* gibt es eine Schwierigkeit. Das Feld $v = \dot{V}/2\pi L r$ ist die Ableitung von $(\dot{V}/2\pi L)\ln r + a$, also ist $p = -(\dot{V}/2\pi L\sigma)\ln r - a/\sigma$. Dies wird aber bei $r \to \infty$ selbst $-\infty$, anders als beim Feld der Punktquelle. Das bleibt uns erspart, wenn das Feld nicht so weit reicht, sondern wenn sich bei $r = r_2$ eine zylindrische Senke befindet, die das Wasser einsaugt. r_1 sei der Schlauchradius. Dann ist der Druckunterschied zwischen Quelle und Senke (r_1 und r_2)

$$\Delta p = \frac{\dot{V}}{2\pi L\sigma}(\ln r_2 - \ln r_1) = \frac{\dot{V}}{2\pi L\sigma}\ln\frac{r_2}{r_1} \quad . \tag{5.14}$$

Der Strömungswiderstand des zylindrischen Systems ist $(1/2\pi L\sigma)\ln(r_2/r_1)$.

5.2.5 Freie Strömung

Wenn es keinen Strömungswiderstand gibt, das Wasser sich also nicht irgendwo durcharbeiten muß, braucht man gar kein Druckgefälle, damit das Wasser überall gleichschnell strömt. Damit aber das Wasser z. B. durch eine Engstelle schneller strömen kann als außerhalb davon, muß jemand es beschleunigt haben. Dieser "Jemand" kann hier nur eine Druckkraft sein. Der Druck in der Engstelle muß *kleiner* sein als außerhalb, allgemein: Wo das Wasser am *schnellsten* strömt (egal aus welchem Grund), ist der Druck am *kleinsten*.

Auf einen kleinen Wasserwürfel, dessen Länge dx in Richtung des Druckabfalls steht, wirkt die Kraft $F_1 = Ap_1$ von hinten, $F_2 = Ap_2$ von vorn, insgesamt also die Kraft

$$F = F_1 - F_2 = A(p_1 - p_2)$$

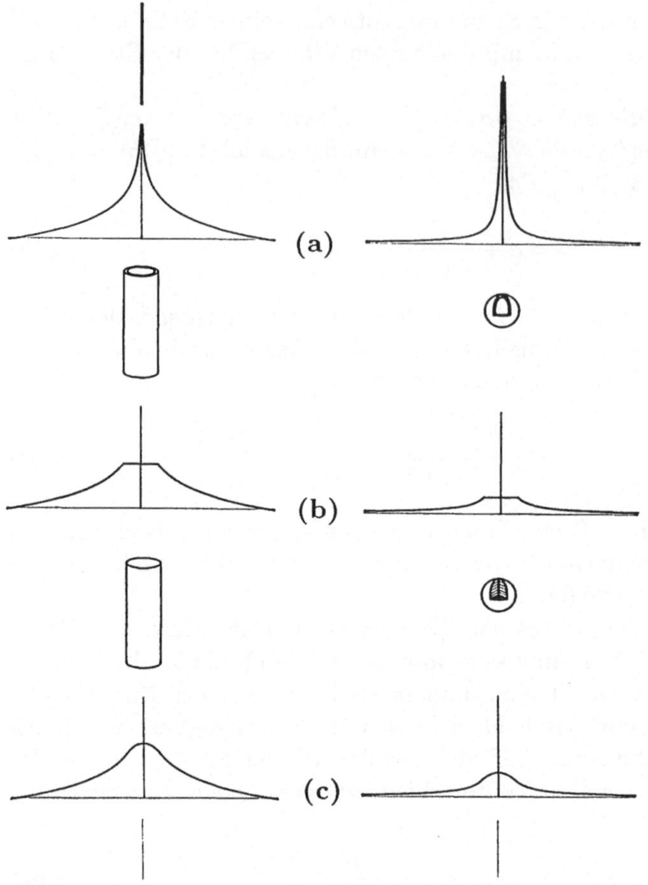

Abb. 5.8a–c. Druckverteilung um Quellen verschiedener Form bei laminarer Strömung. **(a)** Stab- und Punktquelle, **(b)** Hohlzylinder und Hohlkugel, **(c)** Vollzylinder und Vollkugel

von hinten (Abb. 5.9). Verschiebt diese Kraft den Wasserwürfel um dx nach vorn, dann verrichtet sie die Arbeit

$$dW = F\,dx = A\,dx(p_1 - p_2) \quad .$$

Das Würfelvolumen ist $dV = A\,dx$, also $dW = dV(p_1 - p_2)$. Diese Arbeit ist dem Wasserwürfel als Zuwachs an kinetischer Energie zugute gekommen. Vorher hatte er $\frac{1}{2}\varrho\,dV\,v_1^2$, jetzt hat er

$$\tfrac{1}{2}\varrho\,dV\,v_2^2 = \tfrac{1}{2}\varrho\,dV\,v_1^2 + dV(p_1 - p_2) \quad . \tag{5.15}$$

Hier kommt es auf die Größe dV des Wasserwürfels offenbar nicht an:

$$\tfrac{1}{2}\varrho v_1^2 + p_1 = \tfrac{1}{2}\varrho v_2^2 + p_2. \tag{5.16}$$

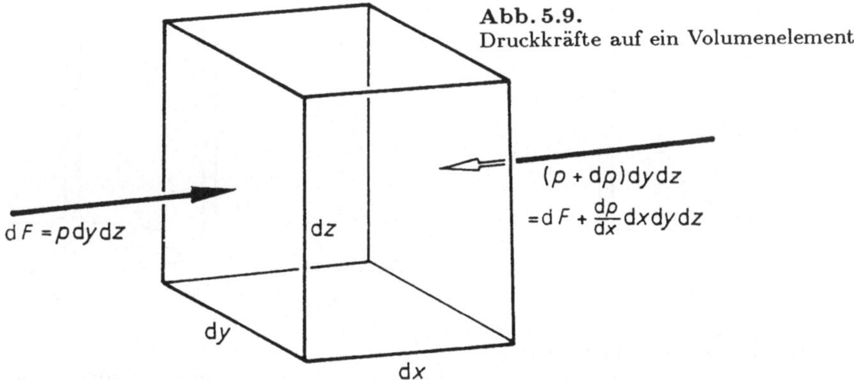

Die Größe $\frac{1}{2}\varrho v^2 + p$ hat in der freien Strömung auf gleicher Höhe überall den gleichen Wert. Das ist die Gleichung von *Daniel Bernoulli*. Sie ist eigentlich, wie wir sahen, nur eine Form des Energiesatzes: $\frac{1}{2}\varrho v^2$ ist die kinetische, p die potentielle Energie pro Volumeneinheit.

In einem Topf ist ein Loch; es sitzt um h unter dem Wasserspiegel. Im Topf dicht vor dem Loch herrscht der Wasserdruck $p_1 = \varrho g h$ plus dem Luftdruck p_0, draußen vor dem Loch nur der Luftdruck p_0. Drinnen bewegt sich das Wasser praktisch nicht, draußen muß $p + \frac{1}{2}\varrho v^2$ den gleichen Wert haben wie drinnen, also $p_0 + \frac{1}{2}\varrho v^2 = p_0 + \varrho g h$. Das Wasser strömt mit

$$v = \sqrt{2gh} = \sqrt{\frac{2p_1}{\varrho}} \tag{5.17}$$

aus dem Loch, falls die Reibung darin zu vernachlässigen ist (Gesetz von *E. Torricelli*). Es strömt ebensoschnell, als fiele es aus der Höhe h (Abb. 5.10). Wenn umgekehrt Wasser, das mit v strömt, durch ein Hindernis plötzlich gestoppt wird, wirkt auf dieses Hindernis ein *Staudruck*

$$p = \tfrac{1}{2}\varrho v^2 \quad .$$

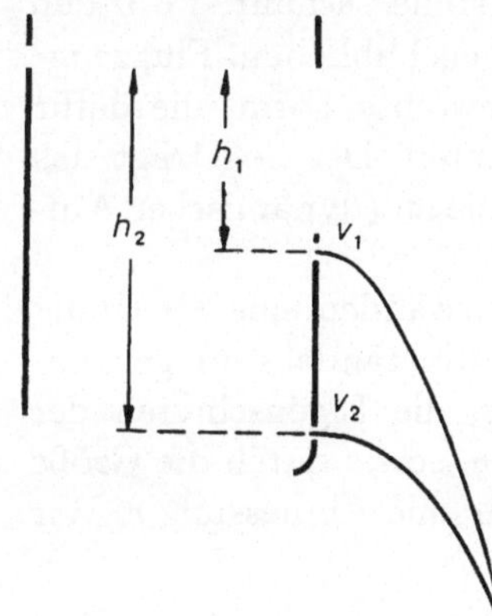

Abb. 5.10. Ausströmung einer Flüssigkeit aus der Seitenwand des Gefäßes. Der Halbparameter des parabolischen Strahles ist $v^2/g = 2h$

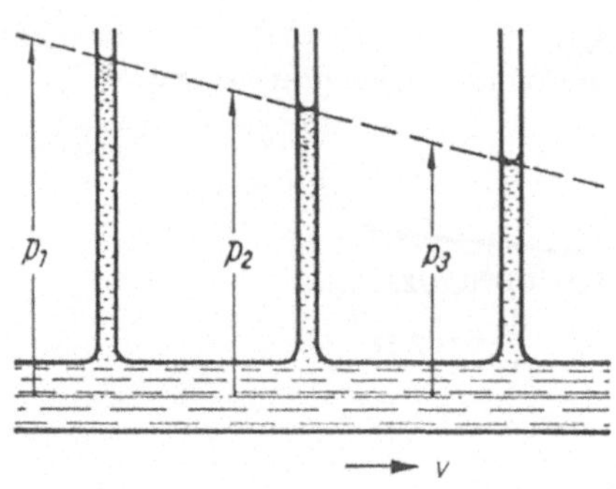
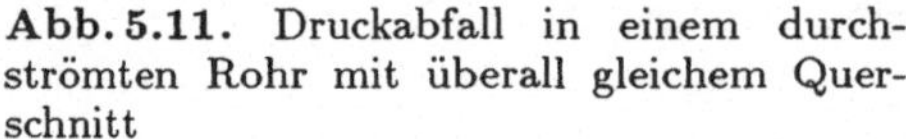

Abb. 5.11. Druckabfall in einem durchströmten Rohr mit überall gleichem Querschnitt

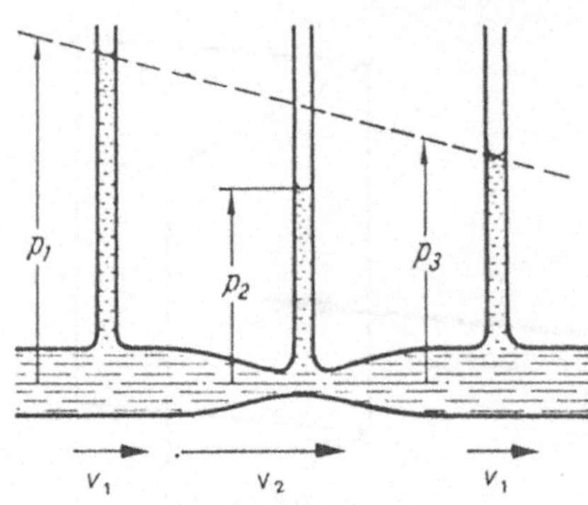

Abb. 5.12. Druckverteilung in einem durchströmten Rohr mit einer Einschnürung

Die Summe $p+\frac{1}{2}\varrho v^2$ muß ja auch dort, wo $v=0$ wird, den gleichen Wert behalten. Wenn das angeströmte Hindernis die Fläche A hat, schiebt der Staudruck darauf mit der Kraft $F=\frac{1}{2}\varrho v^2 A$. Das ist wieder *Newtons* Widerstandsgesetz. Es kommt ja nur auf die *Relativbewegung* zwischen Flüssigkeit und Festkörper an.

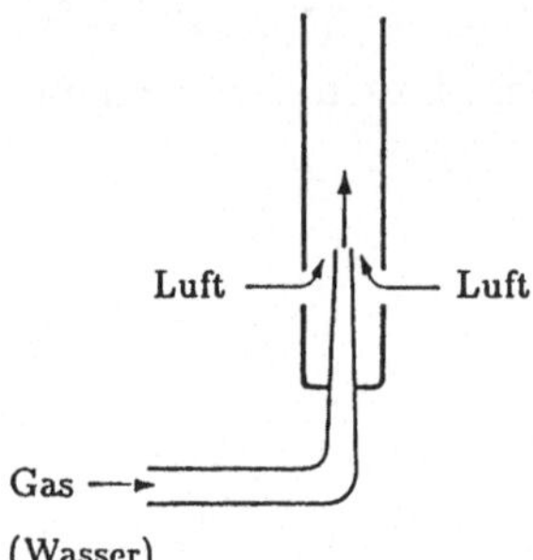

Abb. 5.13.
Prinzip des Bunsenbrenners oder der Wasserstrahlpumpe

Wasser, das an einer seitlich angesetzten Rohrmündung vorbeiströmt, übt dort einen Sog (Unterdruck) $\Delta p = \frac{1}{2}\varrho v^2$ aus. So funktioniert die Wasserstrahlpumpe (Abb. 5.13). Bei Wind der Geschwindigkeit v_1 ist es ähnlich, speziell wenn ein Hindernis wie ein Hausdach eine "Engstelle" schafft, wo v den größeren Wert v_2 hat. Der Sog $\frac{1}{2}\varrho(v_2^2 - v_1^2)$ kann die Ziegel abheben. Flugzeugtragflächen haben im Querschnitt eine nach oben gewölbte Form, die dafür sorgt, daß oben die Luft schneller vorbeiströmt als unten. Der Sog trägt das Flugzeug in der Luft, ebenso wie manchmal die Dachziegel (dynamischer Auftrieb).

Wie entscheidet man, ob unter den gegebenen Umständen eine Strömung reibungsbeherrscht (laminar) ist oder nicht? Diese Umstände sind gekennzeichnet durch die Geschwindigkeit v der Strömung, die Eigenschaften der strömenden Flüssigkeit, also Dichte ϱ und Viskosität η, sowie durch die Größe der Löcher, Rohre, Spalte oder Hindernisse, also durch eine Abmessung r. Wir

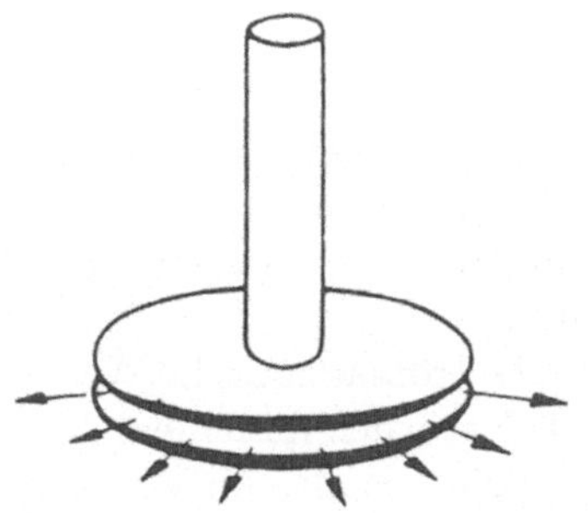
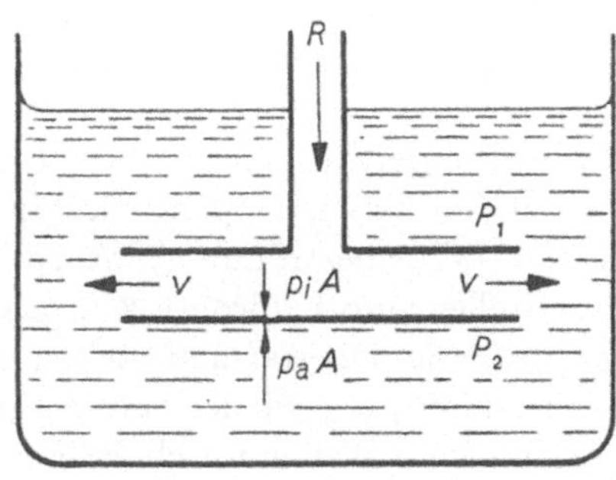

Abb. 5.14. Hydrodynamisches Paradoxon: Die untere Scheibe wird nicht weggeblasen, sondern angesogen

Abb. 5.15. Der Bernoulli-Unterdruck saugt die angeströmte Platte an

betrachten speziell eine umströmte Kugel vom Radius r. In einer laminaren Strömung wirkt auf eine ruhende Kugel die Stokes-Kraft $F_{St} = 6\pi\eta v r$ [vgl. (3.21)]. In einer freien Strömung erfährt die Kugel den Staudruck (die Newton-Kraft) $F_N \approx \frac{1}{2}\pi r^2 \varrho v^2$. Wir prüfen, ob eine der beiden Kräfte erheblich größer ist als die andere. Wenn das der Fall ist, wissen wir, daß die entsprechende Strömungsart vorliegt. Wir bilden also das Verhältnis $F_N/F_{St} \approx r\varrho v/12\eta$. Lassen wir die 12 weg, dann erhalten wir die *Reynolds-Zahl*

$$\mathrm{Re} = \frac{r\varrho v}{\eta} \quad . \tag{5.18}$$

Wenn Re sehr groß ist, herrscht freie (turbulente) Strömung, sonst ist sie laminar. Wo die kritische Reynolds-Zahl genau liegt, die die beiden Fälle trennt, hängt allerdings sehr von der Geometrie der Situation ab. Bei der Kugelumströmung liegt die Grenze um Re $\approx$ 10 (s. oben), in glattwandigen Rohren höher, nämlich um Re $\approx$ 1000.

Wenn Sie dies alles einwandfrei beherrschen (besonders die Folgerungen aus dem Satz von *Gauß* und die Druckverteilungen in den Feldern der kugeligen, linearen und ebenen Quelle), brauchen Sie für die anderen Felder nur noch ein bißchen Übersetzungsarbeit.

5.3 Schätzen Sie die Wasserleitfähigkeit σ eines Bodens, der aus runden Körnern vom Radius R besteht. Wie hängt σ von R ab?

5.4 Um einen Sumpf zu entwässern, zieht man parallele gerade Gräben, so tief und mit so geneigter Sohle, daß sich das Grundwasser darin sammelt und abläuft. Welches Grundwasserprofil stellt sich im Gelände ein? Wovon hängt seine Neigung ab? Senken die Gräben den Grundwasserspiegel überall ab?

5.5 Zur Trinkwassergewinnung legt man mehrere Schachtbrunnen an, durch deren Wände das Grundwasser einsickert. Wie sieht das Grundwasserprofil in der Umgebung eines solchen Brunnens aus? Wie tief muß er sein, wenn er z. B. 1000 Menschen versorgen soll?

5.6 Falten Sie eine Postkarte der Länge nach unter etwa 90°, stellen Sie sie als "Dach" auf den Tisch und blasen Sie parallel zum First unter dieses Dach. Was passiert und warum? An welchen Stellen hebt der Sturm meist die Ziegel aus dem Dach?

5.3 Temperaturfelder

Wenn die Temperatur nicht überall gleich ist, fließt Wärmeenergie von den warmen zu den kalten Stellen. Hierfür gibt es drei Hauptmechanismen:

Konvektion (Wärmeströmung): Warme Flüssigkeit oder warmes Gas strömt zu kälteren Stellen und befördert Wärmeenergie dorthin.

Wärmestrahlung: Die warmen Stellen strahlen mehr elektromagnetische Wellen aus als die kalten, was wieder zum Ausgleich tendiert. Natürlich muß hierzu das Medium für diese Wellen durchlässig sein, am besten geht das also im Vakuum, wo die beiden anderen Mechanismen gar nicht funktionieren.

Wärmeleitung: Ohne daß das Medium strömt, geben die schnelleren (wärmeren) Moleküle durch Stöße ihre Energie an die langsameren (kalten) ab.

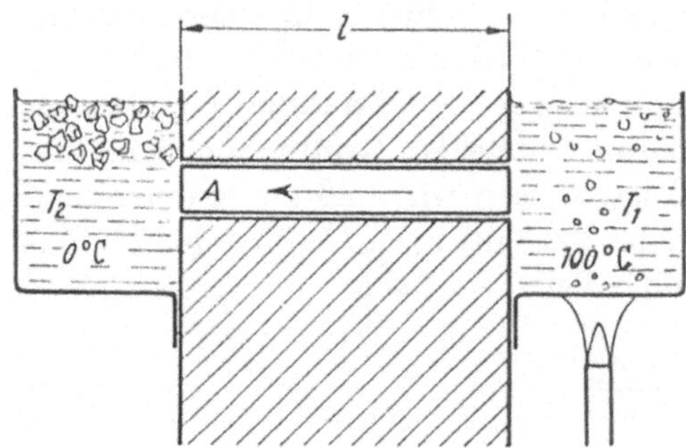

Abb. 5.16. Zur Definition der Wärmeleitfähigkeit

Wir untersuchen hier zunächst nur die *Wärmeleitung* (Abb. 5.16). Sie wird beherrscht durch zwei fast selbstverständliche Gesetze:

1. Für Wärmeenergie gilt ein Erhaltungssatz.
2. Wärme fließt immer das Temperaturgefälle hinab, also längs des Vektors $-\mathbf{grad}\,T$.

Die Stärke und Richtung des Wärmetransports an jeder Stelle wird durch einen Vektor $\mathbf{j}$, die *Wärmestromdichte* gegeben. Seine Richtung gibt an, wohin die Wärme fließt, sein Betrag ist die Wärmeleistung, die durch eine hinreichend kleine Fläche dA tritt, dividiert durch diese Fläche. Die Wärmestromdichte $\mathbf{j}$ verhält sich zum antreibenden Temperaturgefälle genauso wie die Geschwindigkeit $\mathbf{v}$ sich zum antreibenden Druckgefälle verhält:

$$\mathbf{j} = -\lambda\,\mathbf{grad}\,T \quad . \tag{5.19}$$

λ ist die *Wärmeleitfähigkeit* des Mediums. Der Fluß von $\mathbf{j}$ durch eine Fläche A ist hier ein Wärmestrom oder eine Wärmeleistung P (der $\mathbf{v}$-Fluß war ein Volumenstrom). Der Erhaltungssatz für die Wärmeenergie führt wieder zum Satz von *Gauß*:

$$\oiint j \cos\alpha\,dA = P \quad . \tag{5.20}$$

Der Wärmestrom, der aus der Oberfläche eines Raumgebietes tritt, ist gleich
der Gesamtstärke, d. h. der Gesamtleistung aller Wärmequellen in diesem Gebiet. Wärmequellen sind chemische, biochemische oder Kernreaktionen, elektrische Ströme usw.: Flammen, Öfen, Heizdrähte, Lebewesen.

Jetzt übersetzen wir einfach die Ergebnisse (5.6–14). Eine kugelförmige
Wärmequelle erzeugt um sich ein radiales j-Feld vom Betrag $j = P/4\pi r^2$
und ein T-Feld $T = T_a + P/4\pi\lambda r$ [entsprechend dem p-Feld (5.12)]. Die lineare
Wärmequelle (Heizdraht oder Heizrohr, in Isoliermaterial gebettet) hat um sich
ein zylindrisches Feld $j = P/2\pi Lr$ und ein T-Feld $T = T_1 - (P/2\pi L\lambda)\ln(r/r_1)$.
Zwischen dem ebenen Quelle-Senke-Paar, z. B. dem warmen Zimmer und der
Außenluft, herrscht das homogene j-Feld $j = P/A$ und ein lineares T-Gefälle
$T = T_1 - Px/\lambda A$. Die Wand der Stärke d hat den Wärmewiderstand $d/\lambda A$,
denn um den Wärmestrom P zu treiben, muß zwischen drinnen und draußen
$\Delta T = Pd/\lambda A$ herrschen. Je kleiner der Wert $k = \lambda/d$, desto besser isoliert die
Wand.

In einem Gärfuttersilo, einem unvollkommen getrockneten Heuhaufen oder
einem Lebewesen wird überall durch Stoffwechselvorgänge Wärme erzeugt. Die
Wärmequellen sind homogen verteilt. Die erzeugte Wärmeleistung pro m^3 heißt
Quelldichte q. Wie sind j und T in einem solchen System verteilt, das z. B.
eine Kugel vom Radius R darstelle? Wir denken uns eine kleinere Kugel vom
Radius r abgegrenzt. In ihrem Volumen $4\pi r^3/3$ entsteht die Wärmeleistung
$P(r) = q4\pi r^3/3$. Sie muß durch die Oberfläche $A = 4\pi r^2$ abfließen, sonst würde
es drinnen unentwegt heißer. Im Abstand r vom Zentrum herrscht also die
Wärmestromdichte $j = P/A = qr/3$. Sie muß angetrieben werden durch einen
T-Gradienten, der ebenfalls proportional zu r zunimmt, denn $\operatorname{grad} T = -j/\lambda$.
Das T-Feld hat also Parabelform

$$T = T_0 - \frac{1}{6}\frac{q}{\lambda}r^2 \quad , \tag{5.21}$$

denn daraus folgt $j = -\lambda\, dT/dr = qr/3$ (Abb. 5.17).

Wir haben bisher immer *stationäre* T-Felder angenommen, in denen die
T-Verteilung sich zeitlich nicht ändert, also außerhalb der Quellen und Senken
aus jedem Gebiet ebensoviel Wärme irgendwo herausfließt wie anderswo hinein-
fließt. Wenn das nicht der Fall ist, z. B. mehr hinein- als herausfließt, heizt sich
das Gebiet auf. Wir betrachten einen kleinen Würfel vom Volumen $dV = A\,dx$

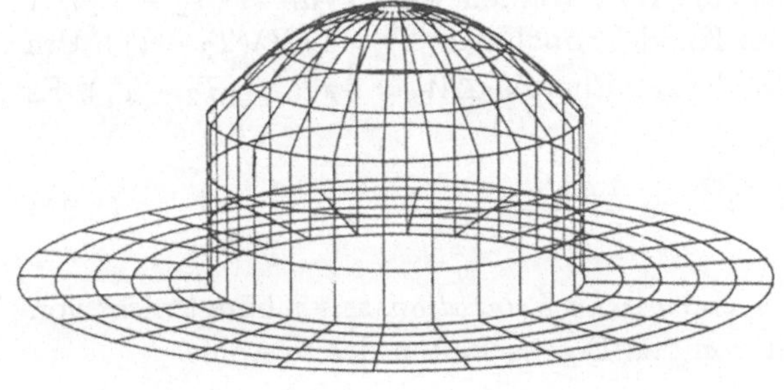

Abb. 5.17. Temperaturprofil
einer kugelförmigen kontinuier-
lichen Wärmequelle. Der Tem-
peratursprung an der Oberfläche ist durch Wärmestrahlung
und Konvektion bedingt

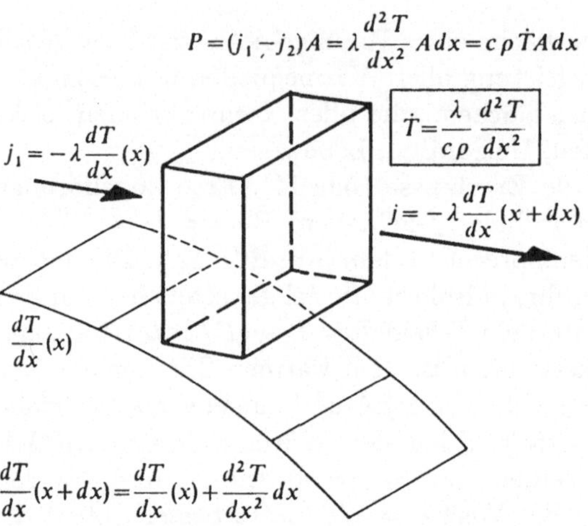

Abb. 5.18. Die Wärmestromdichte ist proportional dem Temperaturgradienten, der Wärmezuwachs eines Volumenelements ist proportional der Differenz von Wärmestromdichten, also der Krümmung des Temperaturprofils

(Abb. 5.18). Links ströme $P_1 = j_1 A$ zu, weil dort der T-Gradient $dT/dx = -j_1/\lambda$ herrscht. Rechts ströme $P_2 = j_2 A$ ab, denn dort ist $dT/dx = -j_2/\lambda$. Die Differenz der dT/dx-Werte an den um dx auseinanderliegenden Stellen ist

$$\frac{d^2 T}{dx^2} dx = T'' dx$$

(der Apostroph bedeutet Ableitung nach dem Ort, T'' ist die zweite Ableitung, d. h. die Ableitung der Ableitung). Das Volumen verliert die Leistung $P_2 - P_1 = (j_2 - j_1)A = \lambda T'' dx\, A = \lambda T'' dV$. Seine Masse $\varrho\, dV$ kühlt sich daher so ab, daß $c\varrho\, dV\, \dot{T} = -\lambda T'' dV$ (c: spezifische Wärmekapazität), also

$$\dot{T} = -\frac{\lambda}{c\varrho} T'' \quad . \tag{5.22}$$

Diese Gleichung ist schwer zu lösen. Wir machen es uns einfacher: Ein kalter Knödel (T_1, Radius R) wird ins heiße Wasser (T_2) gelegt. Wie lange dauert es, bis der Knödel innen auch heiß ist? Durch seine Oberfläche $4\pi R^2$ fließt der Wärmestrom $P \approx 4\pi R^2 \lambda\, dT/dr$. Hier können wir $dT/dr \approx (T_2 - T_1)/R$ nähern, also lineares T-Gefälle im Knödel annehmen: $P = 4\pi R\lambda(T_2 - T_1)$. Um durchzuwärmen, braucht der Knödel die Energie $\Delta W = \frac{4}{3}\pi R^3 \varrho c(T_2 - T_1)$. Es dauert etwa

$$\tau \approx \frac{\Delta W}{P} \approx \frac{1}{3}\frac{c\varrho R^2}{\lambda} \quad , \tag{5.23}$$

bis diese Energie geliefert ist. Die *thermische Relaxationszeit* τ hängt nicht von der Temperaturdifferenz ab, nur von den Eigenschaften des Systems.

5.7 Wie dick muß man sich anziehen, in Abhängigkeit von der Lufttemperatur, um nicht zu frieren? Abkühlung durch Verdunstung sei vernachlässigt. Wärmeleitfähigkeit von Luft 0,025 W K^{-1} m^{-1}. Was an der Wolle usw. isoliert eigentlich so gut? Schätzen Sie die Stärke der Wärmequelle "Mensch".

5.8 Kraftwerksabwärme könnte genutzt werden, um Äcker durch im Boden verlegte Röhrensysteme zu beheizen. Das Pflanzenwachstum wird wesentlich gefördert, wenn die Temperatur im Wurzelbereich um mindestens 3 K angehoben wird. Wärmeleitfähigkeit des Erdbodens: $\lambda \approx 0,5$ W K^{-1} m^{-1}. Wenn man alle Kraftwerke unserer Bundesrepublik so einsetzte, wieviel Ackerfläche könnte man beheizen?

5.9 Heuhaufen entzünden sich durch bakterielle Wärme manchmal selbst. Heu entzündet sich um 400°C, seine Wärmeleitfähigkeit sei 0,05 W K^{-1} m^{-1}. Im Zentrum eines Heuhaufens von 80 cm Durchmesser mißt man 65°C, draußen 25°C. Wie sieht das Temperaturprofil im Haufen aus, ab welcher Größe ist Selbstentzündung zu befürchten, welche Wärmequelldichte erzeugen die Bakterien?

5.3.1 Diffusion

In einer Lösung sei die Konzentration von Ort zu Ort verschieden, z. B. unten viel Salz, oben wenig Salz. Wenn kein anderer Einfluß das verhindert, gleichen sich diese Konzentrationsunterschiede allmählich aus: Wo viele Teilchen sind, fließen mehr weg, als wo wenige sind; als Resultat strömen Teilchen längs des Konzentrationsgefälles, um so mehr, je steiler dieses ist. Die Stromdichte j dieser Teilchen, d. h. die durchströmende Teilchenzahl pro m^2, ist

$$j = -D \operatorname{grad} n \qquad (\text{Gesetz von } \textit{Fick}) \ . \qquad (5.24)$$

n ist die Teilchenzahldichte (Teilchen/m^3), D eine Materialkonstante, die *Diffusionskonstante*. Da (5.24) ebenso gebaut ist wie (5.19), können wir alle Ergebnisse von der Wärmeleitung und vom laminaren Strömungsfeld her übertragen.

5.4 Strahlungsfelder

Wenn sich Wärmestrahlung oder Strahlung überhaupt frei im Raum ausbreiten kann, ohne absorbiert zu werden, verteilt sie sich natürlich nach den Gesetzen der freien Strömung. Die Flußdichte D der Strahlung, gemessen in J s^{-1} m^{-2}, heißt auch *Intensität*. Sie wird zum Vektor $\boldsymbol{D}$, wenn wir noch die Ausbreitungsrichtung der Strahlung mit einbeziehen. Eine kleine Fläche dA, deren Normale den Winkel α mit dieser Richtung bildet, empfängt die *Bestrahlungsstärke* $E = D \cos \alpha$. Um eine Punkt- oder Kugelquelle wie die Sonne nimmt die Intensität wie r^{-2} ab, genau wie die Strömungsgeschwindigkeit um eine Punktquelle, um eine stabförmige Quelle (lange Leuchtstoffröhre) wie r^{-1}, um eine große ebene Quelle (heiße Platte, Elektrolumineszenzwand) ist sie überall gleich, ebenso im Innern einer leuchtenden Hohlkugel.

Ein solcher Hohlkörper, in dessen Wand ein kleines Loch ist, ist das beste Beispiel für einen Schwarzen Strahler. Allgemein nennt man einen Körper einen schwarzen Strahler. oder schwarzen Körper, wenn er die auf ihn treffende Strahlung vollständig absorbiert, also nichts reflektiert.

Wenn man dann noch das Stefan-Boltzmann Gesetz kennt, nach dem ein schwarzer Körper der Temperatur T und der Oberfläche A insgesamt eine Strahlungsleistung

$$P = \sigma A T^4 \ , \qquad \sigma = 5,8 \cdot 10^{-8}\,\mathrm{W\,m^{-2}\,K^{-4}} \tag{5.25}$$

aussendet (Abschnitt 7.2), beherrscht man viele Anwendungen der Wärmestrahlung. Man muß nur bedenken, daß ein heißer Körper nicht nur Wärme abstrahlt, sondern daß ihm seine Umgebung auch wieder Wärme zustrahlt. Wieviel diese Rückstrahlung ausmacht, hängt von der Temperatur der Umgebung ab und von der Oberfläche A des Körpers, der diese Rückstrahlung aufnimmt (Abb. 5.19). Falls sonst kein Energiezufluß oder -abfluß erfolgt, stellt sich nach längerer Zeit ein Gleichgewicht ein, in dem gilt

ausgestrahlte Leistung = empfangene Leistung .

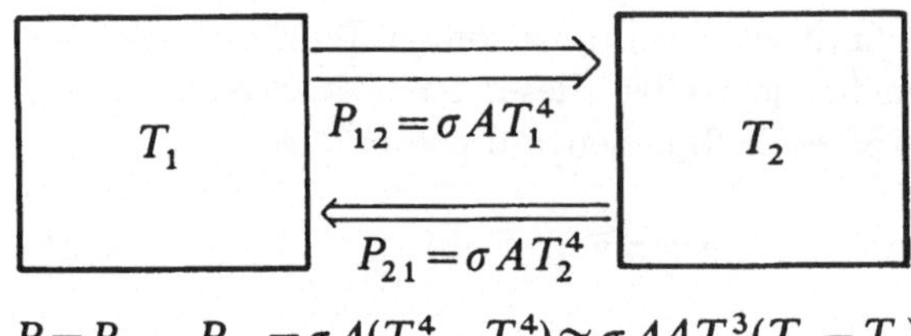

$$P = P_{12} - P_{21} = \sigma A (T_1^4 - T_2^4) \approx \sigma A 4 T^3 (T_1 - T_2)$$

Abb. 5.19. Energiebilanz bei der Wärmestrahlung

In der folgenden Aufgabe betrachten wir näherungsweise als einzigen Austauschmechanismus die Wärmestrahlung.

5.10 Welche Wärmeleistung verliert ein warmer Körper an seine Umgebung? Geben Sie eine Näherung für Ihre Formel im Fall geringer Temperaturunterschiede an. Technische Tabellen geben einen "Wärmeübergangswert" α an und sagen, die Verlustleistung sei $P = \alpha A \Delta T$. Wie paßt das mit *Stefan-Boltzmann* zusammen? Wie groß schätzen Sie α?

5.5 Das Schwerefeld

Am Erdboden herrscht die Schwerebeschleunigung $g \approx 10\,\mathrm{m/s^2}$, ein Körper der Masse m wird mit der Kraft $F = mg$ radial auf den Erdmittelpunkt hingezogen. Wie groß ist die Schwerebeschleunigung $\boldsymbol{a}$ weiter von der Erde entfernt oder innerhalb der Erdkugel, z. B. in einem tiefen Schacht? Hierzu müssen wir nur wissen:

Das Schwerefeld $\boldsymbol{a}(\boldsymbol{r})$ folgt einem Erhaltungssatz. Seine Quellen sind die Massen. Im Abstand r vom Zentrum der Erde oder jedes kugelförmigen Himmelskörpers mit der Masse M und dem Radius R herrscht daher ein Feld vom Betrag

$$a = G\frac{M}{r^2} \quad , \tag{5.26}$$

das radial zum Zentrum hinzeigt. Gleichung (5.26) gilt nur für Punkte außerhalb des Himmelskörpers, also für $r > R$.

Um die Konstante G zu bestimmen, benutzen wir die Masse der Erde $M = 6 \cdot 10^{24}$ kg und die Tatsache, daß am Erdboden, also bei $r = R = 6370$ km,

$$a = g = 10 \,\mathrm{m/s}^2$$

herrscht. Also ist die *Gravitationskonstante*

$$G = \frac{gR^2}{M} = 6,7 \cdot 10^{-11} \,\mathrm{m}^3 \,\mathrm{s}^{-2} \,\mathrm{kg}^{-1} \quad . \tag{5.27}$$

Der 23-jährige *Isaac Newton* erschloß umgekehrt das Gravitationsgesetz aus dem Vergleich von a im Mondabstand und auf dem Erdboden. In den gleichen, durch die Pestepidemie verlängerten Semesterferien erfand er auch die Differential- und Integralrechnung, stellte den allgemeinen binomischen Satz auf und schuf die Grundlagen der Optik.

Aus der Erdoberfläche $4\pi R^2$ tritt der Feldfluß $\phi = gA = 4\pi R^2 g = 4\pi GM$ [siehe (5.27)]. Im Innern der Erde herrscht also die Quelldichte $q = \phi/V = 4\pi GM/V = 4\pi G\varrho$. Aus einer Teilkugel vom Radius r kommt daher der Fluß $\phi(r) = 4\pi G\frac{4}{3}\varrho r^3$ und verteilt sich auf die Oberfläche $4\pi r^2$, also ist die Schwerebeschleunigung im Erdkörper

$$a(r) = \frac{4\pi}{3}G\varrho r \quad . \tag{5.28}$$

Da $G = gR^2/M = 3g/4\pi\varrho R$, kann man auch sagen

$$a(r) = g\frac{r}{R} \quad . \tag{5.28'}$$

a nimmt zur Erdmitte hin linear ab, nach außen wir r^{-2}; am Erdboden ist a am größten.

Was für das laminare v-Feld der Druck, für das Wärmeleitungsfeld die Temperatur, das ist für das Schwerefeld $\boldsymbol{a}(\boldsymbol{r})$ das Schwerepotential $\varphi(r)$. Beide hängen zusammen wie

$$\boldsymbol{a} = -\mathbf{grad}\,\varphi \quad . \tag{5.29}$$

Umgekehrt kommt man von $\boldsymbol{a}$ zu φ durch Integration über die Richtung, in die $\boldsymbol{a}$ zeigt:

$$\varphi = -\int a(r)dr \quad . \tag{5.30}$$

Multiplikation mit der Masse m eines Probekörpers liefert aus $\boldsymbol{a}$ die Kraft auf diesen, aus φ seine potentielle Energie. In (5.30) steckt einfach die Gleichung $W = -\int F\,dx$. Das Kugelfeld, z. B. das der Erde, hat das Potential [vgl. (5.12)].

$$\varphi = -\frac{GM}{r} \ . \tag{5.30'}$$

5.11 Wie kommt man auf einen Schätzwert für die Erdmasse, ohne das Lexikon zu benutzen? Wie groß ist a im Mondabstand? Warum bleibt der Mond auf seiner Bahn (hier Kreisbahn annehmen)? Wie sieht das *Schwerepotential* innerhalb der Erde aus?

5.12 Ein Tag auf dem Mars dauert 24 h wie auf der Erde. Mars ist aber stärker an den Polen abgeplattet als die Erde. Liegt das am Unterschied in den Massen, den Radien, oder woran sonst?

5.13 Bestimmen Sie die Masse der Sonne mit Hilfe des Gravitationsgesetzes.

5.6 Das elektrische Feld

Genau wie jede Masse M Quelle eines Schwerefeldes $a(r)$ ist, in dem eine andere Masse m eine Kraft $F = ma$ erfährt, ist jede positive elektrische Ladung Q Quelle eines elektrischen Feldes E, in dem eine andere Ladung Q' eine Kraft

$$\boxed{F = Q'E} \tag{5.31}$$

erfährt. Im Unterschied zum Schwerefeld gibt es auch Senken des elektrischen Feldes, nämlich negative Ladungen. Die elektrischen Feldlinien laufen also von positiven zu negativen Ladungen. Auch das elektrische Feld erfüllt einen Erhaltungssatz: Aus jedem Gebiet kommen so viele Feldlinien, wie die darin befindliche Ladung angibt:

$$\boxed{\phi = \oiint E \cos \alpha \, dA = \frac{Q}{\varepsilon_0}} \ . \tag{5.32}$$

Hier tritt eine *Influenzkonstante* ε_0 auf, die offenbar $1/(4\pi G)$ entspricht. Wir werden sie später bestimmen. Gleichung (5.32) und alle Folgerungen daraus gelten zunächst nur im Vakuum.

Es gibt auch ein Analogon zu p, T bzw. φ, das *elektrische Potential*:

$$\boxed{E = -\mathbf{grad}\,\varphi} \qquad \text{bzw.} \tag{5.33}$$

$$\boxed{\varphi = -\int E(x)\,dx} \ ,$$

falls E in x-Richtung zeigt.

Die Potentialdifferenz $\Delta\varphi$ zwischen zwei Orten ist die *Spannung U*, die dazwischen herrscht. φ wird daher auch in Volt (V) gemessen, die Feldstärke E in V/m.

Wie immer erhalten wir die Felder der einzelnen Ladungsverteilungen: Eine kugelförmige Ladung Q erzeugt ein radiales Feld. Feldstärke und Potential betragen [vgl. (5.12)]

$$E = \frac{Q}{4\pi\varepsilon_0 r^2} \quad , \qquad \varphi = -\frac{Q}{4\pi\varepsilon_0 r} + \varphi_0 \quad . \tag{5.34}$$

Die Ladung Q wirkt also auf eine andere Ladung Q' im Abstand r mit der Kraft

$$F = \frac{QQ'}{4\pi\varepsilon_0 r^2} \quad \text{(Gesetz von \textit{Coulomb})}. \tag{5.35}$$

Ein gerader Draht der Länge L mit der Ladung Q erzeugt um sich ein Zylinderfeld. Feldstärke und Potential lauten [vgl. (5.14)]

$$E = \frac{Q}{2\pi\varepsilon_0 L r} \quad , \qquad \varphi = \varphi_1 - \frac{Q}{2\pi\varepsilon_0 L} \ln\frac{r}{r_1} \quad . \tag{5.36}$$

Eine Platte der Fläche A mit der Ladung Q erzeugt ein homogenes Feld, das beiderseits von ihr wegzeigt, und ein linear abfallendes Potential [vgl. (5.10)]

$$E = \frac{Q}{2\varepsilon_0 A} \quad , \qquad \varphi = \varphi_0 - \frac{Q}{2\varepsilon_0 A}|x| \quad . \tag{5.37}$$

(Faktor $\frac{1}{2}$, weil das Feld nach beiden Seiten ausstrahlt, im Gegensatz zur Strömung aus der Wand). In einem Abstand x, der größer ist als die Länge oder Breite der Platte, ist das Feld natürlich nicht mehr homogen, sondern nimmt mit wachsendem x ab.

Steht der positiven Platte eine negativ geladene gegenüber, verstärken sich die Felder zwischen den Platten:

$$E = \frac{Q}{\varepsilon_0 A} \quad , \qquad \varphi = \varphi_0 - \frac{Q}{\varepsilon_0 A}x \quad , \tag{5.38}$$

außerhalb beider Platten löschen sich die beiden Felder aus [sie sind ja abstandsunabhängig (Abb. 5.20)]. Zwischen den beiden Platten herrscht die Spannung (Potentialdifferenz)

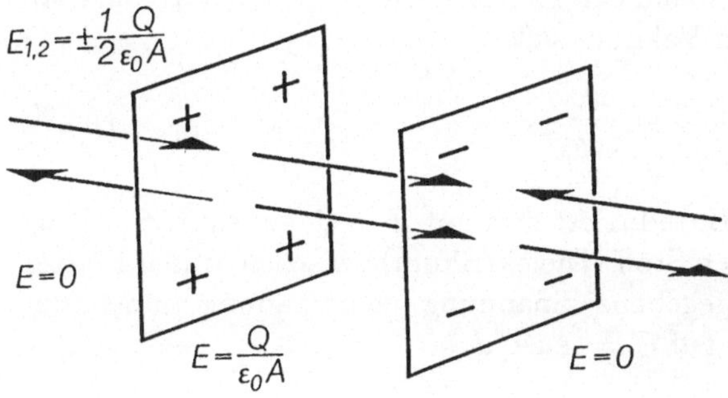

Abb. 5.20. Jede der geladenen Ebenen erzeugt ein abstandsunabhängiges Feld (oben für die negative, unten für die positive Ebene). Zwischen den Ebenen verstärken sich die Einzelfelder zum Kondensatorfeld, im Außenraum heben sie einander auf

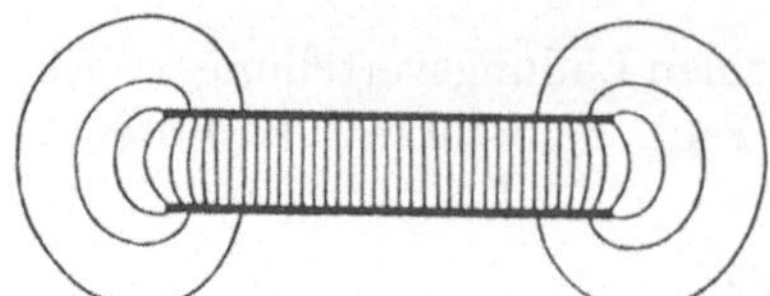

Abb. 5.21. Das elektrische Feld eines geladenen Plattenkondensators

$$U = \frac{Q}{\varepsilon_0 A} d \quad . \tag{5.39}$$

Das Verhältnis Ladung/Spannung dieses *Plattenkondensators* heißt *Kapazität*

$$C = \frac{Q}{U} = \frac{\varepsilon_0 A}{d} \quad . \tag{5.40}$$

5.14 Drücken Sie die Einheit der Kapazität durch einfache elektrische Größen aus. Die Einheit heißt Farad, abgekürzt F.

5.15 Welche Kapazität hat ein Kugelkondensator bzw. ein Zylinderkondensator (zwei konzentrische Kugeln bzw. Zylinder mit den Ladungen Q und $-Q$), (Abb. 5.22)?

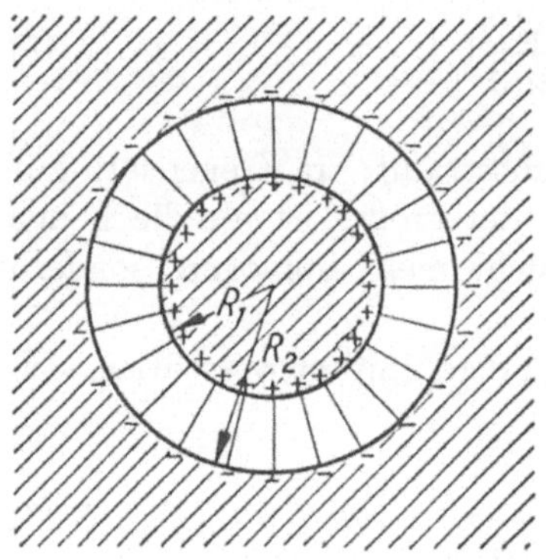

Abb. 5.22. Kugelkondensator

In Materie ist die Lage etwas anders: Atome oder Moleküle werden im Feld zu *Dipolen*; ihre Ladungen trennen sich, dazwischen herrscht kein Feld mehr. Unsere Meßfläche, die die Ladung Q einschließt, geht oft mitten durch ein solches polarisiertes Teilchen, nämlich dort, wo die Feldlinie unterbrochen ist. Der gesamte Feldfluß ϕ ist also um den Faktor ε, die *Dielektrizitätskonstante* kleiner, als wenn die Ladung im Vakuum säße:

$$\phi = \frac{Q}{\varepsilon\varepsilon_0} \quad . \tag{5.32'}$$

Das Feld einer Punktladung z. B. reduziert sich auf $E = Q/4\pi\varepsilon\varepsilon_0 r^2$. Ein Kondensator mit einem dielektrischen Stoff (Dielektrikum) zwischen seinen Platten kann bei gegebenem Feld, also gegebener Spannung, mehr Ladung aufnehmen: seine Kapazität vergrößert sich auf $C = \varepsilon\varepsilon_0 A/d$.

Weil die Feldstärke E die Kraft bestimmt, die auf Ladungen wirkt, können
wir unsere Analogie mit dem Strömungsfeld auf zwei weitere Arten anwenden,
um jetzt die Bewegung von Ladungen, also *Ströme* zu ermitteln. Unter dem
Strom I verstehen wir die Ladung/Zeiteinheit, die durch eine Fläche tritt, z. B.
den Querschnitt eines Drahtes:

$$I = \dot{Q} \quad .$$

Die *Stromdichte j* ist der Strom/Flächeneinheit. Natürlich gilt für das j-Feld
ein Erhaltungssatz, denn Ladung kann ja weder entstehen noch vergehen. Wie
beim strömenden Wasser gibt es zwei Fälle:

5.6.1 Reibungsbeherrschte Ladungsbewegung
Es gilt:

$$j = \sigma E \quad . \tag{5.41}$$

Im Metall, im Halbleiter oder einer Elektrolytlösung müssen sich die Ladungsträger (Elektronen oder Ionen) durch so dichtliegende andere Teilchen durch-
kämpfen, daß ihre Geschwindigkeit proportional zur Kraft, d. h. zur Feldstärke
ist;

$$v = \mu E \quad . \tag{5.42}$$

μ heißt Beweglichkeit des Ladungsträgers. Faßt man ihn als Kugel vom Radius r auf, die durch eine Flüssigkeit mit der Viskosität η gezogen wird, zeigt
der Vergleich mit dem Stokes-Gesetz (3.21), daß

$$\mu = \frac{Q}{6\pi\eta r} \quad . \tag{5.43}$$

5.16 Schätzen Sie die Beweglichkeit für ein Ion in Wasser.

Wenn n die Teilchenzahldichte der Ladungsträger ist (Anzahl/Volumenein-
heit), dann befördern sie im Feld E die Stromdichte

$$j = Qnv = Qn\mu E = \sigma E \quad ,$$
$$\sigma = Qn\mu \quad . \tag{5.44}$$

σ ist die Leitfähigkeit des Materials. Normalerweise gibt es Träger beider Vorzeichen. Beide tragen zum Strom bei: Die negativen laufen entgegengesetzt zu
E, aber eine nach links laufende negative Ladung kommt einer nach rechts
laufenden positiven gleich. Daher ist

$$\sigma = Q^+ n^+ \mu^+ + Q^- n^- \mu^- \quad . \tag{5.45}$$

Allgemein bezeichnet man das (hier konstante) Verhältnis Spannung/Strom als Widerstand R:

$$R = \frac{U}{I} \quad \text{(Gesetz von } Ohm\text{)} \quad . \tag{5.46}$$

Gleichung (5.46) ist eine Folgerung aus (5.41).

Ein Draht vom Querschnitt A und der Länge l hat wie die entsprechende Wand [vgl. (5.11)] den Widerstand

$$R = \frac{1}{\sigma} \cdot \frac{l}{A} = \varrho \frac{l}{A} \quad , \tag{5.46'}$$

denn im Draht herrscht das homogene Feld $E = U/l$, wenn zwischen seinen Enden die Spannung U liegt (Abb. 5.23). $\varrho = 1/\sigma$ heißt *spezifischer Widerstand* des Materials.

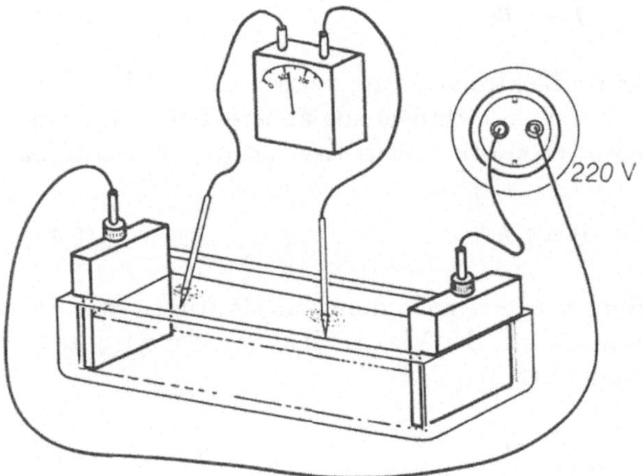

Abb. 5.23. Auch in einer rechteckigen Elektrolytlösung ist das Feld konstant und die Spannungsverteilung linear

5.17 Welche speziellen Annahmen stecken im Ohmschen "Gesetz"?

5.18 Leiten Sie die Gesetze über Parallel- und Reihenschaltung von Widerständen ab. Formulieren Sie zuerst die Regeln von *Kirchhoff* über Stromverzweigungen (Knoten) und die Spannungen in Maschen einer beliebigen Schaltung. Vergessen Sie nicht das "Warum"!

Das Ohmsche Gesetz gilt durchaus nicht immer, z. B. nicht für den Strom der Elektronen, die das Fernsehbild erzeugen. Hier im Vakuum der Röhre werden die Elektronen ja durch nichts gebremst.

Wir wollen noch etwas Gleichstromtechnik betreiben. Am wichtigsten für die ganze Elektrotechnik (auch für Wechselströme) ist der Begriff des *Spannungsabfalls*: Wenn durch einen Widerstand R ein Strom I fließt, muß zwischen den Enden dieses Widerstandes die Spannung

$$U = IR \tag{5.47}$$

herrschen [Umkehrung des Ohmschen Gesetzes (5.46)].

5.19 In Abb. 5.24 ist die Spannung U gegeben. U' soll gemessen werden, indem man den Abgriff (Pfeil) so schiebt, daß das Amperemeter G keinen Strom mehr anzeigt. Wie heißt die Bedingung für diese Kompensation? Im *Kompensationsschreiber* ist G durch einen Motor ersetzt, der die Schreibfeder mit dem Abgriff so lange verschiebt, bis der Motor stromlos ist.

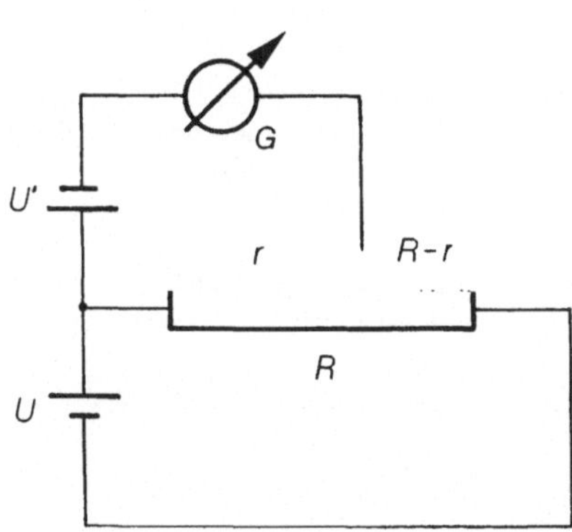

Abb. 5.24. Kompensationsschaltung zur Messung der Spannung U'

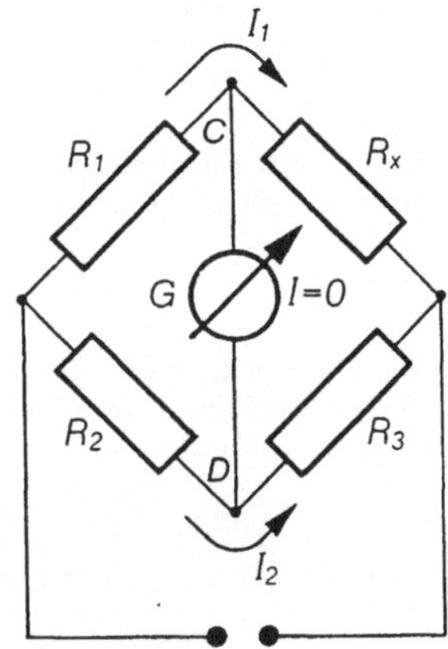

Abb. 5.25. Wheatstone-Brücke zur Messung des unbekannten Widerstandes R_x

5.20 Mit der *Brücke* (Abb. 5.25), kann man den Widerstand R_x sehr genau messen, indem man einen der anderen Widerstände, z. B. R_1, so verstellt, daß das Amperemeter G stromlos wird. Wie berechnet man R_x dann? Wie ändert sich das Ergebnis, wenn die Spannung U schwankt? Warum mißt man nicht einfach Strom und Spannung und bestimmt daraus R?

5.21 Wenn man die Spannung U_0 gegeben hat, aber eine kleinere braucht, kann man an einem *Potentiometer*-Widerstand die gewünschte Spannung U' abgreifen (Abb. 5.26). An diese Spannung U' kann man auch einen Verbraucherwiderstand R legen. Welche Spannung liegt an R, wenn R sehr groß ist? Wie groß sind die Spannungen und Ströme sonst?

Abb. 5.26. (a) Potentiometer- oder Spannungsteiler-Schaltung. (b) Bei Belastung ändert sich die Spannung des Potentiometers nicht mehr linear mit dem abgegriffenen Teilwiderstand

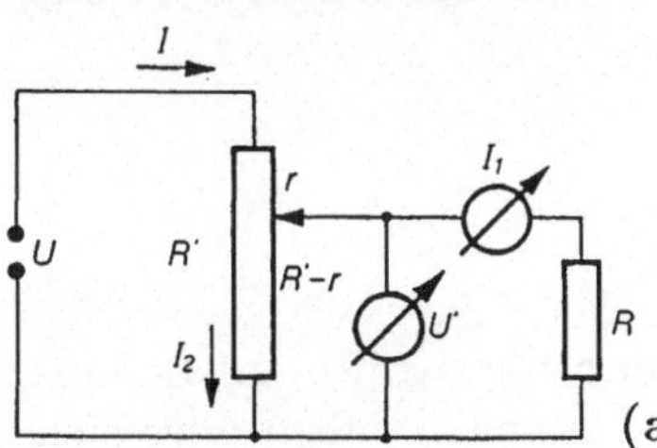

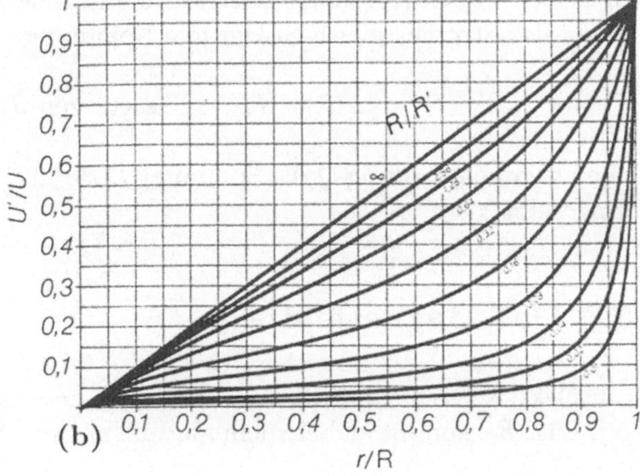

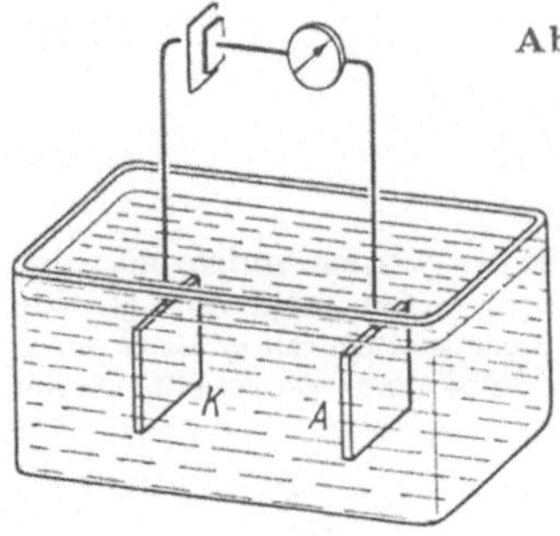

Abb. 5.27. Stromdurchgang durch eine elektrolytische Lösung

5.22 Begründen Sie die Gesetze von *Faraday* über die Elektrolyse (Abb. 5.27): Um 1 mol eines z-wertigen Ions zu transportieren, muß ein Strom I während einer Zeit t fließen, so daß

$$It = zF \quad , \quad F = 96\,487\,\mathrm{A\,s/mol} \quad . \tag{5.48}$$

5.23 Wieviel Strom muß wie lange fließen, um 1 l Wasser elektrolytisch zu spalten? Wieviel Wasserstoff erhält man? Was kann man damit anfangen? (Spezifische Verbrennungsenergie von Wasserstoff $2{,}4 \cdot 10^5$ J/mol)

5.6.2 Freie Bewegung der Ladungen

Im elektrischen Feld wächst die Geschwindigkeit der Ladungen nach dem Energiesatz an. In Analogie zur Bernoulli-Gleichung (5.16) gilt

$$\tfrac{1}{2}mv^2 + Q\varphi = \text{const} \quad . \tag{5.49}$$

Kommen die Elektronen, (die die Elementarladung $-e$ tragen), mit $v = 0$ aus der Kathode und liegt zwischen dieser und der Anode die Spannung U, dann haben die Elektronen an der Anode die Geschwindigkeit

$$v = \sqrt{\frac{2eU}{m}} \quad . \tag{5.50}$$

In beiden Fällen (reibungsbeherrschte und freie Ladungsbewegung) ist die *Leistung* des Stromes gleich Strom mal Spannung

$$P = UI \quad (\text{Gesetz von } Joule) \quad , \tag{5.51}$$

denn wenn die Ladung Q die Spannung U durchläuft, wird die Energie $W = UQ$ umgesetzt.

5.7 Das Magnetfeld

Ein elektrisches Feld wird von Ladungen erzeugt und übt Kräfte auf Ladungen aus. Es kommt dabei nicht darauf an, ob die Ladungen ruhen oder sich

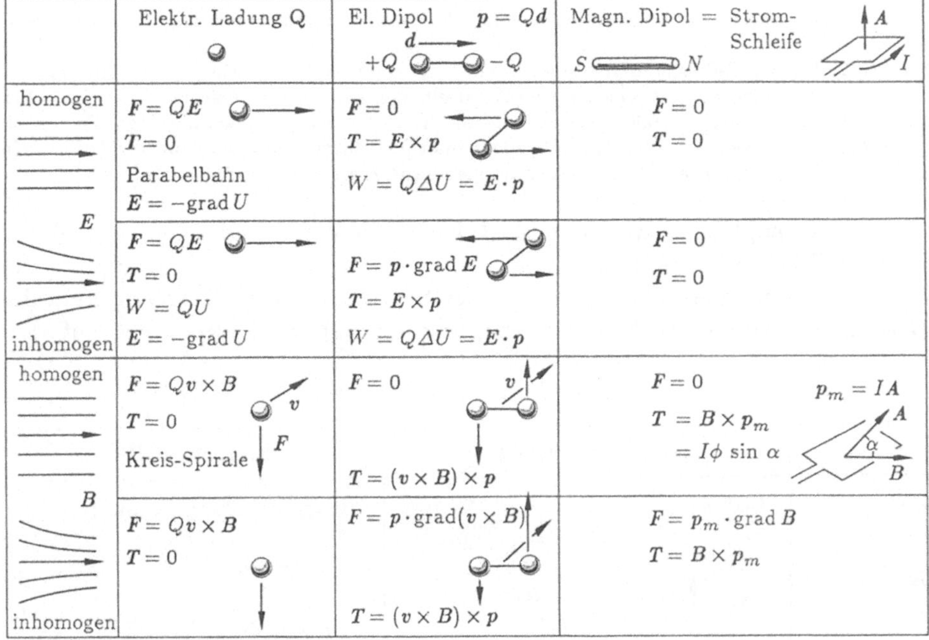

Abb. 5.28

bewegen. Ein Magnetfeld wird von *bewegten* Ladungen erzeugt und übt eine Kraft auf *bewegte* Ladungen aus. Diese Kraft $\boldsymbol{F}$ steht immer senkrecht auf der Geschwindigkeit $\boldsymbol{v}$ des geladenen Teilchens und senkrecht auf dem Feldvektor $\boldsymbol{B}$ des Magnetfeldes (Abb. 5.28):

$$\boxed{\boldsymbol{F} = Q\boldsymbol{v} \times \boldsymbol{B} \quad (\text{Lorentz-Kraft}) \quad .} \tag{5.52}$$

Im Vektorprodukt sind auch alle diese Richtungseigenschaften enthalten. Aus (5.52) folgt für $\boldsymbol{B}$ die Einheit $V\,s\,m^{-2}$, auch Tesla (T) genannt.

5.24 Kann ein geladenes Teilchen durch ein Magnetfeld fliegen, ohne einer Kraft ausgesetzt zu sein? Kann ein Magnetfeld einem Teilchen Energie zuführen?

Ein geladenes Teilchen fliege senkrecht zu einem homogenen Magnetfeld $\boldsymbol{B}$. Es wirkt eine Kraft immer senkrecht zur Bahn des Teilchens, und da sich dessen v nicht ändert, ist die Kraft auch immer vom gleichen Betrag. Das sind die Eigenschaften einer Zentripetalkraft. Das Teilchen beschreibt also eine Kreisbahn vom Radius r, so daß $mv^2/r = evB$ oder

$$r = \frac{mv}{eB} \quad .$$

5.25 In einer Fernsehröhre werden die Elektronen mit etwa 20 kV beschleunigt und durch Magnetspulen am Röhrenhals abgelenkt. Wie stark ungefähr muß das Magnetfeld sein?

5.26 Im ältesten Teilchenbeschleuniger, dem Zyklotron, lenkt ein Magnetfeld die Teilchen immer wieder durch das elektrische Wechselfeld E eines Kondensators, immer im richtigen Augenblick, so daß dieses E-Feld die Teilchen jedesmal beschleunigt. Wie große Felder mit welchen Frequenzen braucht man für Elektronen bzw. Protonen? Wie sieht die Teilchenbahn aus? Wie hohe Energien kann man erreichen?

Wie erzeugt man Magnetfelder? Durch bewegte Ladungen, also durch Ströme. Wie wir wissen, steht die elektrische Kraft immer in Richtung des E-Feldes, die magnetische Kraft steht senkrecht zum B-Feld. Analog steht das B-Feld, das von einer bewegten Ladung erzeugt wird, senkrecht auf dem

	Elektrisches Feld E	Magnetfeld B
Quelle:	Ladung	Bewegte Ladung (Strom I)
Beispiel:	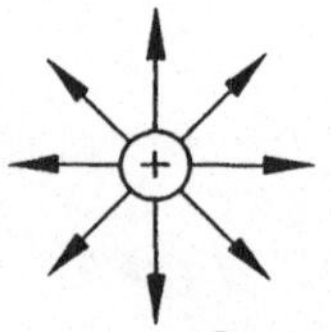 Geladene Kugel Feld allseitig radial $$E = \frac{Q}{4\pi\varepsilon\varepsilon_0 r^2}$$	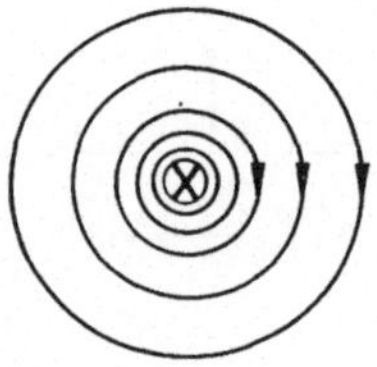 Gerader Draht (Strom nach hinten) $$B = \frac{\mu\mu_0 I}{2\pi r}$$
Berechnung:	 $$\phi_E = \oiint E \cdot dA \qquad \boxed{\phi_E = \frac{\sum Q}{\varepsilon\varepsilon_0}}$$	 $$Z_B = \oint B \cdot dx \qquad \boxed{Z_B = \mu\mu_0 \sum I}$$
Kraft auf:	Ladung Q Coulomb-Kraft 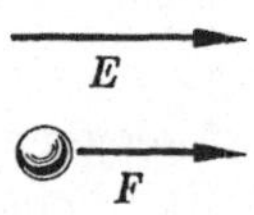 $$\boxed{F = QE}$$	Bewegte Ladung Q, v (Strom I) Lorentz-Kraft 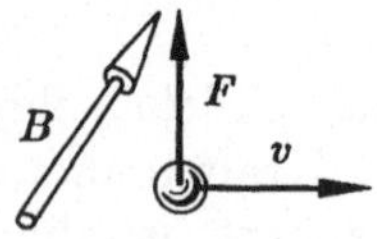 $$\boxed{F = Qv \times B}$$
Einheit:	$$[E] = \frac{V}{m} = \frac{N}{C}$$	$$[B] = \frac{N}{C\,m\,s^{-1}} = \frac{V\,s}{m^2} = T \; (\text{Tesla})$$
Hilfsgröße:	$$\varepsilon_0 = 8,9 \cdot 10^{-12}\frac{As}{Vm}$$	$$\mu_0 = 1,26 \cdot 10^{-6}\frac{V\,s}{Am}$$

Abb. 5.29

146

Abb. 5.30 Felderzeugung

	Punkt, Kugel	Linie, Draht	Ebene, Blech	Rohr, Spule
$\boxed{\phi_E = \dfrac{Q}{\varepsilon\varepsilon_0}}$ Flußregel $(Gau\beta\text{-}Ostrogradski)$ El.-Statik Atomphysik Kondensator Halbleiter $\boxed{Z_E = \dot{\phi}_B}$ Induktion Generator Trafo	 $\phi_E = 4\pi r^2 E = \dfrac{Q}{\varepsilon\varepsilon_0}$ $E = \dfrac{Q}{4\pi\varepsilon\varepsilon_0 r^2}$ $U = \dfrac{Q}{4\pi\varepsilon\varepsilon_0 r}$	 $\phi_E = 2\pi rl E = \dfrac{Q}{\varepsilon\varepsilon_0}$ $E = \dfrac{Q}{2\pi\varepsilon\varepsilon_0 lr}$ $U = \dfrac{Q}{2\pi\varepsilon\varepsilon_0 l}\ln\dfrac{r}{r_0}$ 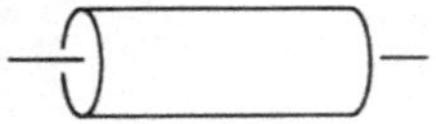 $C = \dfrac{2\pi\varepsilon\varepsilon_0 l}{\ln r_1/r_0}$	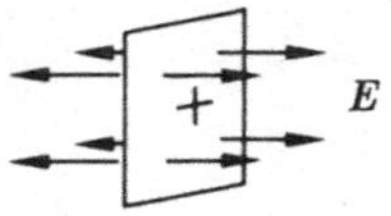 $\phi_E = 2AE = \dfrac{Q}{\varepsilon\varepsilon_0}$ $E = \dfrac{Q}{2A\varepsilon\varepsilon_0},\ U = \dfrac{Q}{2A\varepsilon\varepsilon_0}x$ 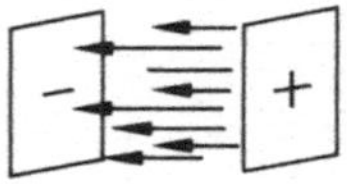 $U = \dfrac{Q}{\varepsilon\varepsilon_0 A}d$ $C = \dfrac{Q}{U} = \dfrac{\varepsilon\varepsilon_0 A}{d}$	 $Z_E = U_{\text{ind}} = \dot{\phi} = A\dot{B}$ $\qquad = A\mu\mu_0\dfrac{N}{l}\dot{I}$ $U_{\text{spule}} = NU_{\text{ind}}$ $\qquad = A\mu\mu_0\dfrac{N^2}{l}\dot{I}$ $L = \dfrac{U_{\text{spule}}}{\dot{I}} = A\mu\mu_0\dfrac{N^2}{l}$
$\boxed{\phi_B = 0}$ keine mgn. Ladungen Magnetostatik Dauermagnete El.-Magnete $\boxed{Z_B = \mu\mu_0(I + \varepsilon\varepsilon_0\dot{\phi}_E)}$ El.-mgn. Wellen Nachr.-Technik Antenne Hohlleiter	Bewegte Punktladung Orts- u. zeitabh. Feld strahlt Welle ab, wenn beschleunigt	 $Z_B = 2\pi r B = \mu\mu_0 I$ $B = \dfrac{\mu\mu_0}{2\pi r}I$ 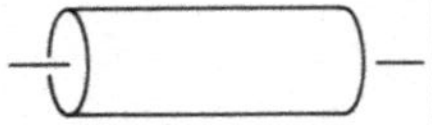 $L = \dfrac{\mu\mu_0}{2\pi}l\,\ln r_1/r_0$	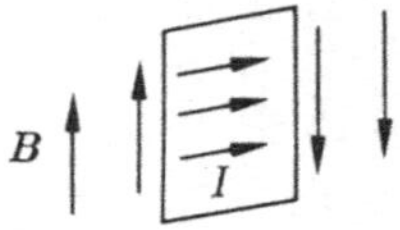 $Z_B = 2aB = \mu\mu_0 I$ $B = \dfrac{\mu\mu_0}{2a}I$	 $Z_B = lB = \mu\mu_0 NI$ $B = \mu\mu_0\dfrac{N}{l}I$ $\phi_B = \mu\mu_0\dfrac{N}{l}AI$

E-Feld, das von der gleichen Ladung erzeugt wird, und senkrecht zur Bewegung der Ladung. Das B-Feld eines stromdurchflossenen Drahtes steht senkrecht auf dem E-Feld des geladenen Drahtes. Dieses E-Feld zeigt radial vom Draht weg (oder zu ihm hin), also laufen die B-Linien kreisförmig um den Draht.

Allgemein sind B-Linien immer geschlossen, nicht wie die E-Linien, die in positiven Ladungen beginnen und in negativen enden. Das B-Feld hat keine solchen Quellen oder Senken, es gibt keine magnetische Ladung, keine freien Magnetpole (magnetische Monopole sind bisher nicht nachgewiesen worden, obwohl es theoretische Argumente für ihre Existenz gibt).

Das E-Feld des geladenen Drahtes nimmt wie r^{-1} mit dem Abstand ab (5.36). Dasselbe gilt für das B-Feld des stromdurchflossenen Drahtes. Folgt man einer Feldlinie, die den Draht umschließt, und multipliziert dabei immer die Feldstärke B mit dem zurückgelegten Wegstück ds, dann erhält man nach einem Umlauf den Wert $2\pi r B$, der wegen $B \sim r^{-1}$ unabhängig von r ist (Abb. 5.31).

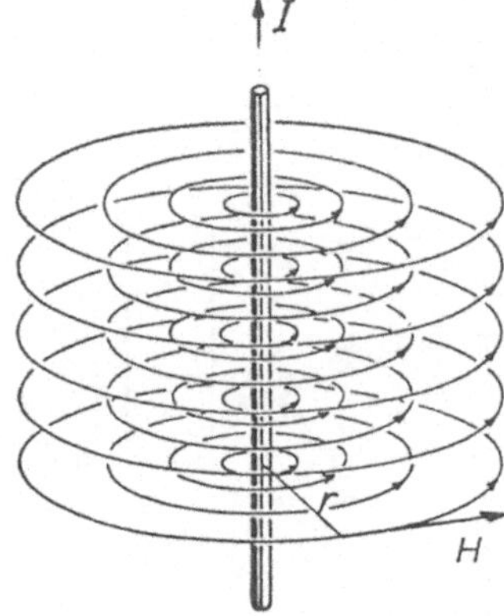

Abb. 5.31. Magnetische Feldlinien um einen geraden stromdurchflossenen Leiter

Auch für andere geschlossene, nicht kreisförmige Umläufe kommt derselbe Wert heraus, wenn man sinngemäß immer nur die Komponente von B in Wegrichtung nimmt. Dieser Wert, genannt *Zirkulation* des B-Feldes, hängt also nur vom umkreisten Strom I ab, und zwar

$$\oint B \, ds = \mu_0 I \quad .$$
(5.53)

Das gilt auch, wenn man mehrere Drähte umkreist; dann bedeutet I die Summe aller Ströme durch diese Drähte. Die *Induktionskonstante* μ_0 hat nach (5.53) die Einheit V s/Am. Sie beträgt

$$\mu_0 = 1,26 \cdot 10^{-6} \, \text{V s/Am} \quad .$$
(5.54)

Gleichung (5.53) spielt für das Magnetfeld eine ähnlich zentrale Rolle wie (5.5) für die anderen behandelten Felder, z. B. das Strömungsfeld: Wenn man die Verteilung der Quellen kennt, kann man aus (5.5) das gesamte Strömungsfeld $v(r)$ ermitteln. Wenn man die Verteilung der Ströme kennt, kann man aus (5.53) das gesamte Magnetfeld $B(r)$ ermitteln.

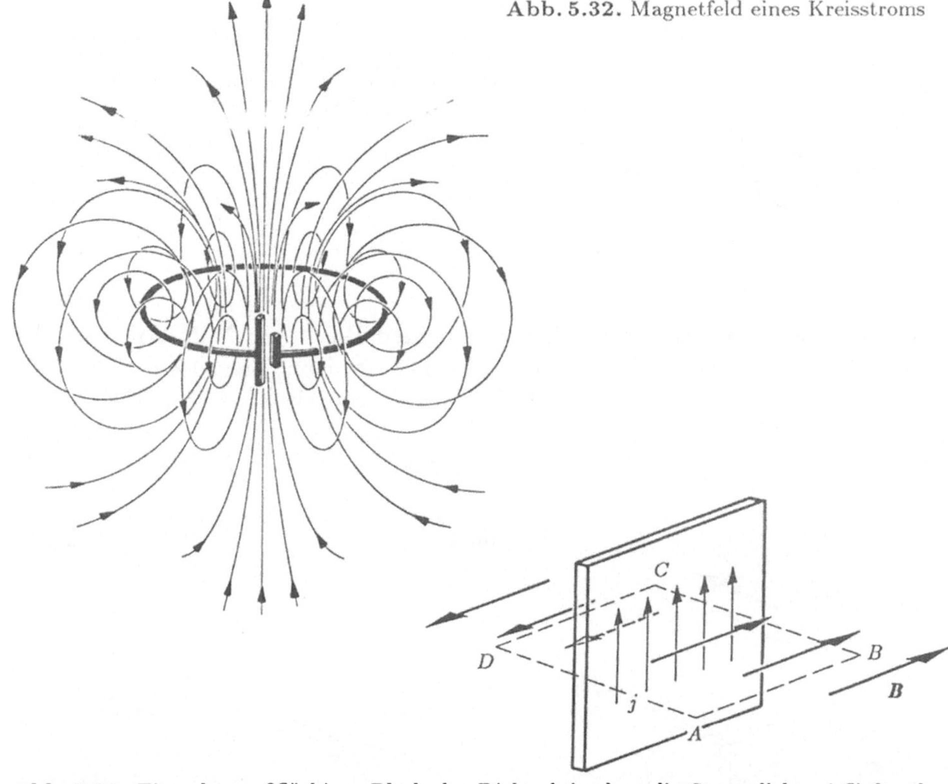

Abb. 5.33. Ein sehr großflächiges Blech der Dicke d, in dem die Stromdichte j fließt, also ein Strom jd pro m, erzeugt beiderseits ein Magnetfeld $B = \pm\frac{1}{2}\mu_0 jd$, das unabhängig vom Abstand ist. Wenn das Blech nicht die einzige Feldquelle ist, kann man nur sagen: Am Blech springt die Tangentialkomponente von B um $\mu_0 jd$. Vergleiche das geladene Blech Abb. 5.20

Ein großflächiges Blech, in dem Strom fließt, erzeugt ein B-Feld senkrecht zu dem E-Feld, das das geladene Blech hätte, also parallel zum Blech und senkrecht zum Strom (Abb. 5.33). Ebenso wie das E-Feld ist dieses B-Feld unabhängig vom Abstand vom Blech. Sein Betrag folgt aus (5.53). Der Strom durchs Blech sei I. Umkreist man ein Stück der Länge l' des Bleches, also den Stromanteil Il'/l, dann ist die Zirkulation $2Bl'$ (auf den Abschnitten BC und DA läuft man senkrecht zu B, sie tragen also nichts bei). Nach (5.53) ist $2Bl' = \mu_0 Il'/l$, also

$$B = \frac{\mu_0 I}{2l} \ . \tag{5.55}$$

Zwei parallele Bleche mit entgegengesetzter Stromrichtung verhalten sich wie zwei Bleche mit den Ladungen Q und $-Q$ (Abb. 5.34). Zwischen beiden herrscht ein B-Feld, doppelt so groß wie (5.55), also

$$B = \frac{\mu_0 I}{l} \ . \tag{5.56}$$

149

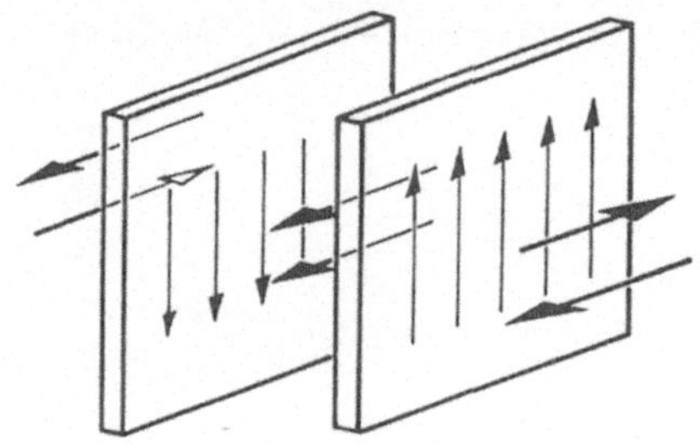

Abb. 5.34. Zwischen sehr großflächigen Blechen mit entgegengesetzter Stromrichtung verstärken sich die Felder zu $B = \mu_0 jd$, im Außenraum heben sie sich auf. Vergleiche den Plattenkondensator Abb. 5.20

Außen kompensieren sich die Felder der beiden Bleche zu Null. Am einfachsten realisiert man das, indem man die Bleche zum Rohr biegt (Abb. 5.35, 36). Ebensogut kann man auch einen Draht zur *Spule* wickeln (Abb. 5.37). I/l ist der Strom pro Längeneinheit der Spule. Hat der Spulendraht ν Windungen pro Meter Spulenlänge und fließt der Strom I durch, muß man I/l ersetzen durch νl :

$$B = \mu_0 \nu I \quad . \tag{5.57}$$

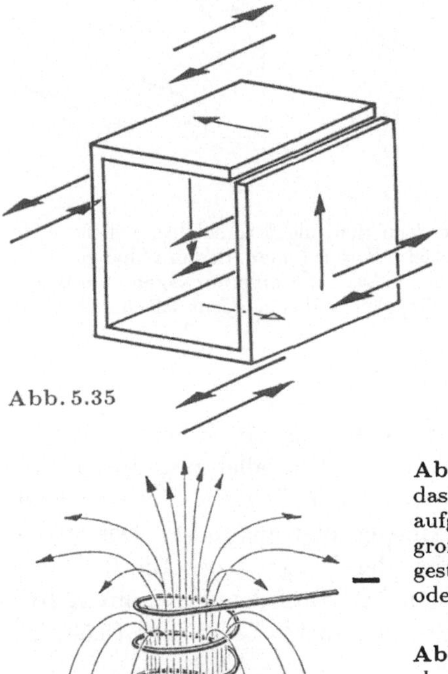

Abb. 5.35

Abb. 5.36

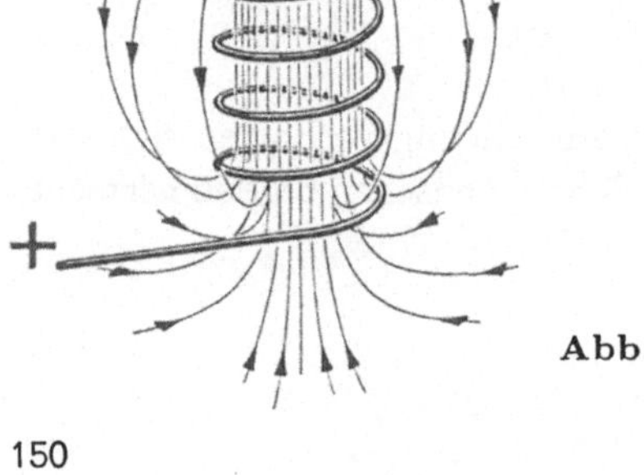

Abb. 5.35. In einem sehr langen Blechkasten herrscht das Feld $B = \mu_0 jd$, außerhalb herrscht keines. Denkaufgabe: Wenn die Bleche in Abb. 5.34 nicht sehr großflächig sind, sondern nur so groß wie dort dargestellt, ist dann das Feld zwischen ihnen auch $\mu_0 jd$ oder wie groß sonst?

Abb. 5.36. Das Feld in einem runden Rohr ist ebenfalls konstant $B = \mu_0 jd$

Abb. 5.37. Das Magnetfeld einer Spule

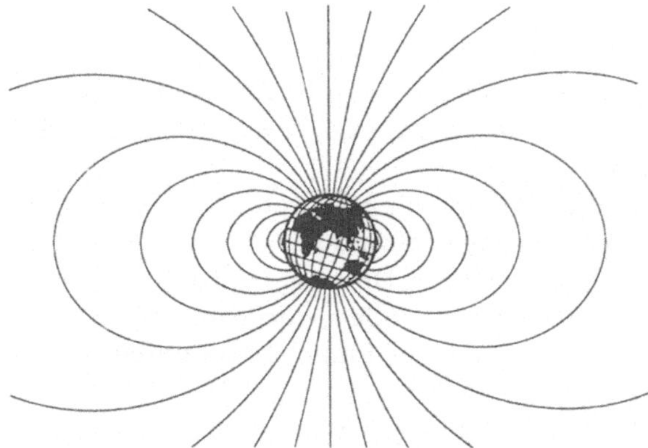

Technisch am wichtigsten sind die Kräfte, die Magnetfelder auf Ströme ausüben. Wenn durch einen Draht vom Querschnitt A der Strom I fließt, heißt das, daß die n Elektronen/m^3 im Draht sich mit v bewegen, so daß die Stromdichte $j = I/A = env$ ist [siehe (5.44')]. Auf jedes Elektron wirkt die Lorentz-Kraft $F = evB$, sofern $v \perp B$; auf alle nAl Elektronen, die im Drahtstück der Länge l sind, wirkt die Gesamtkraft

$$F = nAl \cdot evB \quad .$$

Wir fassen $envA$ zum Strom I zusammen:

$$F = IBl \quad . \tag{5.58}$$

Auf die beiden achsparallelen Äste einer rechteckigen Drahtschleife wirkt die Kraft $F = IBa$ beidemale nach außen. In dieser Stellung erfährt die Schleife also ein Drehmoment (Abb. 5.40)

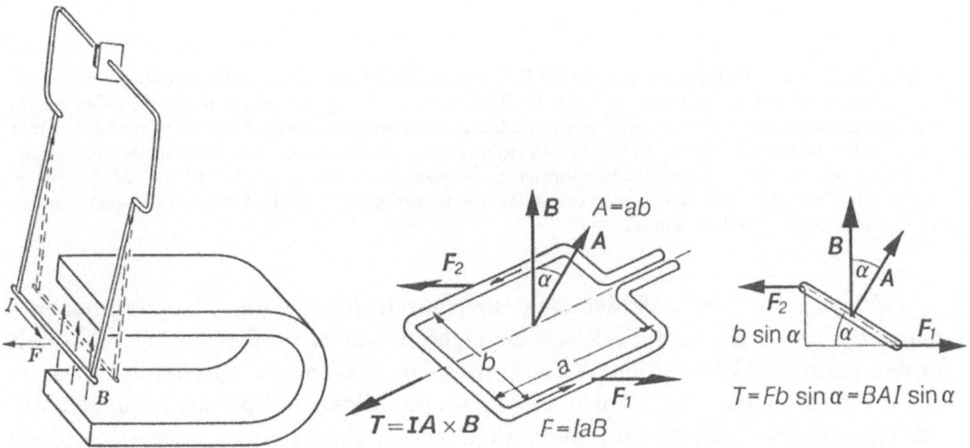

Abb 5.39. Lorentz-Schaukel. Der Draht wird seitlich weggedrückt, sobald ein Strom durchfließt. Änderung der Stromrichtung kehrt auch die Auslenkung um

Abb. 5.40. Das Drehmoment auf eine Leiterschleife im Magnetfeld hängt ab von Strom I, Fläche A, Feld B und dem Winkel α zwischen Schleifennormale und Feld: $T = IAB \sin \alpha$

$$T = IBab \sin \alpha \quad . \tag{5.59}$$

Maximal, nämlich $T = IBab$, ist das Drehmoment bei $\alpha = 90°$ (zwei Schleifen-äste parallel zu $\boldsymbol{B}$). $ab = A$ ist die Schleifenfläche, also $T = IBA \sin \alpha$. Dies gilt auch, wenn die Schleife nicht rechteckig ist.

Bei einer Spule aus N solchen Schleifen ist das Moment T mit N zu multiplizieren. Schleife oder Spule bilden noch keinen vernünftigen Elektromotor, denn bei $\alpha = 0$ herrscht kein Moment, bei weiterer Drehung ein Gegenmoment. Man verwandelt dies Gegenmoment in eines der richtigen Richtung, indem man einen Kommutator einbaut, der bei $\alpha = 0$ den Strom umpolt, oder durch andere Mittel.

Ein *Strommesser* läßt sich aber auch ohne diese Mittel bauen. Man sorgt am besten für ein Drehmoment, das von der Spulenstellung nicht abhängt, indem man das $\boldsymbol{B}$-Feld im engen Spalt zwischen Permanentmagnet P und Eisenkern K radial macht. Die Drehung, die das Drehmoment $T = IBA$ gegen eine Spiralfeder erzielt, zeigt dieses *Drehspulgerät* direkt als Strom I an.

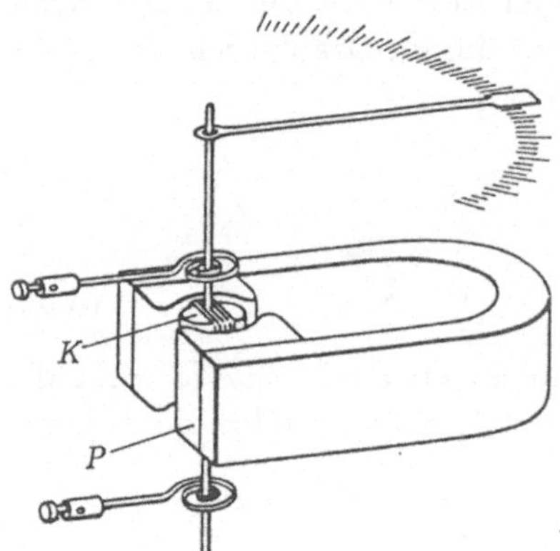

Abb. 5.41. Aufbau des Drehspulinstruments

5.27 Ein Drehspul-Meßgerät hat $100\,\Omega$ Innenwiderstand und zeigt Vollausschlag bei $10\,\text{mA}$. Kann man damit ohne weitere Maßnahmen auch Spannungen messen, wenn ja, in welchem Bereich? Was muß man machen, wenn man mit dem Gerät Ströme bis $100\,\text{mA}$ oder $10\,\text{A}$ bzw. Spannungen bis 10 oder $1000\,\text{V}$ messen will? Die Meßspule des Geräts hängt im Feld eines Dauermagneten. Kann man damit ohne weitere Maßnahmen Gleichstrom oder Wechselstrom oder beide messen? Ist die Skala des Geräts linear eingeteilt oder wie sonst?

Wir sagten: Magnetfelder entstehen durch Ströme. In einem Permanent-magneten aus Stahl sind diese Ströme nicht zu sehen, sie fließen mikroskopisch in den einzelnen Eisenatomen. Elektronen beschreiben ja, anschaulich gesprochen, Kreisbahnen, wirken also wie stromdurchflossene Spulenwindungen. Im unmagnetisierten Eisen sind diese Elementarmagnete nicht ausgerichtet, sie zeigen in alle Richtungen. Allerdings haben Eisen und die anderen *Ferroma-gnetika* (Kobalt, Nickel und einige Legierungen) die Eigenschaft, daß sich in *kleinen Bereichen* die Atome parallel zueinander ausrichten (Abb. 5.45). Das

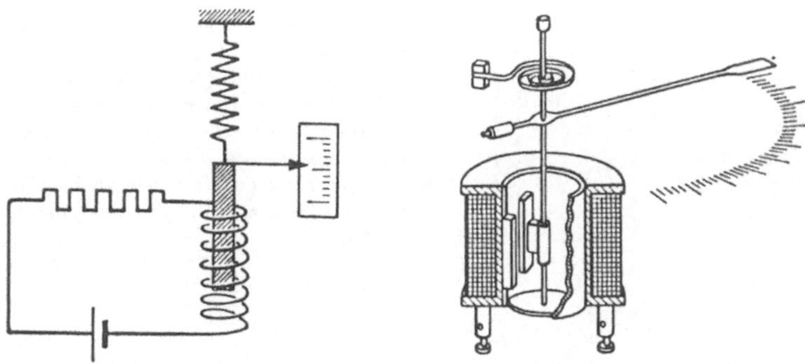

Abb. 5.42. Weicheiseninstrument. Der an einer Feder aufgehängte Eisenstab wird von dem Feld der vom Strom durchflossenen Spule magnetisiert und daher in die Spule hineingezogen

Abb. 5.43. Im Magnetfeld der Spule werden beide Eisenstreifen parallel magnetisiert und stoßen einander ab. Der mit der Achse verbundene Streifen dreht diese dabei

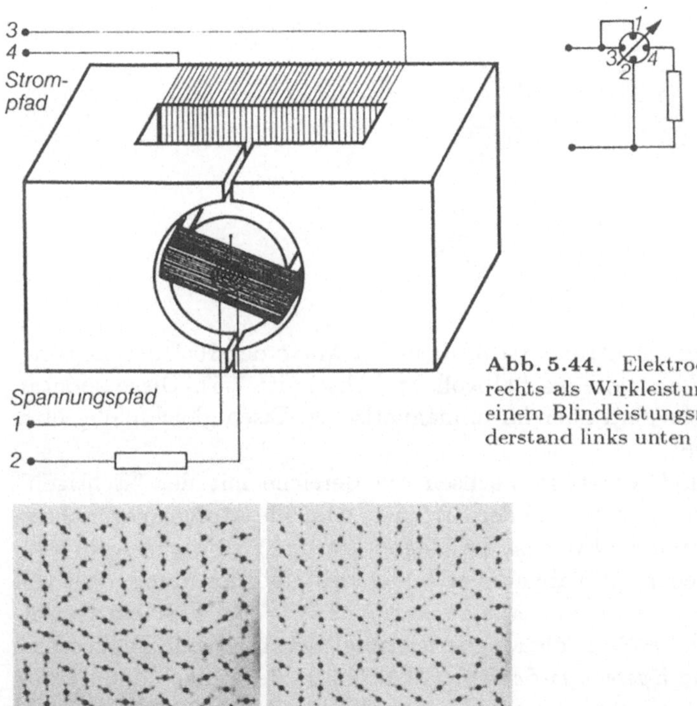

Abb. 5.44. Elektrodynamisches Meßwerk, rechts als Wirkleistungsmesser geschaltet. In einem Blindleistungsmesser ist der große Widerstand links unten durch eine Spule ersetzt

Abb. 5.45a–c. Spontane Magnetisierung in einem Modell aus kleinen frei drehbaren Kompaßnadeln. Die thermische Bewegung ist durch schnelles Drehen eines Stabmagneten über dem Modell simuliert. Daher erscheinen einige Nadeln bewegungsunscharf. Die "Temperatur" nimmt von (a–c) ab

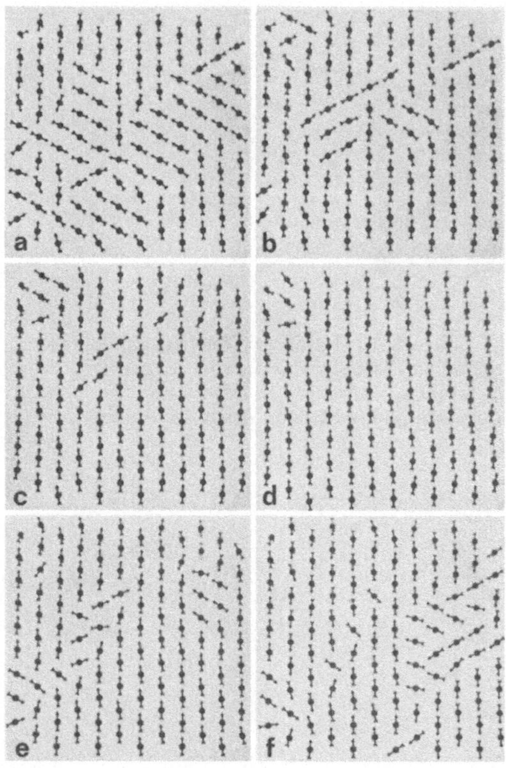

Abb. 5.46a–f. Magnetisierung durch äußeres Feld im Modell. Das anwachsende Magnetfeld (**a–d**) wird durch Annähern einer Permanentmagnetleiste erzeugt. Entfernt man sie langsam wieder, bleibt eine Remanenzmagnetisierung zurück (**e**). Um sie zu beseitigen, braucht man ein gewisses Gegenfeld (**f**)

liegt an der besonderen Elektronenstruktur in der Mitte der 10 Übergangsmetalle, in denen die $3d$-Schale etwa halbvoll ist (Abschnitt 7.5). Diese spontan magnetisierten Bereiche sind aber im unmagnetischen Eisen gleichmäßig über alle Richtungen verteilt.

In einem äußeren Magnetfeld wachsen die Bereiche mit der "richtigen" Richtung auf Kosten der anderen. In der *Sättigung* sind alle Atome ausgerichtet. Mit wachsendem äußeren Feld wächst die Magnetisierung also wie in Abb. 5.46. Läßt man das Feld wieder auf 0 abnehmen, bildet sich die Unordnung nicht voll wieder aus, sondern es bleibt eine *Remanenzmagnetisierung*. Erst ein Gegenfeld, das Koerzitivfeld, beseitigt die Magnetisierung. Bei ständigem Feldwechsel durchläuft man so eine *Hysteresis-Schleife* (Abb. 5.47). Sie ist flach und schmal bei Weicheisen, breit und steil bei Stahl, denn die Legierungsatome im Stahl behindern die freie Drehung der Eisenatome.

5.28 Wozu setzt man Weicheisen- bzw. Stahlmagnete, allgemein magnetisch weiche bzw. harte Materialien technisch ein?

Bei Temperaturen oberhalb 744°C, der *Curie-Temperatur*, verliert Eisen seine ferromagnetischen Eigenschaften, denn die Wärmebewegung zerstört dann die gegenseitige Ausrichtung der Atome in den spontan magnetisierten Bereichen.

154

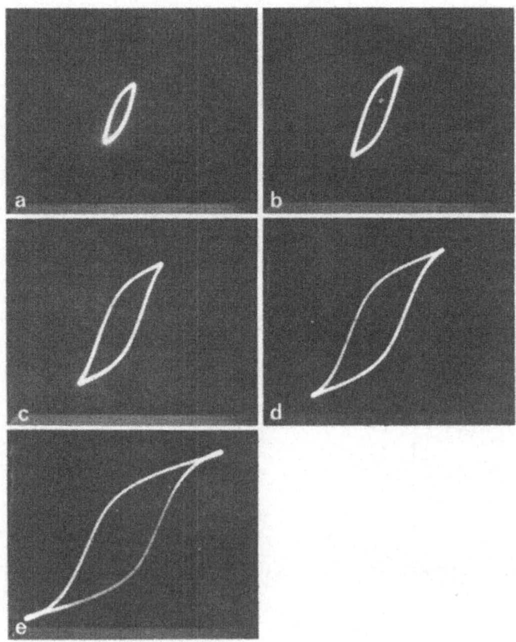

Abb. 5.47a–e. Hysteresis-Kurven von Transformatoreisen. Mit Zunahme des Primärstroms I (x-Achse) steigt das B-Feld (y-Achse) unterproportional, die Schleifenfläche (Wirkleistungsverlust) überproportional

Wenn eine Spule mit einem ferromagnetischen Material gefüllt ist, wird ihr Magnetfeld durch diese Effekte um einen Faktor μ, die *Permeabilität* des Materials, größer als nach (5.57), also

$$B = \mu\mu_0 I\nu \quad . \tag{5.60}$$

Bei Eisen erreicht μ Werte bis über 1000, falls man fern von der Sättigung bleibt. Im Sättigungsbereich ist $\mu = 1$, wie bei allen anderen Materialien.

Wie Eisen ein Spulenfeld verstärkt, also die B-Linien konzentriert, so konzentriert es auch die Linien eines äußeren B-Feldes, zieht sie in sich hinein. Darauf beruht die magnetische Abschirmung: Ins Innere eines hohlen Eisenbehälters dringt kaum eine von außen kommende Feldlinie, sie laufen alle durch die Eisenwand.

5.8 Induktion

Elektrische und magnetische Felder stehen nicht isoliert nebeneinander, sie wirken aufeinander ein: Wenn eines sich zeitlich ändert, entsteht das andere. Wir schieben einen Permanentmagneten auf eine Drahtschleife zu: Der Spannungsmesser schlägt aus, wir *induzieren* also eine Spannung (Abb. 5.48–51). Schieben wir schneller, schlägt er stärker aus: Die induzierte Spannung hängt von der *zeitlichen Änderung* des Magnetfeldes ab, das die Schleife durchsetzt. Wir ziehen den Magneten zurück: Die Spannung ändert ihr Vorzeichen. Wir halten den Magneten still, verändern aber die Fläche, die die Schleife umspannt

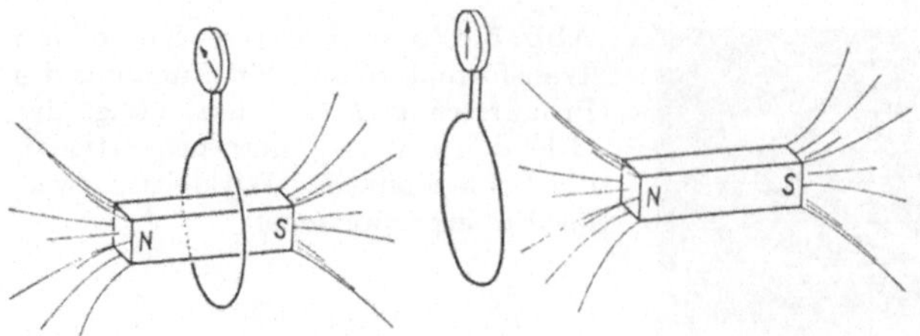

Abb. 5.48. Schiebt man den Stabmagneten schnell in die Kreisschlinge, zeigt das ballistische Galvanometer einen Induktionsstoß an

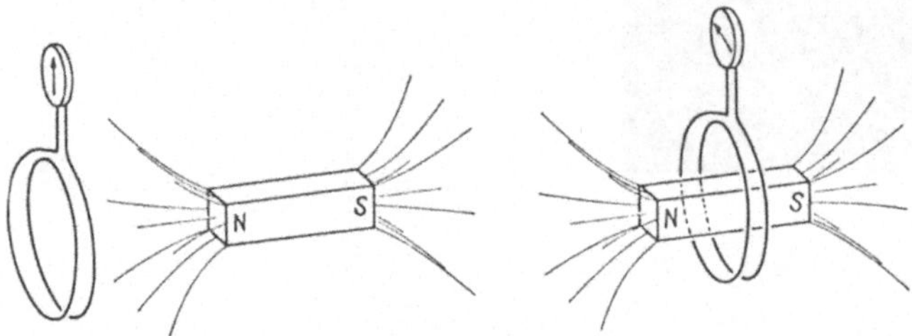

Abb. 5.49. In zwei Windungen entsteht ein doppelt so großer Ausschlag des ballistischen Galvanometers

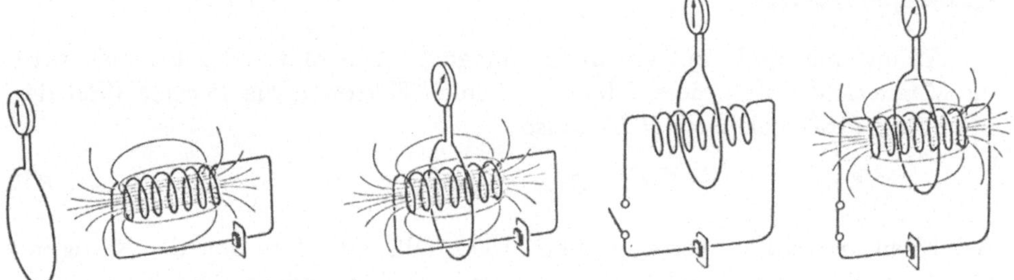

Abb. 5.50. Eine stromdurchflossene Spule induziert beim Hineinschieben wie ein Stabmagnet

Abb. 5.51. Schließen des Stromkreises läßt das Galvanometer in gleichem Sinn ausschlagen, als wenn man die Spule in die Schlinge schöbe

(Abb. 5.52, 53). Die Spannung verhält sich so, als hätten wir den Magneten verschoben.

Es kommt nicht allein aufs Feld B an, das die Schleife durchsetzt, sondern auch auf deren Fläche, genauer auf den *Magnetfluß* durch die Schleife. Dieser Fluß ϕ ergibt sich genauso aus dem B-Feld wie der Volumenstrom $\dot{V}$ aus der Strömungsgeschwindigkeit v oder der elektrische Fluß aus dem E-Feld, nämlich im homogenen B-Feld senkrecht zur Schleifenfläche A

$$\phi = BA \quad , \tag{5.61}$$

allgemein

$$\phi = \iint B \cos \alpha \, dA \quad . \tag{5.62}$$

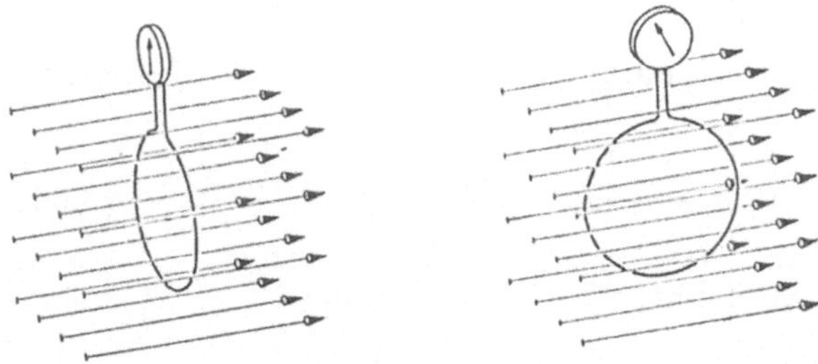

Abb. 5.52. Drehung der Schlinge im Magnetfeld erzeugt ebenfalls eine Induktion ...

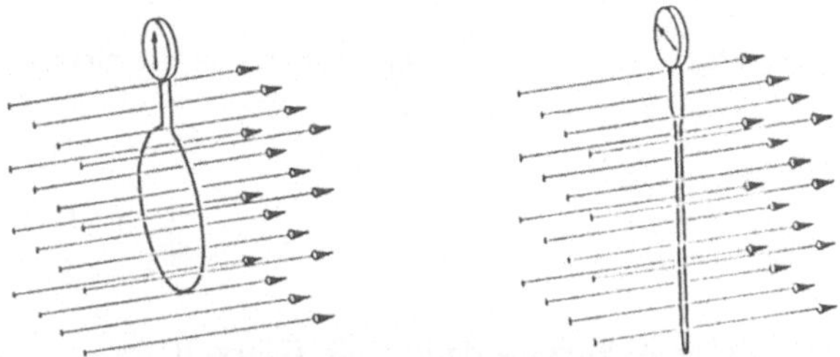

Abb. 5.53. ... ebenso wie eine Änderung der Fläche, die die Schlinge umschließt

Die Messung zeigt: Die in einer Schleife induzierte Spannung ist gleich der zeitlichen Ableitung des Magnetflusses, der die Schleife durchsetzt:

$$\boxed{U = \dot{\phi} \quad \text{(Induktionsgesetz)} \quad .} \tag{5.63}$$

Die Änderung des Flusses durch die Schleifenfläche erreichen wir am einfachsten, indem wir die Schleife um eine Achse drehen, die in der Fläche liegt. Damit ändern wir ja den Winkel α. Der Fluß ändert sich dann wie $\cos\alpha$. Auf diese Weise haben wir schon einen *Generator* gebaut.

Bei einer Spule mit N Windungen ist die Spannung Nmal so groß. Die Spule drehe sich mit der Winkelgeschwindigkeit ω in einem homogenen B-Feld. Dann ändert sich der Einstellwinkel wie $\alpha = \omega t$, also der Magnetfluß wie

$$\phi = NAB \cos \omega t \quad . \tag{5.64}$$

Die zeitliche Ableitung gibt die induzierte Spannung:

$$U = -NAB\omega \sin \omega t \quad . \tag{5.65}$$

Unser Generator liefert eine Wechselspannung mit der Amplitude $U_0 = NAB\omega$ und mit der gleichen Frequenz, mit der sich die Spule dreht.

Wenn durch eine Spule ein Strom fließt, der sich zeitlich ändert, ändert sich auch das Magnetfeld dieses Stromes *genau gleichzeitig*. Wenn sich aber das Magnetfeld ändert, das die N Windungen der Spulen durchsetzt, muß in ihr eine

Spannung induziert werden. Beim Strom I herrscht in der Spule das Magnetfeld $B = \mu\mu_0 NI/l$, der Fluß durch eine Windung (Fläche A) ist $A\mu\mu_0 NI/l$, durch alle N Windungen

$$\phi = \mu\mu_0 \frac{AN^2}{l} I \quad . \tag{5.66}$$

Wenn dies sich ändert, weil I sich ändert, wird die Spannung

$$U = \dot\phi = \mu\mu_0 \frac{AN^2}{l}\dot I \tag{5.67}$$

induziert. Dies nennt man *Selbstinduktion*. Die Größe $\mu\mu_0 N^2 A/l$, die die Spule kennzeichnet, faßt man als ihre *Induktivität* L zusammen:

$$L = \mu\mu_0 \frac{AN^2}{l} \quad . \tag{5.68}$$

5.29 Welche Einheit hat die Induktivität? (Die Abkürzung dafür heißt Henry, H).

Die induzierte Spannung ist natürlich der äußeren Spannung, die den Strom treibt, entgegengerichtet (Regel von *Lenz*), sonst würde der Strom ja unbegrenzt anschwellen. Wenn die Spule keinen ohmschen Widerstand hat, wird der Strom durch sie allein dadurch begrenzt, daß die selbstinduzierte Gegenspannung die angelegte Spannung U_0 kompensiert.

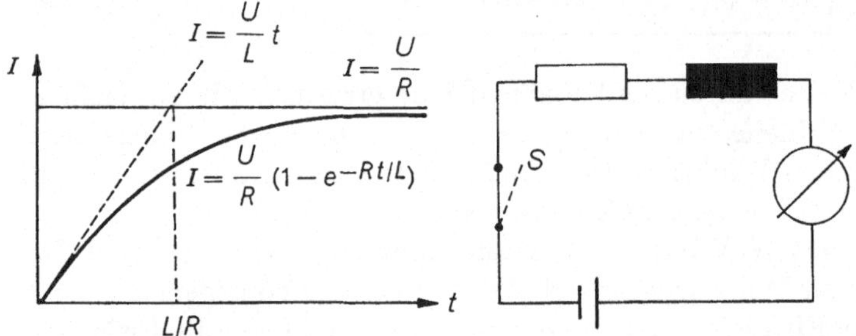

Abb. 5.54. Anstieg des Stromes nach dem Einschalten bis zum konstanten Endwert, der aus dem Ohmschen Gesetz folgt

Was passiert, wenn man den Schalter S in Abb. 5.54 schließt? Immer ist die Summe der Spannungsabfälle an den hintereinandergeschalteten Elementen R und L gleich der Batteriespannung U_0. Am Widerstand fällt $U_R = RI$ ab, an der Spule $U_L = L\dot I$, also

$$U_0 = RI + L\dot I \quad . \tag{5.69}$$

Man kann diese Differentialgleichung für $I(t)$ nach formalen Regeln lösen. Anschaulicher ist es so: Der Strom kann nicht ruckartig hochschnellen, denn dann würde die Spulenspannung größer als U_0. Ganz zu Anfang ist er also noch sehr klein, daher ist auch RI klein, U_0 fällt ganz an der Spule ab: $U_0 = L\dot{I}$, also wächst der Strom anfangs linear: $I = U_0 t/L$. Das geht nicht immer so weiter, denn wenn sich I dem Wert U_0/R nähert, übernimmt R das Geschäft: Nach genügend langer Zeit wird $I = U_0/R$. Die Gerade $I = U_0 t/L$ schneidet die Horizontale $I = U_0/R$ bei $t = L/R$. Dies ist die Anklingzeit des Stromes.

5.30 Was passiert, wenn man den Schalter nach genügend langer Zeit wieder öffnet?

5.31 In einem homogenen Magnetfeld können sich drei getrennte Drahtschleifen um ihre zum Magnetfeld senkrechte Achse drehen. Die drei Schleifen sind um diese Achse gegeneinander um 120° versetzt. Konstruieren Sie den zeitlichen Verlauf des Magnetflusses durch die drei Schleifen und der Spannungen an ihren Enden. Wovon hängen Frequenz und Amplitude dieser Spannungen ab? Wie kann man Effektivwerte von 220 V mit 50 Hz erzeugen?

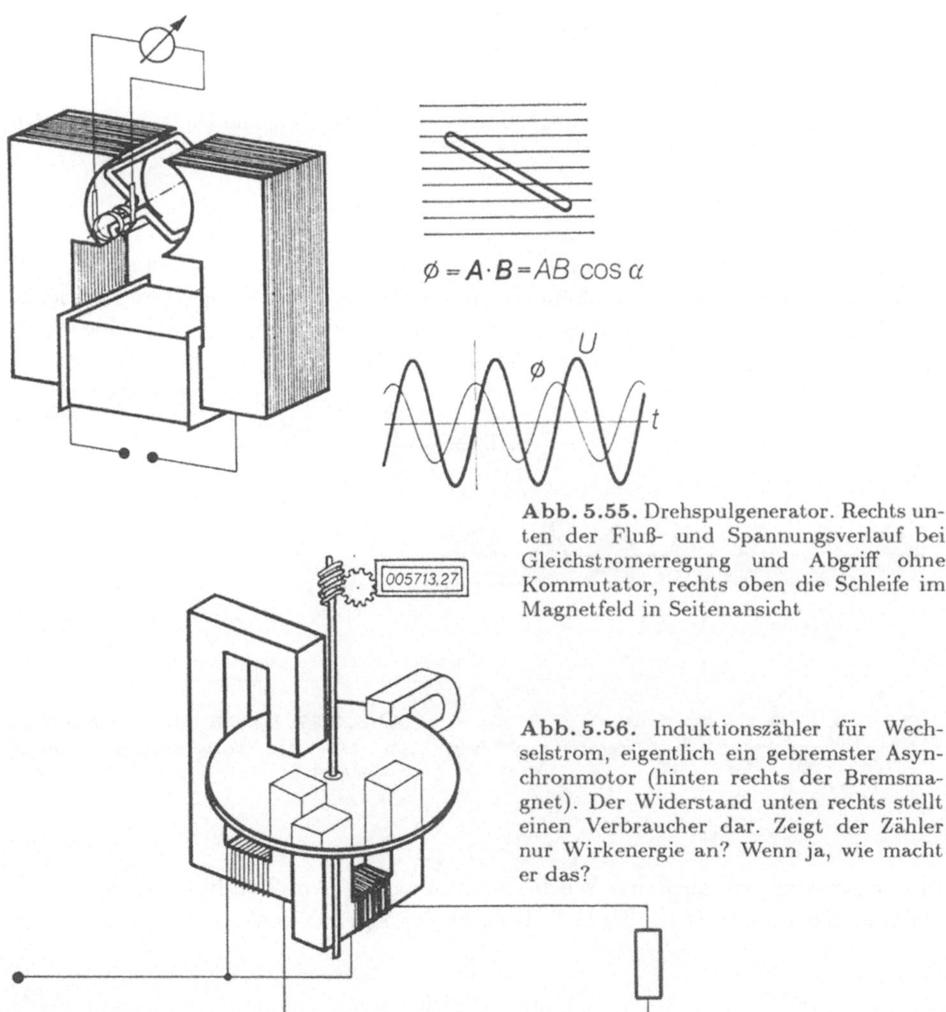

Abb. 5.55. Drehspulgenerator. Rechts unten der Fluß- und Spannungsverlauf bei Gleichstromerregung und Abgriff ohne Kommutator, rechts oben die Schleife im Magnetfeld in Seitenansicht

Abb. 5.56. Induktionszähler für Wechselstrom, eigentlich ein gebremster Asynchronmotor (hinten rechts der Bremsmagnet). Der Widerstand unten rechts stellt einen Verbraucher dar. Zeigt der Zähler nur Wirkenergie an? Wenn ja, wie macht er das?

5.9 Wechselströme

Unser einfacher Generator mit der Spule, die sich im konstanten Magnetfeld dreht, liefert eine sinusförmige Wechselspannung:

$$U(t) = U_0 \sin \omega t \quad . \tag{5.70}$$

Die Technik kennt auch Wechselspannungen von ganz anderem Zeitverlauf $U(t)$: Rechteckige, dreieckige, oder ganz beliebige. Wir betrachten aber zunächst, wenn nichts anderes gesagt ist, eine sinusförmige Spannung, wie sie unsere Steckdosen liefern. Bei Wechselströmen ist manches anders als bei Gleichströmen. Wir legen einen ohmschen Widerstand ans 220 V-Netz, z. B. eine Heizwicklung. Der Strom folgt hier genau der Spannung:

$$I(t) = \frac{U_0}{R} \sin \omega t \quad . \tag{5.71}$$

5.32 Zeichnen Sie den zeitlichen Verlauf von Strom und Spannung und konstruieren Sie den zeitlichen Verlauf der Leistung daraus.

Die Leistung $P(t)$ ergibt sich durch graphische Multiplikation der $U(t)$- und der $I(t)$-Kurve. $P(t)$ ist immer positiv, außer wenn es momentan 0 ist, und bildet eine nach oben verschobene Cosinuskurve mit der doppelten Frequenz. Auf ihren Mittelwert kommt es an. Er liegt wegen der Symmetrie der $P(t)$-Kurve einfach bei deren halber Gipfelhöhe (Abb. 5.57, 58):

$$\overline{P} = \frac{1}{2} U_0 I_0 = \frac{1}{2} \frac{U_0^2}{R} \quad .$$

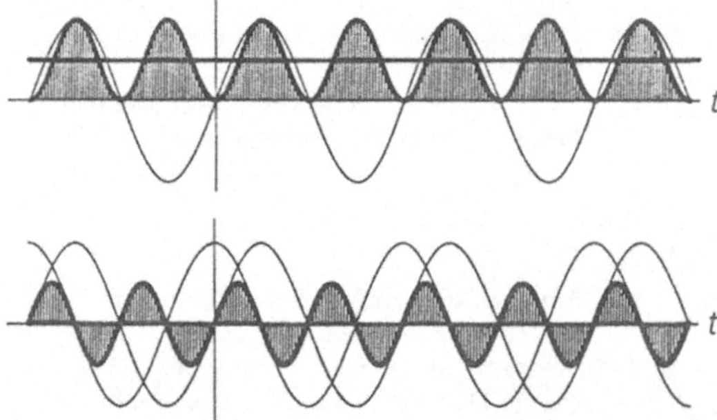

Abb. 5.57. Der Mittelwert von $\sin^2 \omega t$ ist 1/2, der Mittelwert von $\sin \omega t \cos \omega t$ ist 0

In der Leistung ist also eine Wechselspannung der Amplitude U_0 gleichwertig der Gleichspannung $U_{\text{gl}} = U_0/\sqrt{2}$. Dies ist der *Effektivwert* der Sinusspannung:

$$U_{\text{eff}} = \frac{1}{\sqrt{2}} U_0 \quad . \tag{5.72}$$

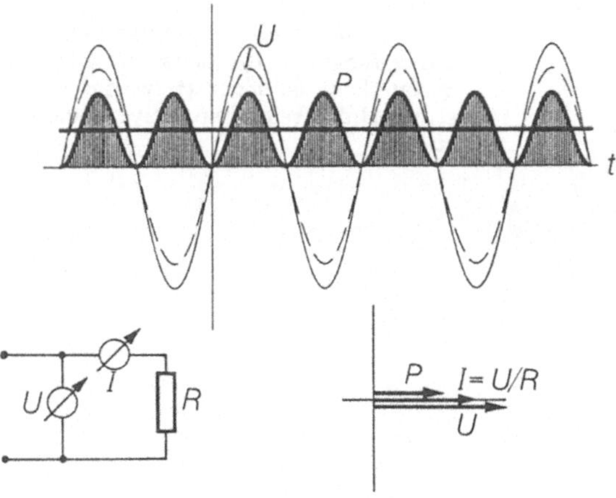

Abb. 5.58. Strom, Spannung und Leistung für einen ohmschen Verbraucher. Die Leistung ist immer positiv: Reine Wirkleistung

Unser Netz mit 220 V Effektivspannung hat 309 V Amplitude.

5.33 Beweisen Sie graphisch oder rechnerisch (am besten auf beide Arten), daß die $P(t)$-Kurve des ohmschen Widerstandes tatsächlich symmetrisch zu dem Wert $\overline{P} = P_0/2$ ist und nicht unten "Mausezähne" hat.

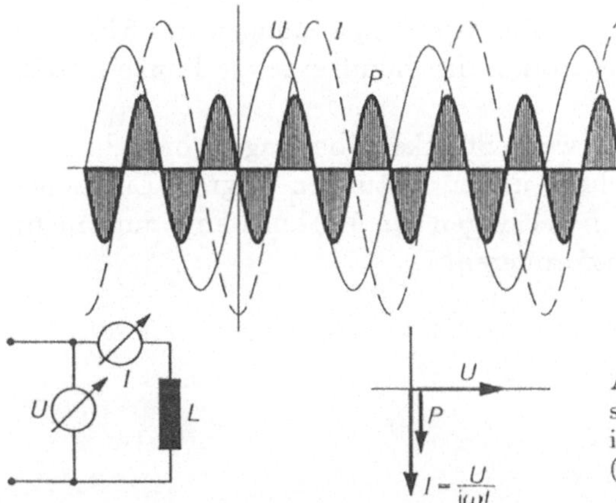

Abb. 5.59. Strom, Spannung und Leistung für eine Spule. Obwohl Strom fließt, ist der Mittelwert der Leistung Null: Reine (induktive) Blindleistung

Jetzt legen wir eine Spule ans Netz (Abbildung 5.59). Die Spannung $U = U_0 \sin \omega t$ ist hier gleich der Selbstinduktionsspannung $U_{\mathrm{ind}} = L\dot{I}$. Also ist $\dot{I} = U/L$, d. h.

$$I = -\frac{U}{\omega L} \cos \omega t \quad . \tag{5.73}$$

Der Spulenstrom hinkt der Spannung zeitlich um eine Viertelperiode nach. Die Leistung $P(t) = UI$ ist daher ebensooft negativ wie positiv (konstruieren Sie sie unbedingt selbst!), ihr Mittelwert ist 0: Die Spule verbraucht *keine* Leistung, obwohl ein Strom fließt! Ein Strom, der keine Leistung liefert, heißt *Blindstrom,* im Gegensatz zum *Wirkstrom,* der phasengleich mit der Spannung ist wie beim ohmschen Widerstand.

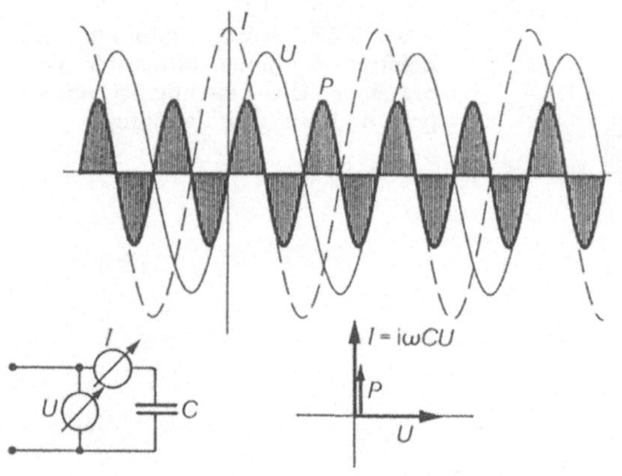

Abb. 5.60. Strom, Spannung und Leistung für einen Kondensator. Obwohl Strom fließt, ist der Mittelwert der Leistung Null: Reine kapazitive Blindleistung

5.34 Wieviel Leistung verbraucht ein Kondensator (Abb. 5.60), der am Wechselstromnetz hängt? Verzehrt eine Spule auch dann keine Leistung, wenn man sie an eine Spannung von rechteckigem oder dreieckigem Zeitverlauf legt? Konstruieren Sie! Sie werden die $P(t)$-Diagramme des Widerstandes, der Spule und des Kondensators bald wiedersehen, z. B. bei der erzwungenen Schwingung (Abschnitt 6.1).

Sorgt man für eine plötzliche Änderung des Spulenstroms, dann wird die selbstinduzierte Spannung $U = L\dot{I}$ sehr groß. Aus den 12 V des Auto-Akkus macht man so mittels Unterbrecher und Zündspule Spannungen um 5 kV, die den Zwischenraum zwischen den Elektroden der Zündkerze als Funke durchschlagen.

Will man elektrische Energie über weite Strecken übertragen, braucht man Hochspannung, sonst werden die Verluste in den Leitungen zu groß. Ein Generator erzeugt wenige kV. Für Überlandleitungen um 100 km Länge und mehr muß man auf einige 100 kV hochtransformieren.

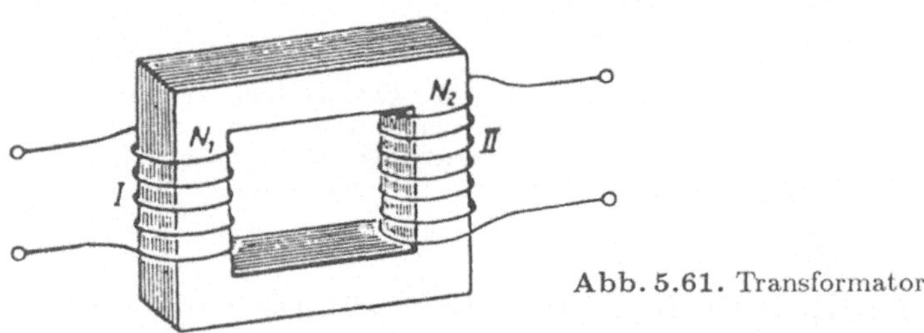

Abb. 5.61. Transformator

Der Transformator (kurz Trafo) ist im Prinzip sehr einfach (Abb. 5.61): Zwei Spulen mit den Windungszahlen N_1 und N_2 sind um einen gemeinsamen Eisenkern gewickelt. An die Spule 1 legt man die Wechselspannung U_1. Der Wechselstrom I_1, den sie durch die Spule treibt, erzeugt ein im gleichen Rhythmus wechselndes Magnetfeld im Eisenkern. Dieser Wechsel des Magnetflusses induziert in der Spule 2 die Spannung U_2 (Abb. 5.62). Wie verhalten sich U_1 und U_2? Wir gehen von dem Magnetfluß ϕ im Eisenkern aus, der beide Spulen durchsetzt und in *jeder* ihrer Windungen die Spannung $\dot{\phi}$ induziert. In Spule 1

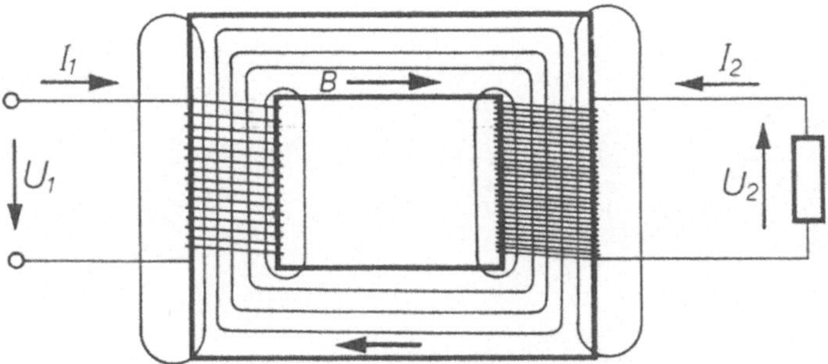

Abb. 5.62. Spannungen, Ströme, Feld und Fluß im Transformator

wird insgesamt $U_1 = N_1 \dot{\phi}$ induziert (das ist betragsmäßig gleich der angelegten Spannung U_1); in Spule 2 wird $U_2 = N_2 \dot{\phi}$ induziert:

$$\frac{U_2}{U_1} = \frac{N_2}{N_1} \quad . \tag{5.74}$$

Das Spannungsübersetzungsverhältnis des (idealen) Trafos ist das Verhältnis der Windungszahlen. Welchen Strom können wir dem Trafo entnehmen? Leistung kann er nicht aus dem Nichts produzieren, verloren geht auch keine in einem *idealen* Trafo, also ist

$$P_1 = I_1 U_1 = P_2 = I_2 U_2 \Rightarrow \frac{I_2}{I_1} = \frac{U_1}{U_2} = \frac{N_1}{N_2} \quad . \tag{5.75}$$

Die Ströme verhalten sich umgekehrt wie die Spannungen (genauer gilt dies für die Wirkströme; die Blindströme müssen gesondert diskutiert werden).

Wie man Ströme und Spannungen in komplizierten Wechselstromschaltungen berechnet, erfahren wir in Abschnitt 6.2.

5.35 Wie kann man in Deutschland ein amerikanisches Gerät betreiben, auf dessen Typenschild steht "110 V $\sim$, 1 kW" ?

6. Wellen

6.1 Schwingungen

Wenn auf ein Teilchen nur eine elastische, d. h. zur Auslenkung proportionale und ihr entgegengesetzte Rückstellkraft wirkt, vollführt das Teilchen eine sinusförmige Schwingung, wie wir schon wissen. Fast immer wirkt aber außerdem noch eine Reibungskraft F_r, die der Teilchengeschwindigkeit v entgegengerichtet ist. Sie kann proportional zu v sein (Stokes-Reibung), proportional zu v^2 (Newton-Reibung) oder unabhängig von v (Coulomb-Reibung). Auch Abhängigkeiten, die zwischen diesen liegen, sind möglich. Diese Reibung verzehrt Energie, läßt also die Amplitude zeitlich abnehmen. Die Schwingung ist *gedämpft*.

Wir behandeln eine Schwingung, die durch eine Reibung proportional zu v gedämpft wird (die übrigen Fälle sind in Abschnitt 2.9 näherungsweise behandelt worden, Abb. 6.1). Die Beschleunigung $\ddot{x}$ ergibt sich aus Rückstell- und Reibungskraft [vgl. (2.26, 45)]:

$$m\ddot{x} = -Dx - k\dot{x} \quad . \tag{6.1}$$

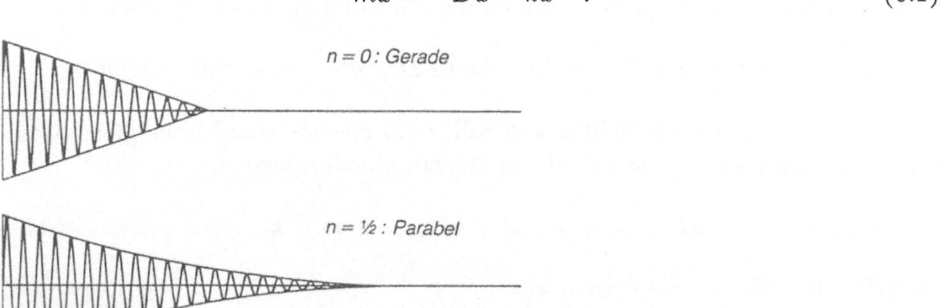

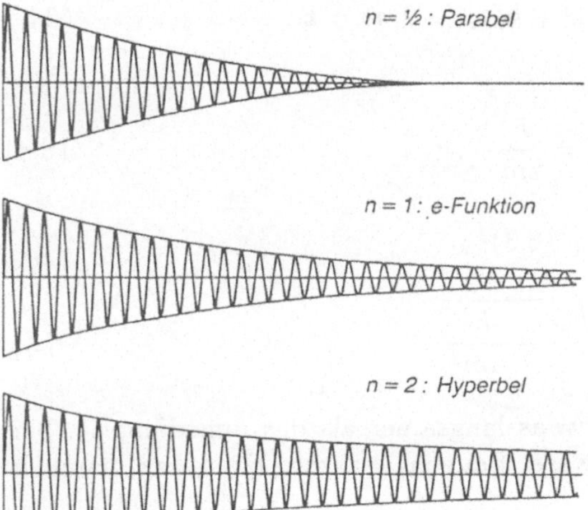

Abb. 6.1. Ein Reibungsgesetz $F \sim v^0$ (Coulomb-Reibung) liefert eine linear abklingende Schwingung, $F \sim v^{1/2}$ (Schmiermittelreibung) eine parabolische, $F \sim v$ (Stokes-Reibung) eine exponentielle, $F \sim v^2$ (Newton-Reibung) eine hyperbolische Dämpfung

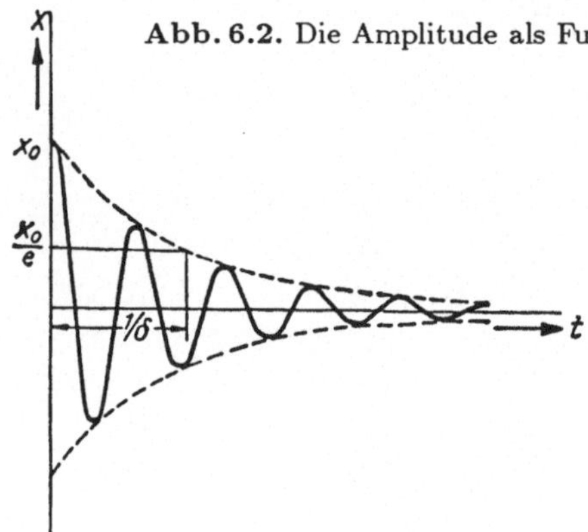

Abb. 6.2. Die Amplitude als Funktion der Zeit bei einer gedämpften Schwingung

Im Abschnitt 2.9 sahen wir, daß die Amplitude exponentiell mit der Zeit abklingt. Wir versuchen es also mit der Funktion

$$x = x_0\, e^{-\delta t}\cos \omega t \quad . \tag{6.2}$$

[Abb. 6.2, vgl. (2.21)]; statt $\sin \omega t$ schreiben wir hier $\cos \omega t$, damit die Anfangsauslenkung $\neq 0$ ist). Tatsächlich erfüllt (6.2) die Gleichung (6.1): Die erste und die zweite Ableitung von (6.2) sind nämlich

$$\dot{x} = x_0\, e^{-\delta t}(-\delta \cos \omega t - \omega \sin \omega t)$$
$$\ddot{x} = x_0\, e^{-\delta t}(\delta^2 \cos \omega t + 2\delta\omega \sin \omega t - \omega^2 \cos \omega t) \quad .$$

Setzt man das in (6.1) ein, dann fallen die Faktoren x_0 und $e^{-\delta t}$ überall weg:

$$m(\delta^2 - \omega^2) \cos \omega t + 2m\delta\omega \sin \omega t = (-D + k\delta) \cos \omega t + k\omega \sin \omega t \quad .$$

Wenn das für alle Zeiten richtig sein soll, muß das cos-Glied links gleich dem cos-Glied rechts sein, dasselbe gilt für die sin-Glieder; also

$$m(\delta^2 - \omega^2) = -D + k\delta \; ; \quad 2m\delta = k \quad . \tag{6.3}$$

Die Dämpfungskonstante δ ist also

$$\delta = \frac{k}{2m} \quad . \tag{6.4}$$

Damit folgt aus der ersten Gleichung (6.3)

$$\omega = \sqrt{\frac{D}{m} - \frac{k^2}{4m^2}} \quad . \tag{6.5}$$

Das gedämpfte Teilchen schwingt etwas langsamer als das ungedämpfte, bei dem $\omega = \sqrt{D/m}$ (Abschnitt 2.6) wäre. Bei sehr starker Dämpfung, nämlich bei

$$k \geq \sqrt{4mD} \quad , \qquad\qquad (6.6)$$

wird der Radikand in (6.5) negativ, also gibt es keine Schwingung mehr, der Ansatz (6.2) stimmt nicht mehr. Jetzt heißt die Lösung einfach

$$x = x_0\, e^{-\delta' t} \quad . \qquad\qquad (6.7)$$

Erneutes Einsetzen in (6.1) liefert

$$\delta' = \frac{k}{2m} - \sqrt{\frac{k^2}{4m^2} - \frac{D}{m}} \quad . \qquad\qquad (6.8)$$

Bei $k = \sqrt{4mD}$, dem *aperiodischen Grenzfall*, geht der *Schwingfall* $k < \sqrt{4mD}$ in den *Kriechfall* $k > \sqrt{4mD}$ über.

Auch der Taktgeber einer Uhr — Pendel, Unruhe oder Schwingquarz — würde schließlich zu schwingen aufhören, wenn man ihm nicht Energie aus einem fremden Reservoir — gehobene Gewichte, aufgezogene Feder, Batterie — zuführte (Abb. 6.3). Das geschieht, indem man den Schwinger immer im richtigen Augenblick anstößt, also mit der Eigenfrequenz des Schwingers selbst, in *Resonanz* mit ihm und phasenrichtig. Der Schwinger ruft die Energiezufuhr selbst ab, in der mechanischen Uhr durch Anker und Steigrad, eine der vielen Erfindungen von *Christiaan Huygens*, in der Quarzuhr auf elektrische Weise.

Hier richtet sich also die anstoßende Kraft in ihrer Frequenz nach dem Schwinger. Wenn sie das nicht tut, sondern irgendeine Frequenz hat, muß sich der Schwinger nach ihr richten und schwingt mit der Frequenz der äußeren Kraft. So kommen wir zur *erzwungenen Schwingung*.

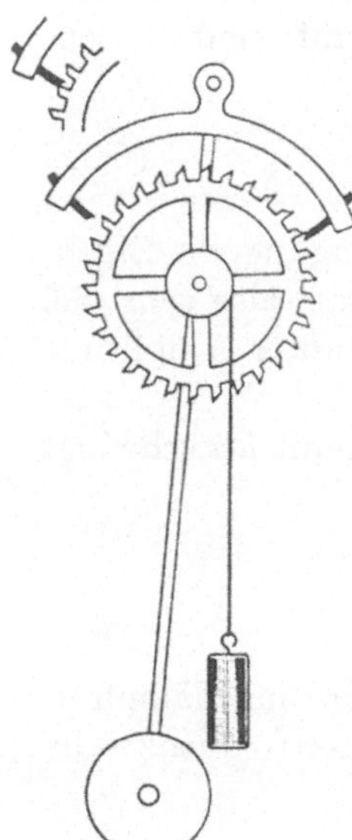

Abb. 6.3. Selbststeuerung des Pendels einer Penduluhr über Steigrad und Anker. Das sich im Uhrzeigersinn drehende Steigrad drückt mit seinem Zahn auf die Klaue des Ankers und beschleunigt das Pendel nach rechts. In der entgegengesetzten Phase wird durch den Druck des Steigrades auf die linke Ankerklaue das Pendel nach links beschleunigt

Wir wollen also das Teilchen periodisch anstoßen, am einfachsten mit einer Kraft, die zeitlich sinusförmig wechselt

$$F = F_0 \sin \omega t \quad . \tag{6.9}$$

Diese Kraft wird aufgewendet, um das Teilchen zu beschleunigen ($m\ddot{x}$), um die Reibung zu überwinden ($k\dot{x}$), und schließlich gegen die Rückstellkraft (Dx) :

$$F = F_0 \sin \omega t = m\ddot{x} + k\dot{x} + Dx \quad . \tag{6.10}$$

Nachdem das Teilchen eine Weile scheinbar regellos hin und her gezappelt hat (Einschwingvorgang), wird seine Amplitude schließlich konstant, und es schwingt genau mit der Frequenz der anregenden Kraft, allerdings zeitlich verschoben, also mit einer anderen Phase:

$$x = x_0 \sin(\omega t + \varphi) \quad . \tag{6.11}$$

Daraus könnten wir $\dot{x}$ und $\ddot{x}$ berechnen und alles in (6.10) einsetzen, $\sin(\omega t + \varphi)$ und $\cos(\omega t + \varphi)$ nach den Additionstheoremen aufspalten, die $\sin \omega t$- und $\cos \omega t$-Glieder sortieren und die Koeffizienten bestimmen. Wir machen es anschaulicher: Wir zeichnen die Kurven $x(t)$, $\dot{x}(t)$ und $\ddot{x}(t)$ mit zunächst willkürlichem φ, am einfachsten mit $\varphi = 0$ (Abb. 6.4). Die Phasenverschiebung wird damit auf F abgewälzt, und wir werden sie gleich bestimmen, indem wir nun die drei Kurven, multipliziert mit D, k bzw. m, gemäß (6.10) graphisch addieren. Dann muß ja F herauskommen. Die Kurven Dx und $m\ddot{x}$ sind offenbar gegenläufig, denn die zweite Ableitung von $\sin \beta$ ist $-\sin \beta$. Beim Ableiten tritt aber ω^2 davor. Von den drei Kurven überwiegt also jeweils eine, je nachdem wie groß ω ist (Abb. 6.5).

$\omega \ll \sqrt{D/m}$: Es überwiegt der Anteil Dx (er ist viel größer als $m\ddot{x}$) und gleicht fast allein die erregende Kraft aus: Auslenkung und Kraft sind phasengleich:

$$x_0 = \frac{F_0}{D} \quad , \qquad \varphi = 0 \quad . \tag{6.12}$$

$\sqrt{D/m} = \omega_0$ ist die Frequenz der freien, ungedämpften Schwingung, die Eigenfrequenz des schwingenden Systems. Wenn die erregende Kraft also sehr viel langsamer schwingt, zerrt sie das Teilchen einfach mit konstanter Amplitude hin und her.

$\omega \gg \sqrt{D/m}$: Es überwiegt der Anteil $m\ddot{x}$, der gegenphasig mit Dx schwingt und die erregende Kraft fast allein kompensiert:

$$m\omega^2 x_0 = -F_0 \Rightarrow x_0 = -\frac{F_0}{m\omega^2} \quad , \qquad \varphi = \pi \quad .$$

Wenn die Erregerfrequenz groß gegen die Frequenz der freien, ungedämpften Schwingung ist, nimmt die Amplitude mit wachsender Erregerfrequenz sehr schnell ab.

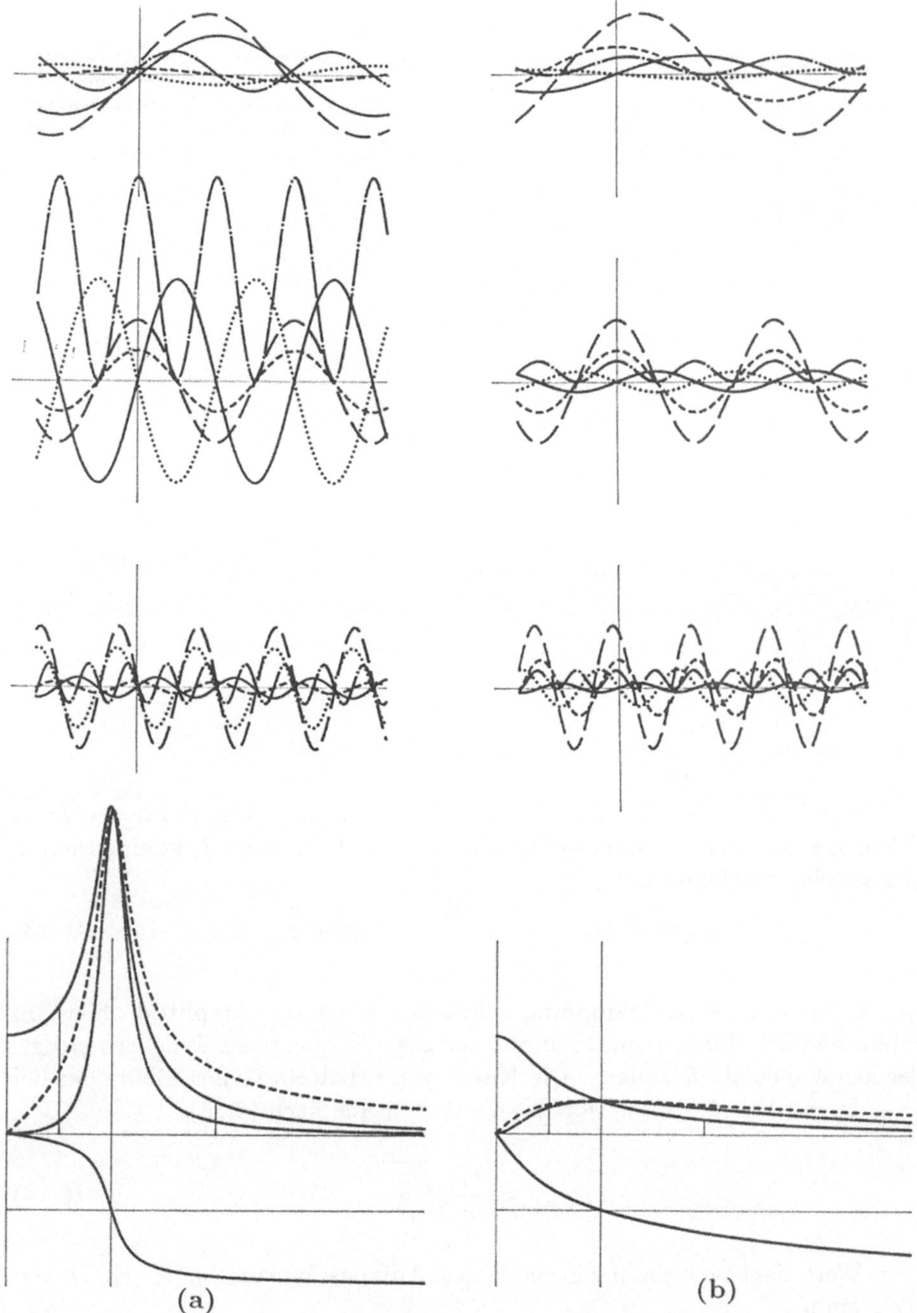

Abb. 6.4a,b. Auslenkung —, Geschwindigkeit - - -, Beschleunigung ......, Kraft — — und Leistung — • — bei der schwach (a) bzw. stark (b) gedämpften erzwungenen Schwingung

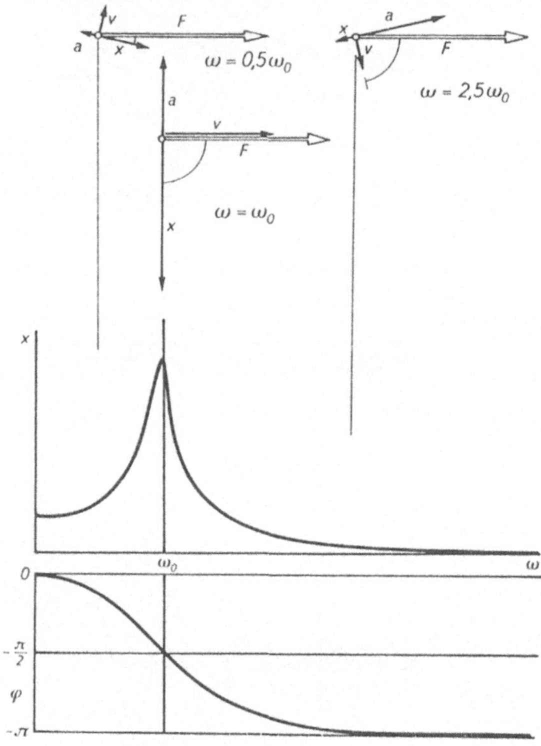

Abb. 6.5. *Oben*: Zeigerdiagramme für erregende Kraft, Auslenkung, Geschwindigkeit, Beschleunigung bei drei verschiedenen Frequenzen. *Unten*: Resultierende Frequenzabhängigkeiten von Amplitude und Phase

$\omega \approx \sqrt{D/m}$: Dieser Übergangsfall ist am interessantesten. Bei $\omega = \sqrt{D/m}$ gleichen Dx und $m\ddot{x}$ einander genau aus. Nur noch $k\dot{x}$ kann F kompensieren, und $\dot{x}$ ist eine cos-Funktion:

$$k\omega x_0 = F_0 \;\Rightarrow\; x_0 = \frac{F_0}{k\omega} \;, \qquad \varphi = \frac{\pi}{2} \; . \tag{6.13}$$

Wenn k klein, also die Dämpfung schwach ist, ist die Amplitude hier am größten, nämlich dann, wenn man mit der Eigenfrequenz des Teilchens erregt. Jeder kennt dies als *Resonanz*. Die Kurve $x_0(\omega)$ hat ein steiles Maximum bei $\omega \approx \sqrt{D/m}$ (Abb. 6.6, 6.7). Dort ist die Amplitude nach (6.13)

$$x_{0\,\mathrm{max}} \approx \frac{F_0}{k}\sqrt{\frac{m}{D}} \; . \tag{6.14}$$

Dieser Wert liegt nur dann oberhalb des Anfangsplateaus $x_0 = F_0/D$ von (6.12), wenn

$$k < \sqrt{mD} \; . \tag{6.15}$$

Nur unter dieser Bedingung gibt es ein Resonanzmaximum. Andernfalls fällt die Kurve $x_0(\omega)$ ständig ab. Gleichung (6.15) ist bis auf den Faktor 2 das Gegenteil von (6.6): Wenn das Teilchen so schwach gedämpft ist, daß es zu einer freien

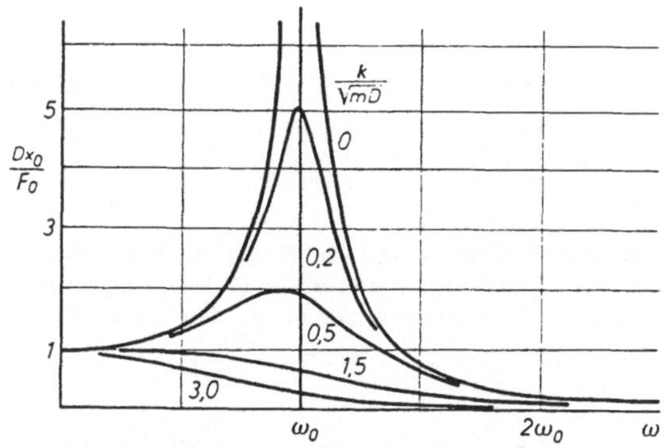

Abb. 6.6. Amplitude einer erzwungenen Schwingung als Funktion der Frequenz der erregenden Kraft für verschiedene Werte der relativen Dämpfung $k/\sqrt{mD}$

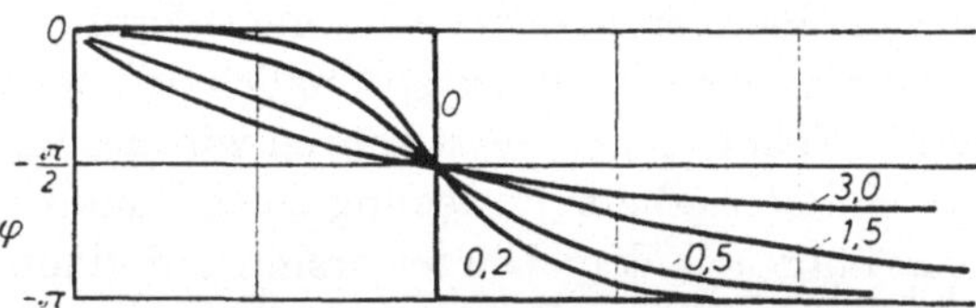

Abb. 6.7. Phasenverschiebung einer erzwungenen Schwingung gegen die erregende Kraft als Funktion von deren Frequenz bei verschiedenen Werten der relativen Dämpfung $k/\sqrt{mD}$

Schwingung kommt, hat die erzwungene Schwingung ein Resonanzmaximum, bei stärkerer Dämpfung, die zum Kriechfall führt, gibt es kein Resonanzmaximum.

6.2 Überlagerung von Schwingungen

Eine reine Sinusschwingung ist eine mathematische Abstraktion. In der Natur vollführt ein Teilchen meist mehrere solche Schwingungen gleichzeitig, die sich zu einem komplizierteren Schwingungsbild überlagern. Die Teilschwingungen können sich unterscheiden in ihrer Amplitude, Phase, Frequenz, Schwingungsrichtung oder in mehreren dieser Größen gleichzeitig. Aus jedem dieser Fälle können wir Wichtiges lernen.

6.2.1 Schwingungen gleicher Frequenz und Schwingungsrichtung

Ein Beispiel hierfür haben wir schon diskutiert, als wir die drei Teilschwingungen Dx, $k\dot{x}$ und $m\ddot{x}$ zur erregenden Kraft der erzwungenen Schwingung zusammensetzten. Für die Analyse von Wechselstromschaltungen ist diese Aufgabe typisch. Für jedes Bauelement haben Strom und Spannung eine andere Amplitude und meist auch eine andere Phase; die Teilschwingungen überlagern sich zum Gesamtstrom oder zur Gesamtspannung. Wir betrachten z.B. eine Spule, die hinter einen ohmschen Widerstand geschaltet ist. Durch beide Elemente fließt der gleiche Strom I. Am Widerstand fällt demnach die Spannung

$U_R = IR$ ab, sie ist phasengleich mit dem Strom. An der Spule muß nach (5.73) die Spannung $U_L = L\dot{I}$ liegen, die dem Strom um eine Viertelperiode (um die Phasendifferenz $\frac{\pi}{2}$) vorauseilt. Man kann die beiden Sinuskurven für diese Teilströme aufzeichnen und graphisch addieren.

6.1 Addieren Sie graphisch die Teilspannungen an Widerstand und Spule, die hintereinander liegen. Sind Sie sicher, daß wieder eine Sinuskurve herauskommt? Wenn ja, welche Amplitude und Phase hat sie? Wie würden Sie verfahren, wenn Sie den Strom durch ein Radio analysieren sollten?

Viel eleganter und die einzige Möglichkeit, mit komplizierteren Schaltungen fertigzuwerden, ist aber die Methode der *Zeigerdiagramme*. Sie nutzt die Tatsache aus, daß eine Sinusfunktion nur eine Komponente einer gleichförmigen Kreisbewegung ist. So hatten wir ja die Sinusschwingung ursprünglich definiert, nämlich als von der Seite betrachtete Kreisbewegung. Jetzt kehren wir dies um und ergänzen die Schwingung $x = x_0 \sin(\omega t + \varphi)$ zur Bewegung eines Punktes, der mit der Winkelgeschwindigkeit ω entgegen dem Uhrzeigersinn auf einem Kreis mit dem Radius x_0 umläuft. Man kann diesen Punkt auch als Endpunkt eines "Zeigers" auffassen, der natürlich im Ursprung beginnt. Zur Zeit $t = 0$ soll dieser Zeiger mit der Horizontalen den Winkel φ bilden. Dann hat seine Vertikalkomponente genau den gewünschten Verlauf $x = x_0 \sin(\omega t + \varphi)$. Die ganze Sinuskurve ist damit eindeutig dargestellt durch einen einzigen Punkt, die Momentaufnahme der Kreisbewegung im Zeitpunkt $t = 0$. Zusätzlich muß die Kreisfrequenz angegeben werden.

Im Beispiel – Spule hinter Widerstand – haben wir zwei solche Punkte, die die Teilspannungen darstellen. Wenn wir willkürlich $\varphi = 0$ setzen, also von einem Strom $I = I_0 \sin \omega t$ ausgehen, liegt der U_R-Punkt (ebenso wie der I-Punkt) genau *rechts* vom Ursprung, und zwar um U_0/R von ihm entfernt (Ab. 6.8). Der I_L-Punkt liegt um $U_0/\omega L$ nach *unten*, denn U als Ableitung von

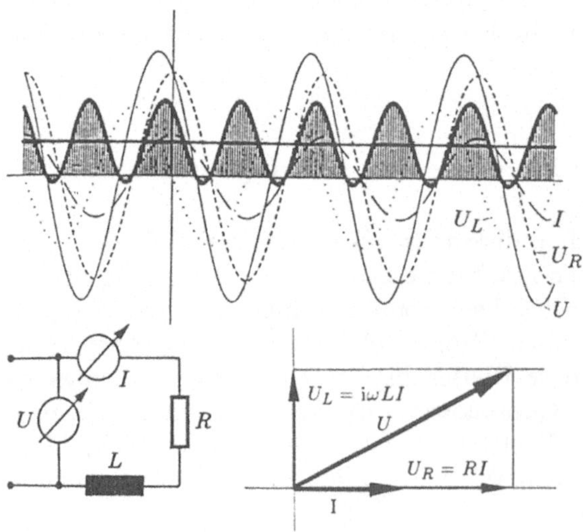

Abb. 6.8. Je komplizierter die Schaltung wird, desto offensichtlicher wird der Vorteil des Zeigerdiagrammes, das hier so angelegt ist, daß der I-Zeiger nach rechts zeigt. Dies ist für die Serienschaltung am einfachsten, weil der Strom durch alle Bauteile derselbe ist. U ergibt sich dann von selbst durch Addition

I_L durchläuft ja aufsteigend den Wert 0, wenn I_L sein Minimum hat, nämlich bei $t = 0$. Jetzt ist es ganz einfach, die beiden Teilspannungen zu addieren: Man addiert die Zeiger wie Vektoren nach der Parallelogramm-Regel. Das gibt auch dann den richtigen Verlauf, wenn die Phasenverschiebung zwischen den beiden Spannungen nicht $\frac{\pi}{2}$ ist wie im Beispiel, sondern irgendeinen Wert hat.

6.2   Weisen Sie für beliebige Phasenverschiebung nach, daß die Zeigeraddition zu jeder Zeit die richtige Gesamtspannung liefert.

Das heißt: Zwei oder mehrere Sinusschwingungen gleicher Frequenz, aber beliebiger Phase und Amplitude, ergeben überlagert immer wieder eine Sinusschwingung der gleichen Frequenz. Die Amplitude dieser Gesamtschwingung folgt bei $\varphi = \frac{\pi}{2}$ einfach aus dem Satz des *Pythagoras*, im Beispiel

$$U_{\text{ges}} = \sqrt{U_R^2 + U_L^2} = I\sqrt{R^2 + \omega^2 L^2} \quad ,$$

bei beliebigem φ aus dem Cosinussatz:

$$U_{\text{ges}} = \sqrt{U_1^2 + U_2^2 - 2U_1 U_2 \cos \varphi} \quad . \tag{6.16}$$

Die Phasenverschiebung δ von U_{ges} gegen U_1 folgt bei $\varphi = \frac{\pi}{2}$ aus $\tan \delta = I_2/I_1$, bei beliebigem φ aus dem Sinussatz

$$\sin \delta = \sin \varphi \frac{U_2}{U_{\text{ges}}} \quad . \tag{6.17}$$

So kann man im Prinzip jede Schaltung analysieren. Wenn zwei Elemente parallel liegen, addiert man die Ströme, die durch sie fließen; bei zwei hintereinanderliegenden Elementen addiert man die Spannungen an ihnen. So baut man schrittweise die ganze Schaltung auf, bis man z. B. weiß, welcher Strom insgesamt durch sie und durch jedes Element bei gegebener Eingangsspannung fließt.

Wechselgrößen addieren sich also nicht arithmetisch, sondern geometrisch: Wenn durch Spule und Widerstand in Parallelschaltung je 1 A fließt, dann fließen insgesamt nicht etwa wie bei Gleichstrom 2 A, sondern 1,41 A. Noch überraschender verhalten sich eine Spule und ein Kondensator in Parallelschaltung. An beiden liegt wieder die Spannung U (Zeiger nach rechts). Durch die Spule fließt der Strom $I_L = U/\omega L$ (Zeiger nach unten), durch den Kondensator der Strom $I_C = \omega C U$ (Zeiger nach oben, Abb. 6.9). Für den Gesamtstrom brauchen wir weder *Pythagoras* nach Cosinussatz zu bemühen: Er ist $I = U(1/\omega L - \omega C)$ und zeigt nach unten bzw. oben, je nach dem Vorzeichen der Klammer. Es ist also auch möglich, nämlich bei

$$\frac{1}{\omega L} = \omega C \quad \text{oder} \quad \omega = \frac{1}{\sqrt{LC}} \quad , \tag{6.18}$$

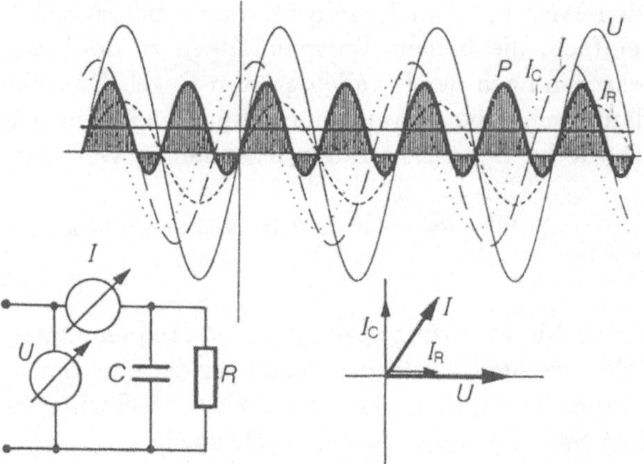

Abb. 6.9. Bei der Parallelschaltung ist es auch zeichnerisch von Vorteil, vom U-Pfeil auszuge-
hen. Der Mittelwert der Leistung (die Wirkleistung) ergibt sich dann aus einem zum I-
Diagramm parallelen Zeigerdiagramm, ebenso wie in Abb. 6.8

daß insgesamt, also aus der Spannungsquelle, gar kein Strom entnommen wird,
und trotzdem fließen durch Spule und Kondensator große Ströme. Weil diese
beiden Ströme entgegengesetzte Phasen haben, können sie nämlich im Kreis
fließen, ohne daß etwas von ihnen nach außen dringt. Die Spannung U dient
nur dazu, diesen *Schwingkreis* zum Schwingen anzuregen, was in der Resonanz,
d. h. bei (6.18) am besten geht (genau wie bei der mechanischen Schwingung,
die durch eine periodische Kraft erzwungen wurde).

6.3 Führen Sie die Analogie zwischen der elektrischen und der mechanischen Schwingung
aus: Welche Größen entsprechen einander? Sind die Gesetze von Abschnitt 6.1 ins Elektrische übertragbar? Beachten Sie: Jede Schaltung hat auch einen gewissen ohmschen
Widerstand, selbst wenn man bewußt keinen einbaut. Welchen Einfluß hat er?

Die Methode der Zeigerdiagramme ist mathematisch identisch mit der
komplexen Schwingungsrechnung, die auf der Euler-Gleichung

$$e^{ix} = \cos x + i \sin x \qquad (6.19)$$

beruht und rechnerisch manchmal noch vorteilhafter ist.

6.2.2 Schwingungen gleicher Richtung, aber verschiedener Frequenz, Amplitude und Phase

Wenn zwei Stimmen oder Instrumente nicht genau den gleichen Ton treffen,
also etwas verschiedene Frequenz erzeugen, "scheppert" es unangenehm, die
Laustärke des Gesamttons schwillt periodisch an und ab (Abb. 6.10). Diese
Schwebung kann man auf dem Oszillographenschirm aus zwei leicht gegeneinan-

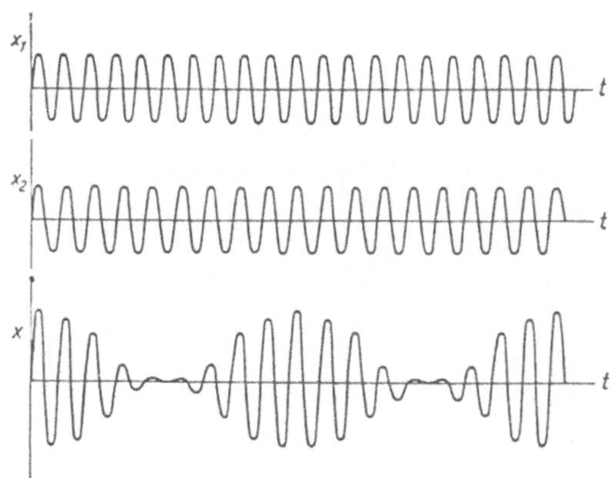

Abb. 6.10. Durch Überlagerung zweier Schwingungen mit gleicher Amplitude und geringem Frequenzunterschied entsteht eine Schwebung

der verstimmten Stimmgabeln direkt sichtbar machen. Die eine schwinge mit der Frequenz ν, die andere mit $\nu + \Delta\nu$. Es gibt Augenblicke, wo beide im gleichen Sinn schwingen und einander verstärken (Schwebungsmaximum). Aber eine gewisse Zeit danach schwingen sie entgegengesetzt und schwächen einander (Schwebungsminimum). Die Zeit t zwischen zwei Schwebungs-Maxima ist so lang, daß n Perioden der einen und $n + 1$ Perioden der anderen Schwingung hineinpassen, also

$$t\nu = n \ , \qquad t(\nu + \Delta\nu) = n + 1 \ \ .$$

Subtraktion beider Gleichungen liefert

$$\Delta\nu t = 1 \ \Rightarrow \ t = \frac{1}{\Delta\nu} \ \ . \tag{6.20}$$

Je kleiner die Verstimmung $\Delta\nu$, desto langsamer die Schwebung.

Etwas ganz Ähnliches beobachtet man, wenn man zwei Pendel gleicher Fadenlänge durch eine schwache Feder verbindet. Stößt man eins der Pendel an, dann überträgt sich seine Schwingung nach einer Zeit, die von der Stärke der *Kopplung* abhängt, auf das andere Pendel; das erste kommt ganz zur Ruhe, dann aber wird das Spiel rückläufig und wiederholt sich periodisch. Jedes der Pendel hat seine Amplitude *moduliert* durch eine Schwebung. Wenn die Federkonstante der Koppelfeder D' ist, die des Pendels selbst D, überträgt das eine Pendel, das mit v schwingt und das andere mit $F \approx D'x_0$ anschiebt, auf dieses die Leistung $P = Fv \approx D'x_0v_0 = D'\omega x_0^2$. Seine Energie $W = \frac{1}{2}Dx_0^2$ ist also nach der Zeit $W/P \approx D/D'\omega$ verbraucht. Die Schwebungs-Kreisfrequenz ist der Kehrwert davon, also ungefähr $\omega' \approx \omega D'/D$.

Genauso sieht es auch aus, wenn ein Kurz-, Mittel- oder Langwellensender die Amplitude seiner Trägerwelle moduliert. Wenn ein solcher Sender mit der Trägerfrequenz ν einen Ton der Frequenz $\Delta\nu$ sendet, schwillt die Amplitude der Schwingung in der Antenne mit $\Delta\nu$ an und ab. Das zu übertragende Signal bildet die Einhüllende der viel schnelleren Schwingungen dieser Trägerwelle. Beim UKW-Sender dagegen wird das Signal der Wellenphase aufgeprägt (Frequenz- oder Phasenmodulation).

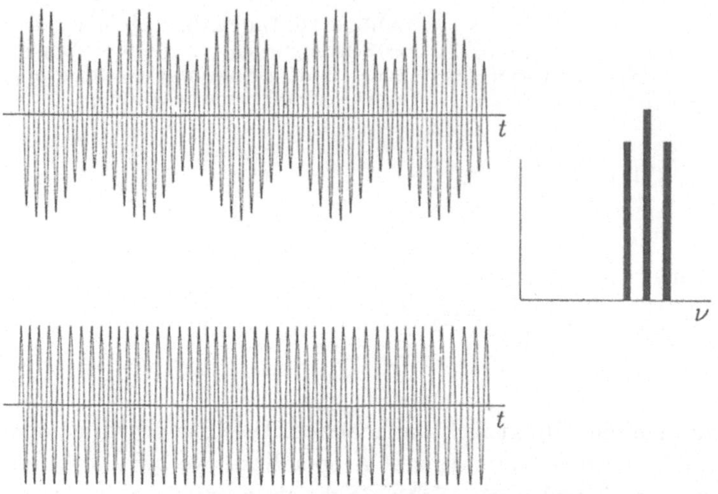

Abb. 6.11. *Oben*: Trägerwelle mit der Frequenz ν, amplitudenmoduliert mit einem Sinuston der Frequenz $\nu/10$. Darunter dasselbe Signal frequenzmoduliert (phasenmoduliert). *Rechts* das Spektrum beider Vorgänge

Im Mittelwellensender München (Trägerfrequenz 801 kHz) singe ein Sopran ein hohes C von 1046 Hz. Die ausgesandte Welle sieht genauso aus, als ob sich zwei gleichstarke Schwingungen von 802 und von 800 kHz mit der 801 kHz-Welle in einer Schwebung überlagerten. Von der Sendefrequenz spalten sich zwei benachbarte Frequenzen ab (Abb. 6.11). So ist es immer, sowie ein Sender irgendein Signal sendet: Er sendet nicht mehr nur z. B. bei 801 kHz, sondern in einem Frequenzband, dessen Breite der doppelten Signalfrequenz entspricht. Um das Timbre der Sopranistin zu genießen, braucht man nun nicht nur die Grundschwingung von z. B. 1000 Hz, die sie singt, sondern alle Obertöne, die das Ohr noch wahrnimmt, bis etwa 16 kHz hinauf. Deswegen verlangt der Hifi-Empfang ja ein Frequenzband, das mindestens bis dort reicht. Genau so breit wird auch das Frequenzband, das der Sender abstrahlt. Deswegen stören sich benachbarte Sender: Jeder würde etwa eine Bandbreite von 2 mal 20 kHz im Frequenzspektrum für sich brauchen.

Ein Geiger oder Gitarrist zupfe seine Saite in der Mitte an. Die Schwingung, die sie ausführt, sieht auch als Funktion der Zeit genauso aus wie die Anfangsform der Saite: Eine Folge von Dreiecken, abwechselnd oberhalb und unterhalb der t-Achse (Abb. 6.12), aber keineswegs ein Sinus, also eigentlich kein Ton, sondern ein Klang. Jede *periodische* Schwingung ist ein Klang. Welche Frequenz hat er? Nicht nur die Grundfrequenz, mit der die Saite schwingt, sondern auch viele Obertöne werden angeregt – auf ihnen beruht der musikalische Charakter des Tones, seine Klangfarbe. Man kann nämlich die periodische Dreieckskurve, wie *jeden periodischen Vorgang* beliebiger Form, in eine Folge von Sinuskurven zerlegen (Abb. 6.13, 14), wie *Jean Baptiste Fourier* zeigte: Man kann sie zerlegen in die Grundschwingungen der Frequenz und in Oberschwingungen

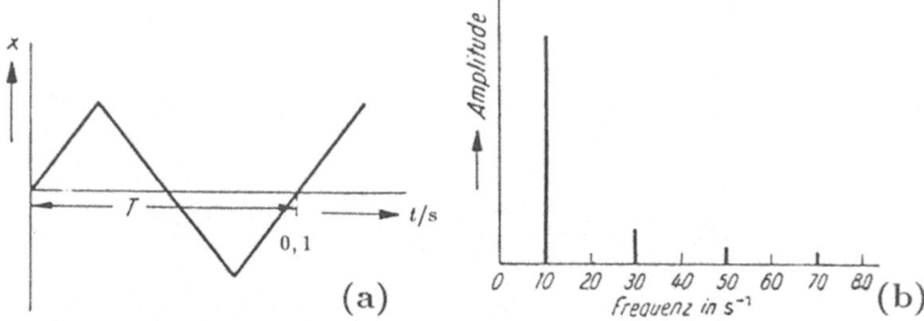

Abb. 6.12. (a) Periodische Dreieckskurve. (b) Spektrum der periodischen Dreieckskurve (a) mit $\nu = 10\,\mathrm{s}^{-1}$. [Die Amplituden sind auf 3/10 zu verkleinern, damit die Zusammensetzung der Teilschwingungen die Amplitude von (b) ergibt.]

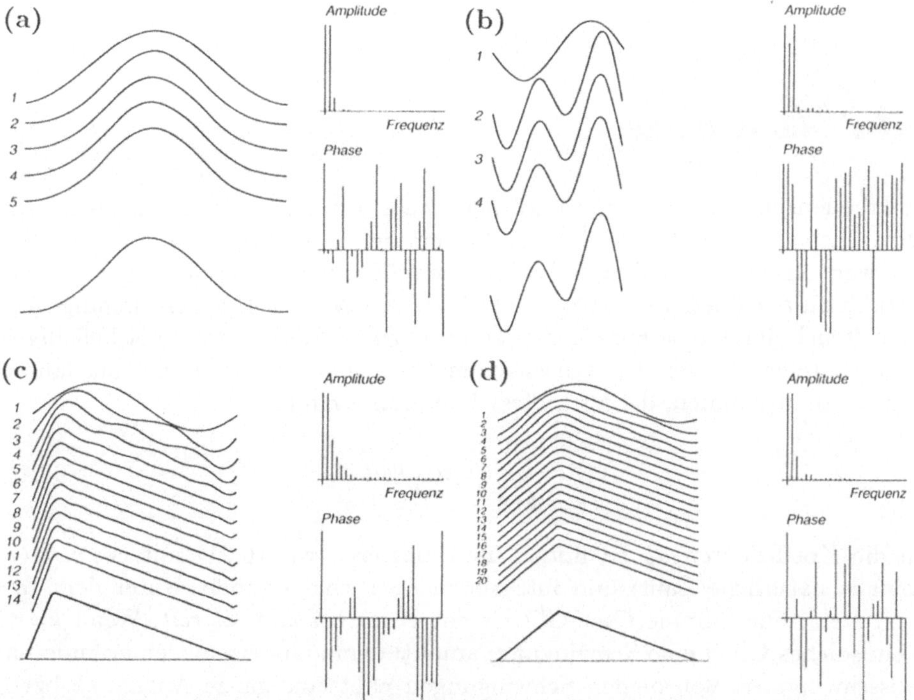

Abb. 6.13a–d. Fourier-Analyse verschiedener Vorgänge. Unten links der Original-Vorgang, darüber die Partialsummen seiner Fourier-Reihe (z.B. *3*: Summe der drei ersten Fourier-Komponenten). Rechts das Amplituden- und das Phasenspektrum. (a) Bewegung des Kolbens, der durch eine Pleuelstange mit der gleichförmig rotierenden Kurbelwelle verbunden ist. Wundern Sie sich nicht, wenn Ihr Auto bei einer gewissen Geschwindigkeit "scheppert" und bei der doppelten nochmal. (b) Jahreszeitliche Änderung der "Zeitgleichung", d.h. der Differenz zwischen Sonnenzeit und Uhrzeit. Man erkennt eine jährliche und eine (etwas größere) halbjährliche Schwankung. Überlegen Sie, woher beide kommen. (c, d) Der Rahmen eines Klaviers ist so gebaut, daß alle Saiten auf 1:9 ihrer Länge vom Hammer angeschlagen werden. Im erzeugten Ton sind alle Obertöne bis zum 8. in abnehmender Stärke drin, der 9., die stark dissonante große Sekund(9:8) ist unterdrückt

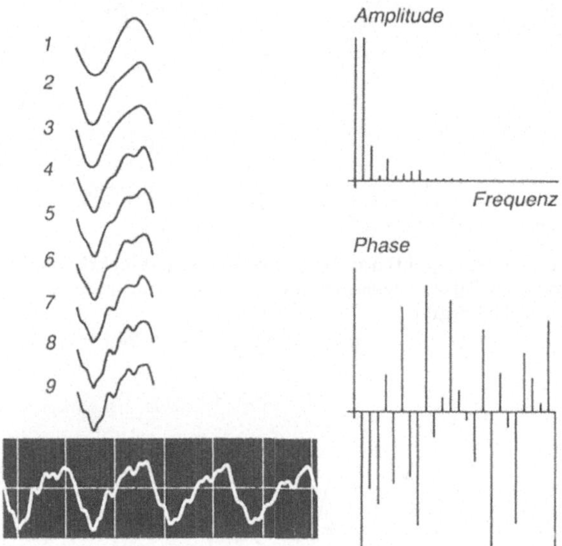

Abb. 6.14. Oszillogramm eines Violintones mit seiner Obertonentwicklung

der Frequenzen $k\nu$, wo k jede natürliche Zahl sein kann. *Fouriers* Trick, um dies nachzuweisen und auch die Amplituden der Teilschwingungen zu bestimmen, war folgender (wir führen ihn für einen Schwingungsverlauf aus, der symmetrisch zu $t = 0$ ist, wie die gezupfte Saite zur Mitte): Der Schwingungsverlauf läßt sich durch eine Funktion $f(t)$ mit der Periode T, aber sonst beliebiger Form darstellen. Wegen der Achsensymmetrie um $t = 0$ setzt er sich aus lauter cos-Kurven zusammen, die auch diese Symmetrie haben:

$$f(t) = \sum_{k=0}^{\infty} a_k \cos k\omega t \quad . \tag{6.21}$$

Um die Koeffizienten a_k zu finden, multiplizieren wir (6.21) mit $\cos r\omega t$ (r ebenfalls natürliche Zahl) und integrieren über eine Periode. Unter dem Integral steht eine Summe über Glieder der Form $\cos k\omega t \cos r\omega t$. Wenn $k \neq r$, ist ein solches Glied eine Schwingung, amplitudenmoduliert mit einer anderen Sinusschwingung. Von beiden Schwingungen paßt eine ganze Anzahl (k bzw. r) ins Integrationsintervall. Die Kurve hat gleiche Fläche über wie unter der t-Achse: Das Integral ist 0. Einzige Ausnahme ist der Fall $k = r$, denn $\cos^2 k\omega t$ liegt ganz oberhalb der t-Achse, der Mittelwert ist gleich der halben Amplitude. Damit bleibt von dem ganzen Integral nur

$$\int_0^{2\pi/\omega} f(t) \cos r\omega t \, dt = \frac{\pi}{\omega} a_r \quad ,$$

womit wir jede beliebige Teilamplitude angeben können, denn das Integral können wir ausrechnen:

$$a_r = \frac{\omega}{\pi} \int_0^{2\pi/\omega} f(t) \cos r\omega t \, dt \quad . \tag{6.22}$$

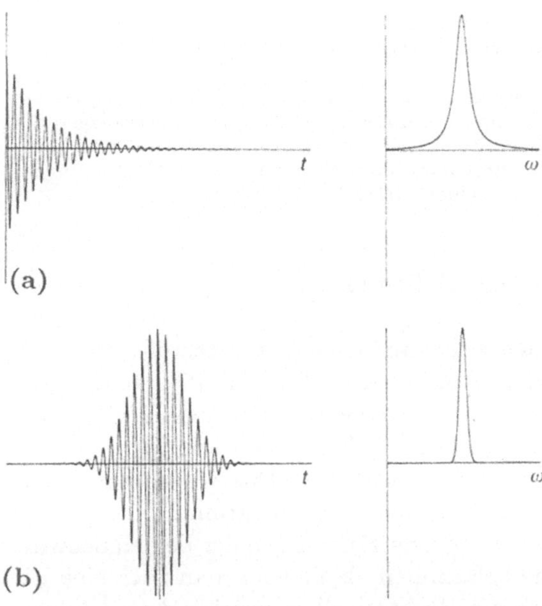

Abb. 6.15. (a) Eine exponentiell gedämpfte Schwingung oder Welle hat als Fourier-Spektrum ein Band, dessen Breite der Dämpfungskonstante entspricht. (b) Eine durch eine Gauß-Kurve modulierte Sinusschwingung hat ebenfalls eine Gauß-Kurve als Frequenzspektrum. Die Breiten beider Kurven gehorchen der Unschärferelation $\Delta t \cdot \Delta \nu \approx 1$, ebenso wie in Abb. 6.15a, 6.16a,b

Die Fourier-Analyse bietet beachtliche Vorteile. Da man jede Schwingung in eine Summe von Sinusschwingungen zerlegen kann, genügt es, das vorliegende Problem für eine einzelne Sinusschwingung zu lösen. Und das ist oft viel einfacher (Abb. 6.15, 16).

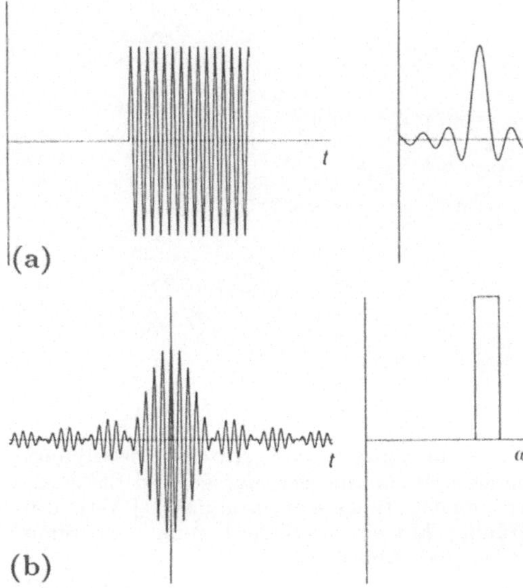

Abb. 6.16. (a) Das Frequenzspektrum einer Sinusschwingung, die nur eine Zeit t lang anhält, sieht aus wie das Beugungsbild eines Spaltes. (b) Welche Schwingung hat ein rechteckiges Frequenzspektrum? Sie sieht aus wie das Beugungsbild eines Spaltes

6.4 *Geben Sie die Amplituden der Teilschwingungen für die periodische Dreieckskurve
an. Welche Obertöne hat also die in der Mitte gezupfte Saite, welche fehlen?

6.5 Der schönste Fourier-Analysator außer dem Ohr ist ein Klavier. Halten Sie irgendeine
Taste niedergedrückt, so daß der Dämpfer-Hammer angehoben ist, und schlagen Sie
einen anderen Ton ganz kurz und kräftig an. Wenn der Ton, der der ersten Taste
entspricht, im zweiten enthalten ist, hört man ihn mehr oder weniger deutlich nach-
schwingen. Viel Spaß! Es geht auch mit einer Gitarre!

6.2.3 Schwingungen verschiedener Richtung

Wenn man ein Pendel gleichzeitig nach rechts und nach hinten anstößt, schwingt
es schräg nach rechts-hinten, bei gleichstarken Anstößen um 45°, sonst unter
einem anderen Winkel. Stößt man zu verschiedenen Zeiten an, schwingt das
Pendel auf einer Ellipse, speziell auf einem Kreis bei einer Viertelperiode Unterschied zwischen den beiden gleichstarken Anstößen. Das wissen wir schon
aus der Definition der Schwingung oder aus dem Zeigerdiagramm.

Interessant wird das Bild bei verschiedenen Frequenzen der beiden Schwingungen. Liegen die Frequenzen nahe beisammen, dann sieht man auch eine Ellipse, aber sie dreht sich, so daß sie ein Rechteck überstreicht, dessen Seiten
den Teilamplituden entsprechen. Man glaubt einen Teller oder ein "Frisbee"
beim torkelnden Flug zu sehen. Bei größerem Frequenzunterschied ergeben sich
hübsche Figuren: S, 8, α, Krönchen und viele andere. Alle diese Figuren heißen
Lissajous-Schleifen (Abb. 6.17).

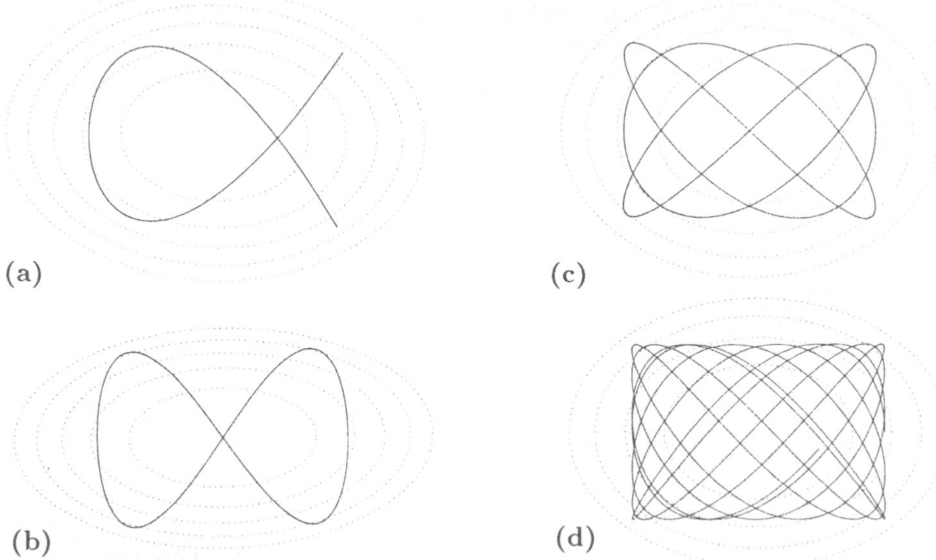

(a)

(b)

(c)

(d)

Abb. 6.17a–d. In einer elliptischen Mulde (Höhenlinien punktiert) beschreibt eine reibungs-
freie Kugel eine Lissajous-Schleife. Bei rationalem Verhältnis der Achsen und damit der
Frequenzen schließt sich diese Schleife. Bei irrationalem (oder sehr "krummem") Verhältnis
überstreicht sie schließlich ein Rechteck vollständig. Mit einem Oszilloskop und zwei Sinusgeneratoren kann man das sehr einfach darstellen (vgl. Abb. 6.38)

6.6 Spielen Sie mal mit einem Oszillographen, sobald Sie seiner habhaft werden! Wie kann man auf ihm Sinuskurven, Schwebungen, Lissajous-Figuren erzeugen? Nehmen Sie eine Schüssel, einen Aschenbecher o. ä. von länglicher Form und lassen eine kleine Kugel darin laufen. Was beobachten Sie?

6.3 Wellenausbreitung

Auf ein straff gespanntes, sehr langes Seil klopfen wir kurz und kräftig und erzeugen momentan eine Auslenkung etwa wie in Abb. 6.18. Diese Auslenkung bildet sich nicht einfach zurück, sondern läuft nach beiden Seiten davon, ohne ihre Form zu ändern. Wir haben eine Welle erzeugt. Wellen können jedes beliebige Profil haben; die Sinuskurve ist nur ein für viele Zwecke einfacher Spezialfall. Die Auslenkung des Seiles aus der Ruhelage können wir durch eine Funktion $y(x)$ beschreiben. Das gilt nur für eine bestimmte Zeit, denn offenbar hängt y auch von der Zeit ab: $y = y(x,t)$. Wenn − wie beim Seil − das Profil mit konstanter Geschwindigkeit v nach rechts läuft, befindet sich dieselbe Auslenkung, die zur Zeit $t = 0$ an der Stelle $x = 0$ war, nämlich die Auslenkung $y(0)$, zur Zeit t an der Stelle $x = vt$. Sie muß aber immer noch den Wert $y(0)$ haben; obwohl wir jetzt bei $x>0$ sind. Wir müssen also vt vom Argument x abziehen: Die Funktion

$$y(x,t) = y(x - vt) \tag{6.23}$$

beschreibt eine mit unverändertem Profil nach rechts laufende Welle, analog beschreibt $y(x + vt)$ eine nach links laufende Welle. Prüfen Sie das selbst nach: Was in der Klammer steht (das Argument der Funktion y), nennen wir u. Die Funktion $y(u)$ bleibt immer dieselbe; das Wellenprofil läuft aber mit der Zeit z. B. nach rechts davon. Also muß u von x und t abhängen. Wie? Bei $u = \frac{1}{2}$ z. B. herrscht die Auslenkung $y(\frac{1}{2})$. Wenn es stimmt, daß $u = \frac{1}{2} = x - vt$ ist,

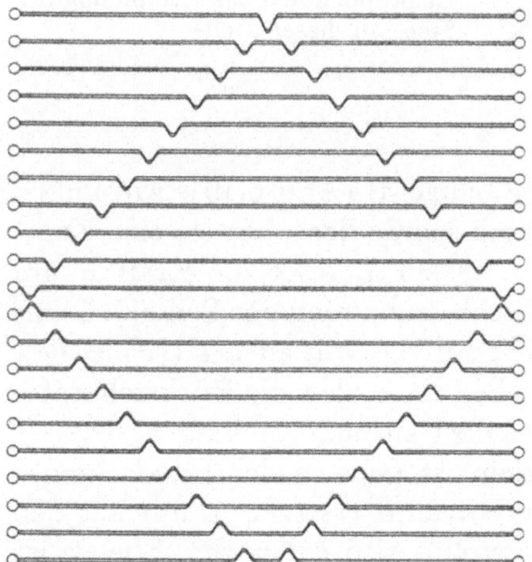

Abb. 6.18. Eine Auslenkung beliebiger Form (nicht nur ein Sinus!) läuft auf einem Seil oder einer Saite ohne Formänderung nach beiden Seiten, falls Reibung keine Rolle spielt

bedeutet das $x = vt + \frac{1}{2}$. Das heißt: Die Stelle x, wo die Auslenkung $y(\frac{1}{2})$ herrscht, verschiebt sich mit der Geschwindigkeit v nach rechts; bei $t = 0$ lag sie bei $x = \frac{1}{2}$.

Abbildung 6.18 zeigt Momentaufnahmen des Seiles zu verschiedenen Zeiten, eine Art Film. Man kann auch die Auslenkung an einer bestimmten Stelle x als Funktion der Zeit aufzeichnen. Wie sieht diese Funktion aus? y kann jede beliebige Funktion sein, speziell auch eine Sinusfunktion $y = y_0 \sin(x, t)$. Man kann aber jetzt nicht einfach $y = y_0 \sin(x - vt)$ schreiben, denn unter dem Sinus darf nur eine dimensionslose Größe stehen. Wir schreiben also:

$$y = y_0 \sin k(x - vt) \quad . \tag{6.24}$$

6.7 Erschließen Sie aus der Bedingung $y(0, t) = y(\lambda, t)$ bzw. $y(x, 0) = y(x, -T)$ die Bedeutung von k bzw. kv. Was bedeuten die obigen Bedingungen in Worten?

Man kann also statt (6.24) auch schreiben

$$y = y_0 \sin(kx - \omega t) = y_0 \sin\left(2\pi\frac{x}{\lambda} - 2\pi\frac{t}{T}\right) \quad . \tag{6.24'}$$

Was hinter dem Sinus steht, ist die *Phase* der Welle.

Wie kommt es zu dieser Welle? Wer zieht das Seil in die geradlinige Ruhelage zurück? Natürlich die Kräfte, die beiderseits am Seil ziehen und es spannen. Sie ziehen doch aber waagerecht? Nein, sie ziehen an jeder Stelle tangential zum Seil.

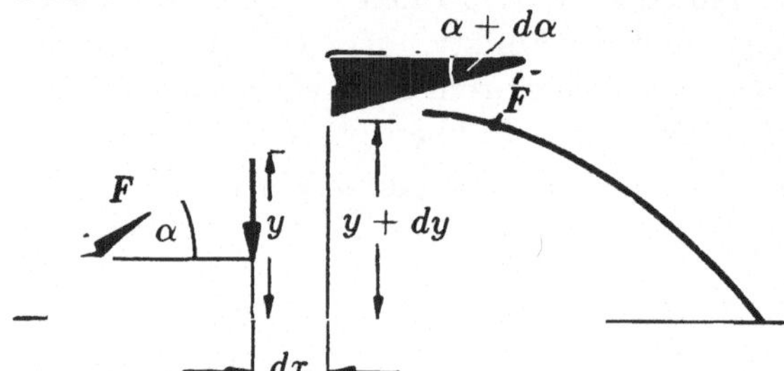

Abb. 6.19. Die Kraft, die eine Saite in die Ruhelage zurückzieht, ist proportional zur Krümmung der Saite an dieser Stelle

Wir betrachten ein kurzes Seilstück der Länge dl (Abb. 6.19). Am linken Ende zieht die Seilkraft F, und wenn das Stück schräg liegt, hat sie eine Komponente auf die Ruhelage zu, nämlich $F_\perp = F \sin \alpha$. Aber die Kraft F am anderen Ende gleicht das doch wieder aus? Nicht ganz, wenn das Seil *gekrümmt* ist. Dann ist nämlich α am anderen Ende anders und damit auch F ($|F|$ ist beiderseits gleich). Die Krümmung im gesamten Seil ist es also, die Rückstellkräfte auslöst: Jede Krümmung versucht, sich von selbst zurückzubilden.

Wenn die Auslenkung und damit α klein ist (was in der Praxis immer zutrifft), können wir $\sin \alpha$ durch α oder durch $\tan \alpha$ ersetzen. $\tan \alpha$ hat den Vorteil, daß es die Ableitung $y' = dy/dx$ darstellt. Also $F_\perp = Fy'$. Ebenso ist in diesem Fall $dl \approx dx$. Das Seilstück wird zurückgetrieben durch die Resultierende

$$F \cdot (y'(x + dx) - y'(x)) = Fy'' \, dx \quad . \tag{6.25}$$

6.8 Machen Sie sich (6.25) ganz klar! Notfalls studieren Sie nochmal den Absatz über (5.22).

Das Seilstück, an dem diese Kraft zieht, hat die Masse $dm = \varrho A \, dx$. Seine Bewegungsgleichung [vgl. (2.7)] heißt also

$$\ddot{y} \, dm = \ddot{y} \varrho A \, dx = Fy'' \, dx \quad \Rightarrow \quad \boxed{\ddot{y} = \frac{F}{\varrho A} y''} \quad . \tag{6.26}$$

Das ist die Wellengleichung von *d'Alembert*, die auch für viele andere Fälle gilt.

Wir prüfen, ob die Funktion $y(x - vt)$ diese Gleichung erfüllt: Welche Funktion herauskommt, wenn wir nach x ableiten, wissen wir nicht, denn wir wissen ja nicht, wie die Funktion y aussieht. Aber das ist sicher: Wenn wir nach t ableiten, kommt dasselbe heraus, nur noch multipliziert mit $-v$: $\dot{y} = -vy'$. Wir leiten nochmal ab: $\ddot{y} = v^2 y''$. Damit ist klar: $y(x - vt)$ erfüllt die Wellengleichung, und in unserem Fall ist

$$v = \sqrt{\frac{F}{\varrho A}} \quad . \tag{6.27}$$

Die Welle läuft um so schneller, je straffer das Seil gespannt ist (F groß) und je leichter es ist (ϱA klein). Das weiß jeder, der ein Saiteninstrument spielt, denn die Tonhöhe ist, wie wir sehen werden, proportional zu v. Unser Seil schwingt *transversal*, senkrecht zur Ausbreitungsrichtung der Welle. Teilchen in einem Gas tun das nicht, denn im Gas gibt es keine Rückstellkräfte, die einer Scherung entgegenwirken. Aus einer Kompression oder Dilatation resultieren dagegen Druckkräfte, die die mittlere Dichte wiederherzustellen suchen. In der Richtung, in der sie schieben, breitet sich auch die Welle aus: Wellen in Gasen sind *longitudinal* (Abb. 6.20). Anstelle von F/A tritt hier der Gasdruck p, und wenn das Gas beim Komprimieren isotherm bliebe, wäre die Schallgeschwindigkeit $v = \sqrt{p/\varrho}$ (Abb. 6.21). Aber Schallschwingungen sind so schnell, daß sie *adiabatisch* komprimieren. Die Drucksteigerung im Kompressionsgebiet ist um den Faktor $\gamma = (f + 2)/f$ größer, bei Luft $\frac{7}{5}$ mal (Abschnitt 4.4), und wir erhalten die Formel von *Laplace* für die Schallgeschwindigkeit

$$v = \sqrt{\gamma \frac{p}{\varrho}} \quad . \tag{6.27'}$$

6.9 Wie groß ist die Schallgeschwindigkeit in Luft, CO_2, H_2? Wie groß wäre sie ohne den Adiabatenfaktor γ? Wie hängt sie von der Dichte allein, von der Temperatur allein ab? Wie ändert sie sich mit der Höhe über dem Erdboden? Ist es Zufall, daß die Schallgeschwindigkeit so nahe an der mittleren Molekülgeschwindigkeit liegt?

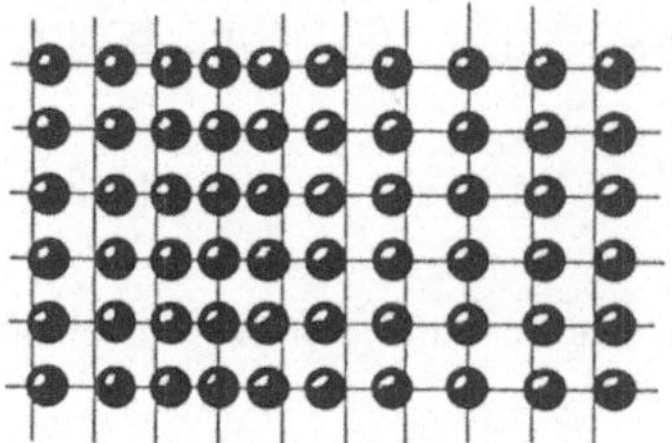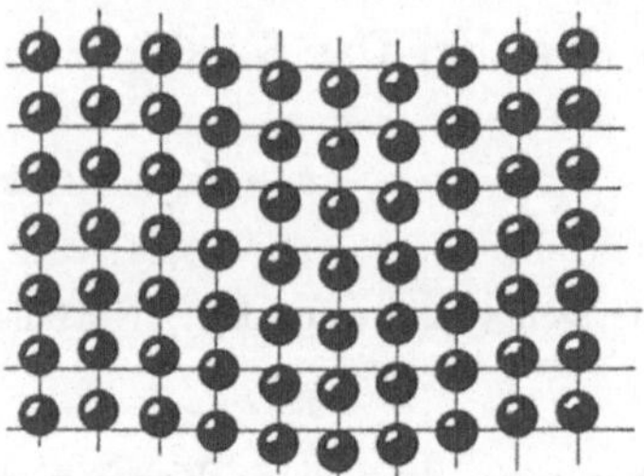

Abb. 6.20. Longitudinale und transversale Schwingung eines Kristalls. Die Auslenkungen benachbarter Teilchen unterscheiden sich um $a(\cos kx - \cos k(x + d))$. Diese Differenz bestimmt die Kräfte (man denke sich Federn zwischen Nachbarteilchen angebracht)

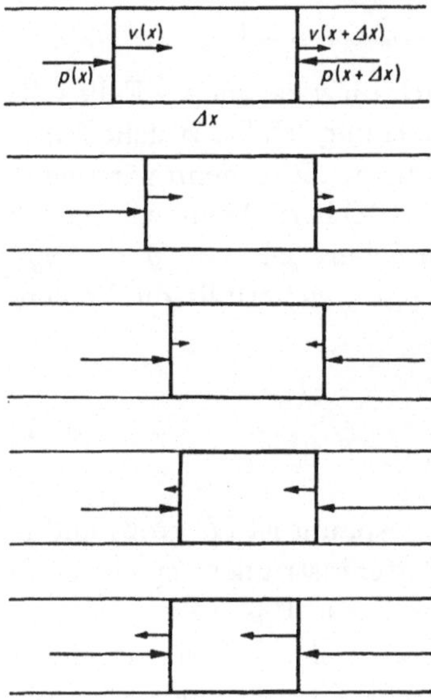

Abb. 6.21. In einer elastischen Welle ändert ein Volumenelement seine Lage und seine Größe infolge der wechselnden Druckverhältnisse an seinen Stirnflächen

In dem ausgelenkten Bereich des Seiles steckt Energie. Es mußte ja die Rückstellkraft auf einer bestimmten Strecke, der Amplitude des Buckels, überwunden werden. Diese Rückstellkraft ist selbst proportional zur Krümmung, und bei gegebener Länge des Buckels wächst die Krümmung linear mit der Amplitude. Die Energie wächst also *quadratisch* mit der Amplitude. Dies gilt für die meisten Wellen, auch für Wasserwellen, Schall und Licht.

Die Energie, die in der Welle steckt, läuft mit ihr mit der Geschwindigkeit v: Jede Welle ist eine Energieströmung. Daraus ergeben sich schon wichtige Gesetze über die Entwicklung der Wellenamplitude. Unserer Seilwelle bleibt nichts anderes übrig, als längs des Seiles zu laufen; abgesehen von Reibungsverlusten, die Energie verzehren und die Welle dämpfen, ändert sich die Amplitude weder räumlich noch zeitlich: Der Buckel läuft mit unveränderter Höhe immer weiter. Läßt man einen Stein ins Wasser fallen, dann verteilt sich die investierte Energie über immer größere Ringe. Die Wellenenergie pro Meter Ringlänge nimmt nach außen ab wie $1/r$, die Amplitude, die ja wie die Wurzel aus der Energie geht, nimmt also ab wie $1/\sqrt{r}$ (s. Aufgabe 6.10). Ein Knall sendet seine Schallenergie nach allen Seiten, verteilt sie also über Kugelflächen. Die Schall*intensität* (Wellenleistung pro Flächeneinheit) nimmt ab wie $1/r^2$, die Amplitude also wie $1/r$. Diese Abnahme beruht nur auf dem geometrischen Auseinanderlaufen der Energie und hat nichts mit Absorption, d. h. Verlust von Wellenenergie zu tun.

6.10 Ein U-Bahnhof ist durch eine ununterbrochene Reihe von Leuchtstoftröhren beleuchtet, die in der Kante zwischen Decke und Wand entlanglaufen. Nach welchen Gesetzen nehmen Intensität und Amplitude des Lichtes mit dem Abstand von dieser Kante ab? Der Bahnsteig sei doppelt so breit, wie die Wand hoch ist. Wieviel weniger Licht bekommt ein Mensch an der Bahnsteigkante auf sein Buch als einer, der an der Wand steht?

6.4 Überlagerung von Wellen (Interferenz)

Zwei Schwingungen können sich in Frequenz, Amplitude, Phase und Schwingungsrichtung unterscheiden. Dazu kommt bei den Wellen noch die Ausbreitungsrichtung, die nur bei den Longitudinalwellen mit der Schwingungsrichtung übereinstimmt, bei Transversalwellen aber senkrecht dazu liegt und auch *Polarisationsrichtung* heißt. Abgesehen davon überträgt sich der ganze Abschnitt 6.2 auf die Wellen. An einem festen Ort betrachtet, wird die Welle ja zur Schwingung, speziell wird die Sinuswelle zur Sinusschwingung.

Wenn also an einer Stelle mehrere Sinuswellen *gleicher Frequenz*, aber verschiedener Amplitude und Phase zusammentreffen, ergibt sich die Gesamtauslenkung, die dort herrscht, durch Addition der Sinuskurven oder eleganter der entsprechenden Zeiger. Wenn die zwei Wellen zunächst die gleiche Phase hatten, aber bis zum Zusammentreffen verschiedene Wege zurücklegen mußten, deren Längen sich um Δx unterscheiden, bedeutet dieser *Gangunterschied Δx* nach (6.23) eine Phasendifferenz

$$\Delta\varphi = k\Delta x = \frac{2\pi}{\lambda}\Delta x \quad . \tag{6.28}$$

Ein solcher Gangunterschied kommt z. B. zustande, wenn man eine ebene Welle auf ein Hindernis mit einer Anzahl N paralleler Spalte im Abstand d voneinander fallen läßt, auf eine Art Lattenzaun, ein *Beugungsgitter* (Abb. 6.22). Sehr weit dahinter stellen wir einen Schirm und beobachten das Wellenmuster, das sich auf ihm bildet. Jede Teilwelle, die aus einem Spalt des Gitters kommt und in Richtung α läuft (Abb. 6.22), hat gegen ihre Nachbarin den Gangunterschied $x = d \sin \alpha$. Wenn der Schirm sehr weit weg ist, macht dieser winzige Abstandsunterschied nichts für die Amplituden aus: Am Ort P überlagern sich N Teilwellen gleicher Amplitude mit einer Phasendifferenz

$$\Delta\varphi = kd \sin \alpha = \frac{2\pi}{\lambda}d \sin \alpha \tag{6.29}$$

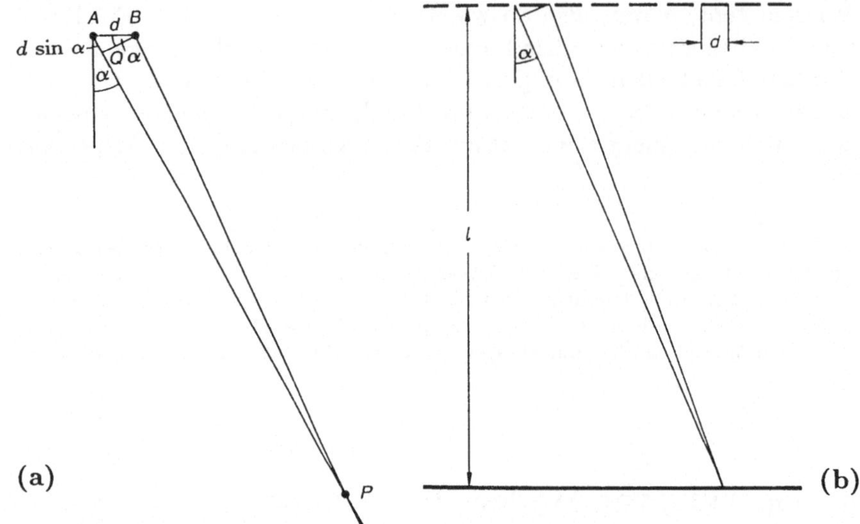

Abb. 6.22. (a) Zwei kohärente Wellen, die von A bzw. B ausgehen, haben einen Gangunterschied $g = d \sin \alpha$, wenn sie sich in der Richtung α wieder vereinigen. Bei $g = k\lambda$ herrscht Helligkeit, bei $g = (k + 1/2)\lambda$ Dunkelheit. (b) Beugungsgitter. Wenn Teilwellen aus benachbarten Spalten den Gangunterschied $(k + 1/2)\lambda$ haben, herrscht Dunkelheit – aber nicht nur dann

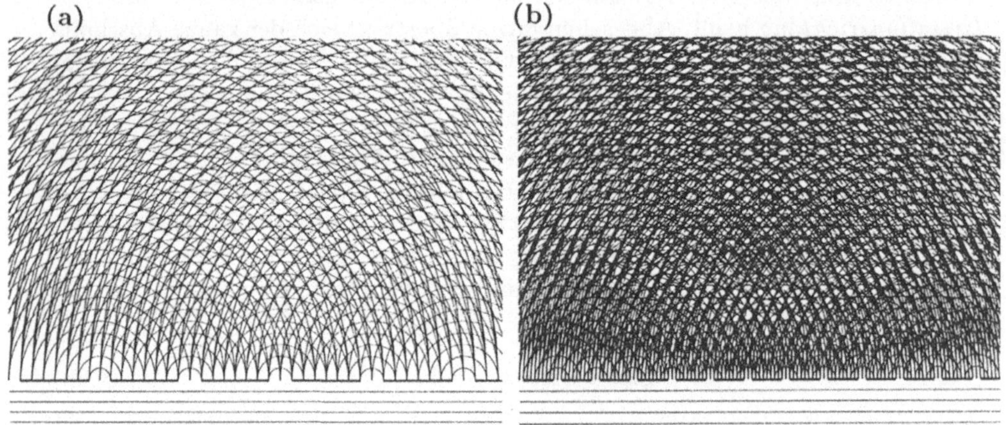

Abb. 6.23a,b. Hinter einem Schirm mit äquidistanten Löchern formieren sich die Sekundärwellen zu Beugungsmaxima (schauen Sie schräg auf das Bild und drehen Sie es, bis Sie die auslaufenden Wellenfronten sehen)

zwischen zwei benachbarten Teilwellen. Das Zeigerdiagramm besteht also aus N gleichlangen Pfeilen, jeder um $\Delta\varphi$ gegen den Vorgänger gedreht. Jetzt lassen wir den Punkt P von der Mitte an langsam auswärts wandern, lassen also α von 0 an wachsen. Bei $\alpha = 0$ liegen alle Zeiger in einer Richtung, die Gesamtamplitude ist maximal. Dasselbe gilt auch bei

$$\Delta\varphi = n2\pi \ , \quad (n = 1, 2, 3 \ldots) \ \Rightarrow \ \sin \alpha = n\frac{\lambda}{d} \ . \tag{6.30}$$

186

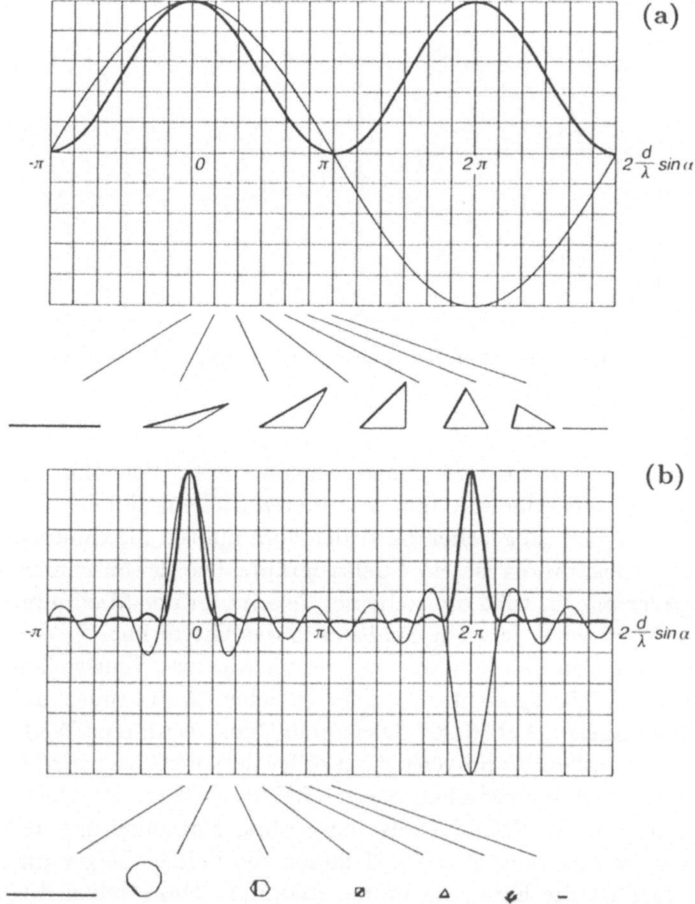

Abb. 6.24a,b. Amplituden (dünn) und Intensitäten (dick) des monochromatischen Lichtes hinter einer Reihe sehr feiner äquidistanter Spalte in Abhängigkeit von der Richtung α. Auf der Abszisse ist der Phasenunterschied $\varphi = 2\lambda^{-1} d \sin \alpha$ aufgetragen. **(a)** 2 Spalte, **(b)** 10 Spalte

An diesen Stellen entsteht das Beugungsmaximum n-ter Ordnung. Zwischen diesen Stellen können sich die Zeiger zum Polygon (Vieleck) schließen. Dann ist die Gesamtamplitude 0. Das passiert um so öfter, je mehr Spalten da sind (je größer N ist). Bei zwei Spalten passiert es nur genau in der Mitte zwischen den Maxima nach (6.30), bei N Spalten passiert es $N - 1$ mal: Je mehr Spalte das Gitter hat, desto schärfer werden die Beugungsmaxima (Abb. 6.24, 25).

6.11 Aus dem Zeigerdiagramm können Sie die Gesamtamplitude aus N Teilwellen in Abhängigkeit von der Phasendifferenz $\Delta\varphi$ oder der Richtung α rein geometrisch ablesen. Diskutieren Sie die wichtige Funktion, die Sie dabei erhalten. Wo sind die Maxima, die Nullstellen usw.?

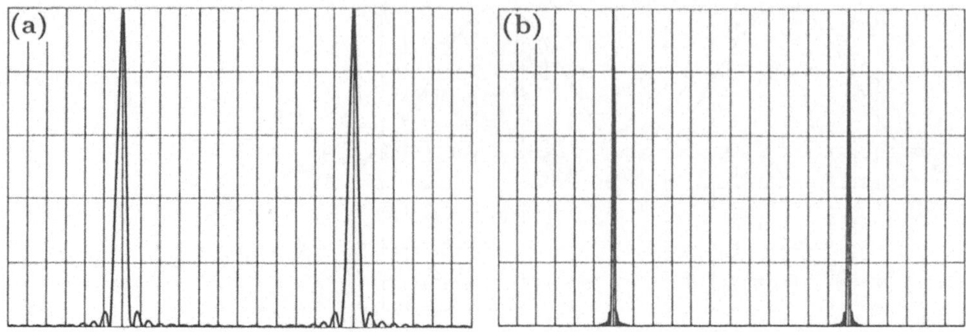

Abb. 6.25a,b. Intensitätsverteilung hinter einem Beugungsgitter aus (a) 20, (b) 100 Spalten

Wenn die einfallende ebene Welle ein Gemisch aus mehreren Wellenlängen war, zeichnet jedes λ nach (6.30) seine Maxima an anderen Stellen, nämlich um so weiter außen, je größer λ/d ist (abgesehen natürlich vom nullten Maximum). Unser Gitter trennt also spektral, es ist ein Spektrograph. Die Trennschärfe, das *spektrale Auflösungsvermögen*, wird um so besser, je schärfer das Maximum für einen bestimmten λ-Wert wird, je mehr Spalte also das Gitter hat.

Zu einem anderen wichtigen Fall kommen wir, wenn wir zwei Sinuswellen mit entgegengesetzter Ausbreitungsrichtung, aber gleicher Amplitude und Schwingungsrichtung überlagern (Abb. 6.26). Das kommt vor, wenn eine Welle an einer senkrecht dazu stehenden Wand verlustfrei reflektiert wird und wieder zurückläuft. Der Gangunterschied zwischen diesen beiden Wellen ist gleich zweimal dem Abstand x von der Wand (falls diese ohne Phasensprung reflektiert). Bei $\Delta\varphi = k2x = n2\pi$ oder $x = n\lambda/2$ haben die beiden Zeiger immer gleiche Richtung, hier ist die Erregung immer maximal. Dazwischen, bei $x = (n + \frac{1}{2})\lambda/2$, liegen die Zeiger entgegengesetzt, die Gesamtauslenkung ist immer 0. Es entsteht eine stehende Welle mit abwechselnden ortsfesten Knoten (dort schwingt gar nichts) und Bäuchen (dort ist die Schwingungsamplitude maximal). Anschaulicher sieht man das aus Abb. 6.27. Genauso schwingt eine Luftsäule in einem beiderseits offenen Rohr. Eine Saite hat an den Einspannstellen natürlich Knoten, ebenso eine Pfeife an den geschlossenen Enden. Die *Eigenschwingungen* dieser Systeme sind stehende Wellen mit Knoten bzw. Bäuchen am Ende (Abb. 6.28, 29).

6.12 Welche Wellenlängen und welche Frequenzen können die Eigenschwingungen einer Saite, einer einseitig geschlossenen, einer beiderseits geschlossenen Pfeife haben? Wohin muß ein Geiger den Finger setzen, wenn er die Oktave, die Quinte zur leeren Saite spielen will? Wie entsteht ein Flageolett-Ton, der viel höher ist, als dieser Fingerstellung eigentlich entspräche?

Jetzt betrachten wir noch die Überlagerung von Sinuswellen mit verschiedenen Frequenzen, zunächst für zwei Wellen mit den nur wenig verschiedenen

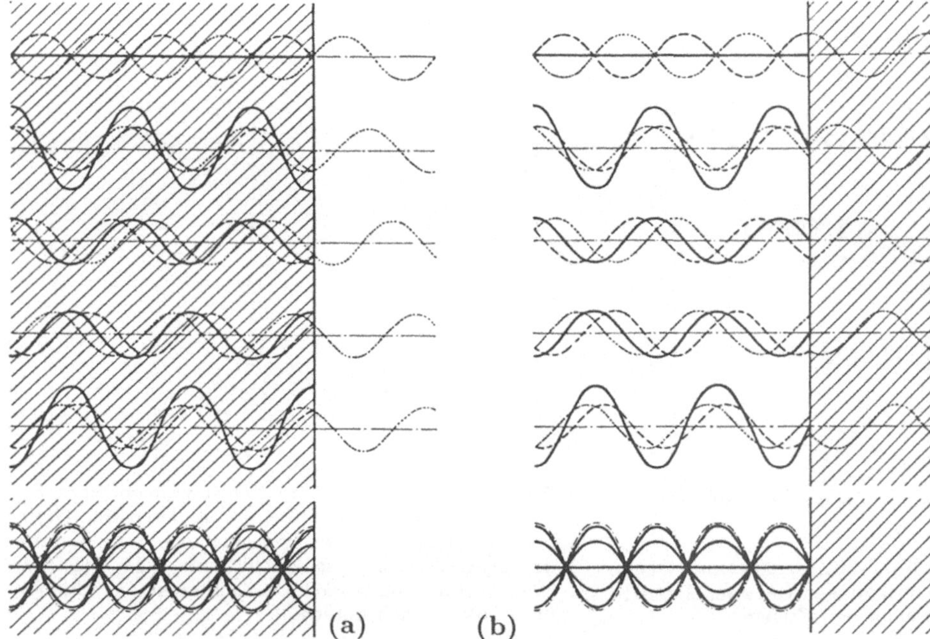

Abb. 6.26. (a) Entstehung einer stehenden Welle durch Überlagerung der an einem "dünneren" Medium reflektierten mit der einfallenden Welle. Die punktierte Welle eilt auf den Spiegel zu, die gestrichelte ist die reflektierte Welle. In jedem Bild ist die hinlaufende Welle um $\lambda/5$ gegenüber der Welle im darüberstehenden Bild verschoben. Die Phase der reflektierten Welle schließt sich am Spiegel stetig an die der ankommenden Welle an. Im untersten Teilbild sind die resultierenden Wellen für die 5 dargestellten Phasen aufeinandergezeichnet.

(b) Entstehung der stehenden Welle bei der Reflexion am "dichteren" Medium. Es erfolgt ein Phasensprung um π (rechts vom Spiegel ist die um $\lambda/2$ verschobene ankommende Welle gezeichnet, deren Umklappung die reflektierte Welle ergibt). Im untersten Teilbild sind die resultierenden Wellen für die 5 dargestellten Phasen aufeinandergezeichnet

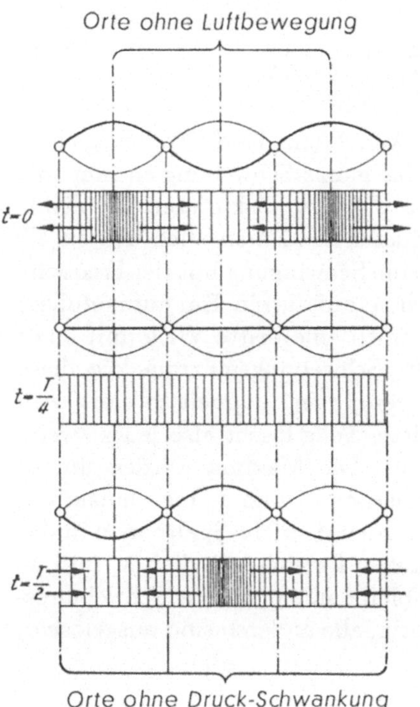

Abb. 6.27. Zuordnung von Druckknoten und -bäuchen zu den Schwingungsknoten und -bäuchen einer stehenden Welle in einem Gas

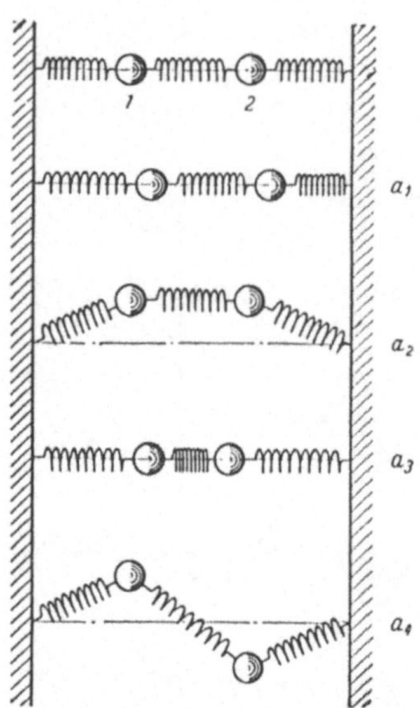

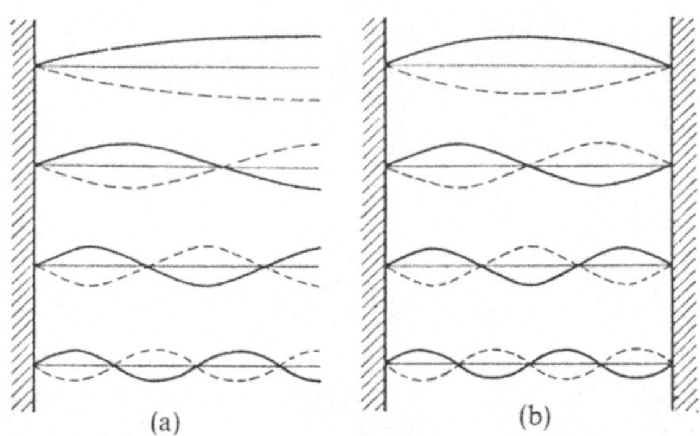

Abb. 6.29a,b. Longitudinalschwingungen eines Stabes: **(a)** an einem Ende fest, am anderen frei; **(b)** an beiden Enden fest. Die Verschiebungen in Richtung der Stabachse sind senkrecht zum Stab gezeichnet (Verschiebung nach rechts − nach oben, Verschiebung nach links − nach unten)

Abb. 6.28. Grund- und Oberschwingungen von zwei elastisch gebundenen Kugeln

Wellenlängen λ_1 und λ_2. Wir kennen das entstehende Schwebungsbild schon von den Schwingungen her, nur ist hier die Zeitachse durch die x-Achse zu ersetzen und die Kreisfrequenz ω durch die Größe $k = 2\pi/\lambda$, denn kx spielt dieselbe Rolle wie ωt. Es entstehen *räumliche* Schwebungsmaxima vom Abstand

$$\Delta x = \frac{1}{k_1 - k_2} \approx \frac{\lambda_1\lambda_2}{2\pi(\lambda_2 - \lambda_1)} \approx \frac{\lambda^2}{2\pi\Delta\lambda} \quad . \tag{6.31}$$

(Beachten Sie beim Nachrechnen, daß $\lambda_1 \approx \lambda_2$). Wenn beide Wellen gleiche Ausbreitungsgeschwindigkeit v haben, läuft das ganze Schwebungsmuster mit v durch den Raum (was bei verschiedenen v passiert, diskutieren wir etwas später: Stichwort Dispersion). Das gleiche Muster kann man auch deuten als Welle mit der Frequenz v/λ, *moduliert* durch eine Schwingung mit der Frequenz $\Delta\lambda = v/\lambda_1 - v/\lambda_2 \approx v(\lambda_2 - \lambda_1)/\lambda^2$. Radiowellen, auf die ein Ton aufmoduliert ist, sehen genauso aus. Jetzt überlagern wir noch eine dritte Welle mit einer Wellenlänge mitten zwischen λ_1 und λ_2. Die Schwebungsmaxima, die diese dritte Welle z. B. zusammen mit der ersten erzeugt, sind doppelt so breit, weil $\Delta\lambda$ nur halb so groß ist, siehe (6.31). Die dritte Welle löscht also jedes zweite Schwebungsmaximum der beiden anderen aus: Die Maxima werden um so schmaler, je mehr Wellen mit Wellenlängen zwischen λ_1 und λ_2 man hinzufügt, genau wie Beugungsmaxima immer schärfer werden, je mehr Spalte man in das Gitter schneidet. Wenn wir schließlich den ganzen Bereich zwischen λ_1 und λ_2 gleichmäßig mit sehr vielen Wellen erfüllen, bleibt nur noch *ein* Schwebungsmaximum der Breite $\Delta x = \lambda^2/2\pi(\lambda_2 - \lambda_1)$ übrig, alle anderen sind ausgelöscht.

Jetzt wandert nur noch eine *Wellengruppe* der Länge Δx durch den Raum. Um sie herzustellen, haben wir ein Spektralband der Breite $\Delta\lambda = \lambda^2/2\pi\Delta x$ mit Teilwellen erfüllt, oder einfacher durch die Größe k (die "Wellenzahl") ausgedrückt, ein Band der Breite $\Delta k = 1/\Delta x$. Das ist die Unschärferelation zwischen x und k : Eine Welle mit scharf bestimmter Wellenlänge, also eine unendlich lange Sinuswelle, erfüllt den ganzen Raum. Will man sie auf ein Gebiet der Größe Δx beschränken, muß man die Wellenlänge auf ein Spektralband der angegebenen Breite verschmieren (Abb. 6.30). Jeder Radio- oder Fernsehsender, der sehr kurze Signale wie z. B. Bildpunkte übertragen soll, hat damit automatisch eine entsprechende Bandbreite im λ- oder ν-Spektrum.

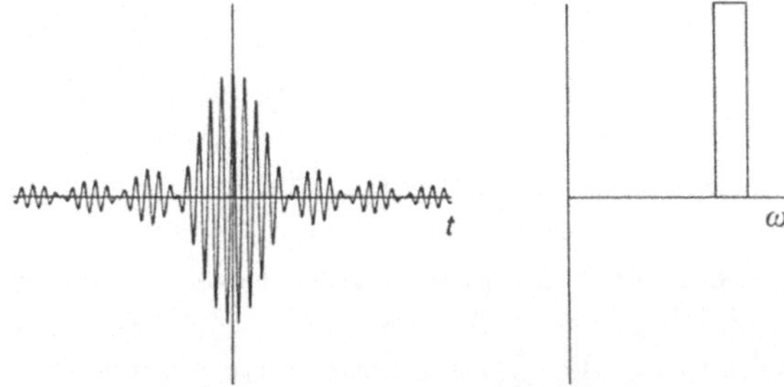

Abb. 6.30. Wellen gleicher Amplitude, deren Wellenlängen einen Bereich der Breite $\Delta\lambda$ gleichmäßig erfüllen, vernichten einander fast überall, außer in einem Bereich der Breite $\Delta x \approx \lambda^2/\Delta\lambda$. Außerhalb davon gibt es nur schwache Nebenmaxima, die man auch beseitigen kann, wenn man das Amplitudenspektrum anders wählt (vgl. Abb. 6.16a)

6.13 Wie lange dauert die Übertragung eines Fernseh-Bildpunktes? (Eine Zeile enthalte 800 Bildpunkte.) Wie breit ist das Frequenzband, das ein Fernsehsender beansprucht?

Schallwellen in Luft, Licht- und Radiowellen im Vakuum haben unabhängig von der Wellenlänge immer die gleiche Ausbreitungsgeschwindigkeit. Sonst würde man ja von einem fernen Knall z. B. zuerst die hohen Töne hören oder von einem Stern, der hinter einem anderen hervortritt, zuerst das blaue Licht sehen. Bei Licht im Wasser oder bei Wellen auf der Wasseroberfläche ist das anders: Hier laufen lange Wellen schneller. Eine Eisdecke trägt dagegen kurze Wellen schneller: Wenn man einen Stein weit daraufwirft, klingt es wie "Pi-uuh". Wenn v von λ abhängt, sagt man, die Welle habe *Dispersion*, und zwar normale Dispersion, wenn lange Wellen schneller laufen. Bei den Oberflächen-wellen auf dem Wasser muß man noch zwischen Schwerewellen (rücktreibende Kraft: Schwerkraft) und den sehr viel kürzeren Kapillarwellen (rücktreibende Kraft: Oberflächenspannung) unterscheiden. Die Grenze liegt bei $\lambda = 1,7\,\text{cm}$ (Abb. 6.31).

6.14 Beobachten Sie die Kapillarwellenzüge, die sich auf ruhigem Wasser vor einem langsam bewegten Hindernis (Boot, Ruder, Schwimmer) bilden, oder auf einem Fluß vor und hinter einem Pfahl oder Zweig. Welche dieser Wellen laufen am schnellsten?

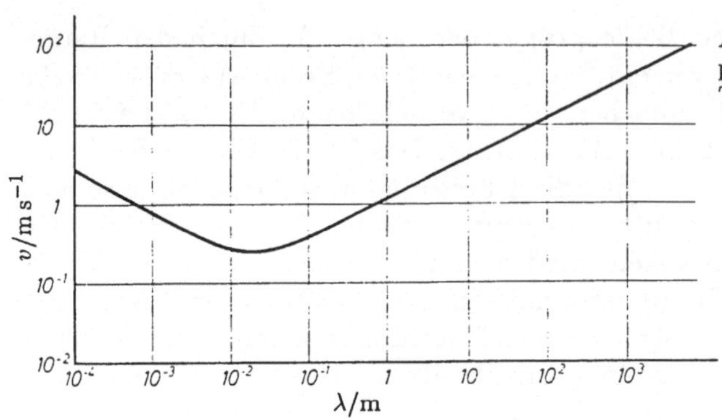

Abb. 6.31. Dispersion der Kapillar- und Schwerewellen im Tiefwasser

Wellengruppen aus dispergierenden Wellen verhalten sich etwas anders. Wir überlagern wieder zwei Wellen mit λ_1 und λ_2 sowie diesmal etwas verschiedenen v_1 und v_2. Ein Schwebungsmaximum liegt wieder da, wo die Phasen $kx - \omega t$ beider Wellen übereinstimmen, denn dort verstärken sie einander. Für $t = 0$ ist das der Fall am Ort $x = 0$, eine Zeit Δt später hat sich das Maximum an eine Stelle Δx verschoben, für die $k_1 \Delta x - \omega_1 \Delta t = k_2 \Delta x - \omega_2 \Delta t$ gilt. Die Geschwindigkeit $\Delta x / \Delta t$ der Verschiebung, die *Gruppengeschwindigkeit* ist

$$v_{\mathrm{gr}} = \frac{\Delta x}{\Delta t} = \frac{\omega_2 - \omega_1}{k_2 - k_1} \approx \frac{d\omega}{dk} \quad . \tag{6.32}$$

Wenn keine Dispersion herrscht, ist $\omega = vk$ [siehe (6.24$'$)], und die Gruppengeschwindigkeit ist gleich der Phasengeschwindigkeit v, andernfalls sind beide verschieden.

6.5 Reflexion und Brechung

Jeder weiß: Ein Spiegel wirft einen Lichtstrahl genauso zurück wie eine harte Wand einen Ball. *Newton* meinte, u. a. aus diesem Grunde, das Licht bestehe aus winzigen Teilchen, die elastisch am Spiegel abprallen. Wir wollen das Reflexionsgesetz und vieles andere aus dem Wellenbild ableiten, und zwar auf Grund zweier Prinzipien, die zunächst ganz verschieden klingen, der Prinzipien von *Fermat* und von *Huygens-Fresnel*.

6.15 Jemand will möglichst schnell vom Punkt A zum Punkt B auf der Wiese laufen, dabei aber am geradlinigen Flußufer etwas Wasser schöpfen. Wo muß er das Wasser schöpfen?

6.16 Der Fußball ist vom glatten Spielfeld auf den gepflügten Acker gefallen. Wie muß ein Spieler laufen, um den Ball in möglichst kurzer Zeit zu erreichen?

6.17 Jemand will zu einem Ort abseits der geraden Straße. Ein Stück kann er im Auto mitfahren, dann muß er gehen. Wo muß er aussteigen, damit er insgesamt fürs Fahren und Gehen möglichst wenig Zeit braucht? Das Gelände sei überall gleich gut begehbar.

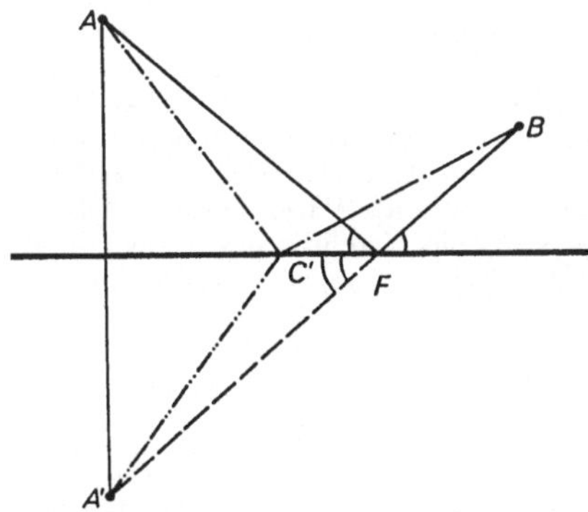

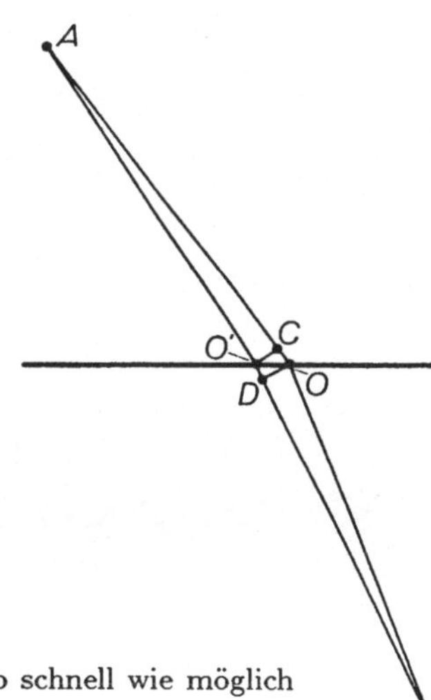

Abb. 6.32. Der reflektierte Lichtstrahl folgt dem kürzesten Weg, der über den Spiegel von A nach B führt

Abb. 6.33. Auch der gebrochene Strahl läuft so, daß er so schnell wie möglich von A nach B gelangt

Die erste Frage führt zum Reflexionsgesetz: Einfallwinkel = Ausfallwinkel (Abb. 6.32), die zweite zum Brechungsgesetz (Abb. 6.33): Die Sinus der Winkel gegen das Lot auf der brechenden Fläche verhalten sich wie die Geschwindigkeiten v_1 und v_2 in den beiden Medien:

$$\frac{\sin \alpha_1}{\sin \alpha_2} = \frac{v_1}{v_2} \quad . \tag{6.33}$$

Die dritte Frage liefert die Mach-Kegelwelle um ein Teilchen, das sich schneller bewegt als v (Abb. 6.34). Beispiele sind der Knall eines Überschallflugzeuges oder die Tscherenkow-Welle eines Elektrons, das z. B. im Wasser des Kernreaktors schneller läuft als das Licht in diesem Wasser. v ist in Aufgabe 6.17 natürlich die Fußgängergeschwindigkeit, das schnelle Teilchen entspricht dem Auto. Es scheint, als suche sich das Licht und überhaupt jede Welle immer *den* Weg zwischen zwei Punkten, auf dem es die kürzeste Zeit braucht (*Prinzip von Fermat*).

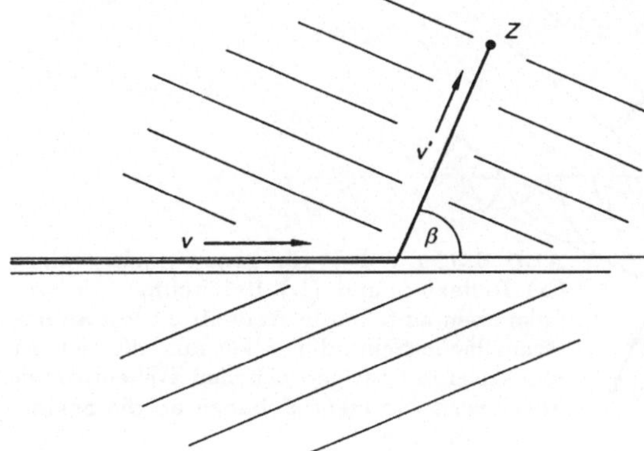

Abb. 6.34. Nach *Fermat* steigt der Mitfahrer so aus, Licht und Schall springen vom Überlicht-Fahrzeug so ab, daß die Mach-Welle des Überschallknalls oder des Tscherenkow-Lichts entsteht

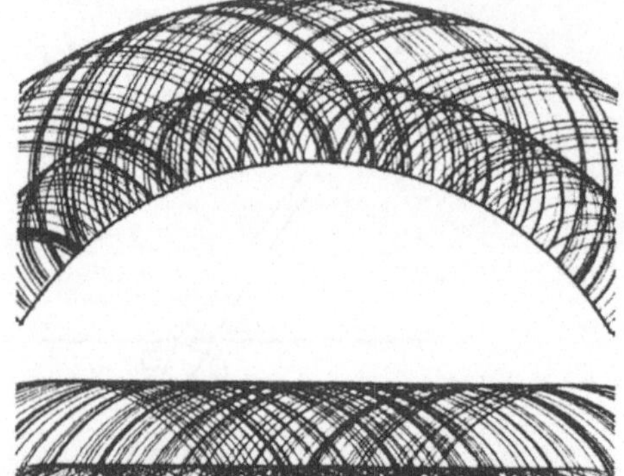

Abb. 6.35. Die Huygens-Sekundärwellen, die von einer Wellenfront ausgehen, überlagern sich automatisch zur nächsten Wellenfront. Die Zentren der Sekundärwellen sind in diesem Bild durch einen Zufallsgenerator bestimmt. Wären sie äquidistant, ergäbe sich ein irreführendes Beugungsmuster

Wie die Welle diesen kürzesten Weg findet, zeigt das *Prinzip von Huygens-Fresnel*. Danach wirkt jeder Punkt einer Wellenfläche wie ein Streuzentrum, von dem eine sekundäre Kugelwelle ausgeht (Abb. 6.35). Wenn die Wellenfläche durch einen Schirm versperrt ist, in dem nur einige Spalte offen bleiben, bilden die Kugelwellen genau das Beugungsmuster eines Gitters. Vor der intakten Wellenfläche lagern sie sich zu einer neuen, parallelen Wellenfläche im Abstand λ zusammen. An einem Spiegel gibt es nur halbe rückläufige Kugelwellen, die sich nach Abb. 6.36 zu Wellenfronten entsprechend dem Reflexionsgesetz

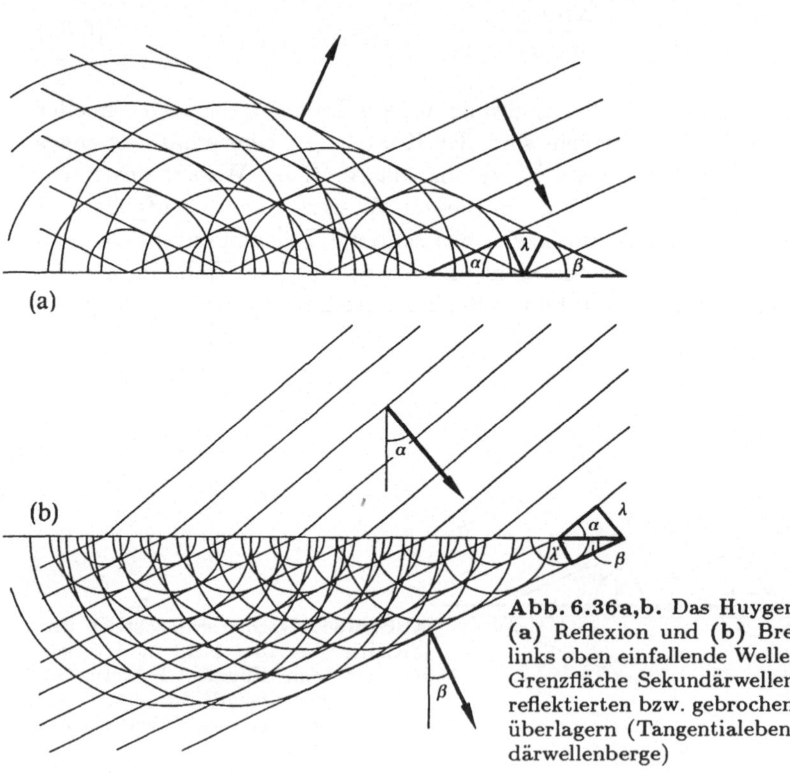

Abb. 6.36a,b. Das Huygens-Prinzip erklärt (a) Reflexion und (b) Brechung. Die von links oben einfallende Wellenfront löst an der Grenzfläche Sekundärwellen aus, die sich zu reflektierten bzw. gebrochenen Wellenfronten überlagern (Tangentialebenen an die Sekundärwellenberge)

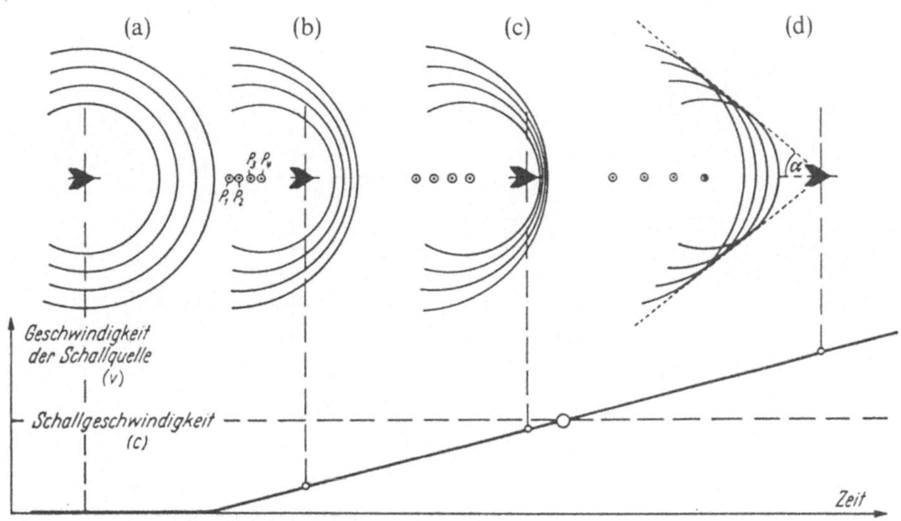

Abb. 6.37a–d. Doppler-Effekt und Mach-Kegel

formieren. Beim Übertritt in ein Medium mit anderem v wird entsprechend auch die Wellenlänge anders (die Frequenz bleibt gleich, sonst würden die Wellenvorgänge beiderseits der Grenzfläche ja nicht mehr zusammenpassen). Aus Abb. 6.36 liest man so das Brechungsgesetz ab. Jeder Ort, wo ein Flugzeug sich befindet, ist ebenfalls Quelle einer Kugelwelle. Beim Überschallflugzeug verstärken alle diese Wellen sich auf dem Mach-Kegel (Abb. 6.37). Bewegt sich die Quelle langsamer als die Welle ($w<v$), dann drängen sich die Wellenberge in ihrer Bewegungsrichtung zusammen: Ihr Abstand, die Wellenlänge, ist nicht mehr λ wie bei ruhender Quelle, sondern

$$\lambda' = \lambda\frac{v - w}{v} \quad , \tag{6.34}$$

entsprechend wird die Frequenz in Vorwärtsrichtung höher. Jeder kennt diesen *Doppler-Effekt* von vorbeifahrenden Autos; die Polizei nutzt ihn mit elektromagnetischen Wellen zur Radar-Kontrolle aus.

6.18 Zwei Mikrophone werden zunächst in gleicher Entfernung von einer Schallquelle (am besten einem Sinuston-Generator) aufgestellt. Die Signale, die sie empfangen, werden auf zwei Kanäle A und B eines Oszilloskops gelegt. Was sieht man auf dem Bildschirm, wenn man erst die beiden Kanäle, dann A+B, dann EXT DEFL einschaltet? Jetzt rückt man das eine Mikrophon ein Stück weg. Was sieht man dann auf dem Schirm? Was sieht man, *während* man das eine Mikrophon bewegt? Das (A+B)-Bild, das dann entsteht, hat bekanntlich zwei Deutungen; diskutieren Sie beide und leiten Sie dabei die Gesetze des Doppler-Effekts ab (Abb. 6.38).

Im Vakuum läuft das Licht mit c_0, in einem Stoff langsamer (mit c_1). Das Verhältnis

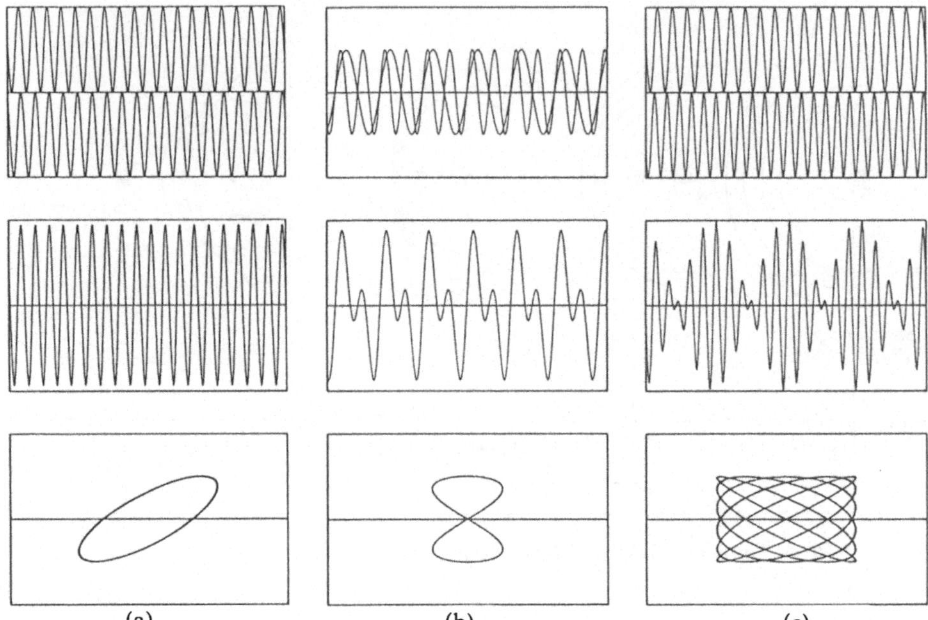

(a)   (b)   (c)

Abb. 6.38a–c. Oszillogramme zweier Sinustöne auf Kanal A und B (*oben*), $A + B$ (*mitte*), EXT DEFL (*unten*)

$$n_1 = \frac{c_0}{c_1} \qquad (6.36)$$

heißt *Brechzahl* des Stoffes. Das Brechungsgesetz läßt sich demnach auch schreiben

$$n_1 \sin \alpha_1 = n_2 \sin \alpha_2 \quad . \qquad (6.37)$$

Ein Stoff mit großem n, in dem das Licht also langsam läuft, heißt optisch dicht. Wenn Licht auf die Grenzfläche zu einem optisch dünneren Stoff trifft, kann es nur dann gebrochen in dieses eindringen, wenn das Brechungsgesetz erfüllbar ist. Bei $\sin \alpha_1 > n_2/n_1$ ist das nicht der Fall, denn da würde $\sin \alpha_2 > 1$. Für Einfallswinkel $\alpha_1 > \alpha_g = \arcsin n_2/n_1$ wirkt die Grenzfläche als idealer Spiegel: Das Licht wird *totalreflektiert*, α_g bezeichnet man als Grenzwinkel der Totalreflexion.

Die Messung von α_g an der Grenzfläche Prismenglas (n_1) – Flüssigkeit (n_2) wird in der *Refraktometrie* (Abbe-Refraktometer, Eintauchrefraktometer) benutzt zur Bestimmung von n_2 nach $n_2 = n_1 \sin \alpha_g$. Die Brechzahl von Lösungen bekannter Zusammensetzung ist bei bestimmter Probentemperatur und Wellenlänge des Lichtes abhängig von der Konzentration des gelösten Stoffes. Die Brechzahlmessung findet (wie die Dichtemessung) verbreitet Anwendung zur Konzentrationsbestimmung von Traubenmost, Zuckerlösungen, Bier usw.

Da c in einem Medium i. allg. von λ abhängt, also Dispersion herrscht, werden die verschiedenen Farben des Lichts verschieden gebrochen, das blaue meist mehr als das rote, weil die Dispersion meist "normal" ist. Wir kommen in Abschnitt 6.7 darauf zurück.

6.6 Optische Geräte

Das 17. Jahrhundert brachte zwei ungeheure Erweiterungen des menschlichen Erkenntnisbereichs ins Große und ins Kleine: In den Januarnächten des Jahres 1609 entdeckte *Galileo Galilei* mit seinem nacherfundenen Fernrohr die Jupitermonde, die Krater und Gebirge auf dem Mond, die zahllosen Sterne in Milchstraße und Sternhaufen, etwas später im selben Jahr auch Venusphasen, Saturnringe, Sonnenflecken (Lesen Sie seinen Bericht im Sidereus Nuncius[1]! Spannender als vieles von Agatha Christie!). 50 Jahre später baute *Antoon von Leeuwenhoek* sein Mikroskop und entdeckte die Blutkörperchen, viele Bauelemente der Pflanzen, die Einzeller und andere Kleinlebewesen.

Grundbausteine der meisten optischen Geräte sind Spiegel oder Linsen, die von Teilen von Kugelflächen begrenzt sind. Wir müssen also zuerst die Reflexion und Brechung an einer Kugelfläche untersuchen. Ein leuchtender Punkt P, von dem also eine Kugelwelle ausgeht, stehe einem Hohlspiegel gegenüber. Wir zeichnen die Normalen zu den Wellenfronten, die "Lichtstrahlen", die radial von P ausgehen. Einer davon geht durch den Krümmungsmittelpunkt M des Spiegels und trifft den Spiegel im Punkt S. Dieser Strahl wird natürlich in sich selbst reflektiert, weil er senkrecht auftrifft. Ein anderer Strahl treffe bei R auf, im Abstand y von S. Dieser Abstand sei so klein, daß wir alle Winkel in Abb. 6.39 auch durch ihre sin oder tan ersetzen können. (Wenn die Annahme nicht gilt, sind die folgenden Ableitungen nur Näherungen.) Dann lesen wir ab

$$\gamma = \frac{y}{r} \ , \quad \beta = \frac{y}{g} \ , \quad 2\alpha + \beta = \frac{y}{b} \ .$$

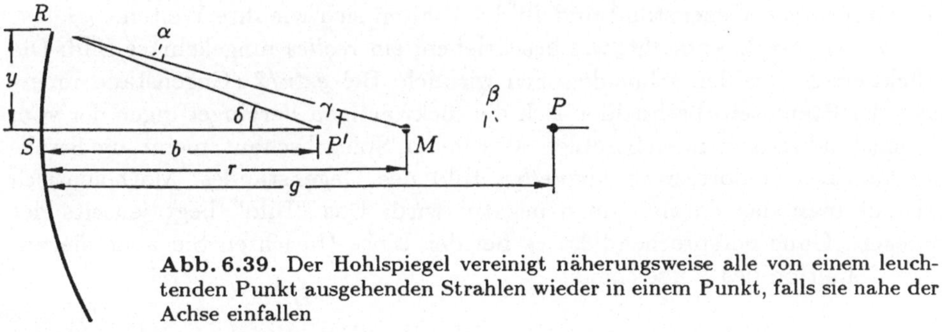

Abb. 6.39. Der Hohlspiegel vereinigt näherungsweise alle von einem leuchtenden Punkt ausgehenden Strahlen wieder in einem Punkt, falls sie nahe der Achse einfallen

---

[1] Suhrkamp-Verlag, Taschenbuch Wissenschaft Nr. 337, Frankfurt 1980

Außerdem ist $\gamma = \alpha + \beta$. Addition der letzten Gleichungen liefert $y/g + y/b = 2(\alpha + \beta) = 2\gamma = 2y/r$. Hier kürzt sich y weg: In unserer Näherung gehen alle Strahlen, unabhängig von y, durch den gleichen Punkt P'; in diesem Punkt läuft die Kugelwelle wieder in sich zusammen (man sieht das sehr schön in der Wellenwanne). P' ist der Bildpunkt von P. Für die Abstände haben wir

$$\frac{1}{g} + \frac{1}{b} = \frac{2}{r} \quad . \tag{6.38}$$

Wenn P sehr weit entfernt ist, wird die Kugelwelle praktisch zur ebenen Welle, die Lichtstrahlen werden parallel. Sie vereinigen sich im Bild mit $b = r/2$. Dieser Abstand vom Spiegel heißt Brennweite f. Zwei leuchtende Punkte P und A erzeugen zwei Bildpunkte P' und A', jeder auf dem gleichen Strahl durch M gelegen wie sein Gegenstandspunkt, so daß das Bild natürlich auf dem Kopf steht (Abb. 6.40). Aus den ähnlichen Dreiecken APM und $A'P'M$ liest man ab $G/B = (r - g)/(b - r)$. Mit (6.38) gilt auch

$$\frac{G}{B} = \frac{g}{b} \quad . \tag{6.39}$$

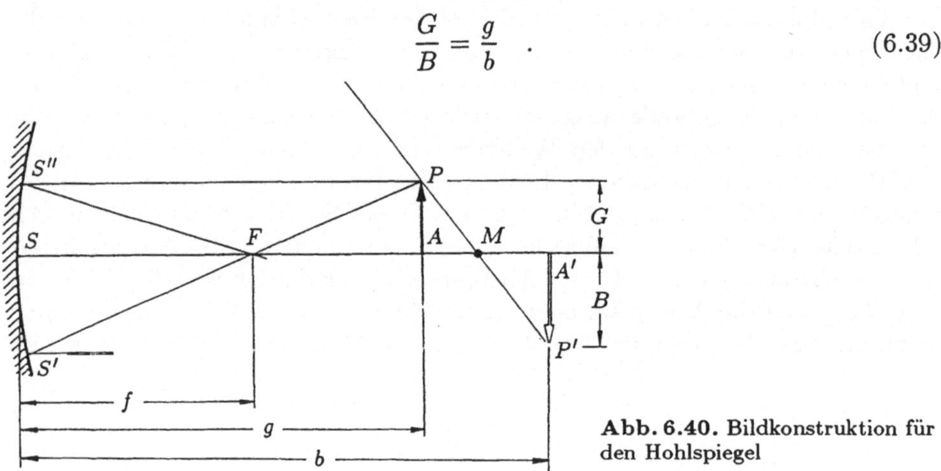

Abb. 6.40. Bildkonstruktion für den Hohlspiegel

Die Größen von Gegenstand und Bild verhalten sich wie ihre Weiten.

Wenn $g > r/2$, entsteht, wie beschrieben, ein *reelles* umgekehrtes Bild: Die reflektierten Strahlen schneiden sich wirklich. Bei $g < r/2$ (Gegenstand innerhalb der Brennweite) schneiden sich die rückwärtigen Verlängerungen der vom Gegenstand ausgehenden Strahlen. Wer in den Spiegel schaut, meint, die Strahlen kämen von dort, vom *virtuellen* Bild des Gegenstandes. Mathematisch erkennt man das daran, daß b negativ wird: Das "Bild" liegt jenseits des Spiegels. Ganz entsprechend ist es bei der Linse (beachten Sie aber die andere Definition des Vorzeichens).

6.19 Führen Sie die Algebra durch, die von (6.38) zu (6.39) führt. Wird ein ebener Spiegel auch durch diese beiden Gleichungen beschrieben? Was muß man machen, um einen Wölbspiegel zu beschreiben, der an der vorgewölbten Seite verspiegelt ist?

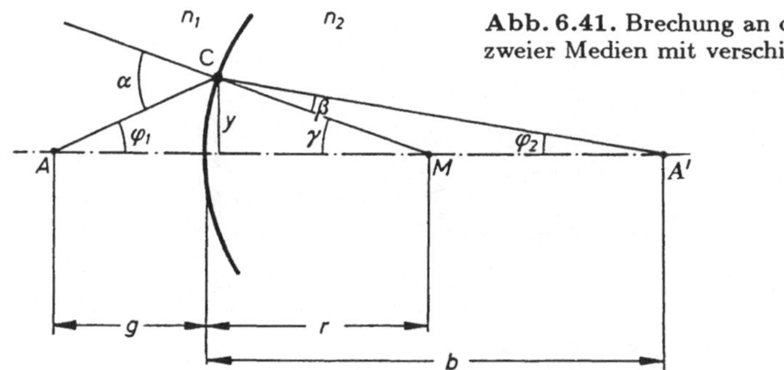

Abb. 6.41. Brechung an der kugelförmigen Grenze zweier Medien mit verschiedenen Brechzahlen

Die Grenzfläche zwischen zwei Medien mit den Brechzahlen n_1 und n_2 sei ebenfalls kugelförmig dem leuchtenden Punkt A entgegengewölbt. Wir konstruieren wie beim Spiegel, interessieren uns aber hier für den gebrochenen durchtretenden Strahl, der die Achse AM in A' trifft. Wieder seien alle Winkel klein. Wir lesen ab (Abb. 6.41)

$$\gamma = \frac{y}{r} \ , \quad \varphi_2 = \gamma - \beta = \frac{y}{b} \ , \quad \varphi_1 = \alpha - \gamma = \frac{y}{g}$$

und haben außerdem das Brechungsgesetz $n_1 \alpha = n_2 \beta$. Wir eliminieren γ:

$$\alpha = \frac{y}{g} + \frac{y}{r} \ , \quad \beta = \frac{y}{r} - \frac{y}{b} \ \ .$$

Dies setzen wir ins Brechungsgesetz ein:

$$n_1 \left(\frac{y}{g} + \frac{y}{r} \right) = n_2 \left(\frac{y}{r} - \frac{y}{b} \right) \ \ .$$

Auch hier kürzt sich y weg: Alle Strahlen von A gehen durch A'. Für die Abstände gilt

$$\frac{n_1}{g} + \frac{n_2}{b} = \frac{n_2 - n_1}{r} \ \ . \tag{6.40}$$

Ebene Wellen ($g \to \infty$) vereinigen sich bei $b = n_2 r/(n_2 - n_1)$, der hinteren Brennweite, ebene Wellen von der anderen Seite ($b \to \infty$) bei $g = n_1 r/(n_2 - n_1)$, der vorderen Brennweite.

6.20 Wo sieht ein Taucher hinter seiner ebenen Taucherbrille oder wo sieht die Unterwasserkamera hinter dem ebenen Gehäusefenster die Dinge im Wasser? Muß der Unterwasserfotograf die Abstände korrigieren? Wie kann man eine zum Gegenstand hin hohle Grenzfläche mittels (6.40) beschreiben? Gibt es hier auch eine Beziehung analog (6.39)?

Eine Linse hat zwei brechende Flächen, ein Objektiv enthält oft viele Linsen. Wenn mehrere brechende Flächen hintereinander stehen, addieren sich die

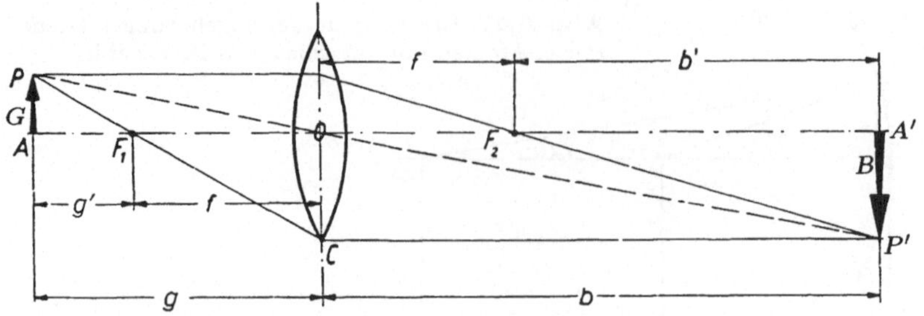

Abb. 6.42. Bildkonstruktion bei der Sammellinse

Ablenkwinkel, die proportional zur reziproken Brennweite sind: Es addieren sich die *Brechkräfte* $1/f$ (Abb. 6.42). Für eine symmetrische Bikonvexlinse in Luft ergibt sich so die Brechkraft $1/f = 2(n-1)/r$. Die Brechkraft eines Brillenglases gibt man demnach in Dioptrien ($\mathrm{m^{-1}}$) an. Allgemein steht die so gebildete Brechkraft $1/f$ rechts in der Abbildungsgleichung

$$\frac{1}{g} + \frac{1}{b} = \frac{1}{f} \; , \tag{6.41}$$

mit der man die Lage des Bildes für jede Gegenstandsweite g ausrechnen kann. Die Bildgröße folgt dann wieder aus

$$\frac{B}{G} = \frac{b}{g} \; . \tag{6.42}$$

Beide Beziehungen lassen sich, wenn man die Brennweite f kennt, leicht aus der Bildkonstruktion ablesen, bei der man ausnutzt, daß ein Strahl durch die Linsenmitte bis auf eine geringfügige Versetzung ungebrochen weitergeht und daß ein Parallelstrahl zum Brennstrahl wird und umgekehrt. Zwei solche Strahlen, die von dem außerhalb der Linsenachse gelegenen Gegenstandspunkt P ausgehen, liefern schon den Bildpunkt P'; denn wie wir wissen, gehen alle anderen von P ausgehenden Strahlen auch durch P'. Der Mittelpunktstrahl liefert zwei ähnliche Dreiecke, aus denen man (6.42) abliest. Der Brennstrahl liefert zwei weitere ähnliche Dreiecke, aus denen folgt $B/G = (b-f)/f$. Mit (6.42) zusammen folgt daraus leicht (6.41).

6.21 Wenn man einen Baum fotografiert, geht der Parallelstrahl sicher nicht mehr durch die Linse. Warum stört das die Bildentstehung nicht?

Man kann das reelle Bild ausnutzen, das eine Linse von einem Gegenstand herstellt, z. B. von der Sonne, wenn man die Linse als Brennglas benutzt. Wenn man die Linse als *Lupe* benutzt, interessiert das virtuelle, vergrößerte Bild eines kleinen Gegenstandes. Gewöhnlich hält man den Gegenstand in die Brennebene

200

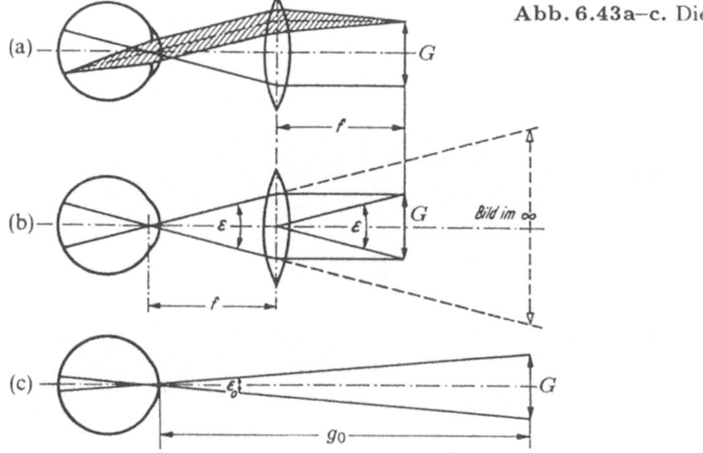

Abb. 6.43a–c. Die Lupe

der Lupe. Dann macht die Lupe die Strahlen, die vom Gegenstand ausgehen, parallel, und man kann mit entspanntem Auge betrachten, als ob man in die Ferne schaute; da hierbei die Ringmuskeln unsere Augenlinse nicht zusätzlich krümmen müssen, ist dies am wenigsten anstrengend.

Wie stark vergrößert die Lupe (Abb. 6.43)? Vergrößerung ist etwas anderes als der Abbildungsmaßstab B/G (im übrigen erzeugt die Lupe ja hier gar kein reelles Bild). *Vergrößerung* eines optischen Geräts ist das Verhältnis der Sehwinkel, unter dem ein kleiner Gegenstand mit dem Gerät bzw. mit bloßem Auge erscheint. Bei der Beobachtung mit bloßem Auge setzt man dabei voraus, daß man den Gegenstand, der die Länge G habe, in dem Abstand $g_0 = 25\,\mathrm{cm}$ vor das Auge hält. Mit bloßem Auge sehen wir ihn dann unter dem Sehwinkel $\varepsilon_0 = G/g_0$. Die Lupe erlaubt uns, den Gegenstand bis auf die Lupenbrennweite f heranzuholen, so daß sich der Sehwinkel auf $\varepsilon = G/f$ vergrößert. Damit ist die Lupenvergrößerung

$$\frac{\varepsilon}{\varepsilon_0} = \frac{g_0}{f} \quad . \tag{6.43}$$

Im Mikroskop betrachtet man ein reelles vergrößertes Bild, erzeugt vom Objektiv, durch das Okular als Lupe und vergrößert es dadurch nochmals (Abb. 6.44). Das Objektiv hat eine sehr kurze Brennweite, damit das Zwischenbild schon recht groß wird, wenn man den Gegenstand sehr nahe an die Objektivbrennebene bringt. Der Abbildungsmaßstab wird dann $B/G = b/g \approx b/f_{\mathrm{obj}}$; b ist fast gleich der Länge des Mikroskoptubus, weil das Zwischenbild ja in der Brennebene des Okulars liegen sollte (Beobachtung mit entspanntem Auge!). Das Okular vergrößert dieses Zwischenbild nochmals um den Faktor g_0/f_{ok}, und das Mikroskop vergrößert insgesamt um

$$V = \frac{b}{f_{\mathrm{obj}}} \frac{g_0}{f_{\mathrm{ok}}} \quad . \tag{6.44}$$

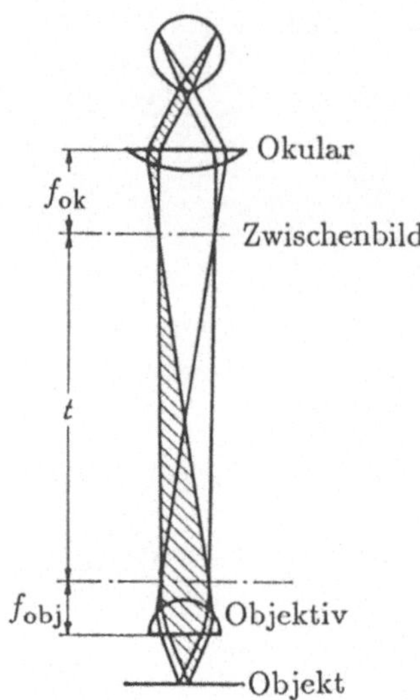

Abb. 6.44. Der Strahlengang im Mikroskop

Zur praktischen Berechnung von V sind die Faktoren b/f_{obj} und g_0/f_{ok} auf Objektiven bzw. Okularen als Kennzahlen eingraviert. Die Vergrößerung nach (6.44) kann man fast beliebig steigern, aber das hat nur Sinn, wenn man dadurch auch mehr Einzelheiten erkennt. Man sieht aber z. B. zwei helle Punkte nur dann getrennt, wenn ihr Abstand eine gewisse Grenze d überschreitet. Das *Auflösungsvermögen* des Mikroskops, wie jedes optischen Gerätes, ist durch die Wellennatur des Lichtes begrenzt. Grob gesprochen ist d etwa gleich der Wellenlänge λ des abbildenden Lichtes: Streuzentren, die kleiner sind als λ, erzeugen nur eine Kugelstreuwelle, die über die Struktur des Zentrums keinerlei Auskunft gibt.

6.22 Wie müßte ein Lichtmikroskop gebaut sein, das z. B. 10000fach vergrößert?

Beim *Fernrohr* erzeugt das Objektiv ebenfalls ein möglichst großes Zwischenbild des Gegenstandes, der hier allerdings praktisch unendlich weit entfernt ist (Abb. 6.45). Deshalb fällt das Zwischenbild in die Brennebene des Objektivs, und dessen Brennweite muß sehr lang sein, damit das Bild groß wird.

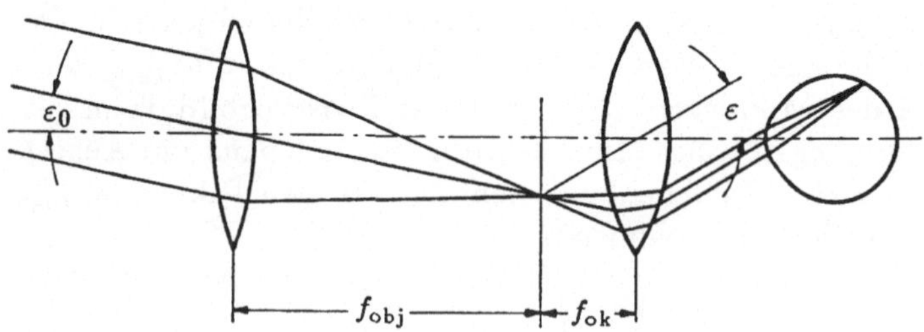

Abb. 6.45. Der Strahlengang im astronomischen Fernrohr

Würde man dieses Bild vom Objektiv aus, also aus dem Abstand f_{obj}, betrachten, dann sähe es genauso groß aus wie der Gegenstand (Warum?). Man kann ja aber mit dem Auge und erst recht mit dem Okular als Lupe viel näher herangehen, und zwar bis auf f_{ok}. Damit ergibt sich die Vergrößerung des Fernrohrs einfach als $f_{\mathrm{obj}}/f_{\mathrm{ok}}$. Als Objektiv benutzt man im Refraktor eine Linse, im Reflektor einen Spiegel. Auch hier ist das Auflösungsvermögen durch die Lichtwellenlänge begrenzt. Ein Lichtpunkt, z.B. ein Stern, erzeugt hinter dem Loch der Objektivöffnung (Durchmesser D) einen Beugungskegel mit dem ungefähren Öffnungswinkel λ/D. Dies ist eigentlich der Durchmesser des Beugungsmaximums nullter Ordnung, wie man durch Vergleich mit den Beugungsbildern von Abschnitt 6.4 feststellt; die Beugungsringe höherer Ordnung vernachlässigen wir hier wegen ihrer Lichtschwäche. Ein hohes Auflösungsvermögen, also ein großer Objektivdurchmesser, ist meist wichtiger als eine hohe Vergrößerung. Die Steigerung der Auflösung gegenüber der des menschlichen Auges erhalten wir einfach durch Vergleich von Objektiv- und Pupillendurchmesser.

6.23 Einzelheiten von welcher Größe kann man bestenfalls aus verschiedenen Entfernungen erkennen? Beispiele: Können Sie vom Turm der Münchner Frauenkirche aus, von der Zugspitze aus, im Mondabstand, bei den nächsten Fixsternen (vier Lichtjahre), in der Andromeda-Galaxie ($2 \cdot 10^6$ Lichtjahre) mit freiem Auge bzw. mit einem Fernrohr (Teleskop), den Kellner im Münchner Olympiaturmrestaurant erkennen? Der Mt. Palomar-Reflektor hat $D = 5\,\mathrm{m}$.

Beim Mikroskop ist die Frage ebenfalls: Kann man zwei Gegenstandspunkte getrennt sehen? Natürlich kann man hier nicht von zwei unendlich entfernten Lichtquellen, ihren ebenen Wellen und ihren von Beugungsfiguren umgebenen Bildpunkten in der Brennebene des Objektivs ausgehen. Umgekehrt liegt ja der Gegenstand praktisch in dieser Brennebene, sein Zwischenbild liegt sehr weit hinter dem Objektiv. Aber man kann einen Strahlengang immer umkehren, Gegenstand und Bild vertauschen, ohne daß die optischen Verhältnisse davon berührt werden. Auch hier erzeugt also ein heller Gegenstandspunkt einen Beugungskegel vom Öffnungswinkel λ/D (D : Durchmesser des Objektivs). Zwei Punkte werden getrennt gesehen, wenn sie vom Objektiv aus, also aus dem Abstand f gesehen, um einen Sehwinkel auseinanderliegen, der mindestens gleich λ/D ist (Abb. 6.46). Der gerade noch auflösbare Abstand d ergibt sich also aus

$$\frac{d}{f} \approx \frac{\lambda}{D} \;\Rightarrow\; d \approx \frac{f\lambda}{D}\;. \tag{6.45}$$

Andererseits ist f/D der Öffnungswinkel des Gesichtsfeldes des Objektivs, d.h. des Gebietes, das man überblicken kann, wenn man ohne Okular in das Mikroskoprohr schaut.

Bei vielen optischen Geräten spielt neben dem Auflösungsvermögen das Verhältnis D/f, genannt *Öffnungsverhältnis* oder "Lichtstärke" des Linsensystems oder Objektivs eine entscheidende Rolle. Vom Fotografieren her ist D/f auch als Blendenwert bekannt.

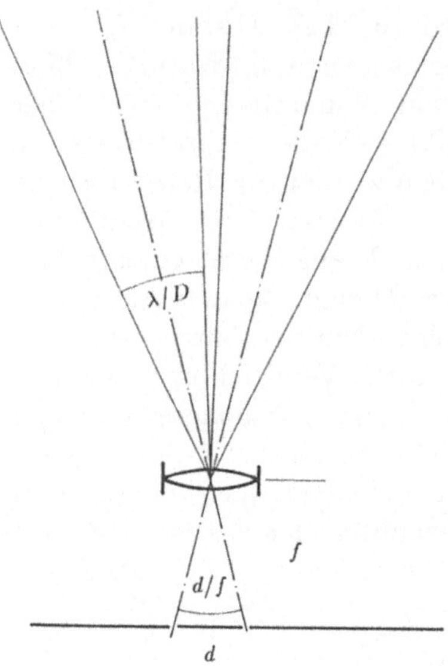

Abb. 6.46. Wenn sich die Beugungskegel von zwei hellen Punkten gerade nicht mehr überlappen, löst das Mikroskop diese Punkte auf

6.24 Schätzen Sie das Öffnungsverhältnis des menschlichen Auges in Abhängigkeit von der Helligkeit! Warum sieht man mit einem Teleskop mehr Sterne als mit bloßem Auge? Kann man am Tag Sterne beobachten? Worauf achten Sie beim Kauf eines Feldstechers für die Vogelbeobachtung?

Wenn man auf einen Objektträger einen Tropfen "Immersionsöl" bringt, in den das Objektiv eintaucht, ist λ in diesem Öl verkürzt auf $\lambda' = \lambda/n$. Damit wird der auflösbare Abstand kleiner: $d' = \lambda' f/D = \lambda f/nD$.

6.25 Warum benutzt man Immersionsöl nur bei sehr stark vergrößernden dafür geeigneten Objektiven? Welche Mittel, die Auflösung zu steigern, folgen außerdem aus (6.45)?

6.7 Spektren

Selten wird der Unfug, den Philosophen manchmal von sich geben, so prompt widerlegt wie die Behauptung von *A. Comte*, des Begründers des Positivismus und der Soziologie, der Mensch werde nie erfahren, woraus die Sterne seien. Ein paar Jahre später wußte *Gustav Kirchhoff*, woraus sie sind. Ähnliches Pech wie *Comte* hatte *Hegel* fast zur gleichen Zeit: Er hatte philosophisch "bewiesen", es könne nur 7 Planeten geben. 1846 entdeckten *Leverrier, Adams* und *Galle* den Neptun.

Alles begann wieder mit dem Studenten *Newton* im Pestjahr 1665. Ein Loch in seinem Fenstervorhang hatte ihn schon als Kind interessiert: Wenn draußen die Sonne schien, sah man auf der Wand einen kreisrunden Fleck, manchmal teilweise von Wolken bedeckt, und zwar unten, wenn das bei der Sonne oben der Fall war.

6.26 Erklären Sie *Newtons* (und Ihre) Beobachtung. Muß das Loch dazu kreisrund sein? Geht es auch mit einem Schlüsselloch oder mit Lücken im Blätterdach eines Baumes? Untersuchen Sie die Abstandsverhältnisse.

Newton besorgte sich ein dreikantiges Glasprisma (Abb. 6.47) und hielt es in das Sonnenlichtbündel, das durch das Loch fiel. An der Wand, seitab vom üblichen runden hellen Fleck, entstand ein länglicher Fleck mit runden Enden, eins blau, das andere rot. Dazwischen war der Fleck viel schwächer gefärbt.

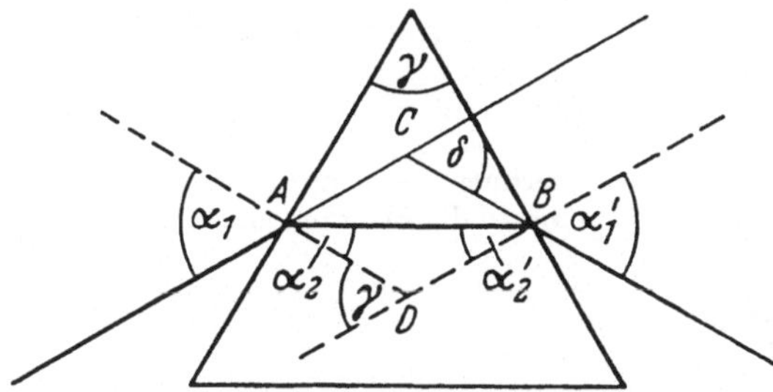

Abb. 6.47. Ablenkung eines Lichtstrahles durch ein Prisma, symmetrischer Durchgang

6.27 Warum wurde das Lichtbündel abgelenkt, und um wieviel? Untersuchen Sie den symmetrischen Durchgang durch das Prisma (was das ist, wird Ihnen beim Zeichnen sofort klar). Warum war der Fleck länglich, warum waren die Enden bunt, welches war das rote? Warum entstand kein vollständiges Regenbogenspektrum? *Goethe* schreibt selbst in seiner "Farbenlehre", die er für wichtiger hielt als den "Faust", er habe *Newton* in dem Augenblick widerlegt, als er nicht den erwarteten Regenbogen sah, während er eine schneeweiße Wand durch ein Prisma betrachtete. Was sagen Sie dazu?

Newton setzte nun eine Linse vor das Prisma, so, daß die Linse ohne Prisma einen "Brennfleck" auf der Wand erzeugte (Abb. 6.48). Jetzt sah er das vollständige Spektrum mit allen Farben. Eine zweite Linse, im richtigen Abstand ins Spektrum gehalten, vereinigte alle diese Farben wieder zu Weiß. Dasselbe tat sie mit zwei "Komplementärfarben": Grün-Rot, Blau-Orange, Gelb-Violett. Dagegen konnte ein zweites Prisma eine durch einen Schlitz ausgeblendete Spektralfarbe nicht weiter zerlegen.

6.28 Wieso half die Linse? Skizzieren Sie alle Anordnungen und probieren Sie sie selbst aus. Zeichnen Sie sich einen Farbenkreis mit den sechs Farben und machen Sie sich klar, was Komplementärfarben sind.

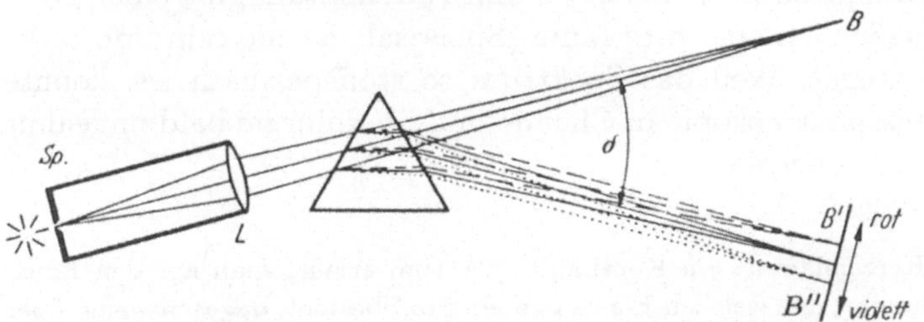

Abb. 6.48. Spektrale Zerlegung von zusammengesetztem Licht durch ein Prisma

1802 brach das Dach einer Spiegelfabrik hinter dem Münchner Isartor ein. Unter den Trümmern stöhnte der 15-jährige Lehrling *Joseph Fraunhofer*. Man zog ihn heraus im höchstselbigen Beisein des Kurfürsten, der ihm 18 Gulden versprach (aber erst nach mehreren Bittgängen nach Nymphenburg auszahlen ließ). Fraunhofer kaufte sich Bücher und Geräte und entwickelte sich in den nur 24 Jahren, die ihm noch blieben, zum größten wissenschaftlichen und technischen Optiker seiner Zeit. Mit den viel größeren und geometrisch perfekteren Prismen, die er schliff, spreizte er das Sonnenspektrum so, daß er im scheinbar zusammenhängenden Farbband, im *Kontinuum*, über 600 schwarze *Linien* erkannte. Die stärksten benannte er, vom Roten anfangend, mit Buchstaben, z. B. die gelbe *D*-Linie.

6.29 Warum kommt es auf die Größe des Prismas an? Zeichnen Sie nicht nur einen Strahl, sondern leuchten Sie das Prisma ganz aus. Denken Sie an die Beugung an einem Spalt!

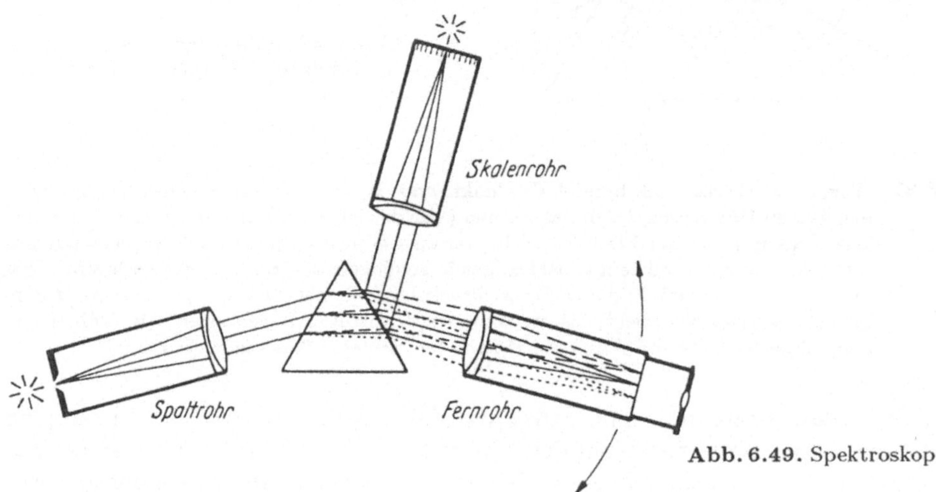

Abb. 6.49. Spektroskop

Im *Spektroskop* (Abb. 6.49) wird auf dem Schirm das Bild eines Spaltes abgebildet. Das Prisma erzeugt zusätzliche farbige Bilder des Spaltes (Linien). Dabei zeigt sich bald ein prinzipieller Unterschied zwischen den Lichtquellen: Ein glühender Draht gibt ein kontinuierliches Spektrum, ebenso eine Kerzenflamme. Eine nichtrußende Gasflamme wie die des Bunsen-Brenners, in die man etwas Salz streut oder mit der man ein Metall verdampft, gibt dagegen Linien, deren Lage vom verdampften Stoff abhängt: Ein Natriumsalz gibt eine gelbe, ein Kaliumsalz hauptsächlich eine rote Linie (Speisesalz ist nie rein und färbt daher die Flamme orange). Weil das Spektrum so stoffspezifisch ist, konnte man mit der Emissionsspektroskopie in Chemie und Metallurgie bald ungeahnt winzige Stoffmengen nachweisen.

6.30 Warum gibt die Kerzenflamme ein Kontinuum? Warum erfährt man aus den Emissionsspektren meist nur, aus welchen Elementen ein Stoff besteht, dagegen wenig über die Verbindungen?

Als "dispergierendes", d. h. farbzerstreuendes Bauteil kann man neben dem Prisma auch ein Gitter verwenden (Abschnitt 6.4). Es erzeugt nicht nur *ein* Spektrum, sondern viele, für jede Beugungsordnung eins. Im Gegensatz zum Prisma lenkt das Gitter Rot mehr ab als Blau.

6.31 Wieso ist die Farbenfolge im Gitterspektrum umgekehrt wie im Prismenspektrum? Im Prismenspektrum ist das violette Band besonders breit. Warum? Ist das beim Gitter auch so?

Eine farbige Lösung, ins Licht einer Lichtquelle mit kontinuierlichem Spektrum gebracht, *absorbiert* aus diesem Spektrum Linien oder (meist) breitere Bänder heraus, die für die gelösten Moleküle charakteristisch sind. Eine grüne Lösung kann grün aussehen, weil sie nur grünes Licht durchläßt, oder weil sie nur die Komplementärfarbe, also Rot, absorbiert.

Wieviel Licht durch eine farbige Lösung durchgeht, hängt von deren Konzentration c und Schichtdicke d ab. Wir benutzen von jetzt ab Licht eines möglichst engen Spektralbereichs, annähernd *monochromatisches* Licht. Seine Intensität beim Auftreffen auf die Küvette mit der Lösung sei I_0. Nach Durchlaufen von 1 cm Schichtdicke ist noch I_1 vorhanden, d. h. die Intensität ist um den Faktor $a = I_1/I_0$ geschwächt. Wieviel Intensität ist nach 2 cm noch da? Natürlich $I_2 = aI_1 = a^2 I_0$, denn der zweite cm empfängt die Anfangsintensität I_1 und schwächt sie wieder um den Faktor a. Nach x cm ist noch wieviel da? $I_x = a^x I_0$. Die Intensität nimmt exponentiell mit der durchlaufenen Schichtdicke ab.

6.32 Warum diskutieren wir jetzt monochromatisches Licht? Wie würden die nachfolgenden Gesetze sonst aussehen?

Weil die Absorption so wichtig ist, behandeln wir sie nochmal etwas anders. N_0 Leute beginnen eine Wanderung. Die Wahrscheinlichkeit, daß einer sich entschließt, lieber im Wirtshaus zu bleiben, sei für alle gleich und auch zu allen Zeiten gleich. Wir idealisieren weiter: Wirtshäuser seien überall gleich häufig und gleich attraktiv. Diese Wahrscheinlichkeit ist aber proportional zur Dichte c der Wirtshäuser (der Konzentration der absorbierenden Moleküle). Wir wollen wissen, wieviele Leute $N(x)$ nach einer Strecke x noch wandern. Auf der Wegstrecke dx scheiden von N Leuten, die da noch gehen, $\varepsilon N c\, dx$ aus. Dies ist die Abnahme von N, also

$$dN = -\varepsilon N c\, dx \quad \Rightarrow \quad \frac{dN}{dx} = -\varepsilon c N \quad . \tag{6.46}$$

Die Ableitung der gesuchten Funktion $N(x)$ ist, bis auf den konstanten Faktor $-\varepsilon c$, gleich der Funktion selbst. Diese ist eine e-Funktion:

$$N = N_0\, e^{-\varepsilon c x} \tag{6.47}$$

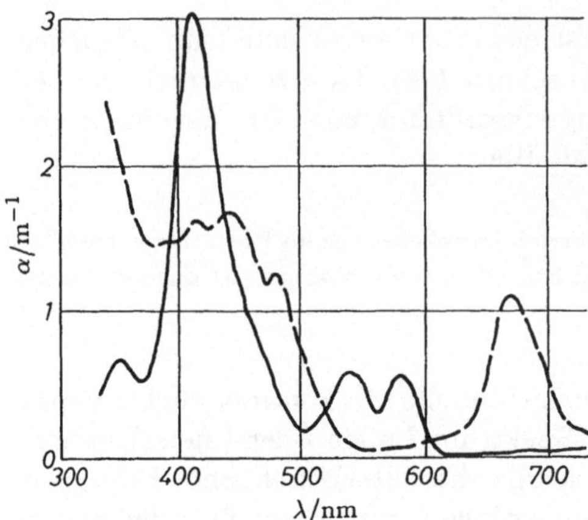

Abb. 6.50. Absorptionsspektren von zwei der für uns wichtigsten Substanzen: --- Chlorophyll, —— Hämoglobin (genauer: Chlorophyll a, Oxyhämoglobin vom Menschen). *Daß* Blätter grün und Blut rot (in sehr dünner Schicht gelb) sind, läßt sich daraus sofort ablesen. *Ob* und *warum* aber die Absorptionsmaxima so liegen müssen, ist beim Chlorophyll nur zum Teil und beim Hämoglobin so gut wie gar nicht bekannt

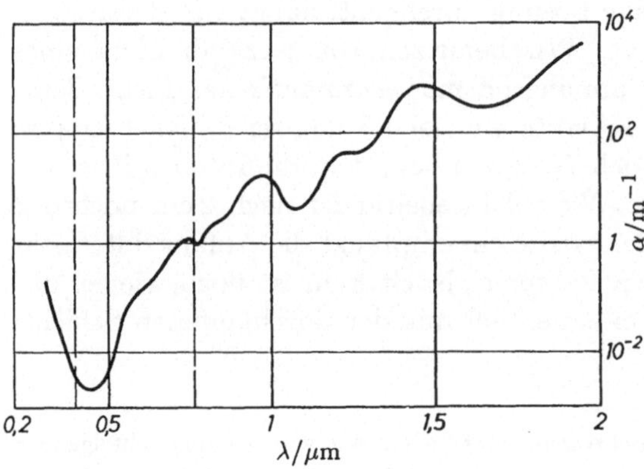

Abb. 6.51. Absorptionsspektrum des reinen Wassers (nach *G. Dietrich*). Man beachte die logarithmische Skala des Absorptionskoeffizienten. Das steile Transmissionsmaximum im Blauen bedingt die Farbe von Meeren und Seen

(Gesetz von *Bouguer-Lambert-Beer*). ε heißt *Extinktionskoeffizient* der Substanz, c wird gewöhnlich in mol/l ausgedrückt (Abb. 6.50, 51).

6.33 Machen Sie sich klar, warum N_0 in (6.47) vor der e-Funktion steht.

6.34 Wie muß man umrechnen, wenn c in g/l oder in g/g angegeben ist? Oft wird das Absorptionsgesetz nicht mit der Basis e, sondern der Basis 10 geschrieben. Wie hängt der entsprechende "dekadische" Extinktionskoeffizient mit unserem ε zusammen?

Ein Gas (oder ein Dampf) absorbiert ebenfalls aus dem Kontinuum gewisse Linien heraus, und zwar genau die, die es selbst emittiert, wenn es heiß ist und selbst leuchtet (Gesetz von *Kirchhoff*).

6.35 Erklären Sie das Gesetz von *Kirchhoff* mit der Vorstellung, daß in jedem Atom oder Molekül Ladungen sitzen, die mit bestimmten Frequenzen schwingen können. Verwenden Sie den Begriff "Resonanz". Was folgt daraus, daß die Linien so scharf sind? Können Sie unendlich scharf sein?

Durch diese Beobachtung klärte *Kirchhoff* das Geheimnis der Fraunhofer-Linien im Sonnenspektrum: Die "Photosphäre" der Sonne, deren Licht wir sehen, ist so dicht, daß sie ein Kontinuum ausstrahlt. Das tun auch Gase, falls sie sehr dicht sind, z. B. der dichte Dampf in einer Quecksilber-Höchstdrucklampe. Bevor das Licht der Photosphäre zu uns gelangt, muß es durch eine weitere Schicht, die "Chromosphäre", die ihre charakteristischen Linien aus dem Kontinuum herausabsorbiert.

6.36 Wenn man eine Natriumlampe einschaltet, leuchtet sie zuerst blaßviolett, erst später strahlend gelb. Wieso?

Seit *Kirchhoff* und *Bunsen* hat die Analyse der Spektren die tiefsten Einblicke ins Größte und ins Kleinste, in Sterne und Atome eröffnet. Man sieht am Spektrum nicht nur, woraus ein Stern besteht, man kann auch seine Temperatur ablesen (siehe unten), seine Dichte (davon in Abschnitt 7.2), seine Bewegung (aus dem Doppler-Effekt), indirekt auch, wie groß er ist, und vieles andere. Je heißer ein Körper ist, desto mehr verschiebt sich seine Emission ins Kurzwellige, wie jeder weiß, der mal in einer Schweißerei oder Schmiede war oder der selbst mit Gasflammen gespielt hat. Die Frequenz, bei der ein heißer schwarzer Körper maximal emittiert, ist nach *W. Wien* proportional zu seiner Temperatur T. Nach *Stefan* und *Boltzmann* ist die Gesamtintensität, die er in allen Frequenzen abstrahlt, proportional zu T^4. Warum beides so ist, konnte erst *Max Planck* aufklären. Sie erfahren es im Abschnitt 7.2.

6.8 Elektromagnetische Wellen

Was ist Licht? *Newton* stellte es sich als Teilchenstrahl vor, *Huygens* als Welle.

6.37 Was spricht für die eine, was für die andere Vorstellung?

Fresnel und *Young* bestätigten das Wellenmodell durch Interferenz- und Beugungsversuche. Aber was schwingt in diesen Wellen? Sie sind transversal, das zeigt die *Polarisation* des Lichts: Wir nehmen einen Polarisator (früher ein kompliziertes Gebilde aus gewissen Kristallen, heute viel einfacher ein Filter aus langen organischen Molekülen, die alle in einer Richtung liegen), halten ihn gegen das Licht, halten einen zweiten Polarisator davor und verdrehen ihn langsam. Das Licht, das durch beide kommt, wird heller und dunkler, bis zur fast völligen Auslöschung. Deutung: Übliches Licht schwingt in allen Richtungen senkrecht zu seiner Ausbreitung; der Polarisator läßt nur eine dieser Richtungen durch; beide zusammen lassen nichts mehr durch, wenn ihre Durchlaßrichtungen senkrecht aufeinanderstehen.

6.38 Welche Intensität tritt durch zwei Polarisatoren, wenn ihre Durchlaßrichtungen um den Winkel α gegeneinander verdreht sind? Hinweis: Komponentenzerlegung.

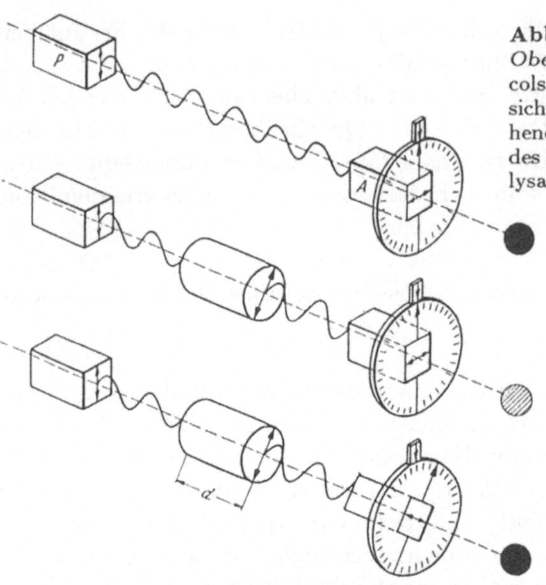

Abb. 6.52. Der Polarisationsapparat. *Oberes Bild*: Einstellung auf gekreuzte Nicols. *Mittleres Bild*: Aufhellung des Gesichtsfeldes durch Einführung einer drehenden Substanz. *Unteres Bild*: Messung des Drehwinkels durch Drehung des "Analysators" bis zu erneuter Auslöschung

Manche Stoffe, vor allem Zuckerlösungen, drehen die Polarisationsebene des Lichts. Man merkt und benutzt das so: Zwischen zwei Polarisatoren muß das Licht durch ein Rohr mit der Lösung (Abb. 6.52). Jetzt ist es hinter den beiden Filtern nicht mehr dunkel, wenn ihre Durchlaßrichtungen senkrecht zueinanderstehen (was man ohne Lösung ausprobieren kann), sondern erst wieder nach Verdrehung des einen um den Winkel α, der mit der Rohrlänge und der Zuckerkonzentration proportional wächst.

6.39 Welche Vorteile hat die Polarimetrie gegenüber anderen Analysenmethoden? Auf welcher Eigenschaft des Moleküls beruht die Drehung?

Elektrizität, Magnetismus und Licht scheinen ganz verschiedene Dinge zu sein. *Michael Faraday* fand zwei wichtige Bindeglieder zwischen ihnen: Die Induktion (wenn sich ein Magnetfeld zeitlich ändert, entsteht ein elektrisches Feld) und den Faraday-Effekt. Dieser Effekt besteht darin, daß in einem starken Magnetfeld viele Stoffe die Polarisationsebene des Lichts drehen, ganz ähnlich wie Zucker das auch ohne Magnetfeld tut. *Faraday* vermutete schon, Licht sei etwas Elektromagnetisches. *James Clerk Maxwell* fand, zunächst rein theoretisch, etwas der Induktion völlig Analoges: Wenn sich ein elektrisches Feld zeitlich ändert, entsteht ein Magnetfeld.

Wie kam *Maxwell* auf diese Idee? Betrachten wir einen Kondensator mit weit auseinanderstehenden Platten, der von einer Batterie über Drähte und einen Widerstand aufgeladen wird. Solange noch Ladestrom fließt, ist der Draht überall von einem Magnetfeld umgeben, dessen Linien ihn umschlingen. Nur im Zwischenraum zwischen den Platten scheint das nicht der Fall zu sein, denn da fließt kein Strom. Diese Unterbrechung des Magnetfeldes kam *Maxwell* unlogisch vor: Er postulierte, daß auch um den Zwischenraum sich Magnetfeldlinien schlingen. Was könnte aber die Ursache davon sein, wenn nicht ein Strom? Während im Draht der Strom I fließt, ändert sich die Ladung Q auf den Platten gemäß $I = \dot{Q}$ und damit das elektrische Feld E im Zwischenraum, das ja nach (5.38) $E = Q/\varepsilon\varepsilon_0 A$ ist. *Maxwell* schloß also den Stromkreis durch einen "Verschiebungsstrom", der in der Feldänderung besteht, genau den Wert I hat wie im Draht und sich folglich als $A\varepsilon\varepsilon_0\dot{E}$ berechnet. Wenn irgendwo beides fließt — ein richtiger Strom, also durchtretende Ladungen, und ein Verschiebungsstrom, also eine Änderung des E-Feldes — muß man beide als Ursachen des B-Feldes addieren und (5.53) ergänzen zu

$$\oint \boldsymbol{B} \cdot d\boldsymbol{s} = \mu\mu_0 I + \mu\mu_0\varepsilon\varepsilon_0 A\dot{E} \quad . \tag{6.48}$$

Wenn sich also ein elektrisches Feld ändert, erzeugt es ein Magnetfeld, wenn sich dieses ändert, erzeugt es ein elektrisches, wenn sich dieses ändert.... . Man sieht, das kann ewig so weitergehen und nennt sich dann elektromagnetische Welle!

(a) *Schallwelle (elastische Welle)*	(b) *Lichtwelle (elektromagnetische Welle)*
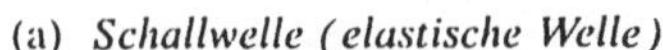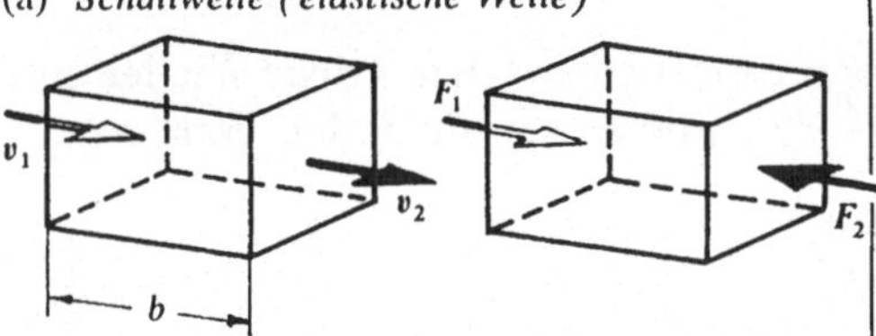	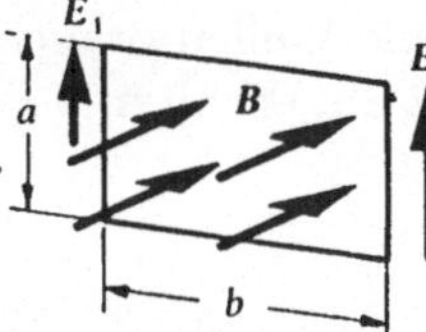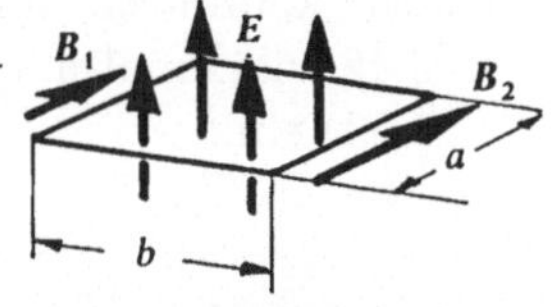

Geschwindigkeitsunterschied deformiert das Volumen:	Druckunterschied beschleunigt das Volumen:	Magnetflußänderung induziert E-Unterschied:	Elektrische Flußänderung erzeugt B-Unterschied:
$\dot{V} = A(v(x+b) - v(x))$ $= v'bA = v'V$ $\dfrac{\dot{V}}{V} = -\varkappa\dot{p} = v'$	$\rho V\dot{v} = F = A(p(x)$ $\qquad - p(x+b))$ $\qquad = -p'Ab = -p'V$	$\dot{\phi} = \dot{B}ab = -U = -E'ab$ $\dot{B} = -E'$ $\ddot{B} = -\dot{E}'$	$\dot{E}ab = \dfrac{B'ab}{\varepsilon\varepsilon_0\mu\mu_0}$ $\dot{E} = \dfrac{1}{\varepsilon\varepsilon_0\mu\mu_0}B'$ $\dot{E}' = \dfrac{1}{\varepsilon\varepsilon_0\mu\mu_0}B''$
$\dot{p} = -\dfrac{1}{\varkappa}v', \quad \ddot{p} = -\dfrac{1}{\varkappa}\dot{v}'$	$\dot{v} = -\dfrac{1}{\rho}p', \quad \dot{v}' = -\dfrac{1}{\rho}p''$		

Wellengleichung $\qquad \boxed{\ddot{p} = \dfrac{1}{\varkappa\rho}p''}$

Wellengleichung $\qquad \boxed{\ddot{B} = \dfrac{1}{\varepsilon\varepsilon_0\mu\mu_0}B''}$

Allgemeine Lösung $\quad p = f(x \pm ct), \quad c = \dfrac{1}{\sqrt{\varkappa\rho}}$

Allgemeine Lösung $\quad B = f(x \pm ct), \quad c = \dfrac{1}{\sqrt{\varepsilon\varepsilon_0\mu\mu_0}}$

Speziell:

Harmonische Welle $\quad p = p_0 + p_1\sin(\omega t - kx)$

$k = \dfrac{2\pi}{\lambda} \qquad\qquad v = v_0 - v_1\sin(\omega t - kx)$

$c = \dfrac{\omega}{k} \qquad\qquad v_1 = \varkappa c p_1$

Harmonische Welle $\quad B = B_0 + B_1\sin(\omega t - kx)$

$E = E_0 - E_1\sin(\omega t - kx)$

$E_1 = cB_1$

Schallenergiedichte $\quad w = \dfrac{1}{2}\rho v_1^2 = \dfrac{1}{2}\varkappa p_1^2 = \dfrac{1}{2}\dfrac{v_1 p_1}{c}$

Lichtenergiedichte $\quad w = \dfrac{1}{2}\varepsilon\varepsilon_0 E_1^2 = \dfrac{1}{2}\dfrac{B_1^2}{\mu\mu_0}$

$= \tfrac{1}{2}E_1 B_1 c\varepsilon\varepsilon_0$

Schallintensität $\qquad I = wc = \tfrac{1}{2}v_1 p_1$

Lichtintensität $\qquad I = wc = \tfrac{1}{2}E_1 B_1 \dfrac{1}{\mu\mu_0} = \tfrac{1}{2}E_1 H_1$

Abb. 6.53

Wir beschreiben das etwas genauer in Analogie zur Schallwelle (Abb. 6.53). Im Falle des Schalls betrachten wir einen kleinen Quader. Durch die eine Stirnfläche A strömt die Luft mit $v(x)$ hinein, aus der anderen, um dx entfernten, strömt sie mit $v(x + dx) = v(x) + v'dx$ hinaus (der Strich bedeute immer Ableitung nach x, der Punkt nach t). Insgesamt verliert unser Volumen $A\,dx$ also den Volumenstrom $\dot{V} = Av'\,dx = v'V$. Die Luftdichte darin nimmt ab gemäß $\dot{\varrho}/\varrho = -\dot{V}/V = -v'$, also der Druck nach (3.6) wie

$$\dot{p} = -\frac{v'}{\kappa} \quad . \tag{6.49}$$

Jetzt betrachten wir die Drucke auf beiden Seiten unseres Quaders. Links herrscht $p(x)$ und übt die Kraft $p(x)A$ aus, rechts herrscht $p(x + dx) = p(x) + p'\,dx$ und übt eine um $dF = p'\,dx\,A$ höhere Kraft aus. Die Luft im Quader mit ihrer Masse $dm = A\,dx\,\varrho$ wird also nach links beschleunigt mit

$$\dot{v} = -\frac{dF}{dm} = -\frac{p'}{\varrho} \quad . \tag{6.50}$$

Jetzt kommt ein für alle Wellen brauchbarer mathematischer Trick: Wir leiten (6.49) nochmal nach t ab, erhalten $\ddot{p} = -\dot{v}'/\kappa$ und setzen für $\dot{v}$ den Wert nach (6.50) ein:

$$\ddot{p} = \frac{1}{\kappa\varrho}p'' \quad . \tag{6.51}$$

Das ist eine Gleichung vom Typ (6.25). Dort hatten wir den Faktor rechts als Quadrat der Ausbreitungsgeschwindigkeit identifiziert: Die Schallgeschwindigkeit ist

$$c = \frac{1}{\sqrt{\kappa\varrho}} \quad . \tag{6.52}$$

Dieselbe Wellengleichung ergibt sich auch für v.

Im elektromagnetischen Fall betrachten wir keinen Quader, sondern einen rechteckigen Rahmen der Abmessungen dx und dy. Es trete senkrecht ein B-Feld hindurch, das sich zeitlich ändert. Im Rahmen wird die Ringspannung $U = \dot{\phi} = \dot{B}\,dy\,dx$ induziert, d.h. auf einer Seite des Rahmens, z.B. rechts, ist das E-Feld um $dE = U/dy = \dot{B}\,dx$ größer als links (ob es links 0 ist oder nicht, spielt keine Rolle; denken Sie daran, wie man von E zu U gelangt!). Es ist also

$$E' = \dot{B} \quad . \tag{6.53}$$

Jetzt drehen wir den Rahmen, so daß wir möglichst viel E-Feld damit einfangen. Wenn E sich zeitlich verändert, wird dieser Verschiebungsstrom von einem B-Feld umschlungen. Der Zusammenhang ist genau wie bei der Induktion, nur sind natürlich E und B vertauscht, und es tritt der Faktor $1/(\mu\mu_0\varepsilon\varepsilon_0)$ auf:

$$\dot{E} = \frac{1}{\mu\mu_0\varepsilon\varepsilon_0}B' \quad . \tag{6.54}$$

Gleichungen (6.53 und 54) sind genauso gebaut wie (6.49 und 50) und können
ebenso zur Wellengleichung

$$\ddot{E} = \frac{1}{\mu\mu_0\varepsilon\varepsilon_0} E'' \tag{6.55}$$

zusammengefaßt werden. Für B gilt dieselbe Gleichung. Beide Felder breiten
sich also als Wellen mit der Geschwindigkeit

$$c = \frac{1}{\sqrt{\mu\mu_0\varepsilon\varepsilon_0}} \tag{6.56}$$

aus. Im Vakuum ist $\mu = \varepsilon = 1$, und es ergibt sich

$$c_0 = \frac{1}{\sqrt{\mu_0\varepsilon_0}} = \frac{1}{\sqrt{8,9 \cdot 10^{-12}\,\mathrm{AsV^{-1}m^{-1}} \cdot 1,26 \cdot 10^{-6}\,\mathrm{VsA^{-1}m^{-1}}}}$$
$$= 3,0 \cdot 10^8 \frac{\mathrm{m}}{\mathrm{s}} \quad , \tag{6.57}$$

die Lichtgeschwindigkeit! Licht ist eine elektromagnetische Welle. In durchsichtigen Medien ist $\mu = 1$, also $c = c_0/\sqrt{\varepsilon}$. Damit haben wir auch die Brechzahl
n elektromagnetisch gedeutet:

$$n = \sqrt{\varepsilon} \quad . \tag{6.58}$$

Vergleicht man Tabellenwerte von n und ε, muß man allerdings beachten, daß
ε meist stark von der Frequenz abhängt. Fürs Licht gilt natürlich der ε-Wert
für sehr hohe Frequenzen.

Unsere Herleitung hat gezeigt: In einer (ebenen) Lichtwelle stehen E und
B senkrecht zueinander und zur Ausbreitungsrichtung (Abb. 6.54). Aus (6.53)
folgt ferner für die Amplituden (Index 1) beider Felder

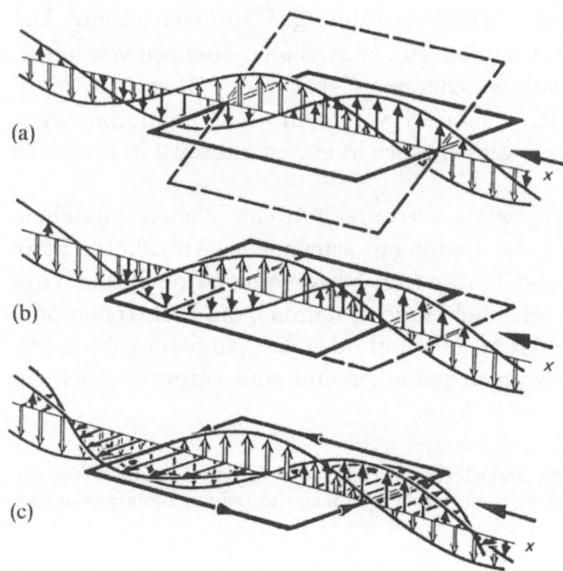

Abb. 6.54a–c. Elektromagnetische
Welle (fortschreitende ebene Welle).
(a) Der Meßrahmen fängt am meisten D auf, wenn er senkrecht zu
D steht, und zwar so (b), daß er
eine volle D-Halbwelle umfaßt; (c)
H ist also senkrecht zur D und in
Phase mit ihm. ↑ D, ⇑ D, ↙ H

$$E_1 = cB_1 \quad , \tag{6.59}$$

analog folgt beim Schall für die Geschwindigkeitsamplitude ("Schallschnelle")

$$v_1 = \kappa c p_1 \quad . \tag{6.60}$$

In der elektromagnetischen Welle steckt Energie, ebenso wie in der elastischen. Ihre Dichte w ist beim Schall teils kinetisch, teils potentiell:

$$w = \frac{1}{2}\varrho v_1^2 = \frac{1}{2}\kappa p_1^2 = \frac{1}{2}\frac{v_1 p_1}{c} \quad , \tag{6.61}$$

beim Licht teils elektrisch, teils magnetisch:

$$w = \frac{1}{2}\varepsilon\varepsilon_0 E_1^2 = \frac{1}{2}\frac{B_1^2}{\mu\mu_0} = \frac{1}{2}\frac{E_1 B_1}{\mu\mu_0 c} \quad . \tag{6.62}$$

Diese Energiedichte w wird mit c verschoben, woraus sich eine Energiestromdichte oder Intensität $I = wc$ ergibt: Beim Schall

$$I = wc = \tfrac{1}{2}v_1 p_1 \quad , \tag{6.63}$$

beim Licht

$$I = wc = \frac{1}{2}E_1 B_1 \frac{1}{\mu\mu_0} \quad . \tag{6.64}$$

Die ganze Entwicklung der Funktechnik wurde mit dieser Theorie von *Maxwell* erst möglich. Ein riesiges Spektrum von Wellen, von denen *Maxwell* die meisten noch gar nicht kannte, ist damit unter den elektromagnetischen Hut gebracht. Nach wachsenden Frequenzen geordnet: Lang-, Mittel-, Kurzwellen, UKW beim Radio, Fernsehwellen, Radar, Mikrowellen, Wärmestrahlung, Infrarot, sichtbares Licht, Ultraviolett, Röntgenstrahlung, Gammastrahlung. Die Wellenlängen gehen von vielen km bis unter 10^{-15} m, die Frequenzen von unterhalb 1 Hz bis über 10^{22} Hz, die Photonenenergien (Abschnitt 7.2) von 10^{-15} eV bis weit über 1 MeV. Von diesem Riesenbereich von mehr als 20 Zehnerpotenzen sieht unser Auge nur eine "Oktave", dies entspricht einem Faktor 2 in Frequenz oder Wellenlänge.

Wir müssen nur noch wissen, wie elektromagnetische Wellen entstehen: Natürlich durch eine Antenne, in der Ladungen schwingen (Abb. 6.55). Beim Rundfunk sind das über 100 m hohe Türme (am besten eine halbe Wellenlänge der Sendewelle lang), beim Licht sehr viel kürzere, nämlich die Elektronen oder Ionen, die um ihre Ruhelagen im Atom, Molekül oder Kristallgitter schwingen. Leichte Teilchen, Elektronen, schwingen schneller und sind verantwortlich für die hohen Frequenzen, Ionen für die tieferen.

6.40 Selbst die durchsichtigsten Stoffe absorbieren im UV und im IR. Warum? Wer absorbiert da? Welches Verhältnis zwischen den Frequenzen der beiden Absorptionsbänder erwarten Sie?

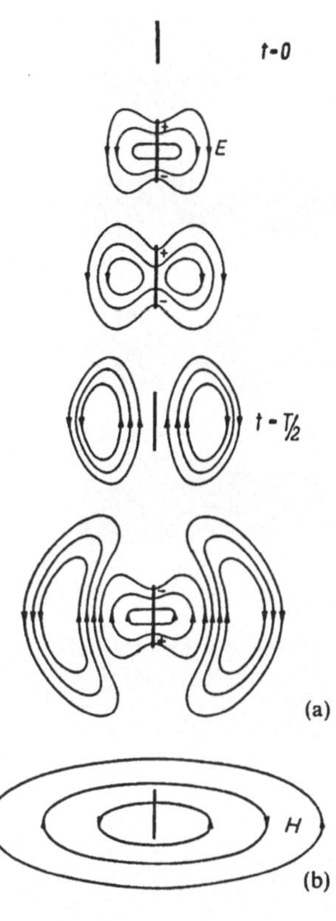

Abb. 6.55a,b. Das elektrische und magnetische Feld in der Umgebung eines Hertz-Oszillators. Die elektrischen Feldlinien, welche mit wachsendem Moment des schwingenden Dipols sich in den umgebenden Raum hinein ausbreiten, kehren während der Abnahme des Moments nicht zurück. Nach der Zeit $T/2$ haben sie sich von den Ladungen des Dipols gelöst. Das entstandene elektrische Wirbelfeld mit den charakteristischen nierenförmigen Feldlinien entfernt sich mit Lichtgeschwindigkeit vom Sender. Nach $T/2$ quellen wieder, nun aber mit umgekehrter Richtung, Feldlinien aus dem Dipol. So löst sich nach jeder halben Periode ein Bündel elektrischer Feldlinien ab. Der Strom im Oszillator erzeugt ein Magnetfeld, dessen Feldlinien Kreise sind, wie in **(b)** dargestellt. Auch ihre Richtung ändert sich nach jeder halben Periode. Gemäß den Maxwell-Gleichungen miteinander gekoppelt, pflanzen sich die elektrischen und magnetischen Felder gemeinsam fort

Wir betrachten eine lineare Antenne der Länge d, in der eine Ladung Q hin- und herschwingt; die Gegenladung schwingt genau entgegengesetzt. Wir haben also einen schwingenden Dipol mit dem Dipolmoment p vom Maximalwert $p_0 = Qd$, das sich zeitlich ändert wie

$$p = p_0 \sin \omega t \quad . \tag{6.65}$$

Wenn die Ladung Q ganz an einem Ende der Antenne ist, ist das E-Feld maximal. Es ändert sich aber ständig und umgibt sich dadurch mit einem B-Feld. Dieses ändert sich auch und umgibt sich mit einem E-Feld usw.: Eine Welle läuft in den Raum, am stärksten ist sie senkrecht zum Dipol (Abb. 6.56). In Achsrichtung wird gar nichts abgestrahlt. Abgesehen von diesen "polaren Löchern" verteilt sich die ausgestrahlte Energie ziemlich gleichmäßig über wachsende Kugeloberflächen, die Intensität nimmt also mit dem Abstand r ab wie $I \sim 1/r^2$. Da $I \sim EB$ und $E \sim B$ [vgl. (6.64) und (6.59)], nehmen E und B ab wie $1/r$.

6.41 Wie groß sind E und B im Sonnenlicht, das auf die Erde fällt? Ein australischer Kurzwellensender strahle 1 kW ab. Wie groß sind E und B dieser Sendung in Europa?

Wieviel Leistung die Antenne abstrahlt, finden wir durch eine Dimensionsbetrachtung (die exakte Theorie von *Heinrich Hertz* ist viel zu schwierig). Von

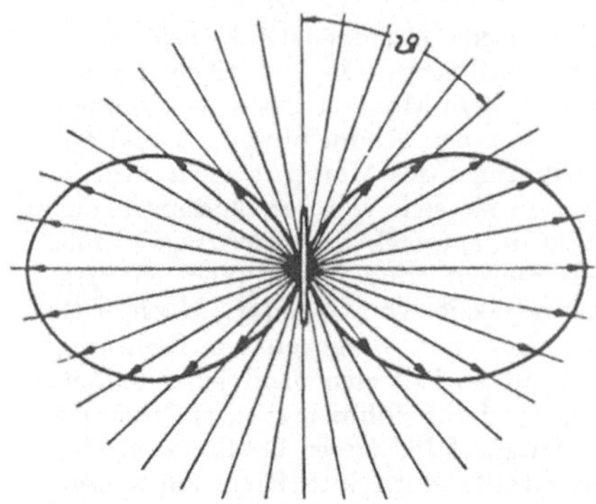

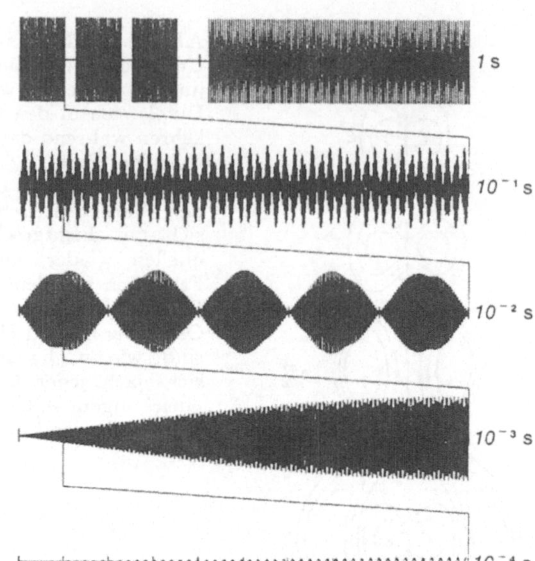

Abb. 6.56. Das Strahlungsdiagramm eines Hertz-Oszillators. Es besteht Rotationssymmetrie um die Dipolachse

Abb. 6.57. Etwa so sieht das Signal aus, das ein Mittelwellensender im ersten Takt von Beethovens 5. Sinfonie aussendet

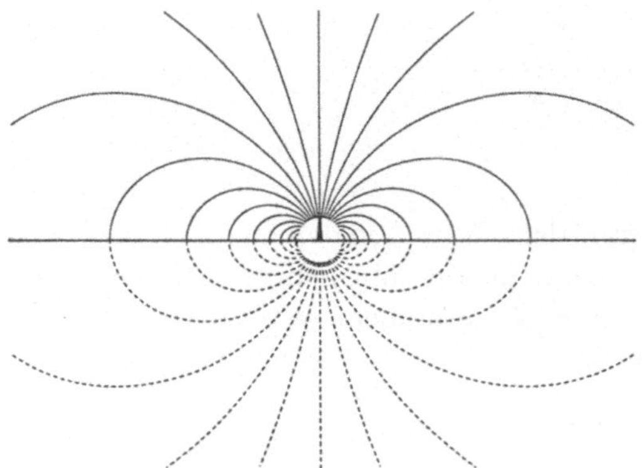

Abb. 6.58. Das E-Feld einer Sendeantenne ist im Luftraum identisch mit einem Dipolfeld. Um eine Antennenhöhe unter der Erde kann man sich eine Spiegelladung denken

welchen Größen kann die Leistung P abhängen? Vom Dipolmoment p der Antenne, der Kreisfrequenz der Schwingung und von den allgemeinen Feldgrößen ε_0 und μ_0, von denen man nach (6.57) eine durch c ersetzen kann. Wir stellen die Einheiten von P, p_0, ω, c und ε_0 zusammen, ausgedrückt durch die Grundgrößen m, s, A, V (wir könnten statt V auch kg nehmen, aber A und V sind hier bequemer). Am besten schreiben wir nur die Exponenten dieser Grundgrößen auf:

	P	p_0	ω	c	ε_0	p_0^2/ε_0	$p_0^2/\varepsilon_0 c^3$	$p_0^2\omega^4/\varepsilon_0 c^3$
m	0	1	0	1	−1	3	0	0
s	0	1	−1	−1	1	1	4	0
A	1	1	0	0	1	1	1	1
V	1	0	0	0	−1	1	1	1

Jetzt bauen wir P zusammen. Das V können wir nur aus ε_0^{-1} kriegen. Dann steht aber u. a. auch A^{-1} da. Um das auszugleichen, kommt nur p_0^2 in Frage (drittletzte Spalte). Mit A und V stimmt jetzt alles, aber unversehens sind drei m und ein s entstanden, die wir nur mittels ω und c wegschaffen können. Für m ist nur c brauchbar: $p_0^2\varepsilon_0^{-1}c^{-3}$. Jetzt sind vier s zuviel. Also her mit ω^4: Die richtige Formel heißt $P = p_0^2\omega^4/\varepsilon_0 c^3$, evtl. mit einem reinen Zahlenfaktor, den die exakte Rechnung liefert:

$$P = \frac{1}{6\pi}\frac{p_0^2\omega^4}{\varepsilon_0 c^3} \quad . \tag{6.66}$$

Auf diese Art können Sie die meisten Naturgesetze und viele sonst schwer zugängliche Zahlenwerte raten.

6.42 Schätzen Sie durch Dimensionsbetrachtung den Druck, dann die Temperatur im Sonneninnern oder die Stefan-Boltzmann-Konstante (dies am besten erst nach Abschnitt 7.2).

6.43 Schätzen Sie die Sendeleistung eines schwingenden Elektrons in einem Atom. Wie lange reicht die Energie des angeregten Elektrons, die einige eV beträgt?

Nicht nur eine schwingende Ladung strahlt, sondern allgemein jede beschleunigte elektrische Ladung.

Ein Dipol von gegebener Größe, also gegebenem p_0, strahlt viel stärker, wenn er zu hoher Frequenz angeregt ist, wie der Faktor ω^4 in (6.66) zeigt. Wenn Licht auf ein Molekül fällt, schwingen die Ladungen in ihm mit der Frequenz des Lichtes, denn dessen elektrisches Feld zerrt sie hin und her. Das ist ein Musterbeispiel für erzwungene Schwingungen. Das Molekül wird damit selbst zur Antenne, die eine Streuwelle ausstrahlt. Da das nach allen Richtungen geschieht (bis auf die Achsrichtung des Dipols), wird die primäre Lichtwelle geschwächt. Am stärksten betrifft das die kurzen Wellen. Aus dem Licht der schrägstehenden Sonne wird durch die vielen Luftmoleküle der dicken Atmosphärenschicht das Blaue herausgestreut, die Sonne sieht gelb oder rot aus. Das Blaue geht aber nicht verloren, es wird nur umgelenkt und kommt aus Richtungen, wo die Sonne nicht steht, als Himmelsblau zu uns. Ganz ähnlich streuen die Fett-Tröpfchen in verdünnter Milch, nur nicht so selektiv fürs Blaue. Voraussetzung für diese *Rayleigh-Streuung* ist nämlich, daß die streuenden Teilchen klein gegen die Lichtwellenlänge sind.

6.9 Schallwellen

Über den Schall wissen wir aus dem Bisherigen schon recht viel. Wir brauchen eigentlich nur hinzuzufügen, wie das Ohr darauf reagiert. Die Schallwelle hat Intensität, Frequenz (meist mehrere), Phase. Die Phase nehmen wir meist gar nicht wahr, die Intensität als Lautstärke, die Frequenz als Tonhöhe, beides auf sehr listige Weise.

Wenn ein Löwe aus 100 m Abstand auf uns zuschleicht, kommt von einem vielleicht doch knackenden Zweig eine etwa 10^{13} mal geringere Intensität an unser Ohr, als wenn er dicht neben uns brüllt, so laut er kann. Das Ohr tut also gut daran, den riesigen Intensitätsbereich von 13 Zehnerpotenzen aufzunehmen. Das ist gar nicht so einfach, denn wir nehmen durch den Bau unserer Nerven nur etwa 100 verschiedene Lautstärkegrade wahr. Wenn wir die gleichmäßig (linear) über die Skala von 1 bis 10^{13} verteilten, könnten wir zwar entscheiden, ob ein oder zwei Löwen neben uns brüllen, aber nicht, ob sich einer oder zwei anschleichen, was vermutlich wichtiger zu wissen ist. Die Natur verteilt die 100 Punkte logarithmisch, genau wie der Student, der die Skala $1-10^{13}$ auf seinem Papier unterbringen und auch unten noch was sehen will. Der empfundene Lautstärke*unterschied* zwischen zwei und einem schleichenden Löwen ist dann derselbe wie zwischen zwei und einem brüllenden.

$$L = 10 \cdot {}^{10}\log \frac{I}{I_0} = 10 \lg \frac{I}{I_0} \quad . \tag{6.67}$$

Die so definierte Einheit der Lautstärke, das Dezibel (dB, früher auch Phon genannt), entspricht auch etwa dem Unterschied, den wir noch wahrnehmen können ($\lg = {}^{10}\log$).

6.44 Weisen Sie nach, daß I_0 die geringste hörbare Schallintensität bedeutet!

6.45 Ein Düsenjäger mache einen Lärm von 120 dB. Wieviel Lärm macht eine Staffel von 10 Düsenjägern? In 100 m Entfernung erzeuge der Preßlufthammer eines Straßenarbeiters 90 dB. Wieviel Lärm herrscht ungefähr in 200 m Entfernung?

6.46 Auf Stadtautobahnen ist oft ein Tempolimit von 80 km/h vorgeschrieben. Wieviel dB Lärmreduzierung bringt das ungefähr? Nehmen Sie an, der Lärm eines Motors sei proportional zur Leistung, die er abgibt.

Sehr viele physikalische Reize setzen sich nach dem logarithmischen Gesetz von *Weber* und *Fechner* in physiologische Empfindungen um. Lichtintensitäten z. B. von Sternen werden logarithmisch in empfundene Helligkeiten (Sterngrößen m) umgerechnet: $m = -2,5 \cdot \lg(I/I_0)$. Beim Säuregrad pH und seiner Ursache, der H-Ionenkonzentration, ist es ebenso: $\mathrm{pH} = -\lg(c/c_0)$, und auch bei Tonhöhe und Frequenz: Als gleiche Intervalle (Tonhöhenunterschiede) empfinden wir gleiche *Frequenzverhältnisse*: 2/1 Oktave, 3/2 Quinte, 4/3 Quarte, 5/4 große Terz usw. (dies für die reine oder pythagoräische Stimmung; *Pythagoras* hat diese Stimmigkeit zwischen Zahl und Ton entdeckt; die temperierte Stimmung gibt jedem der 12 Halbtöne einer Oktave den gleichen Faktor $\sqrt[12]{2} = 1,059463$).

Ein physikalischer Ton, eine reine Sinuswelle, ist musikalisch langweilig. Farbe kommt erst hinein, wenn Obertöne vorhanden sind; physikalisch wird so der Ton zum Klang. Jede periodische Schwingung ist ein Klang, denn sie zerfällt nach *Fourier* in den Grundton und seine Obertöne. Unperiodische Schwingungen sind, streng genommen, Geräusche (hier sind die Physiker wieder mal sehr streng: Ein Klang müßte danach ewig klingen; wenn er aufhört oder auch nur an- oder abschwillt, ist er schon nicht mehr rein periodisch).

Unser Ohr nimmt Wellenfrequenzen zwischen etwa 16 Hz und 16 kHz wahr, am empfindlichsten ist es um 1 kHz, wo auch die Angaben über die wahrnehmbaren 13 Zehnerpotenzen der Intensität gelten (bei anderen Frequenzen ist dieser Bereich kleiner). Im Alter schrumpft dieser Frequenzbereich. Hunde und besonders Delphine, Fledermäuse usw. hören bzw. senden auch *Ultraschall* weit oberhalb 16 kHz und verständigen sich bzw. sondieren ihre Umwelt damit.

6.47 Warum braucht eine Fledermaus Ultraschall, um eine Fliege am Echo zu erkennen? Schätzen Sie Wellenlänge und Frequenz dieses Sonar-Signals. Könnte ein blinder Mensch Ähnliches?

Ultraschall wird technisch immer wichtiger zur Materialprüfung und -bearbeitung, ebenso in Medizin und Biologie für Diagnosen ohne Schnitt oder Röntgenstrahl. Beim Ultraschall-Bohren benutzt man Intensitäten millionenmal größer als die, die im hörbaren Bereich unser Trommelfell sprengen würden.

7. Teilchenwellen

7.1 Sehr schnelle Teilchen

Aus der Relativitätstheorie bringen wir nur einige Tatsachen, die wir später brauchen werden. Die Beweise dafür und die tieferen Zusammenhänge finden Sie in jedem ausführlicheren Lehrbuch. Wenn Sie hier etwas nicht verstehen, kommen Sie nach dem Studium des Abschnitts 7.2 darauf zurück.

Einsteins grundlegende Entdeckung (1905) war: Energie und Masse sind eigentlich dasselbe, ebenso wie z. B. Wärme nur eine Form der Energie ist. Für die spezielle Energieform "Masse" gilt der Umrechnungsfaktor c^2 : Ein Teilchen der Masse m verkörpert die Energie

$$W = mc^2 \tag{7.1}$$

und umgekehrt: Jede Energie W hat die Masse $m = W/c^2$. Hier ist $c = 3,00 \cdot 10^8$ m/s die Lichtgeschwindigkeit im Vakuum. 1 kg enthält $9 \cdot 10^{16}$ J, die sich allerdings selbst im Kernreaktor nur zum geringen Teil in übliche Energieformen umwandeln lassen.

7.1 Welche Ruhenergie hat ein Elektron bzw. ein Proton? Drücken Sie dies auch in eV aus!

7.2 Ein ^{235}U-Kern der relativen Kernmasse 235,044 spaltet durch Beschuß mit einem Neutron in ^{138}Ce (relative Kernmasse 137,906), ^{95}Mo (relative Kernmasse 94,906), 2 Neutronen (relative Kernmasse je 1,008) und 8 Elektronen. Wieviel Energie wird dabei frei, auch bezogen auf 1 kg "Brennstoff" ?

7.3 Zwei schwere Wasserstoffkerne (relative Kernmasse 2,01474) fusionieren zu einem He-Kern (relative Kernmasse 4,00387). Wieviel Energie wird dabei frei, auch bezogen auf 1 kg "Brennstoff" ?

Auch ein ruhendes Teilchen der Masse m_0 enthält viel Energie, nämlich seine Ruhenergie $W_0 = m_0 c^2$. Beschleunigt man es, dann bedeutet sein Zuwachs an kinetischer Energie auch einen Massenzuwachs. Die kinetische Energie ist (für kleine v) gleich $\frac{1}{2}mv^2$; also ist der Massenzuwachs gering, solange $v \ll c$:

$$m \approx m_0 + \frac{1}{2}m_0\frac{v^2}{c^2} \quad . \tag{7.2}$$

7.4 Bestimmen Sie den Massenzuwachs eines Autos, einer Rakete, der Erde infolge ihrer Bewegung. Wie ist das bei $v = c/2$ oder bei $v = 0,99c$? Warum sagt man, c sei eine unüberschreitbare Grenzgeschwindigkeit?

Einstein zeigte weiter, daß (7.2) nur eine Näherung ist für

$$m = \frac{m_0}{\sqrt{1 - v^2/c^2}} \quad . \tag{7.3}$$

7.5 Zeigen Sie, daß (7.2) aus (7.3) folgt (entwickeln Sie (7.3) nach dem binomischen Satz). Was passiert bei $v = c$?

Bei $v = c$ müßte m unendlich werden. Um ein Teilchen auf Lichtgeschwindigkeit zu bringen, müßte man ihm den Massenzuwachs in Form von unendlich viel Energie zuführen, was unmöglich ist. Kein Teilchen kann c erreichen, außer wenn seine Ruhmasse m_0 Null ist. Dies wird z. B. für die Lichtteilchen, die Photonen, angenommen. Sie müssen eben deswegen immer mit c fliegen (im Vakuum), selbst wenn man sie bremst oder beschleunigt. Dabei ändern sie nicht ihr v, sondern ihr m oder ihr $W = mc^2$. Nach *Planck* (1900) bestimmt aber die Energie eines Photons seine Frequenz (Abschnitt 7.2):

$$W = h\nu \quad . \tag{7.4}$$

Ein Photon, das man bremst, verringert seine Frequenz, wird also "röter" und umgekehrt. Das passiert, wenn das Licht im Gravitationsfeld "aufsteigen" muß, z. B. von der Sonne oder einem Stern kommt (Einstein-Effekt). Anhand sehr scharfer γ-Linien der Kernstrahlung (Mößbauer-Effekt) kann man diese Frequenzänderung sogar in einem hohen Gebäude auf der Erde nachweisen.

7.6 Ein radioaktives Präparat sendet γ-Strahlung der Energie 100 keV senkrecht nach oben aus. Die Frequenz der Strahlung wird zunächst direkt über dem Präparat und dann 20 m darüber gemessen. Wie unterscheiden sich die Meßwerte?

7.7 Von welcher Energie oder Frequenz ab kann ein Photon sich in ein Elektron-Positron-Paar verwandeln? (Das Positron als Antiteilchen des Elektrons hat dieselbe Masse wie dieses).

Bei Teilchen mit Ruhmasse ergibt sich die kinetische Energie allgemein aus der Differenz zwischen bewegter Masse und Ruhmasse:

$$W_{\text{kin}} = (m - m_0)c^2 = m_0 c^2 \left(\frac{1}{\sqrt{1 - v^2/c^2}} - 1 \right) \quad . \tag{7.5}$$

Auch der Impuls eines sehr schnellen Teilchens ist nicht mehr $m_0 \boldsymbol{v}$, sondern

$$\boldsymbol{p} = m\boldsymbol{v} = \frac{m_0}{\sqrt{1 - v^2/c^2}} \boldsymbol{v} \quad . \tag{7.6}$$

7.2 Das Photon

Im Jahre 1876 stellte sich ein Studienanfänger, der damaligen Sitte gemäß, bei
den einzelnen Professoren der Münchner Universität vor. Der Physiker sagte
zu ihm: "Junger Mann, die Physik ist eine völlig abgeschlossene Wissenschaft,
in der auch ein gescheiter Mensch wie Sie nichts Neues mehr finden kann.
Studieren Sie lieber Archäologie". Der Student befolgte den Rat nicht. Er hieß
Max Planck.

So dumm war der Professor gar nicht, nur unvorsichtig. Physik und Chemie
hatten damals eine wunderbare Ordnung unter den vielen Millionen Stoffen
geschaffen, die uns umgeben, und hatten sie auf die knapp hundert Elemente
zurückgeführt. Daraus ergaben sich auch praktische Rezepte zum Aufbau vieler
alter und neuer Stoffe. Man verstand seit *Newton* immer besser die feinsten
Einzelheiten der Bewegung der Himmelskörper. *Boltzmann* und *Maxwell* hatten
die Wärmeerscheinungen auf die Bewegung der Moleküle zurückgeführt, derselbe *Maxwell* das Licht auf elektromagnetische Erscheinungen. *H.A. Lorentz*
und *J.J. Thomson* hatten gezeigt, wie man viele optische und elektrische Eigenschaften der Stoffe nach *Maxwells* Theorie erklären kann. Aber leider nicht alle:
Die Entstehung und Absorption von Licht blieb in den Einzelheiten dunkel.
Warum strahlen Gasteilchen nur ganz bestimmte Spektrallinien aus, und wo
liegen diese? Ein heißer Festkörper strahlt alle Frequenzen aus, aber wie verteilt
sich seine Strahlungsenergie über das Spektrum?

Max Planck fand 1900 die Lösung der letzten Frage − eine Lösung, die
ihm gar nicht behagte, weil sie überhaupt nicht im Rahmen der bisherigen
Physik unterzubringen war. Ein heißer Körper und das Strahlungsfeld, das
ihn umgibt, tauschen ständig Energie miteinander aus. Dieser Austausch darf
nicht in beliebigen Portionen erfolgen, sondern nur in "abgepackten" Brocken,
Quanten oder Photonen, deren Energie durch ihre Frequenz bestimmt ist:

$$W = h\nu \ . \tag{7.7}$$

Die Konstante

$$h = 6,7 \cdot 10^{-34} \, \text{J s} \tag{7.8}$$

war der klassischen Physik ganz fremd. *Plancks* Herleitung seines Gesetzes ist
sehr schwierig. *Einstein* gab wenig später eine sehr viel durchsichtigere, die hier
folgt:

Wir wollen wissen, welche Intensität $I(\nu)$ ein schwarzer Körper der Temperatur T im Frequenzbereich zwischen ν und $\nu + d\nu$ abstrahlt. Schwarz ist
er, wenn er alle auffallende Strahlung absorbiert. Dann setzt er sich ins Gleichgewicht mit seiner eigenen Strahlung, und deren Frequenzverteilung interessiert
uns.

Die Atome des schwarzen Körpers können Photonen jeder Frequenz ν
schlucken, wobei sie jeweils in einen um $W = h\nu$ höheren *angeregten* Energiezu-
stand übergehen müssen. Wenn sie wieder in den Ausgangszustand zurückkehren, strahlen sie die gleiche Frequenz wieder aus. Dies geschieht nach einer
gewissen Zeit spontan (Abb. 7.1).

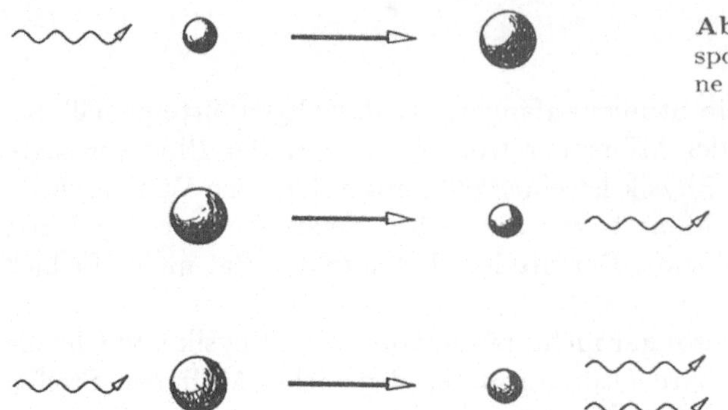

Abb. 7.1. Anregung eines Atoms, spontane Emission und erzwungene Emission

Aber es gibt noch einen zweiten Rückkehrprozeß, den *Einstein* postulierte (womit er eigentlich den Laser erfand): Im angeregten Atom schwingen Ladungen, die Elektronen. Die spontane Emission entspricht einer Dämpfung dieser Schwingung. Man kann eine Schwingung auch "abregen", indem man in der falschen Richtung, mit einer um φ verschiedenen Phase, dagegenwackelt. So dämpft man das Schwanken eines Schiffes mit einem Schlingertank, in dem Wasser in "falscher" Phase hin- und herschwappt. Wenn ein Photon, also eine elektromagnetische Welle, an einem angeregten Atom wackelt, kann das ebensogut zur Abregung wie zu weiterer Anregung führen.

Es laufen also ständig drei Prozesse ab:

Absorption mit *A*nregung
Spontane Emission mit *A*bregung
Erzwungene Emission mit *A*bregung

Wir betrachten nur Prozesse unter Beteiligung von Photonen *einer* Frequenz ν. Wie häufig solche Prozesse vorkommen, hängt ab von

—   der Teilchenzahldichte n von Atomen im Grundzustand,
—   der Teilchenzahldichte n^* von Atomen im angeregten Zustand mit der Energie $h\nu$,
—   der Teilchenzahldichte der Photonen mit der gleichen Energie, die proportional zur spektralen Intensität $I(\nu)$ ist.

Die Häufigkeit eines Prozesses ist gegeben durch das Produkt der Dichten der Partner, also (Abb. 7.2)

Absorption $\alpha n I$
spontane Emission βn^*
erzwungene Emission $\alpha n^* I$

(die Faktoren α für 1 und 3 sind gleich, denn Anregung ist ebenso wahrscheinlich wie Abregung, ist nur eine Frage der Phasenverschiebung). Im Gleichgewicht müssen ebensoviele Absorptionen wie Emissionen erfolgen:

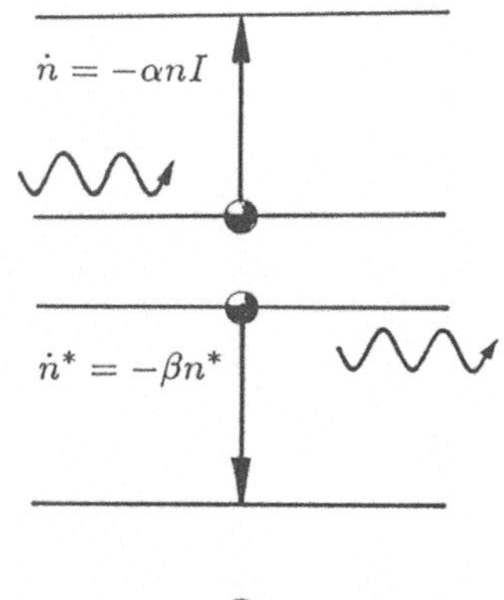

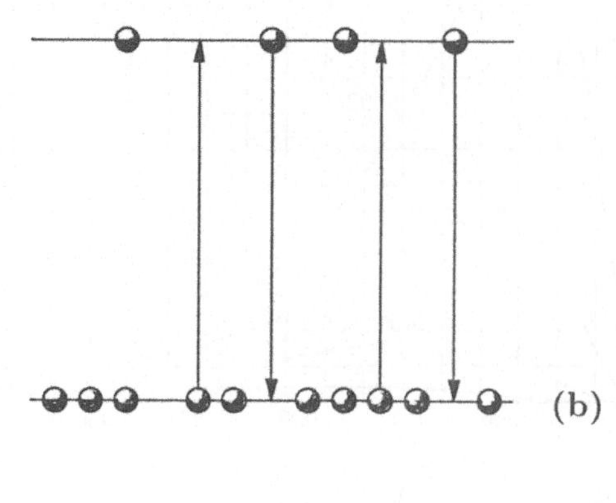

Abb. 7.2a,b. Anregung, spontane und erzwungene Emission im Elektronenbild (a). Gleichgewicht zwischen Absorption und Emission (b)

$$\alpha n I = \beta n^* + \alpha n^* I \quad . \tag{7.9}$$

Nun wissen wir nach *Boltzmann*, wie sich die Atome im Gleichgewicht über die Energiezustände verteilen:

$$n^* = n\, e^{-h\nu/kT} \quad .$$

Setzen wir das ein, so folgt für die Intensitätsverteilung (Abb. 7.3)

$$I(\nu) = \frac{\beta n^*}{\alpha(n - n^*)} = \frac{\beta}{\alpha} \frac{1}{e^{h\nu/kT} - 1} \tag{7.10}$$

(erweitern mit $e^{h\nu/kT}$). Das ist das *Strahlungsgesetz von Planck*. Eine genauere Betrachtung liefert auch die Konstante β/α:

$$I(\nu) = \frac{8\pi h\nu^3}{c^3} \frac{1}{e^{h\nu/kT} - 1} \quad . \tag{7.11}$$

Das Maximum dieser Kurve liegt, wie man durch Differenzieren findet, bei der Frequenz

$$\nu_{\mathrm{m}} = 2{,}821\frac{kT}{h} \quad , \tag{7.12}$$

die proportional zu T steigt (*Verschiebungsgesetz von Wien*).

7.8 Leiten Sie (7.12) aus (7.11) ab. Hinweis: Führen Sie die neue Variable $x = h\nu/kT$ ein. Die entstehende Gleichung

$$\frac{d}{dx}\frac{x^3}{e^x - 1} = 0 \Rightarrow 3(e^x - 1) = x\,e^x$$

können Sie mit dem Taschenrechner lösen, am besten iterativ: $x_{i+1} = 3(1 - e^{-x_i})$.

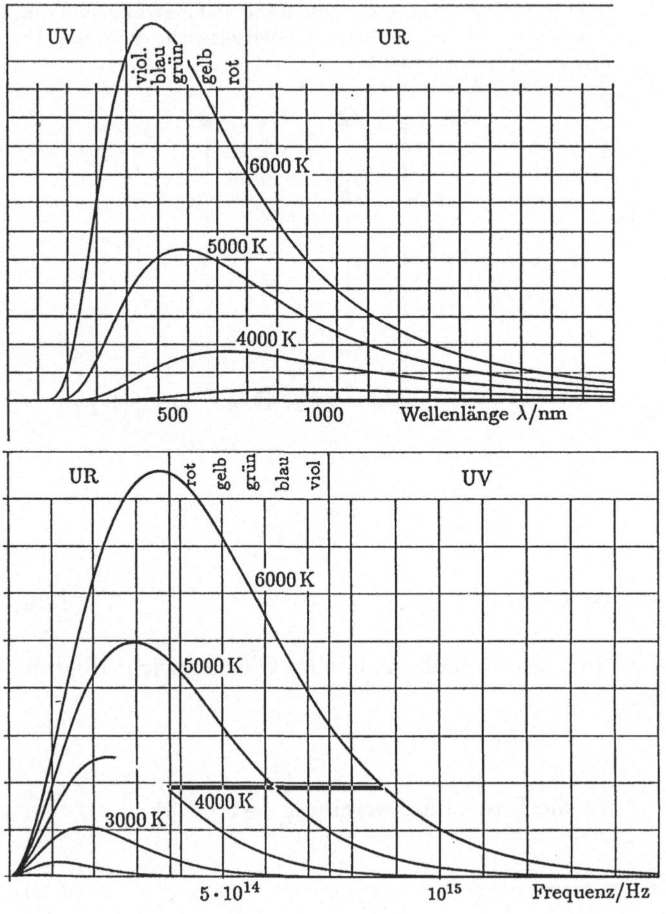

Abb. 7.3. Energieverteilung der schwarzen Strahlung nach *Planck* über Wellenlänge bzw. Frequenz

Die Sonnenoberfläche mit knapp 6000 K strahlt am meisten im Sichtbaren (deswegen sind unsere Augen so gebaut), der Draht einer Glühlampe kann nicht einmal halb so heiß werden, weil er sonst verdampft. Das Intensitätsmaximum des Lampenlichts liegt also im Infraroten. Betrachtung der Planck-Kurve zeigt, daß die Glühlampe den größten Teil (über 90%) der elektrischen Energie zum Heizen vergeudet, statt sie zum Beleuchten zu verwenden.

Die Fläche unter der Planck-Kurve ist proportional zu der vom heißen Körper abgestrahlten Gesamtleistung P. Man erhält sie durch Integration, am besten mit der Substitution $x = h\nu/kT$. Man erhält so

$$P = A\sigma T^4 \quad \text{mit} \quad \sigma = \frac{2\pi^5}{15}\frac{k^4}{c^2 h^3} = 5{,}67 \cdot 10^{-8} \frac{\text{W}}{\text{K}^4\,\text{m}^2} \quad , \qquad (7.13)$$

also das *Stefan-Boltzmann-Gesetz* (Abb. 7.4).

226

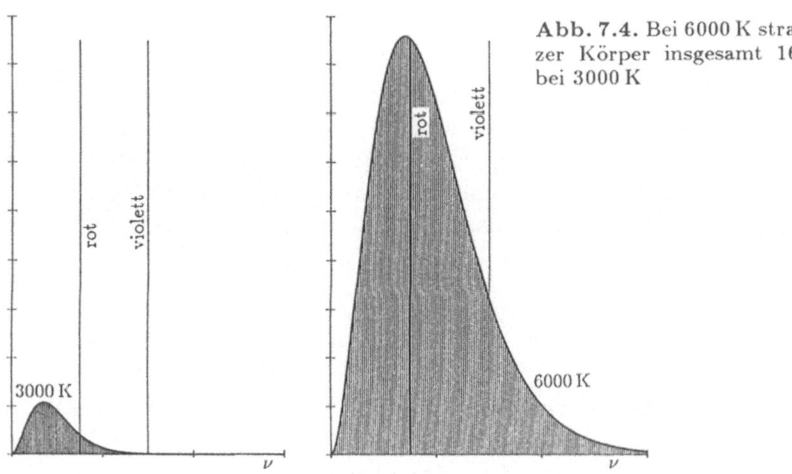

Abb. 7.4. Bei 6000 K strahlt ein schwarzer Körper insgesamt 16mal mehr als bei 3000 K

Plancks und *Einsteins* Photonenmodell löste noch ein anderes altes Problem. Licht schlägt aus manchen Oberflächen von Metallen und Metalloxiden Elektronen heraus, die als Photostrom durch eine Anode abgesaugt werden können. Das ist der (äußere) *Photoeffekt*, die Grundlage vieler Lichtschranken und anderer Geräte. Ob ein Photostrom ausgelöst wird, hängt nun merkwürdigerweise nicht von der Intensität der Beleuchtung ab, sondern von ihrer Frequenz. Sehr helles Rotlicht befreit kein einziges Elektron, viel schwächeres Blaulicht tut das sofort (Abb. 7.5). Man kannte das auch vom Photographieren: Bromsilber wird durch Blaulicht geschwärzt, aber kaum durch Rotlicht. Daß wir heute alle Farben in den richtigen Helligkeitsstufen auf dem Film sehen, verdanken wir komplizierten Sensibilisatoren, die auch langwelliges Licht einfangen und dem Bromsilber zustellen. Auch das Chlorophyll läßt sich von solchen Sensibilisatoren (Carotinoiden, Phycobilinen) helfen. Bier in grünen Flaschen verdirbt in der Sonne durch photochemische Reaktionen leichter als Bier in braunen Flaschen.

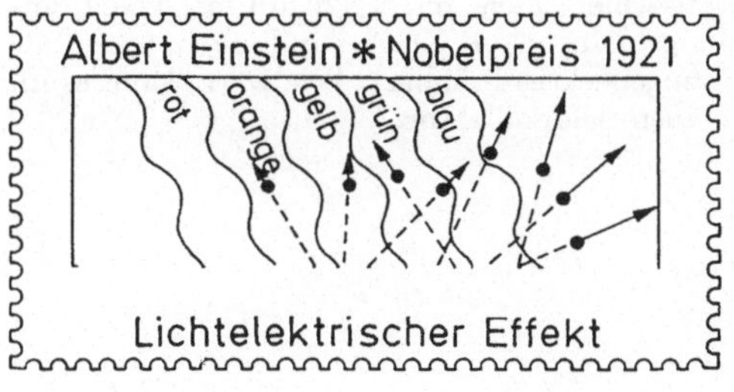

Abb. 7.5. Äußerer Photoeffekt: Die einzelnen Frequenzen (hier alle mit gleicher Wellenlänge gezeichnet) lösen Elektronen verschiedener Energie aus. Unterhalb der Grenzfrequenz gelingt gar keine Auslösung

In allen diesen Fällen kann das reagierende Teilchen (Photoelektron, Silberion in der photographischen Schicht usw.) nur immer ein ganzes Photon einfangen. Reicht dessen Energie h nicht für den Prozeß, der die Energie W_0 erfordert, passiert gar nichts. Ist dagegen $h\nu > W_0$, bleibt noch etwas übrig, nämlich

$$W = h\nu - W_0 \quad . \tag{7.14}$$

Diese Restenergie W bleibt dem Photoelektron als kinetische Energie. Beim Photoeffekt ist W_0 die Austrittsarbeit des Elektrons aus dem Oxid. Sie liegt um $1\,\mathrm{eV}$ oder etwas höher. So einfach erklärte *Einstein* den Photoeffekt.

Photonen bewegen sich im Vakuum immer mit der Geschwindigkeit c und können daher nach (7.3) keine Ruhmasse haben. Ihre ganze Masse ist kinetischer Natur: $m = W/c^2 = h\nu/c^2$. Sie haben den Impuls

$$p = mc = \frac{W}{c} = \frac{h\nu}{c} = \frac{h}{\lambda} \quad . \tag{7.15}$$

Diese Vorstellung erklärt z. B. den *Strahlungsdruck*, den Licht auf eine Fläche ausübt, auf die es fällt. Die Intensität von Licht der Frequenz ν sei I. Dann fällt eine Photonenstromdichte von $j = I/h\nu$ (Photonen/s m^2) ein. Jedes Photon hat den Impuls $h\nu/c$, alle zusammen bringen also eine Impulsstromdichte $jh\nu/c = I/c$. Wenn die Fläche absorbiert, ist diese Impulsstromdichte gleich dem Strahlungsdruck auf sie. Er ist z. B. im Innern eines Sterns ungeheuer groß, auf der Erde aber nur in intensivem Laserlicht leicht meßbar; dann kann er größere Stahlkugeln tragen.

Einzelne Photonen können einen merklichen Stoß auf leichte Teilchen, z. B. auf Elektronen ausüben. Das nennt man *Compton-Effekt.* Energiereichere Photonen wie γ-Quanten erteilen dem Kern, der sie aussendet, einen merklichen Rückstoß. Infolge dieser Bewegung der Quelle ist die γ-Strahlung durch Doppler-Effekt verstimmt, und ein anderer gleichartiger Kern kann diese Strahlung manchmal nicht mehr absorbieren (*Mößbauer-Effekt*), obwohl doch sonst jedes Teilchen genau die Strahlung absorbiert, die es emittieren kann.

7.9 *Die "Lichtmühle" im Optikerschaufenster dreht sich übrigens nicht infolge des Strahlungsdrucks. Weisen Sie das nach! *Hinweise:* Dreht sich das Rädchen bei allseitiger Beleuchtung? In zu gutem Vakuum würde es sich nicht drehen!

7.10 Warum ist es in einem ungeheizten Treibhaus wärmer als draußen? Zeichnen Sie die Planck-Kurven für schwarze Körper von $5800\,\mathrm{K}$ und von $290\,\mathrm{K}$. Was bedeuten diese Temperaturen? Eine dünne Glasplatte absorbiert Licht mit $\lambda > 20\,\mu$m fast völlig, anderes Licht fast nicht. Stellen Sie Strahlungsbilanzen auf für Freilandboden, frisch mit Glas zugedecktes Frühbeet, längere Zeit zugedecktes Frühbeet. Wie warm kann es im Frühbeet werden? Diskutieren Sie auch einen Solarkollektor.

7.3 Das Elektron

Schon die Elektrolyse zeigt: In den Atomen sitzen elektrische Ladungen. Aus den *Gasentladungen* lernte man, welcher Art diese Ladungen sind. Blitz, Funken, Lichtbogen sind Gasentladungen, aber sehr komplizierte. Einfachere Verhältnisse hat man in den *Glimmentladungen* (Abb. 7.6). Man pumpt die Luft aus einem Glasrohr und legt eine hohe Spannung zwischen zwei Elektroden, die

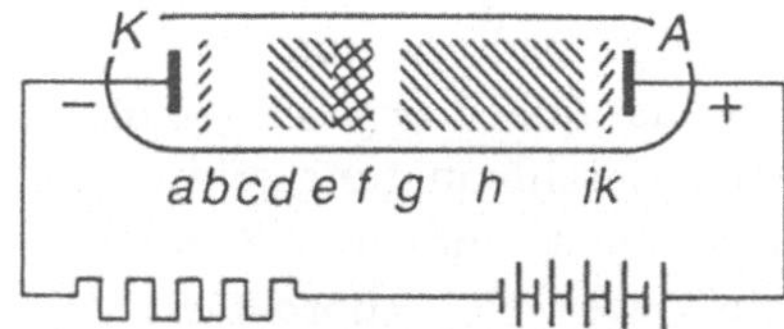

Abb. 7.6. Leuchterscheinungen in einer Glimmentladung. Die Darstellung der Leuchterscheinungen entspricht einem photographischen Negativ, die leuchtenden Bezirke der Röhre sind dunkel schraffiert, die hellen, nicht schraffierten Bereiche sind die Dunkelräume. *a* Astonscher Dunkelraum; *b* Kathodenschicht; *c* Hittorfscher Dunkelraum; *d* Glimmsaum; *e* negatives Glimmlicht; *f* Faradayscher Dunkelraum; *h* positive Säule; *g* Scheitel der positiven Säule; *i* anodisches Glimmlicht; *k* Anodendunkelraum

ins Vakuum ragen. Dann fließt Strom durchs Rohr, und die Restluft leuchtet rötlich bis violett, unterbrochen von einigen Dunkelräumen. Evakuiert man noch stärker, hört das Leuchten im Gasraum auf, dafür beginnt ein Leuchtschirm gegenüber der Kathode (die Antikathode) grünlich zu leuchten: Die Glimmentladung wird zur Kathodenstrahlentladung, die in den Bildröhren des Fernsehers, des Oszilloskops und des Computers Information sichtbar macht. Bei sehr hoher Spannung sendet die Antikathode nicht nur sichtbares, sondern auch sehr kurzwelliges Licht, *Röntgenstrahlung* aus.

Schon ein schwacher Magnet verschiebt die ganze leuchtende Säule der Glimmentladung: Die Teilchen, die da fliegen, sind leicht ablenkbar, haben also geringe Masse. Im Kathodenstrahl fliegen diese Teilchen völlig ungehindert (nicht dagegen in der Glimmentladung!); ihre kinetische Energie ergibt sich also einfach aus der Anodenspannung U zu $W = \frac{1}{2}mv^2 = eU$, wo e die noch unbekannte Ladung der Teilchen ist [vgl. (5.50)]. In einem Magnetfeld, das senkrecht zur Flugrichtung steht, beschreiben die Teilchen einen Kreisbogen, dessen Radius aus dem Gleichgewicht von Lorentz- und Fliehkraft folgt: $evB = mv^2/r$, also $r = mv/eB$. Da $v = \sqrt{2eU/m}$, kann man daraus e/m bestimmen, und bei bekanntem e (Elektrolyse!) auch m :

$$m = 0{,}9 \cdot 10^{-30}\,\text{kg} \quad . \tag{7.16}$$

Dies ist 1830mal kleiner als die Masse des Protons. Die negative Ladung sitzt in einer besonderen Art von Teilchen, den *Elektronen.* Dies ist für uns nichts Neues, denn wir leben im Zeitalter der Elektronik. Radio, Telefon, Tonband, TV, Computer machen uns klüger oder dümmer, je nachdem.

Die Elektronik begann mit der Erfindung der *Glühkathodenröhre* (Abb. 7.7).

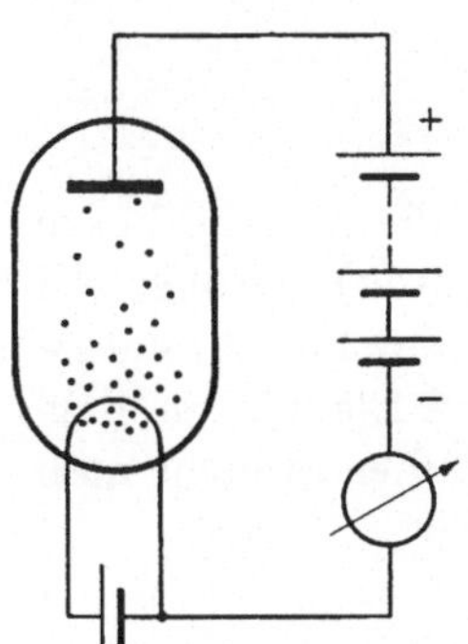

Abb. 7.7. In der Vakuumdiode fließt der Strom nur in der angegebenen Polung, denn nur die geheizte Elektrode läßt Elektronen austreten. Sie werden zur Anode abgesaugt, wobei ihre Anzahldichte längs der Beschleunigungsstrecke nach der Kontinuitätsgleichung abnimmt. (Nach *H.-U. Harten*)

Sie ist heute in den meisten Kleingeräten durch Halbleiterdiode und Transistor ersetzt, lebt aber als Bildröhre weiter. Elektronen "dampfen" aus der geheizten Kathode ins Vakuum und können dann erst vom Beschleunigungsfeld erfaßt werden, das ja ins Metall oder Oxid der Kathode nicht eindringt. Zum Austritt braucht ein Elektron die Energie W_a, ebenso wie beim Photoeffekt. Die Austrittswahrscheinlichkeit, also die "Dampfdruckkurve" der Elektronen (Abschnitt 4.5), wird gegeben durch die Boltzmann-Verteilung über die beiden Zustände "Elektron in der Kathode" (Energie 0) und "Elektron draußen" (Energie W_a): Die Teilchenzahldichte draußen steigt also wie $e^{-W_a/kT}$ mit der Temperatur. Ganz ähnlich ist es im Halbleiter, nur ist das "draußen" zu ersetzen durch "im Leitungsband", "drinnen" durch "im Valenzband", "Austrittsarbeit" durch "Breite der verbotenen Zone". Dies gilt für reine Halbleiter. Bei dotierten, d. h. künstlich verunreinigten Halbleitern ist nur der viel kleinere energetische Abstand zwischen Störstellen und Band zu überspringen.

Das Leuchten der Glimmentladung beruht auf *Stoßanregung*, der Strom auf *Stoßionisation*. Elektronen werden im elektrischen Feld so stark beschleunigt, daß sie beim nächsten Stoß mit einem Gasmolekül dieses anregen, so daß es Licht abstrahlt, oder daß sie ihm sogar ein Elektron herausschlagen, das dann in der immer wachsenden Lawine mit zur Anode eilt. Auf einer *freien Weglänge l* nimmt das Elektron mit der Ladung e im Feld E die Energie $W = eEl$ auf. Sie muß größer sein als die Ionisierungsenergie, die bei Luft, über alle abtrennbaren Elektronen gemittelt, etwa 30 eV beträgt. Auch im *Geiger-Zähler* (Abb. 7.8, 9) können die wenigen durch das Primärteilchen erzeugten Elektronen erst dann zum hörbaren Knack verstärkt werden, wenn sie Stoßionisations-Lawinen auslösen. Im Geiger-Zähler herrscht aber kein homogenes E-Feld: Nahe am dünnen Draht ist es viel stärker als außen.

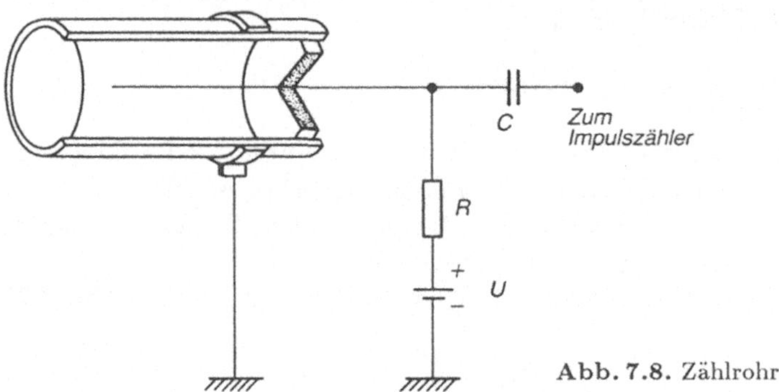

Abb. 7.8. Zählrohr

Gasentladungslampen, besonders die Leuchtstoffröhre (die manche Leute immer noch Neonröhre nennen, obwohl Neon rot leuchten würde), beruhen auf der Stoßanregung. Der Quecksilberdampf in der Leuchtstoffröhre hat nur 4,9 eV Anregungsenergie (Metalle haben ja immer leicht abtrennbare Elektronen, darauf beruht ihr chemisches und physikalisches Verhalten). Daher braucht man

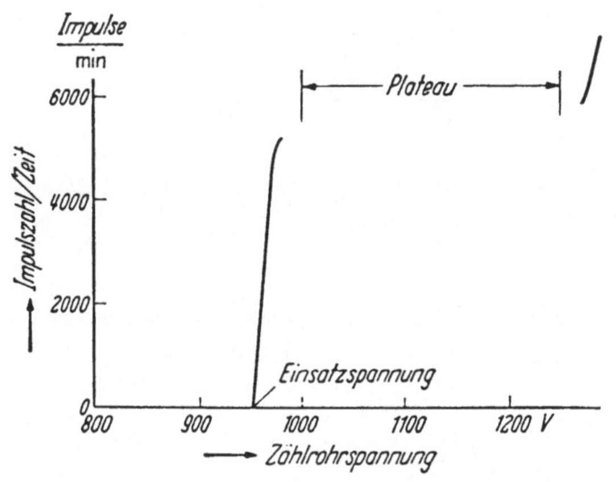

Abb. 7.9. Charakteristik eines Zählrohrs

weniger Spannung anzulegen als an eine Entladungsstrecke in Luft. Hg-Dampf emittiert aber, wie jedes nicht zu dichte Gas, ein Linienspektrum mit den stärksten Linien im UV und im Violetten. Dieses zum Teil unsichtbare und gesundheitsschädliche Licht wird in einer Leuchtstoffschicht auf der Innenwand der Röhre in sichtbares Licht gewünschter Zusammensetzung verwandelt. Bei einer solchen *Lumineszenz* nimmt ja nach $W = h\nu$ die Frequenz fast immer ab, weil etwas Energie verlorengeht. Immerhin ist jedoch die Lichtausbeute bei dieser elektrischen Anregung noch 3–4mal höher als bei der thermischen Anregung im heißen Draht der Glühlampe.

7.4 Atome und Spektren

Wie sitzen die Elektronen im Atom? Ein Modell des Atoms sollte mindestens folgendes beschreiben:

1. Die Atome sind permanente Gebilde, so permanent, daß die Alchimisten sie mit allen Tricks nicht verändern konnten, sondern daß man warten muß, bis einige (die radioaktiven) sich von selbst umwandeln.
2. Alle Atome eines Elements sind unter sich identisch (so schien es wenigstens, bevor man die Isotopie entdeckte).
3. Alle Atome haben trotz sehr verschiedener relativer Masse, die von 1 bis 238 geht, fast den gleichen Radius von etwa 10^{-10} m.
4. Atome können durch Energiezufuhr auf thermischem, elektrischem, optischem Weg angeregt werden und strahlen dann Licht aus. Dabei treten aber immer nur ganz bestimmte Frequenzen auf, an denen man sie bis hin zu den fernsten Galaxien identifizieren kann. Das Spektrum der Atome ist um so diskreter, d. h. linienhafter, je isolierter sie sind (Abb. 7.10). In dichten Atompackungen verbreitern sich die Linien schließlich zum Kontinuum des schwarzen Festkörpers.

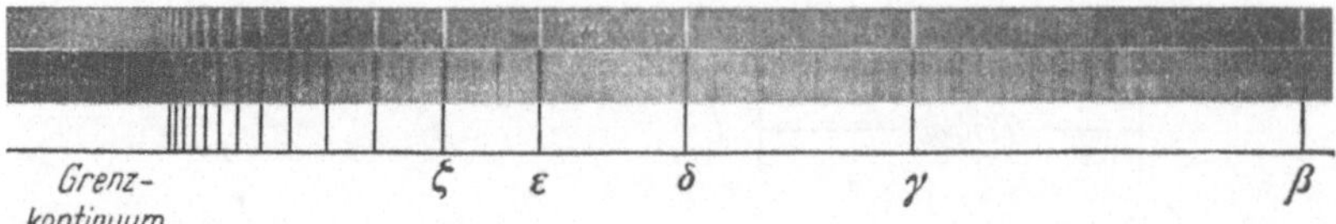

Abb. 7.10. Balmer-Serie (ohne H_α) in Emission und Absorption in den Spektren der Sterne γ Cassiopeiae und α Cygni (Deneb). (Aus *R.W. Pohl*)

5. Atome verbinden sich auf sehr verschiedene Weise miteinander. Das chemische Verhalten kommt besonders schön im Periodensystem zum Ausdruck.

Lichtemission beruht auf Elektronenschwingung. Nur eine harmonische Schwingung besitzt eine scharfe Frequenz, unabhängig von der Amplitude. Ein Elektron schwingt harmonisch, wenn es in eine homogene Kugel aus positiver Ladung eingebettet ist, ebenso wie ein "Gravitrain" im Tunnel durch die Erde. Das war die Logik von *J.J. Thomsons* Modell (um 1890). Gibt man der positiven Kugel den richtigen Radius r, dann folgt die richtige Größenordnung der Elektronenkreisfrequenz

$$\omega = \sqrt{\frac{e^2}{4\pi\varepsilon_0 r^3 m}} \approx 10^{16}\,\mathrm{s}^{-1} \quad . \tag{7.17}$$

7.11 Prüfen Sie Formel und Zahlenwerte nach!

Leider stimmt die Lage der Spektrallinien im Einzelnen absolut nicht. *Thomson* erklärt also nur die Tatsachen 1, 2, 3 einigermaßen, qualitativ auch 4 und ansatzweise 5.

Um das Innere eines so kleinen Systems zu erforschen, muß man noch kleinere Teilchen hineinschießen. Wenn sie geladen sind (andere kannte man damals noch nicht), müssen sie sehr schnell sein, um die Abstoßung durch die Ladungen im Atom zu überwinden. *E. Rutherford* benutzte um 1910 die energiereichsten damals verfügbaren Geschosse, radioaktive α-Teilchen, und schoß sie durch eine hauchdünne Goldfolie (Abb. 7.11). Die meisten gingen geradlinig durch, aber einige wurden erstaunlich stark abgelenkt. Elektronen können die viel schwereren α-Teilchen nach den Stoßgesetzen nur sehr wenig ablenken, ebenso wie die lockere positive Ladung des Thomson-Modells das könnte. Sehr viele solche kleinen Ablenkungen sollten sich zu Gesamtablenkungen addieren,

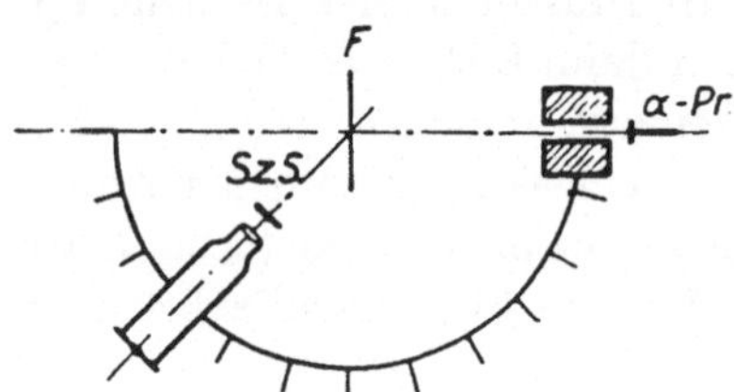

Abb. 7.11. Prinzip der Versuchsanordnung zur Messung der Einzelstreuung von α-Strahlung. Von der Strahlungsquelle α-Pr treffen die α-Teilchen auf die Streufolie F; der durch ein Mikroskop betrachtete Szintillationsschirm SzS kann zwischen 0° und fast 180° um die Streufolie herumgeschwenkt werden

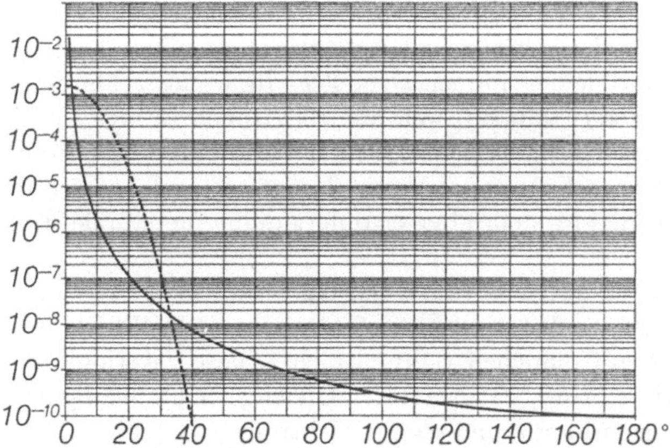

Abb. 7.12. Winkelabhängigkeit der Streuwahrscheinlichkeit von 6 MeV-α-Teilchen in einer Goldfolie von 1 μm Dicke. — Meßkurve und theoretische Kurve nach dem Rutherford-Modell, --- Gauß-Kurve nach dem Thomson-Modell. Man beachte die logarithmische Ordinate

die eine Gauß-Verteilung haben, ebenso wie sich viele zufällige kleine Fehler zum Gesamtfehler addieren. Eine völlig andere Winkelverteilung kam heraus (Abb. 7.12). Sie ließ sich nur so erklären: Die positive Ladung ist nicht übers ganze Atom verschmiert, sondern in einem sehr kleinen *Kern* konzentriert, um den die Elektronen fliegen und dadurch das viel größere Volumen des Atoms abgrenzen. Ein α-Teilchen wird im r^{-2}-Coulomb-Feld dieses Kerns in ähnlicher Weise abgestoßen, wie ein aus dem Unendlichen kommender Meteorit im r^{-2}-Schwerefeld der Sonne angezogen wird; beide beschreiben Hyperbelbahnen (Abb. 7.13). Abweichungen von diesem Modell zeigen sich erst bei Begegnungen, die enger sind als 10^{-14} m, fast 10^{-15} m. Der Kernradius ist also etwa 100 000mal kleiner als der Radius des Atoms, das bis auf die paar Elektronen praktisch leer ist.

Ein Elektron würde von der Coulomb-Kraft in den Kern gezogen werden, wenn es nicht so schnell umliefe, ähnlich einem Planeten oder Satelliten. Jede solche Umlaufbewegung läßt sich in zwei zueinander senkrechte Schwingungen verschiedener Phase zerlegen, und jede schwingende Ladung strahlt wie eine Antenne. Das ist einerseits gut, denn so kommen wieder Frequenzen der richtigen Größenordnung heraus; das ist andererseits schrecklich, denn das um-

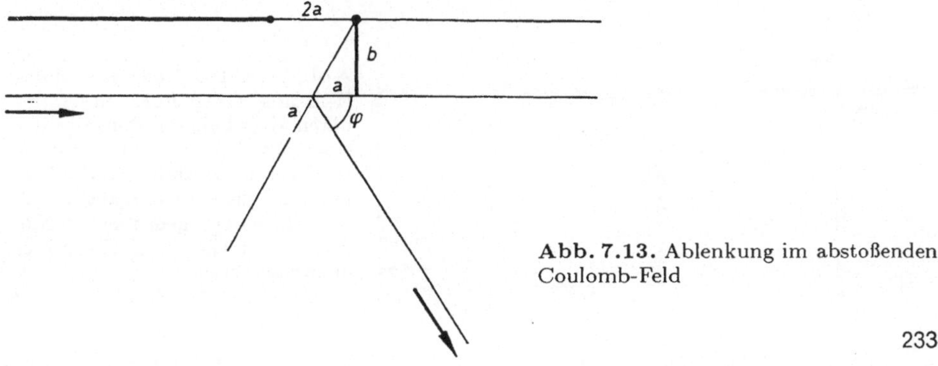

Abb. 7.13. Ablenkung im abstoßenden Coulomb-Feld

laufende Elektron müßte immer strahlen, nicht nur, wenn es angeregt ist. Beim
Strahlen verliert es aber Energie; wenn es das tut, stürzt es näher auf den
Kern zu, und dann geht alles leider immer schneller: In weniger als einer
Nanosekunde wäre die Welt verschwunden, weil alle Elektronen in ihre Kerne
gestürzt wären, auf einer immer schneller umlaufenen Spiralbahn, also unter
einem immer schrilleren optischen Entsetzensschrei. *Rutherford* muß zwar recht
haben mit dem Kern-Elektronen-Modell, aber er opfert dafür die stabile Existenz der Welt.

In so verzweifelter Situation hilft manchmal nur ein Gewaltakt. *Niels Bohr*
postulierte 1913, im Gegensatz zu den strengsten Grundsätzen der Elektrody-
namik: Das Elektron strahlt auf manchen Bahnen nicht. Diese "stationären"
Bahnen folgen, wenn sie Kreise sind, natürlich der Gleichgewichtsbedingung,
z. B. im H-Atom mit der Kernladung e und einem Elektron:

$$\frac{mv^2}{r} = \frac{e^2}{4\pi\varepsilon_0 r^2} \quad . \tag{7.18}$$

Ähnlich wie *Planck* die Energie "quantelte", so "quantelte" *Bohr* den Drehimpuls: Nur solche Bahnen sind stationär, deren Drehimpuls ein Vielfaches n von
$\hbar = h/2\pi$ ist:

$$mvr = n\hbar \quad n = 1, 2, 3, \ldots \quad . \tag{7.19}$$

Dies ist das neuartige Postulat von *Bohr*. Löst man (7.19) nach v auf und setzt
in (7.18) ein, erhält man die erlaubten Radien

$$r_n = n^2 \frac{4\pi\varepsilon_0 \hbar^2}{me^2} \quad . \tag{7.20}$$

Sie staffeln sich wie die Quadrate der natürlichen Zahlen (Abb. 7.14). Noch
wichtiger sind die Gesamtenergien des Elektrons auf diesen Bahnen:

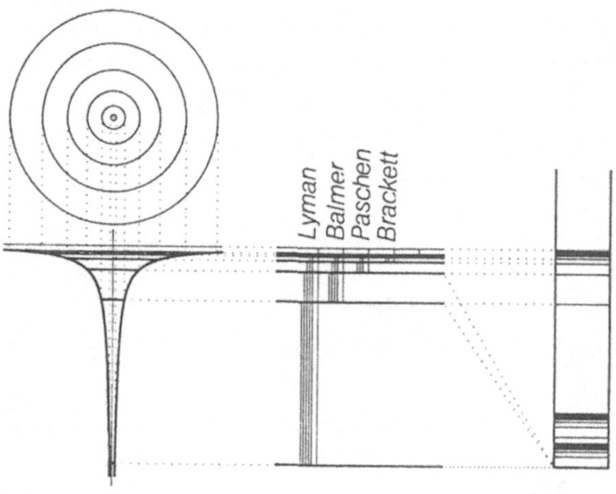

Abb. 7.14. Das Bohr-Modell des
H-Atoms. *Oben links* die stationären Kreisbahnen, darunter der
Coulomb-Topf mit den stationären Energiezuständen, *in der Mitte* die möglichen Übergänge, nach
Spektralserien geordnet, *rechts*
diese Spektralserien in einem Frequenzspektrum

$$W_n = W_{\text{kin}} + W_{\text{pot}} = -\frac{1}{n^2}\frac{me^4}{8\varepsilon_0^2 h^2} \quad . \tag{7.21}$$

Die Energien staffeln sich wie n^{-2}. Wenn das Elektron vom Zustand n_2 in den Zustand n_1 fällt ($n_1 < n_2$), strahlt es die Energiedifferenz als Photon der Frequenz

$$\nu_{n_2 n_1} = \frac{1}{h}(W_{n_2} - W_{n_1}) = \frac{me^4}{8\varepsilon_0 h^3}\left(\frac{1}{n_1^2} - \frac{1}{n_2^2}\right) \tag{7.22}$$

aus. Für $n_1 = 2$ ergibt das genau die sichtbaren Linien im H-Spektrum, die Balmer-Serie. Andere Werte n_1 liefern weitere Serien im UV und im IR. $n_1 = 1$, $n_2 = \infty$ ergibt die Ionisierungsenergie des H-Atoms aus dem Grundzustand:

$$W_{\text{ion}} = \frac{me^4}{8\varepsilon_0^2 h^2} = 13,7\,\text{eV} \quad . \tag{7.23}$$

All dies stimmt hervorragend, Abweichungen interessieren nur den Spezialisten. In schweren Atomen ist die Kernladung größer (Ze), und die Z Elektronen beeinflussen sich in komplexer Weise, d.h. sie schirmen die Kernladung teilweise ab. Auf ein Außenelektron wirkt nur noch die effektive Kernladung. So versteht man annähernd auch Spektren und Verhalten schwerer Atome, z.B. die Ionisierungsenergie der Luft oder die *Röntgenstrahlung* (Abb. 7.15). Sie kommt zustande, wenn ein sehr schnelles Elektron auf ein Atom schlägt und dabei heftig gebremst wird (jede beschleunigte, nicht nur eine schwingende Ladung strahlt), oder wenn es ein tiefliegendes Elektron aus dem Atom herausschlägt; beim nachfolgenden Sturz eines anderen Elektrons in diesen leeren Platz wird viel Energie frei, die einem hochfrequenten Röntgenphoton entspricht.

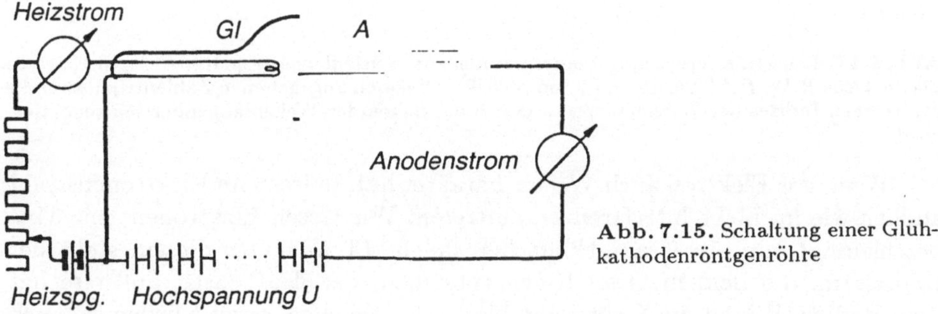

Abb. 7.15. Schaltung einer Glühkathodenröntgenröhre

7.12 Bestimmen Sie aus der Spannung an der Röntgenröhre (bis über 100 kV) die maximale Frequenz ihres Röntgenlichts!

Wir wissen aber immer noch nicht, warum das Elektron auf einer stationären Bahn nicht strahlt. Dazu bedarf es eines weiteren Druchbruchs.

7.5 Teilchen sind Wellen

Nach *Planck* und *Einstein* ist das Licht nicht nur Welle, sondern auch Teilchen. Ein Teilchen ist charakterisiert durch Energie W und Impuls p, eine Welle durch Frequenz ν und Wellenlänge λ. Zwischen den Wellen- und den Teilchengrößen gelten im Fall des Lichts im Vakuum die Zusammenhänge (7.7) und (7.15)

$$ W = h\nu \ , \qquad p = \frac{h}{\lambda} \ . \tag{7.24} $$

1924 kam *de Broglie* auf die Idee, die Widersprüche in der Mechanik des Elektrons im Atom ließen sich beheben, wenn man sich umgekehrt das Elektron nicht nur als Teilchen, sondern auch als Welle vorstellt. Für deren Eigenschaften leitete er ebenfalls die Beziehungen (7.24) ab. Inzwischen weiß man, daß sie generell für alle Wellen und alle Teilchen gelten. Die Bewegung jedes Teilchens wird auch durch eine Welle charakterisiert; die Wechselwirkung mit anderen Teilchen ist dagegen oft leichter im Teilchenbild zu beschreiben, wie z.B. beim Photoeffekt.

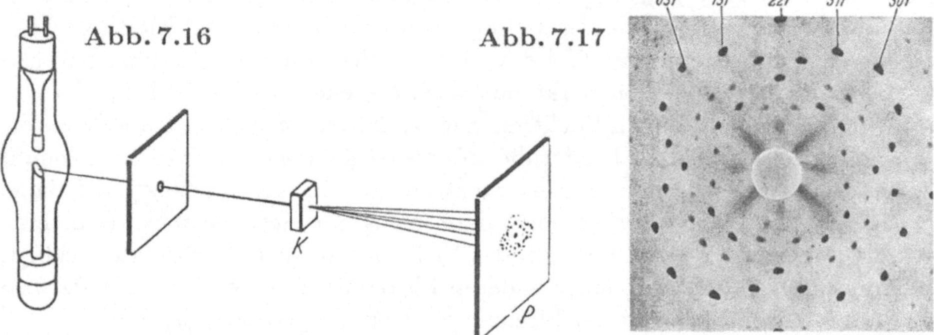

Abb. 7.16. Anordnung von *v. Laue*, *Friedrich* und *Knipping* zur Erzeugung von Kristallinterferenzen

Abb. 7.17. Laue-Interferenzen mit einer parallel zur Würfelfläche gespaltenen NaCl-Kristallplatte. (Aus *R.W. Pohl*, Optik und Atomphysik). Die oben angegebenen Zahlentripel sind die Millerschen Indizes der Netzebenen, an denen ein passender Wellenlängenbereich reflektiert wird

Wenn das Elektron auch Wellencharakter hat, müssen im Elektronenstrahl ähnlich wie im Licht Interferenzen auftreten. Wir lassen Elektronen, mit 3 kV beschleunigt, auf ein Graphitblättchen fallen. 13 cm hinter diesem steht der Bildschirm, auf dem mehrere Ringe entstehen; der deutlichste, äußerste hat 2 cm Radius. Wären die Elektronen klassische Teilchen, dann würden sie auch beim Durchgang durchs Graphit abgelenkt, einige schwach, wenige stärker, die Helligkeit des Schirms müßte nach außen *gleichmäßig* abnehmen. Ringe, innerhalb deren es viel dunkler ist, bilden sich nur in einer Wellenstrahlung. Genau wie in der Wellenwanne an den Reihen von Hindernissen oder auf den Treppenstufen des Schmetterlingsflügels wird die Welle an jeder Atomebene des Graphitgitters reflektiert, aber die schwachen Reflexe der einzelnen

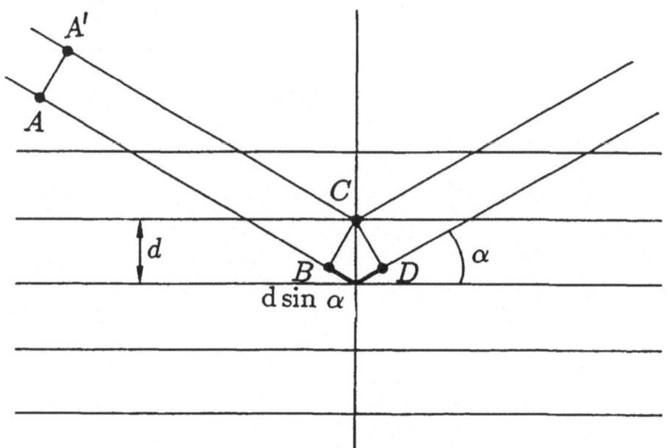

Abb. 7.18. Zwischen den Reflexen an zwei Netzebenen eines Kristalls herrscht ein Gangunterschied $2d\sin\alpha$, wenn der Strahl um 2α abgelenkt wird

parallelen Schichten interferieren einander fast immer weg, außer wenn der Gangunterschied zweier benachbarter Reflexe genau $n\lambda$ ist. Dieser Gangunterschied ist $2d\sin\alpha$ (Abb. 7.18, d ist der Schichtabstand). Konstruktive Interferenz, also Helligkeit gibt es unter Ablenkwinkeln $2\alpha \approx n\lambda/d$ (α klein). Der gemessene Winkel $2\alpha = 2\,\mathrm{cm}/13\,\mathrm{cm} \approx 0,15$ liefert mit $\lambda = h/p = h/\sqrt{2mW} = 2,3 \cdot 10^{-11}\,\mathrm{m}$ eine Gitterkonstante $d = 1,5 \cdot 10^{-10}\,\mathrm{m}$. Die Methoden dieser Kristallstrukturanalyse mit Röntgen- oder Teilchenstrahlung sind inzwischen so weit entwickelt, daß man fast jedes der über 10 000 Atome in einem Proteinmolekül lokalisieren kann (Abb. 7.16, 17).

Die Elektronenmikroskopie funktioniert etwas anders: Wo Teilchen im Weg stehen, wird der Elektronenstrahl absorbiert oder gestreut. Auch hier ist das Auflösungsvermögen, wie beim Lichtmikroskop, prinzipiell durch die Wellenlänge begrenzt, wenn auch praktisch oft andere Effekte begrenzend wirken. Je kleiner λ, also je schneller das Elektron, desto kleinere Details kann man erkennen. Mit Spannungen weit über 1 MV kann man heute tatsächlich Einzelatome sehen. Dieselben Begrenzungen gelten auch in den großen Beschleunigern: Je kleinere Details man mit irgendwelchen Geschossen abtasten will, desto schneller müssen diese sein, selbst wenn sie neutral sind, also den elektrischen Kräften nicht unterliegen. Das ist ein Grund für den kostspieligen Bau immer energiereicherer und größerer Beschleunigungsanlagen in Genf, Hamburg, Stanford, Serpuchow und anderswo.

Außer laufenden Wellen gibt es auch stehende, wie die Eigenschwingungen in der Flöte oder auf der Chladni-Platte. Wenn das Elektron im Atom eine solche Eigenschwingung ist, erklärt sich, warum es nicht strahlt (es bewegt sich ja gar nicht!), und warum jedes Atom nur ganz bestimmte stationäre Zustände hat (auf der Platte gibt es auch nur bestimmte Schwingungszustände). *Bohrs* geheimnisvolle Quantenzahlen, z. B. das n in (7.20), sind einfach die Anzahlen von Knoten der stehenden Welle. Abbildung 7.19 zeigt diese Eigenschwingungsmuster, die *Schrödinger* 1925 berechnete. Sie haben kugelförmige, ebene und kegelförmige Knotenflächen, insgesamt $n-1$, davon sind l *keine* Kugeln, sondern Ebenen oder Kegel. Der Zustand $n = 1$ hat keine Knoten, er ist kugelsymmetrisch und wird als $1s$ bezeichnet. Bei $n = 2$ gibt es entweder eine Knotenkugel ($2s$) oder eine Knotenebene ($2p$), die sich auf drei Arten im Raum

Abb. 7.19. Aufenthaltswahrscheinlichkeit des Elektrons in den verschiedenen Zuständen des H-Atoms

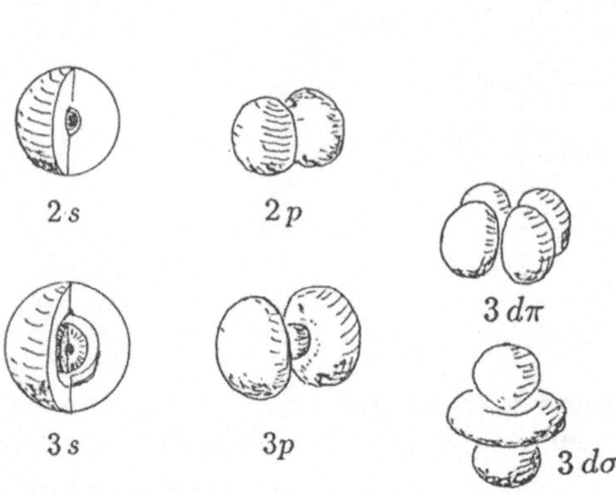

orientieren kann: Senkrecht zur x-, zur y- oder zur z-Achse. Allgemein kann sich ein Drehimpulsvektor der Länge $l\hbar$ auf $m = 2l + 1$ Arten einstellen. In jedem dieser Zustände können nun höchstens zwei Elektronen sitzen (*Pauli-Prinzip*; die beiden Elektronen müssen sich auch unterscheiden, nämlich durch ihre Achsdrehung, ihren Spin). In die Schale mit $n = 1$ (K-Schale) passen also 2 Elektronen, in die L-Schale mit $n = 2$ passen 8, allgemein passen $2n^2$ Elektronen in die Schale mit der Hauptquantenzahl n. Die Z Elektronen eines Atoms setzen sich zunächst in die energetisch tiefsten Zustände. So erhalten wir die Achterperioden des *Periodensystems,* in denen jeweils die zwei ns- und die sechs np-Zustände aufgefüllt werden (abgesehen von der ersten Periode, die nur zwei $1s$-Zustände mit H und He faßt). Daß die zehn d-Zustände mit $l = 2$ und die vierzehn f-Zustände mit $l = 3$ erst verspätet gefüllt werden (Übergangsmetalle, seltene Erden, Aktiniden), erklärt sich aus Feinheiten des Ganges der effektiven Kernladung.

Wenn Teilchen Wellen sind, ergeben sich eigenartige Beschränkungen in der Meßbarkeit ihrer Eigenschaften, ausgedrückt in den *Unschärferelationen* von *Heisenberg* (1926). Ein Blinder will die Frequenz einer Meereswelle messen. Er stellt sich ans Ufer und zählt, wieviele Wellenberge in einer Stunde an die Mauer klatschen. Sagen wir, es sind 360. Die Frequenz wäre dann $\nu = 360/\text{Stunde} = 0,1\,\text{Hz}$. Wenn aber der 361-te Wellenberg am Ende der Stunde ganz dicht vor der Mauer war? Hätte man ihn mitgezählt, wäre $\nu = 361/\text{Stunde}$ herausgekommen. Der Fehler der Messung ist also $\Delta\nu \approx 1/\text{Stunde}$. Bei längerer Beobachtungszeit t ist er kleiner: $\Delta\nu \approx 1/t$. Dieser Fehler der Frequenz der Welle bedingt nach $W = h\nu$ eine unvermeidliche Ungenauigkeit in der Energie des zugehörigen Teilchens, die erst Null würde, wenn man unendlich lange beobachten könnte:

$$\Delta W \approx \frac{h}{t} \ . \tag{7.25}$$

Ganz entsprechend kann man die Wellenlänge messen, indem man die Anzahl der Berge zählt, die auf eine Länge L fallen. Dabei kann man sich immer um einen Berg irren, daher ist der λ-Fehler $\Delta\lambda = \lambda^2/L$, woraus wegen $p = h/\lambda$ eine unvermeidliche Impulsunschärfe

$$\Delta p \approx \frac{h}{L} \tag{7.25'}$$

folgt. Wen diese Herleitung der Unschärferelation nicht überzeugt, der kann es gern nach *Fourier* machen (Abschnitt 6.2, 4): Nur ein unendlich langer Wellenzug hat scharf definiertes ν und λ. Wellenzüge endlicher Länge L kann man nur durch Überlagerung solcher echt monochromatischen Sinuswellen herstellen. Zwei Sinuswellen der Frequenzen ν_1 und ν_2 ergeben eine Schwebung (Abb. 6.10), deren Maxima die Breite $\Delta t = 1/\Delta\nu$ haben. Überlagert man auch Wellen mit allen Zwischenfrequenzen, dann bleibt nur *eines* dieser Maxima übrig. Seine Dauer $\Delta t = 1/\Delta\nu$ entspricht genau der obigen einfachen Betrachtung (Abb. 6.15b).

Wo die Welle große Amplitude hat, ist das entsprechende Teilchen am häufigsten anzutreffen. Ein Wellenzug endlicher Länge L stellt ein Teilchen dar, das sich bestimmt innerhalb dieses Bereiches L befindet. Genaueres über seinen Ort kann man aber zunächst nicht sagen. Damit kann man die Unschärferelationen auch so lesen: Die Unschärfen von Ortskoordinate und entsprechender Impulskomponente bzw. von Energie und Zeit ergeben multipliziert immer mindestens h:

$$\Delta x \cdot \Delta p \gtrsim h \;, \qquad \Delta t \cdot \Delta W \gtrsim h \;. \tag{7.26}$$

Wir versuchen ein Teilchen in einen Potentialtopf von der Länge d einzusperren, indem wir beiderseits steile Wände, d. h. starke rücktreibende Kräfte aufbauen. In einer Ortsangabe für das Teilchen kann man beim besten Willen keinen größeren Fehler als d machen. Diesem maximalen x-Fehler entspricht ein minimaler p-Fehler h/d. So groß muß der Impuls des Teilchens mindestens sein, also die kinetische Energie mindestens $W = p^2/2m = h^2/2md^2$. Eine genauere Betrachtung (Teilchen als Eigenschwingung der beiderseits geschlossenen "Flöte" der Länge d) liefert als Mindestenergie

$$W_0 = \frac{h^2}{8md^2} \;. \tag{7.27}$$

Das heißt: Kein Teilchen kann ganz am Boden eines begrenzten Topfes sitzen, sondern es schwebt mindestens um diese *Nullpunktsenergie* darüber (Abb. 7.20).

So erklärt sich die homöopolare chemische Bindung, z. B. zwischen zwei H-Atomen. Jedes bietet seinem Elektron einen Topf einer gewissen Breite. Schiebt man sie eng zusammen, entsteht ein gemeinsamer, breiterer Topf für die beiden Elektronen (Abb. 7.21). Im breiteren Topf ist die Nullpunktsenergie kleiner, und diese Absenkung ist die Bindungsenergie. Wir schätzen ihre Größenordnung: Bei $d = 10^{-10}$ m wird nach (7.27) $W_0 = 30\,\mathrm{eV}$. Die Absenkung ist ein Bruchteil davon, liegt also bei einigen eV, d. h. einigen $100\,\mathrm{kJ/mol}$.

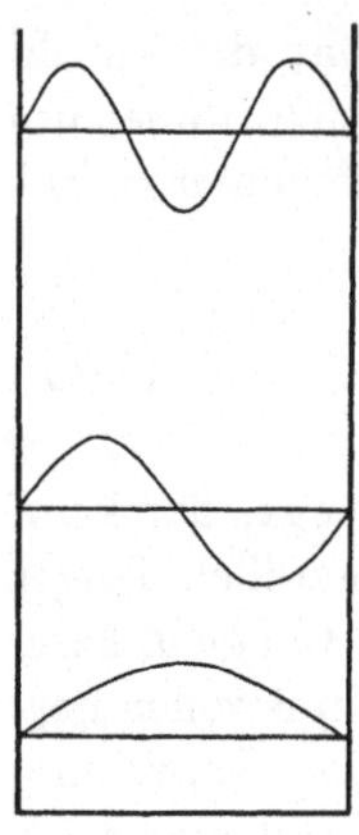

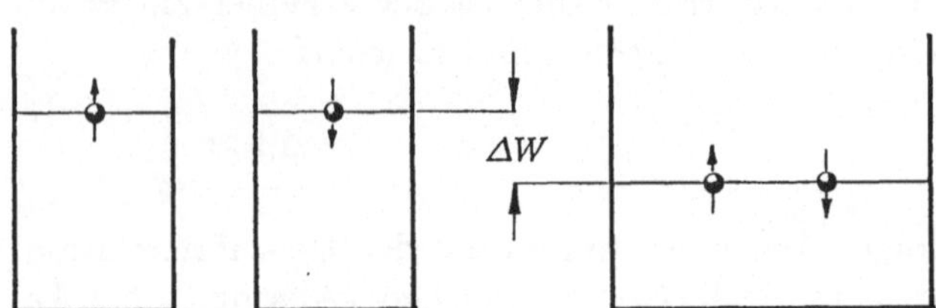

Abb. 7.20. Eigenwerte und Eigenfunktionen eines Teilchens in einem Kastenpotential

Abb. 7.21. Wenn sich zwei enge Potentialtöpfe zu einem weiteren vereinen, sinkt die Energie der Teilchenzustände um die Bindungsenergie

Isotope eines Elements haben die gleiche Elektronenanordnung, also fast gleiche chemische Eigenschaften. Aber wegen der verschiedenen Massen der Kerne ist nach (7.27) ihre Nullpunktsenergie im gegebenen Potentialtopf etwas verschieden. So schwebt das Proton etwas höher über dem Topfboden als das Deuteron ^{2}H und kommt daher leichter über die Hürde, die es von einem anderen chemischen Zustand trennt: Es reagiert schneller. H_2O verdampft auch schneller als DHO (D_2O ist viel seltener). Daher enthält Meerwasser die Isotope D und H im Verhältnis 1/6000, Inlandeis aber im Verhältnis 1/11000.

Wenn ein Zustand nur die Lebensdauer τ hat, kann nach (7.26) seine Energie nicht völlig scharf bestimmt sein, sondern nur mit der Unschärfe $\Delta W = h/\tau$. Das gilt z. B. für den angeregten Zustand eines Atoms und führt zu einer Unschärfe der bei der Rückkehr emittierten Frequenz um $\Delta\nu = \Delta W/h = 1/\tau$. Völlig isolierte Atome leben typischerweise 10^{-8} s im angeregten Zustand (Abschnitt 6.8), woraus sich die "natürliche Breite" 10^8 Hz der Spektrallinien ergibt. Im dichteren Gas setzen Stöße mit anderen Teilchen dem angeregten Zustand viel früher ein Ende: Die Linien werden viel breiter. Im Festkörper verschmelzen die Linien sogar meist vollkommen zum Kontinuum. Die γ-Linien eines Kerns haben ähnliche Lebensdauern und absolute Breiten wie im isolierten Atom, da ihre Frequenz aber sehr viel höher ist, sind sie *relativ* viel schärfer. So wird die ungeheure Trennschärfe des Mößbauer-Effekts möglich, mit dem man *Einsteins* Rotverschiebung beim Aufsteigen im Schwerefeld sogar im Labor messen konnte.

Das wichtigste Naturgesetz heißt: Von nichts kommt nichts, z. B. keine Energie. Das zweitwichtigste heißt: Man darf alles, wenn man sich nicht erwischen läßt. Man darf z. B. sogar den Energiesatz verletzen, wenn es kein Mittel gibt, diese Verletzung nachzuweisen. Hier liegen zwei Teilchen A und B im Abstand r. Ist es möglich, daß A plötzlich ein drittes Teilchen C aus dem Nichts stampft? Die Energie des Systems hätte sich dadurch mindestens um die Ruhenergie $W = mc^2$ von C erhöht. Niemand kann diese Verletzung nachweisen, wenn C spätestens nach der Zeit $t = h/\Delta W = h/mc^2$ verschwindet, z. B. indem es zu B saust und von ihm absorbiert wird. Da es höchstens mit c fliegen kann, müssen A und B um weniger als $r = ct = h/mc$ auseinanderliegen, damit ein solcher Austausch funktioniert. Durch einen solchen Austausch erklärt man sich heute alle Kräfte. Man kennt vier davon. Hier sind sie samt ihren teils hypothetischen Überträgerteilchen und der Eigenschaft "verallgemeinerte Ladung", solche Teilchen austauschen zu können:

Kraft	Ladung	Überträger	Reichweite
elektromagnetisch	el. Ladung	Photon	∞
stark	"Farbe"	Gluon	10^{-15} m
schwach	schw. Ladung	$W^{\pm}$, Z^0	10^{-18} m
Gravitation	Masse	Graviton	∞

Eine speziell abgeschwächte Form der elektrischen Kraft ist die chemische Bindungskraft. Eine speziell abgeschwächte Form der starken Kraft ist die Kernkraft, die die Nukleonen trotz der Abstoßung zwischen den Protonen zusammenhält. Sie wirkt nur bei direkter Berührung der Nukleonen, d. h. jenseits der Reichweite $r \approx 10^{-15}$ m ist nichts mehr von ihr spürbar. Daraus folgt die Masse der Überträgerteilchen zu $m \approx h/rc \approx 2 \cdot 10^{-28}$ kg ≈ 200 Elektronenmassen. *Yukawa* postulierte so die Existenz des Pions mit $276\, m_e$, bevor es in der kosmischen Strahlung entdeckt wurde. Die kürzlich entdeckten W- und Z-Teilchen sind entsprechend ihrer 1000mal kleineren Reichweite noch 1000mal schwerer: Ihre Ruhenergie ist 90 GeV, 100mal so groß wie beim Proton.

Wir versuchen ein Teilchen durch eine Potentialwand einzusperren, die nur eine endliche Höhe und Dicke hat. Daß das Teilchen im Gefängnis wild wird und nicht ruhig am Boden sitzt, sondern eine nicht unterschreitbare Nullpunktsenergie hat, wissen wir ja schon. Wenn wir aber der Wand eine Höhe W' geben, die größer ist als die Energie W des Teilchens, dürfte es nach dem Energiesatz eigentlich nicht herauskommen, aber plötzlich ist es doch draußen. Wenn es nämlich so kurze Zeit für den Durchtritt durch die Wand braucht, daß niemand die Überziehung seines Energiekontos um die Differenz $W' - W$ merken kann, dann schafft es den Ausbruch. Man kann sich auch vorstellen, das Teilchen grabe sich einen Tunnel durch die Wand in seiner energetischen Höhe W, und nennt dieses eigenartige Verhalten von Wellenteilchen den *Tunneleffekt* (Abb. 7.22).

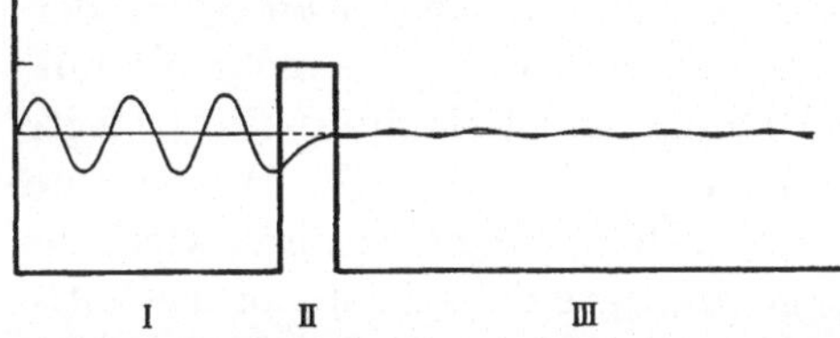

Abb. 7.22. Tunneleffekt. Wellenfunktion eines Teilchens in den drei Bereichen: I) Im Potentialkasten, II) innerhalb der Wand, III) im Außenraum

Wenn das Teilchen nur die kinetische Energie $W' - W$ hätte, die ihm eigentlich fehlt, flöge es mit $v = \sqrt{2(W' - W)/m}$ und käme durch die Wand der Dicke d in der Zeit $t = d/v = d\sqrt{m/2(W' - W)}$. Dies muß kleiner sein als die von der Unschärferelation bestimmte Zeit $h/(W' - W)$. Tunneln ist also möglich, wenn

$$d \lesssim \frac{h}{\sqrt{\tfrac{1}{2}m(W' - W)}} = d_0 \quad .$$

Wenn dies Verhältnis größer wird, nimmt die Tunnelwahrscheinlichkeit sehr schnell ab, nämlich wie e^{-d/d_0} (Abb. 7.23).

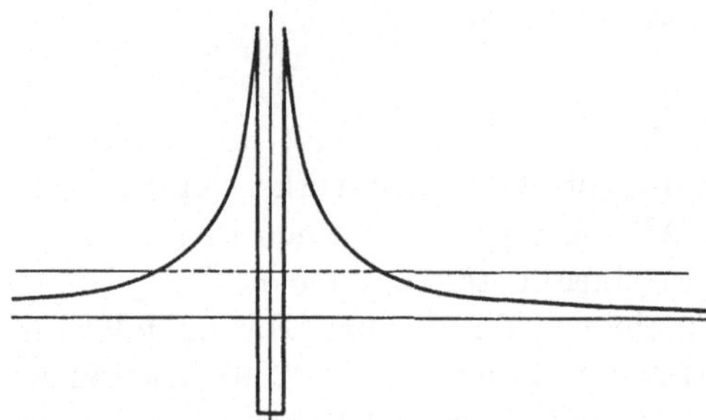

Abb. 7.23. Durchtunnelung des Coulomb-Potentials eines Kerns von innen (α-Zerfall) oder von außen (thermische Kernreaktion)

7.6 Kerne

Sobald *Rutherford, Geiger* und *Marsden* 1912 entdeckt hatten, daß die positive Ladung und fast die ganze Masse des Atoms im Kern konzentriert sind, der einen 10^5mal kleineren Radius hat als das Atom, war klar, daß in diesem Kern ungeheure Energien verborgen sind. Je kleiner ein elektrisch geladenes System ist, desto mehr Energie hat es. Das liegt am Coulomb-Gesetz: Zwei Ladungen im Abstand r haben eine potentielle Energie $W \sim 1/r$. Da r beim Kern 10^5mal kleiner ist als beim Atom, muß W etwa 10^5mal größer sein. Atomenergie, richtig bezeichnet, ist Energie der Atomhülle, z. B. Energie von Photonen aus dem sichtbaren Spektrum, oder Umlagerungsenergie der Elektronen, z. B. Verbrennungsenergie. Sie liegt um 10 eV/Atom, also ergeben Umlagerungen im Kern größenordnungsmäßig 1 MeV/Kern. Das ist Kernenergie.

Einen Vorgeschmack solcher Energien fanden *Becquerel* und *Marie* und *Pierre Curie* in der natürlichen Radioaktivität, noch bevor *Rutherford* den Kern entdeckte. 1897 isolierten die *Curies* aus dem Uran die mehr als millionenmal stärker strahlenden Elemente Radium und Polonium. *Pierre* legte 0,1 g frisch hergestelltes Radium in ein Dewar-Gefäß mit 10 g Wasser und stellte eine Erwärmung von 1 Grad/Stunde fest. Dann trennte er durch vielfache Verdünnung 1/100 000 dieser Radiummenge ab, legte diese Probe in die Mitte einer Vakuumglocke von 30 cm Durchmesser, die innen mit Leuchtfarbe bestrichen war, und zählte mit dem Mikroskop 8 Lichtblitze/Minute auf 1 mm^2

Leuchtschirmfläche. Er hatte nämlich bemerkt, daß die Strahlung nur etwa 6 cm
Luft durchdringen kann, deswegen das Vakuum.

7.13 Wenn jeder Lichtblitz die Spur eines Kernzerfalls ist, was konnte *Curie* dann über
Zerfallsenergie, Halbwertszeit usw. aussagen?

Im starken Magnetfeld spaltet sich die radioaktive Strahlung in drei An-
teile, die stark nach der einen, schwach nach der anderen Seite bzw. gar nicht
abgelenkt werden. Es handelt sich also um negative leichte Teilchen (Elektronen = β-Strahlung), positive schwere Teilchen (He-Kerne = α-Strahlung)
und Photonen (hochfrequente elektromagnetische Wellen = γ-Strahlung).

7.14 Wie groß etwa ist die Ablenkung in einem Magnetfeld von 0,1 T und 2 cm Ausdehnung?
Können Sie hier nichtrelativistisch rechnen?

Der radioaktive Zerfall verletzt scheinbar oder wirklich die drei damals
wichtigsten Naturgesetze: Die Konstanz der Elemente, den Energiesatz und das
Kausalgesetz (keine Wirkung ohne Ursache). Elemente wandeln sich um, denn
die emittierten Teilchen kommen aus dem Kern und ändern dessen Ladung
oder Masse. Im Periodensystem rückt der Kern durch α-Zerfall zwei Schritte
nach links und wird um vier Einheiten leichter, durch β-Zerfall rückt er einen
Schritt nach rechts (Abb. 7.24). Die zunächst unerklärlich große Zerfallsenergie
stammt auch aus dem Kern, aber während α-Teilchen die volle Energiedifferenz
zwischen Mutter- und Tochterkern wegtragen und daher alle die gleiche Energie
haben (Abb. 7.26), steckt nur ein Teil dieser Energie in den β-Teilchen, die
sich über ein ganzes Energiespektrum von 0 bis zur Maximalenergie verteilen
(Abb. 7.25). Um den Energiesatz zu retten, postulierte *Pauli*, daß gleichzeitig
ein *Neutrino* (oder Antineutrino) ausgesandt wird.

Am einschneidendsten ist die Verletzung des Kausalgesetzes: Niemand
kann sagen, wann ein bestimmter Kern zerfallen wird, in einer Sekunde oder
in 1000 Jahren. Feststellbar ist nur die Wahrscheinlichkeit für einen Zerfall im
nächsten Zeitraum dt. Sie ist $\lambda\, dt$. Von N Kernen zerfallen also $N\lambda\, dt$ in dieser
Zeit dt. Aus $dN = -\lambda N\, dt$ folgt, wieviele Kerne von anfangs N_0 nach der Zeit
t noch da sind: $N = N_0\, \mathrm{e}^{-\lambda t}$. Die Halbwertszeit, nach der noch die Hälfte da
ist, ergibt sich daraus als $T_{1/2} = \ln 2/\lambda$.

Beim Durchgang durch Materie zerschlagen alle drei energiereichen Strahlungsarten Atome zu Ionen und Elektronen. Darauf beruhen die Gefahr solcher
Strahlung und ihr Nachweis.

Als *Wilson* die *Nebelkammer* erfunden hatte (Abb. 7.27), in deren übersät-
tigtem Wasserdampf die Ionen als Kondensationskeime Tröpfchen um sich
bilden, konnte man die Teilchen wirklich fliegen sehen. α-Teilchen kommen
in Luft nur einige cm, in festen und flüssigen Stoffen noch viel weniger weit.

7.15 Wie weit etwa fliegt ein α-Teilchen in einem Festkörper?

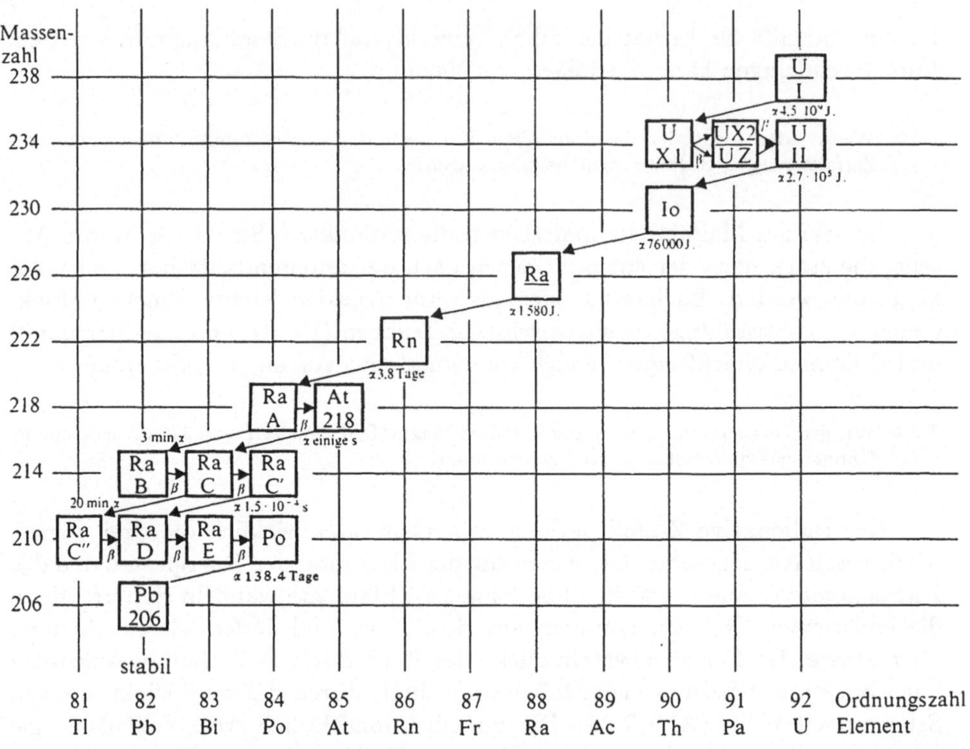

Abb. 7.24. Radioaktive Familie des Urans mit den historischen Namen der Nuklide und ihren Halbwertszeiten

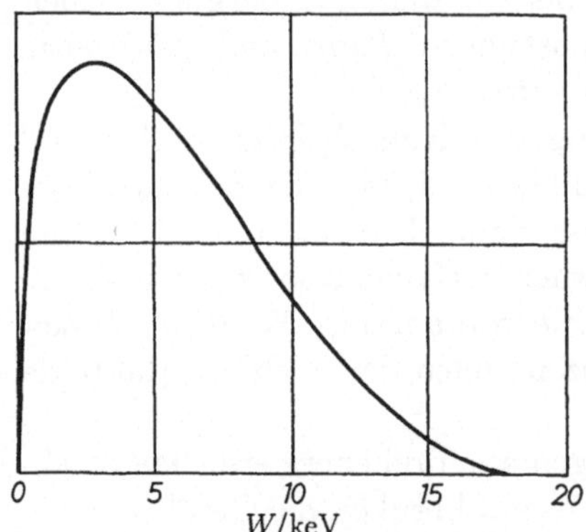

Abb. 7.25. Das Energiespektrum der β-Teilchen aus dem Zerfall des Tritiums ^{3}H

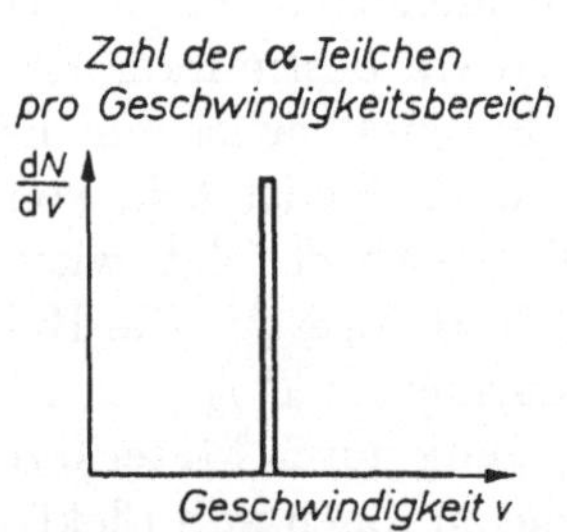

Abb. 7.26. Geschwindigkeitsspektrum von α-Strahlung

α-Teilchen konzentrieren ihre Energieabgabe auf eine kurze, dicke Spur. Die β-Spur ist etwa 100mal länger und entsprechend zarter. γ-Photonen kommen noch mehr als 10mal weiter als β-Teilchen. Sie selbst zeichnen keine Spur; das tun nur die durch sie herausgeschlagenen Elektronen.

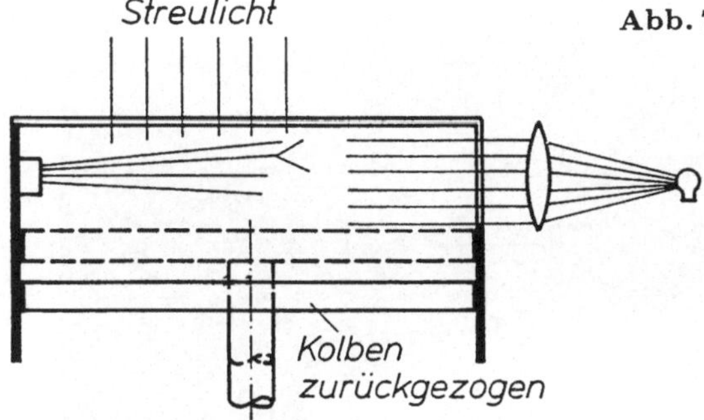

Abb. 7.27. Wilson-Kammer, schematisch

Die meisten *Nachweismethoden* beruhen auf der ionisierenden Wirkung der Strahlung, die die Luft in der Ionisationskammer leitend macht, dadurch ein Elektroskop entlädt oder im Zählrohr und der Funkenkammer eine Entladung auslöst. In der Photoplatte, dem Halbleiterzähler oder dem Szintillationszähler (Leuchtschirm) werden Elektronen nur angeregt und lösen photochemische Reaktionen oder elektrische Leitung aus oder leuchten beim Zurückfallen. Im Tscherenkow-Zähler registriert man den "optischen Überschallknall" eines Teilchens, das schneller fliegt als das Licht im selben Medium. Am wichtigsten ist das Zählrohr von *Geiger* und *Müller*. Um einen sehr dünnen axial gespannten Draht ist das E-Feld sehr hoch.

7.16 Wie hoch ist das Feld nahe am Draht des Geiger-Zählers etwa bei 400 V?

Die wenigen direkt erzeugten Ionen und Elektronen gewinnen auf ihrer freien Weglänge soviel Energie, daß sie weitere Gasteilchen ionisieren können. So bildet sich eine Entladungslawine, die nach weiterer Verstärkung im Lautsprecher knackt oder ein Zählwerk treibt.

7.17 Wie groß etwa ist die mittlere freie Weglänge eines Ions in Luft bei normalem Druck? Wieviel Energie gewinnt ein Ion auf dieser Strecke? Kann es danach selbst andere Teilchen ionisieren?

γ-Strahlung und z. T. auch β-Teilchen werden in Materie nach demselben Gesetz absorbiert wie normales Licht. Ihre Spurlängen sind exponentiell verteilt. α-Spuren dagegen haben praktisch alle die gleiche Länge (Abb. 7.28). Das liegt daran, daß Photonen und Elektronen ihre Energie in einem oder wenigen Stößen verlieren; beim α-Teilchen kostet jeder Stoß weniger Energie, und daher erfolgen viele Stöße bis zum Spurende.

7.18 Wieviel Energie verlieren die Teilchen beim Stoß und wie folgen daraus die verschiedenen Absorptionsgesetze?

Ionisierende Strahlung kann biologisches Gewebe verwüsten, besonders die Erb- und Regelzentren der Nukleinsäuren. Man mißt die *Strahlendosis*, die ein

Abb. 7.28. Nebelkammeraufnahme des α-Zerfalls von RaC′. Das einzelne energiereiche Teilchen (längere Spur) wird aus einem angeregten Zustand des gleichen Kerns emittiert. (Nach *Philipp*, aus *W. Finkelnburg*)

Gewebe empfängt, durch die darin freigesetzte Energie (Einheit J/kg = 1 Gy = 1 Gray, früher 0,01 J/kg = 1 rad) oder durch die Gesamtladung der erzeugten Ionen (Abb. 7.29; Einheit $2{,}58 \cdot 10^{-4}$ A s/kg = 1 R = 1 Röntgen). Die Dosis, die jemand abbekommt, hängt ab von der Aktivität des Strahlers, d. h. der Anzahl der Zerfälle/s (Einheit $1\,\mathrm{s}^{-1} = 1\,\mathrm{Bq} = 1$ Becquerel, früher 1 Ci = 1 Curie = $3{,}7 \cdot 10^{11}\,\mathrm{s}^{-1}$ = Aktivität von 1 g reinen Radiums). Dann hängt sie ab von der Bestrahlungszeit (schnell weggehen!), vom Abstand (weit weggehen!) und von Dicke und Dichte des Materials dazwischen (abschirmen!). In ihrer Reichweite sind die Strahlungsarten sehr verschieden (s. oben und Abb. 7.30); α-Strahlung bleibt schon in der toten Oberhaut stecken, man darf nur keinen Strahler schlucken, denn z. B. Radium ist ein Erdalkalimetall und baut sich statt Ca in die Knochen ein. Bei gleicher Energiedosis ist aber α-Strahlung gefährlicher, z. T. weil sie mehr Ionen erzeugt (s. oben).

Ein Atom mit Z Außenelektronen, also der Ordnungszahl Z im Periodensystem, hat im Kern Z Protonen. Den Rest bis zur Massenzahl M stellen $M-Z$ Neutronen.

246

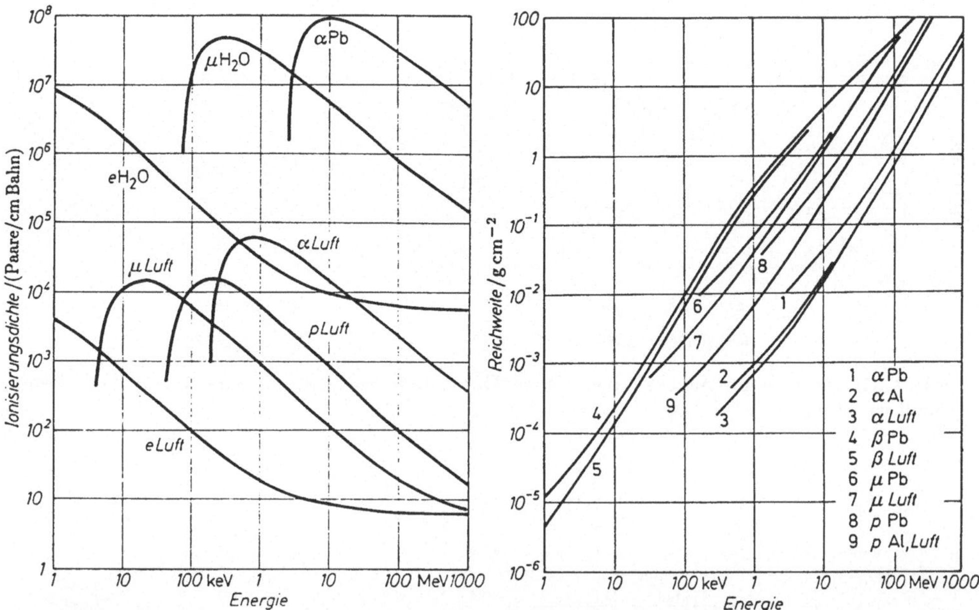

Abb. 7.29. Ionisierungsdichten durch verschiedene Teilchenarten in Abhängigkeit von der Energie

Abb. 7.30. Reichweiten verschiedener Teilchenarten in Abhängigkeit von der Energie. Die Reichweiten lassen sich nur angenähert allein durch die Massendichte ausdrücken; daher sind die Kurven für leichte und schwere Bremssubstanzen etwas verschieden

7.19 Warum kann der Kern nicht aus M Protonen und $M - Z$ Elektronen bestehen? Denken Sie an die Unschärferelation und das "Wildwerden" eingesperrter Teilchen.

Leichtere Kerne enthalten etwa gleichviele Protonen wie Neutronen. Das liegt am *Pauli-Prinzip*: Auch der Kern hat Energiezustände, in die sich Kernteilchen (Nukleonen) setzen können, je zwei mit entgegengesetzten Spins. Es gibt zwei Leiter solcher Zustände, einen für Protonen, den anderen für Neutronen. Energetisch am besten kommt man weg, wenn man beide gleichmäßig füllt. Hätte man nur Protonen, müßten sie ihre Leiter bis etwa zur doppelten Höhe füllen. Erst bei schweren Kernen verschiebt die Abstoßung der Protonen dies Verhältnis zugunsten der Neutronen (Abb. 7.31).

7.20 Wie stark stoßen sich zwei Protonen im Kern ab, welche Abstoßungsenergie hat ein schwerer Kern?

Der Kern hält trotz der Abstoßung der Protonen nur zusammen infolge einer neuen Kraft, der Kernkraft, die zwischen allen Nukleonen herrscht, aber nur in nächster Nähe, wenn sie sich unmittelbar berühren. Die Anziehungsenergie wächst mit der Anzahl der Berührungsstellen, also mit M (Abb. 7.32, 33).

7.21 Wieviele Berührungsstellen hat jedes Nukleon im Innern eines schweren Kerns?

247

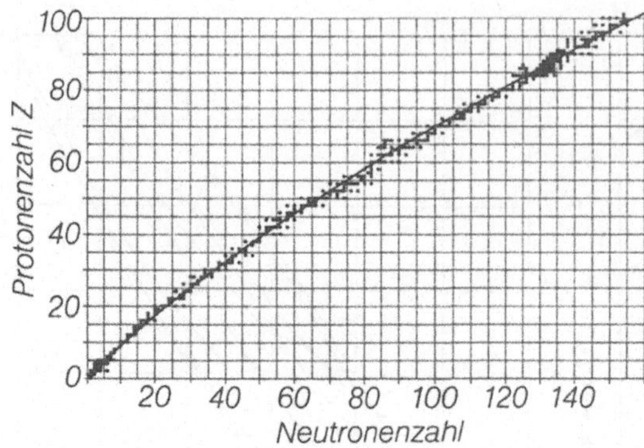

Abb. 7.31. Die stabilen und α-aktiven Kerne. Der Boden des Energietals nach dem Tröpfchenmodell ist angedeutet

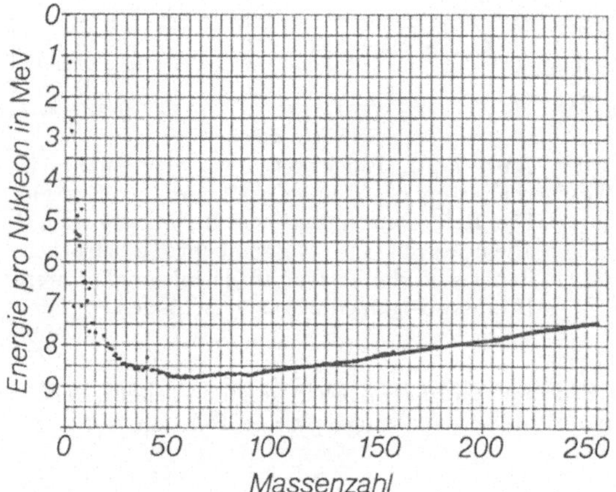

Abb. 7.32. Mittlere Bindungsenergie eines Nukleons in Abhängigkeit von der Massenzahl des Kerns

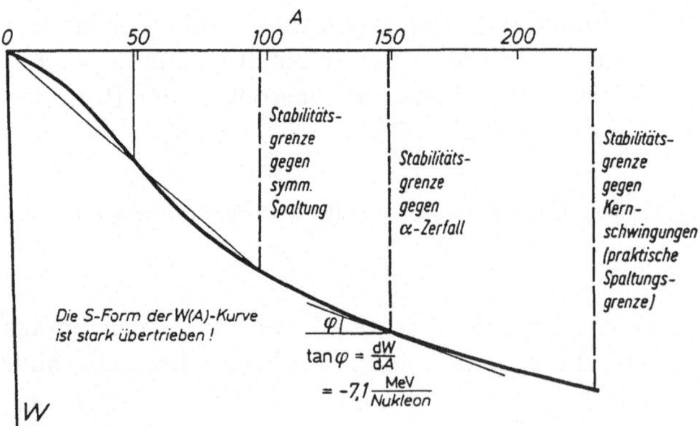

Abb. 7.33. Abhängigkeit der Bindungsenergie der Kerne von der Nukleonenzahl. Stabilitätsgrenzen gegen einige Zerfallsprozesse sind eingezeichnet

248

Die Coulomb-Kraft dagegen hat unbegrenzte Reichweite, *jedes* Proton stößt jedes andere im Kern ab, die Abstoßungsenergie wächst also mit Z^2. Da $Z \sim M$, muß die Abstoßung irgendwo die Anziehung überholen. Daher sind schwere Kerne instabil. Sie zerfallen radioaktiv unter Aussendung kleiner Bruchstücke, oder spalten sich in zwei fast gleichgroße Fragmente.

7.22 Wieso wächst die Coulomb-Abstoßungsenergie wie Z^2, die Anziehungsenergie der Kernkraft nur mit Z?

7.23 Welche Coulomb-Abstoßungsenergie haben die beiden Hälften eines U-Kerns? Vergleichen Sie mit dem Massendefekt (Aufgabe 7.2).

Bei der durch Neutronen ausgelösten *Spaltung* (Fission) des U-Kerns (*Hahn, Straßmann*, 1938, Abb. 7.34) entstehen zwei Fragmente, die zu reich an Neutronen sind. Den Überschuß bauen sie durch β^--Zerfall, aber auch durch direkten Ausstoß von Neutronen ab (Abb. 7.35). Bei jeder Spaltung werden im Mittel 3 Neutronen frei und können andere Kerne spalten, also eine Kettenreaktion auslösen (Abb. 7.36).

7.24 Nach welchem Gesetz schwillt eine Kettenreaktion mit der Zeit an?

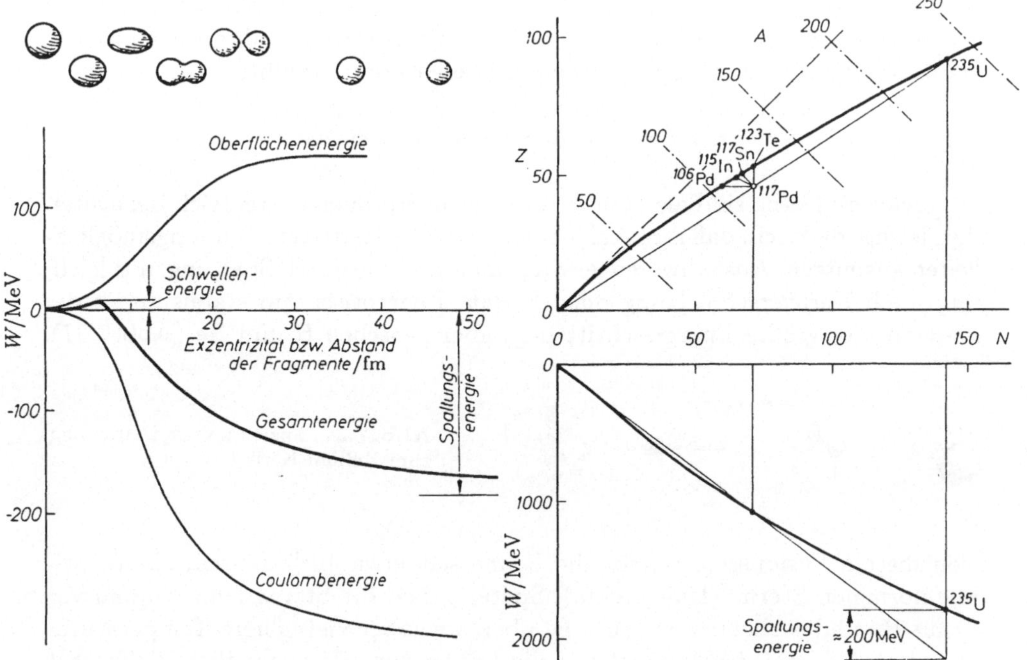

Abb. 7.34. Der ^{235}U-Kern hat bei der Spaltung nur noch einen sehr kleinen Potentialberg zu überwinden. Neutroneneinfang mit den daraus resultierenden Schwingungen genügt schon

Abb. 7.35. Kernspaltung. *Oben:* Symmetrische Spaltung eines schweren Kerns liefert einen Neutronenüberschuß, der teils durch Neutronen-, teils durch β-Emission abgebaut wird. *Unten:* Die Spaltung liefert etwa 200 MeV

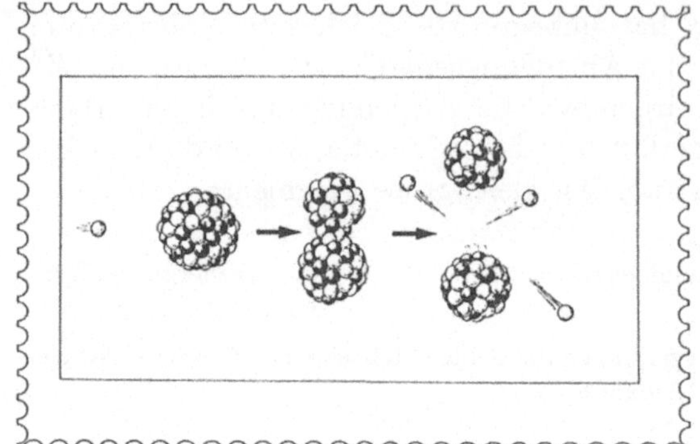

Abb. 7.36. Kernspaltung

In der Bombe ist das schnelle Anschwellen erwünscht (vom Hersteller), im Reaktor soll die Kettenreaktion stationär brennen, es soll also nur ein Neutron weiterspalten. Die übrigen verlassen den Reaktionsraum oder werden sogar bewußt durch Bremsstäbe z. B. aus Cadmium absorbiert. Wichtig ist: Das häufigste Uran-Isotop ^{238}U fängt Neutronen ein und geht durch β-Zerfall in Neptunium, dieses in Plutonium über. Nur das zu 0,7% im Natururan vorliegende ^{235}U wird gespalten, und zwar nur durch langsame Neutronen. Bei der Spaltung entstehen schnelle Neutronen, sie müssen durch Stöße mit den Kernen eines Moderators gebremst werden. Am besten geht das mit sehr leichten Kernen, also mit Wasser, schwerem Wasser oder Graphit.

7.25 Warum kann man mit leichten Kernen am besten moderieren?

Schwere Kerne sind also durch ihre vielen Protonen energetisch benachteiligt, leichte dadurch, daß ihre Nukleonen nicht alle Kernkraft-Bindungsmöglichkeiten ausnutzen. Aus schweren gewinnt man Energie durch Spaltung, aus leichten durch Kernverschmelzung oder *Fusion*. Energetisch am stabilsten ist der Fe-Kern; der größte Energieschritt liegt aber zwischen H und He (Abb. 7.37).

Abb. 7.37. Fusion zweier Deuteronen zum Helium-Kern

Von diesem Fusionsschritt lebt die Sonne seit etwa 10^{10} Jahren, ebenso wie alle normalen Sterne (Hauptreihe). Später gehen die Sterne zum Aufbau von C aus He und schließlich bis zum Fe über, was aber viel höhere Temperaturen erfordert. Uns auf der Erde ist nur die Fusion zum He zugänglich, hoffentlich in den nächsten Jahrzehnten auch als friedliche Energiequelle. Damit z. B. zwei Deuteronen (^{2}H-Kerne) zu He verschmelzen, müssen sie eine Coulomb-Schwelle von etwa 2 MeV überwinden. Hinreichend viele von ihnen können das nur, wenn ihre thermische Energie kT ebenso groß ist, also ab 10^{10} K, so scheint es. Zum

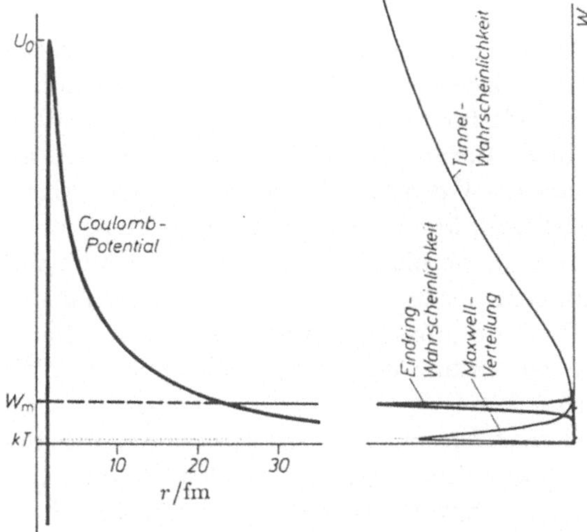

Abb. 7.38. Bei der Kernfusion wird der Potentialwall durchtunnelt. Am wirksamsten sind die Teilchenenergien, für die das Produkt von Maxwell-Wahrscheinlichkeit und Tunnelwahrscheinlichkeit maximal ist

Glück hilft uns hier der Tunneleffekt: Wenn ein Deuteron auf dem Potential-berghang des anderen so hoch gelaufen ist, daß der Wall bis zum Kraterinneren nur noch ein paar de Broglie-Wellenlängen dick ist, kann es hineinkriechen (Abb. 7.38). Das Fusionsfeuer brutzelt daher in der Sonne schon bei 10^7 K (sie hat viel Platz und viel Zeit), wir auf der Erde brauchen etwa 10^8 K.

7.26 Schätzen Sie die Höhe der Coulomb-Schwelle zwischen zwei Deuteronen.

7.7 Elementarteilchen

Drei Teilchen, Elektron, Proton und Neutron, scheinen zunächst auszureichen, um die ganze Welt aufzubauen. Bei näherem Hinsehen braucht man noch das Pion als Überträger der Kernkraft und das Neutrino, um den Energiesatz beim β-Zerfall in Ordnung zu bringen. Dazu kommt das Positron, das beim β^+-Zerfall emittiert wird, und das *Dirac* theoretisch als Antiteilchen zum Elektron vorausgesagt hat, bevor dieser Zerfall entdeckt wurde. Jedes Teilchen hat ein Antiteilchen, also gibt es noch ein Antiproton und das Antineutron. Beim Pion brauchte und fand man sowieso ein Teilchen-Antiteilchenpaar π^+ und π^-, dazu ein π^0, damit auch gleichartige Nukleonen einander anziehen können. Daß sich solche Paare in einem γ-Blitz vernichten und umgekehrt aus entsprechend energiereicher γ-Strahlung entstehen können, versteht sich.

Eine Flut weiterer Teilchen begann seit etwa 1940 buchstäblich vom Himmel zu regnen, nämlich aus der kosmischen Strahlung. Sie besteht ja zunächst aus sehr schnellen Teilchen, meist Protonen, die im Weltall auf noch nicht ganz geklärte Weise auf Energien bis 10^{21} eV beschleunigt worden sind, und die in der Atmosphäre beim Aufprall auf Luftatome ganze Schauer neuer Teilchen erzeugen. Außer den genannten Teilchen sind darunter die Myonen, schwere

Ausgaben des Elektrons und des Positrons, viele Mesonen, schwerer als das Pion, und noch mehr Baryonen, schwerer als die Nukleonen. Alle sind instabil und zerfallen nach Lebensdauern zwischen 10^{-23} und 10^{-6} s in Protonen (gilt für Baryonen) oder Elektronen (gilt für Mesonen und Myonen), oft über Zwischenstufen und unter γ-Strahlung. Baryonen und Mesonen faßt man als Hadronen zusammen, weil sie der starken Wechselwirkung unterliegen (griech. hadros = stark), was Leptonen (Elektron, Myon und neuerdings Tauon) nicht tun. Man kennt viele hundert Hadronen, womit sich dasselbe Problem ergibt wie für die vielen hundert Elemente samt ihren Isotopen: Soviele unabhängige Teilchen kann es doch gar nicht geben, sie müssen verwandt sein, am einfachsten indem sie aus wenigen Urteilchen zusammengesetzt sind, genau wie die Kerne aus Protonen und Neutronen.

So entstand das Quark-Modell: Alle Mesonen bestehen aus einem Quark und einem Antiquark, alle Baryonen aus drei Quarks. Zunächst glaubte man mit drei Quarksorten, genannt u, d, s (up, down, strange) auszukommen. Abbildung 7.39 zeigt ihre Eigenschaften und wie man die damals bekannten Mesonen aus ihnen aufbauen kann, dasselbe für die Baryonen (die Hyperladung Y ist eine klassifizierende Eigenschaft, die hier nicht erklärt werden kann). Das ist zunächst nur ein Ordnungsschema, das allerdings verblüffend stimmt und

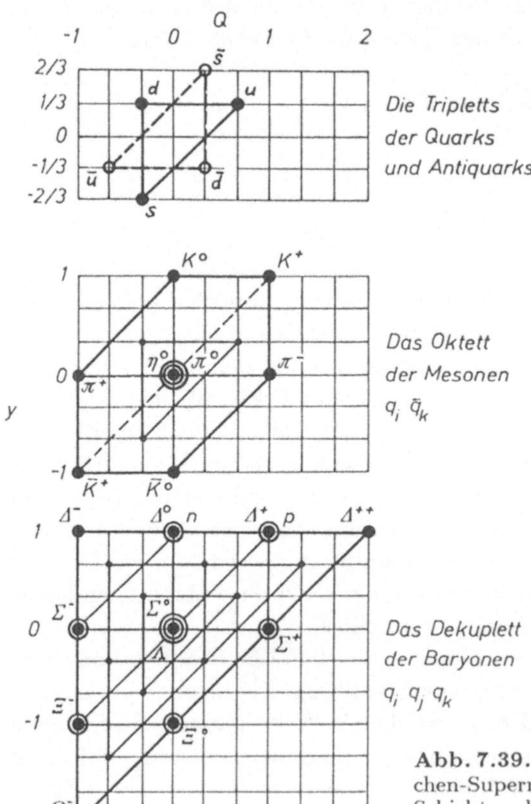

Abb. 7.39. Das Quarkmodell. Die einzelnen Teilchen-Supermultipletts entsprechen verschiedenen Schichten der kombinierten Diagramme

sogar zunächst unentdeckte Teilchen wie das Ω^- vorhergesagt hat. Wenn man sehr schnelle Teilchen, besonders Elektronen auf Nukleonen schießt, werden sie aber tatsächlich so gestreut, als säßen härtere "Kirschkerne" im Nukleon, ähnlich wie *Rutherfords* α-Teilchen im Atom einen harten Kern fanden.

Die Kraft, die die Quarks im Hadron zusammenhält, die bisher stärkste Kraft in der Welt, ist die eigentliche starke Wechselwirkung; die Kernkraft zwischen Nukleonen ist nur ein schwacher Rest und Abglanz von ihr, genau wie die chemische Bindung nur ein Abglanz der elektrischen Kraft ist. Diese starke Kraft soll natürlich auch durch besondere Austauschteilchen, die Gluonen, vermittelt werden, wie die elektrische durch die Photonen. Gluonen sind aber im Gegensatz zu Photonen "geladen" mit einer Ladung, die man "Farbe" nennt. Sie ziehen sich daher an, und statt wie die Photonen nach allen Seiten zu laufen, bilden sie einen engen Schlauch zwischen den beiden Quarks, die sie binden. Daher hängt diese Kraft auch nicht wie r^{-2} vom Abstand ab wie die elektrische, sondern fast gar nicht. Deshalb kann man Quarks nicht aus dem Hadron herauslösen − wenn $F = $ const und sehr groß, ist die Trennenergie $W = Fr$ schon bei ziemlich kleinem r riesig. Das Gluonen-Gummiband reißt manchmal, aber es enthält soviel Spannenergie, daß sich aus dieser an den freien Enden sofort wieder ein Quark und ein Antiquark anheften. Statt Einzelquarks erzeugt man so nur neue Mesonen. Ähnlich sollen sich auch die Pionen bilden, die die Kernkraft vermitteln. Eine Art Bohr-Modell mit diesem Kraftgesetz liefert sogar ungefähr die beobachteten Energien, also Massen einiger Hadronen.

Inzwischen hat man noch drei weitere Quarks (c, b, und t, charm, beauty und truth) benötigt, um weitere Hadronen ins Schema einordnen zu können, und auch dynamische Hinweise auf ihre Existenz gefunden. Damit gibt es nicht weniger als sechs Quarks, jedes in drei verschiedenen "Farben", und ihre Antiquarks, dazu sechs Leptonen (e, μ, τ, jedes mit seinem Neutrino) sowie deren sechs Antileptonen, dazu acht Gluonen, die drei Überträger der schwachen Kraft, W^+, W^- und Z^0, verantwortlich für den β-Zerfall, und das Photon natürlich − das Modell leidet schon längst an derselben Krankheit, die zu heilen es erfunden wurde, der Überfülle von Teilchen. Gibt es noch kleinere Urteilchen, aus denen Quarks, Leptonen usw. bestehen? Ist irgendwann Schluß mit dieser Schachtelung? Niemand weiß es. Es gibt noch viel zu erforschen.

Lösungen der Aufgaben

Kapitel 0: Mathematik

0.1 Die 100 m sind nach Übereinkunft längs der Karte zu messen. Selbst bei 10 % Steigung wäre die entsprechende Straßenlänge nur $\sqrt{100^2 + 10^2} = 100,50$ m. Hätte man das auch sagen können, ohne auf dem Rechner herumzutippen? Was halten Sie von $1 + s^2/2$ (s: Steigung) als Korrekturfaktor? Überprüfen Sie, ob er allgemein gilt.

0.2 Senkrechte Wand, z. B. 10 m hoch, hat Steigung $10/0 = \infty$. In der Physik vergessen Sie am besten, daß der Lehrer in der 5. Klasse verboten hat, durch 0 zu dividieren; denken Sie lieber an das, was er in der 11. über Grenzwerte gesagt hat. Eine Steigung ist kein Winkel (außer als Näherung für sehr kleine Winkel im Bogenmaß, davon später). Sie hängt stark nichtlinear vom Winkel ab: Verdoppelt man den Winkel, wächst die Steigung um mehr als den Faktor 2 (z. B. 45°, 90°). Der Dreisatz gilt nur bei direkter oder umgekehrter Proportionalität!

0.3 Vgl. Aufgabe 0.1: Bei 10 % Steigung Fehler 0,5 %.

0.4 h_0 ist die Höhenlage des km-Steins 0. Der km-Stein 1 liegt in der Höhe $h = h_0 + a \cdot 1\,\text{km}$, bei der Steigung $a = 10\,\%$ also bei $h = h_0 + 100$ m.

0.5 Die ersten 8 Teilsummen sind 1,000000; 2,000000; 2,500000; 2,666667;
0.6 2,708333; 2,716667; 2,718056; 2,718254. Nach der 11. Summe ändert sich in den ersten 7 Stellen nichts mehr: e = 2,718282. Steiler steigt die e^3-Reihe: 1; 4; 8,5; 13; 16,375; 18,4; 19,4125; 19,84643. Nach der 16. Summe hat man $e^3 = 20,08553$.

0.7 Stimmts? Einfachste Umrechnung von 1° mit Taschenrechner: DEG 1 SIN RAD INV SIN: 0.0174533.

0.8 Noch bei $\alpha = 15°$ ist $\sin \alpha$ nur 1 % kleiner als α, $\tan \alpha$ ist 2 % größer. Bei $\alpha = 7,5°$ sind die relativen Abweichungen nur $\frac{1}{4}$ so groß wie bei 15°. Wer die sin-Reihe kennt, wußte das schon vorher: $\sin \alpha = \alpha - \frac{1}{6}\alpha^3 + \frac{1}{120}\alpha^5 - + \ldots$

0.9 Das Kreisbogenstück dx und das Tangentenstück $d(\tan x)$ liegen nicht im selben Dreieck zusammen. Wir müssen $d(\tan x)$ erst zwischen den Strahlen x und $x + dx$ an den Kreis heranschieben, parallel natürlich, wobei es um den Faktor $\cos x$ kürzer wird, also nur noch $\cos x d(\tan x)$ lang ist. Wir lesen ab $dx/(\cos x d(\tan x)) = \cos x$, also $d(\tan x)/dx = 1/\cos^2 x$.

0.10 Spiegelung eines Steigungsdreiecks einer Funktion $f(x)$ an der $45°$-Diagonale führt es in ein anderes über, bei dem die Seiten dy und dx vertauscht sind, das also die reziproke Steigung hat. Beachten Sie aber, daß das neue Dreieck über einer anderen Stelle der x-Achse liegt, nämlich über der Stelle $f(x_1)$, wenn das ursprüngliche bei x_1 lag.

0.11 Die Komponente von $\boldsymbol{b}$ in Richtung $\boldsymbol{a}$ ist $b \cos \alpha$, also kommt dasselbe heraus. $\boldsymbol{a} \cdot \boldsymbol{b} = 0$, wenn $\alpha = 90°$, $\boldsymbol{a} \cdot \boldsymbol{b} = ab$, wenn $\alpha = 0°$.

0.12 $\boldsymbol{a} \times \boldsymbol{b} = 0$, wenn $\alpha = 0°$. $|\boldsymbol{a} \times \boldsymbol{b}| = ab$, wenn $\alpha = 90°$. Der Betrag von $\boldsymbol{a} \times \boldsymbol{b}$ ist die Fläche des Parallelogramms, das $\boldsymbol{a}$ und $\boldsymbol{b}$ aufspannen. $\boldsymbol{a} \cdot (\boldsymbol{b} \times \boldsymbol{c})$ ist diese Fläche mal der Komponente von $\boldsymbol{a}$ senkrecht zu dieser Fläche, also das Volumen des Parallelepipeds, das $\boldsymbol{a}$, $\boldsymbol{b}$, $\boldsymbol{c}$ aufspannen.

0.13 Das Volumen V zweier Körper ähnlicher Form ist $V \sim a^3$, wenn a *irgendeine* Längenabmessung ist. Das gilt nicht nur für den Würfel ($V = a^3$) oder die Kugel ($V = \frac{4}{3}\pi r^3$), sondern bei jeder beliebigen Form. Man mißt also z. B. die Höhen a der Säcke, bildet ihr Verhältnis (hier 1,30), und erhebt dieses Verhältnis zur dritten Potenz. Als a sollte man die größtmögliche Länge nehmen, damit der relative Fehler $\Delta a/a$ möglichst klein wird. Der relative Fehler im Volumen oder der Weizenmasse wird dann $\Delta V/V = \Delta m/m = 3\Delta a/a$. Bei $\Delta a = 0,5\,\text{mm}$ ergibt sich $m = 44\pm3\,\text{kg}$.

0.14 Von Kräften, die seitlich angreifen (Biegekräften) sehen wir hier vereinfachend ab. Der Querschnitt des Turms oder Halms muß dann nur dessen Gewicht tragen. Bei ähnlicher Form, der Höhe h und dem Radius r muß der Querschnitt $A \sim r^2$ ein Gewicht $F \sim \varrho r^2 h$ aushalten, auf seine Flächeneinheit entfällt also eine Spannung $\sigma \sim \varrho h$. Selbst bei gleicher Dichte ϱ verlangt das höhere Gebilde das festere Material. Der $300\,\text{m}$ hohe Turm hätte gegenüber dem $30\,\text{cm}$ hohen Halm 10^6 mal mehr Querschnitt, wöge aber (bei gleichem ϱ) das 10^9-fache, die Spannung wäre 1000mal größer. Turm und Halm verjüngen sich nach oben, der Turm viel stärker. Der Querschnitt darf ja z. B. auf $1\,\text{m}$ Anstieg um soviel abnehmen, wie dem Gewicht dieses $1\,\text{m}$-Stückes entspricht: $dA = -g\varrho A dh/\sigma$, also $A = A_0\,e^{-g\varrho h/\sigma}$ (vgl. Abschnitt 0.2). Wenn $h \ll \sigma/g\varrho$ wie beim Halm, geht die exponentielle in eine lineare Verjüngung über.

0.15 Wenn jemand seinen Schwerpunkt um h heben will, braucht er die Energie mgh. Diese liefern seine Sprungmuskeln, die sich mit der Kraft F eine Strecke x zusammenziehen: $W = mgh = Fx$. Die Stärke eines Muskelmaterials ist zu bemessen nach der Kraft pro Muskelquerschnitt, also der Spannung $\sigma \sim F/d^2$ (d : Muskeldurchmesser). Angenommen, Floh und Mensch haben ungefähr ähnliche Geometrie, also $x \sim d$ und $m \sim d^3$. Dann gilt $W \sim x^3 h \sim Fx \sim \sigma d^2 x \sim \sigma x^3$: Gleiche Sprunghöhe (absolut in Metern gemessen, nicht in Körperlängen) bedeutet also gleichstarke Muskeln.

Kapitel 1: Messen

1.1 Selbst wenn *Fermat* sich bei den Radumdrehungen nicht verzählt hat (heute zählt sie unser km-Zähler im Auto): Die entsprechende Strecke hängt vom Raddurchmesser, also vom Zustand der Reifen ab. Wenn sie um 1 cm abgenutzt sind, gibt der km-Zähler etwa 3 % zuviel Strecke an. Außerdem hat die Straße Kurven, waagerechte und senkrechte (Berg und Tal). Weiter: Kein Fahrer fährt absolut geradeaus. Merkt er z. B. nach 100 m, daß er 0,5 m von der geraden Spur abgewichen ist, und korrigiert dann, setzt sich seine Fahrt aus 100 m langen Kreisbogenstücken von 2,5 km Radius zusammen (Pythagoras!). Dies ist um den Faktor $\alpha/\sin\alpha \approx 1{,}0002$ mit $\alpha = 50\,\text{m}/2500\,\text{m}$ länger als die Gerade. Reifenabmessung und -zustand machen also viel mehr aus.

1.2 Wenn man die Baumspitze anvisiert, schneidet der Faden vom Pappdeckel ein Dreieck ab, das ähnlich zum Dreieck aus dem Baumstamm, der Grundlinie von 20 m und der Sichtlinie ist. Die Sichtlinie entspricht dem Fadenstück; die kurze Seite des DIN A 4-Pappdeckels, die man am besten auf 20 cm zuschneidet, entspricht der 20 m-Grundlinie. Wenn man also auf der langen Seite des Deckels eine cm-Skala aufgezeichnet hat, schneidet der Faden dort genau die Länge in cm ab, die der Baumhöhe in m entspricht. Um die Augenhöhe des Beobachters zu berücksichtigen, fängt man mit der cm-Einteilung senkrecht unter dem Befestigungspunkt des Fadens z. B. erst bei 1,7 m an.

1.3 Offenbar steht am 21.6. mittags die Sonne in Syene genau im Zenit, in Alexandria steht sie um $\arctan\frac{1}{7} = 8{,}1°$ tiefer. Um den gleichen Winkel unterscheiden sich die geographischen Breiten der beiden Orte. Der Erdumfang (360°) beträgt danach 36 500 km. Jetzt müßte man wissen, wie genau *Eratosthenes* seine Ausgangsdaten bestimmt hat. Am ungenauesten ist sicher die Entfernung von 800 km, die er nur aus Reisedauern abschätzen konnte. Der relative Fehler lag sicher um 10 % (80 km). Dann hat aber auch das Ergebnis, also der Erdumfang, 10 % Fehler (Vergleich mit dem wahren Wert von etwa 40 000 km bestätigt das). Eigentlich dürfte man das Ergebnis also nur als $37 \cdot 10^3$ km angeben (letzte Stelle unsicher).

1.4 Vom Sirius aus würde der Erdbahndurchmesser von $3 \cdot 10^8$ km unter $0{,}7'' = 3{,}4 \cdot 10^{-6}$ erscheinen. Sirius ist also $9 \cdot 10^{13}$ km von uns entfernt. Das Licht läuft im Jahr ($3 \cdot 10^7$ s) etwa 10^{13} km, also ist Sirius etwa 9 Lichtjahre entfernt. Nur wenige Fixsterne sind näher, z. B. α Centauri mit 4 Lichtjahren.

1.5 Körpergröße schwankt mit Tageszeit und Beschäftigung: Bandscheiben komprimieren sich. Systematische Fehler: Laxe Körperhaltung, Lineal auf Kopf nicht angedrückt, schiefgehalten. Zufällige Fehler einige mm.

1.6 Basislänge b; bei Objektabstand e muß rechter Spiegel um $\eta \approx b/e$ gegen Parallellage verdreht werden. Stereosehen ohne Gerät: Basis nur 6 cm. Fehler der Winkelablesung $\Delta\eta$, Fehler in Entfernung $\Delta e = b\Delta\eta/\eta^2 = e^2\Delta\eta/b$. Auge hat $\Delta\eta \approx 3\cdot10^{-4}$, $\Delta e \approx e$ bei $e \approx 200$ m: Dort hört Stereosehen bestimmt auf. Fernrohr senkt $\Delta\eta$ auf $\Delta\eta/V$.

1.7 Ableitung nach x_1 z. B. bedeutet Multiplikation mit α, Division durch x_1.

1.8 Zeichnen müssen Sie selbst. Steigerung von x_0 schiebt Maximum nach rechts, σ ist halber Abstand zwischen Wendepunkten.

1.9 Das müssen Sie auch selbst machen.

Kapitel 2: Teilchen

2.1 Das müssen Sie schon selbst machen. Als Bezugssystem nehmen Sie am einfachsten eine Zimmerecke und die davon ausgehenden Kanten. Für den Wohnort könnten sie geographische, also krummlinige Koordinaten Breite und Länge wählen, also als Ursprung einen Punkt im Golf von Guinea, aber z. B. auch den Münchner Fernsehturm, die Ost- und die Nordrichtung als fast geradlinige Achsen.

2.2 Um $s - a$ müssen Sie gehen und langen, wenn Sie einen Schluck nehmen wollen, um $b - o$, wenn Sie baden wollen. Die Beträge sind die Entfernungen, die z-Komponente von $b - o$ ist meist viel kleiner als die beiden anderen, außer wenn Sie einen Swimming-Pool im Keller haben.

2.3 Die beiden Ortsvektoren lauten $r_1 = (1; 0)$, $r_2 = (2,12; 2,12)$, die Verschiebung $r_2 - r_1 = (1,12; 2,12)$ mit ihrem Betrag $\sqrt{2,12^2 + 1,12^2} = 2,40$ km hat in 90 s stattgefunden. Das Fahrzeug fuhr also im Mittel $26,7$ m/s $= 96$ km/h in Richtung $\arctan(2,12/1,12) = 65,15°$ gegen die Ostrichtung.

2.4 Verschiebung des Ursprungs um den Vektor a ändert alle Ortsvektoren r in $r - a$, läßt aber die v-Vektoren ungeändert, denn bei der Differenzbildung fällt a weg.

2.5 r- und v-Vektoren drehen sich um den gleichen Winkel andersherum. Dreht man nur die x, y-Ebene um α, geht ein beliebiger Vektor (x, y) über in $(x \cos \alpha - y \sin \alpha, x \sin \alpha + y \cos \alpha)$.

2.6 Der graphische Fahrplan zeigt auf einen Blick für jeden Ort (nicht nur die Bahnhöfe), wann sich jeder Zug dort befindet, speziell wann und wo sich Züge begegnen, wie schnell jeder fährt, wo er bremst usw.

2.7 Bremsung: $a \uparrow\downarrow v$, Beschleunigung: $a \uparrow\uparrow v$, Kurve: $a \perp v$, Kurve mit Bremsung: a schräg rückwärts gegen v.

2.8 Annahme: Laufzeit $10\,$s, Beschleunigung a konstant auf ersten $30\,$m. $v(t)$-Diagramm besteht dann aus Dreieck bis zur noch unbekannten Zeit t_1, danach Rechteck der ebenfalls unbekannten Höhe v_1. Flächen unter $v(t)$-Kurve sind Wege: Dreieck $\frac{1}{2}v_1 t_1 = 30\,$m, Rechteck $v_1 \cdot (10\,\mathrm{s} - t_1) = 70\,$m. Auflösung dieser beiden Gleichungen liefert $v_1 = 13\,$m/s, $t_1 = 4{,}62\,$s, ferner $a = v_1/t_1 = 2{,}8\,\mathrm{m/s}^2$.

2.9 Das Flugzeug erreicht ein gewisses v relativ zur Luft. Beim Hinflug relativ zur Erde mit $v+w$ braucht es die Zeit $d/(v+w)$, beim Rückflug mit $v-w$ braucht es $d/(v-w)$, im Ganzen $2vd/(v^2 - w^2)$, was um den Faktor $v^2/(v^2 - w^2)$ länger ist als ohne Wind, bei $w = v/2$ also um $33\,\%$, bei $w = v$ natürlich ∞.

Weitere Aufgaben dazu in: H. Vogel: *Probleme aus der Physik* (Springer, Berlin, Heidelberg 1986) S. 5–16

2.10 Da alles im fallenden Lift mitfällt, treten in diesem Bezugssystem keine Beschleunigungen auf, speziell kein g nach unten. Die Schwerkraft ist aufgehoben; der Koffer wiegt nichts mehr, die Waage, auf der man steht, würde auch 0 anzeigen. Wenn der Schacht sehr tief ist, merkt man bei genauem Hinschauen: Die Koffer, die rechts und links im Lift schweben, treiben sehr langsam aufeinander zu, beide wollen ja zum Erdmittelpunkt! Einstein würde sagen: Man kann das Schwerefeld durch Übergang zu einem geeignet beschleunigten System wegtransformieren, bis auf einen Rest, der auf der Inhomogenität dieses Feldes beruht, und dieser Rest ist das eigentlich Wesentliche an diesem Feld, das am besten durch eine Raumkrümmung zu beschreiben ist.

2.11 Wurfweite $x_\mathrm{w} \sim \sin 2\alpha$, maximal bei $2\alpha = 90°$, $\alpha = 45°$. Dasselbe folgt aus Abb. 2.6: x_w ist gegeben durch die Fläche des Rechtecks aus v_{x0} und v_{y0}, und dieses ist bei gegebener Diagonale v_0 am größten, wenn es ein Quadrat ist.

2.12 Bremsstrecke $x = \frac{1}{2}v_0^2/a$, Bremsdauer v_0/a. Man nehme $8\,\%$ von v_0 (in km/h), quadriere das und erhält den Bremsweg in m; die alte Regel mit $v/10$ gilt für schlechtere Bremsen mit $a = 3{,}86\,\mathrm{m/s}^2$.

2.13 Mond: $0{,}95\,$km/s, $\omega = 2{,}5 \cdot 10^{-6}\,\mathrm{s}^{-1}$; Erde $29{,}9\,$km/s, $\omega = 2{,}0 \cdot 10^{-7}\,\mathrm{s}^{-1}$.

2.14 Kette hat bestimmtes v, Zahnräder auch. Hinterrad-Zahnrad und Reifen haben gleiches ω und T.

2.15 Fliehkraft muß Gewicht aufheben: $v^2/R = g$, $v = \sqrt{gR} = 7{,}9\,$km/s.

2.16 Wer das größere ω erreicht, gewinnt. Um nicht zu rutschen, kann man sich eine bestimmte Fliehkraft $m\omega^2 r$ leisten, also bei kleinerem r ein größeres ω: Man fahre innen.

2.17 Die Feder hat $D = mg/x \approx 700\,\text{N}/0,1\,\text{m} = 7000\,\text{N/m}$, mit der Eigenfrequenz $\nu = \sqrt{D/m}/2\pi \approx 1,6\,\text{Hz}$ ginge es am besten.

2.18 Rückstellkraft gegen die Auslenkung um $x = l\alpha$ ist die Gewichtskomponente $mg \sin \alpha$, bei kleinen Winkeln $mg\alpha = mgx/l$. Also $F = ma = mgx/l = Dx$: Harmonisch mit $D = mg/l$, $\omega = \sqrt{D/m} = \sqrt{g/l}$.

2.19 Die Säule, Gesamtlänge L, stehe rechts um $2x$ höher als links. Querschnitt A, Dichte ϱ. Rückstellkraft $2xA\varrho g$: Harmonisch, weil $\sim x$. $D = 2A\varrho g$, zu beschleunigende Masse $AL\varrho$, also $\omega = \sqrt{2g/L}$, wie ein Pendel der Länge $L/2$.

2.20 75 kg bis zum 4. Stock (15 m) in 15 s: 750 W. Klimmzug in 1 s, Aufstieg aus Kniebeuge in 0,5 s, 0,7 m: 0,5 kW, 1 kW. 1000 Höhenmeter in 1,5 h mit 25 kg-Rucksack: 185 W. Der Mensch schafft kurzzeitig mehr als 1 kW, auf Dauer nur 0,2 kW.

2.21 $mgh = 10^7\,\text{J}$.

2.22 $W = \frac{1}{2}Fx = 5\,\text{J}$.

2.23 Bei drei festen und drei losen Rollen gibt es sechs Seilstücke, auf die sich x verteilt: Last hebt sich um $x/6$, man braucht nur mit $\frac{1}{6}$ der Last zu ziehen.

2.24 Bei $w = 2\,\text{km/s}$, $v = 8\,\text{km/s}$ folgt $m_0 = 55\,m$: 54 t Treibstoff.

2.25 Gestoßene Kugel führt genau Impuls mv und Energie $\frac{1}{2}mv^2$ der stoßenden weiter. Jede Aufteilung würde Impuls- oder Energiesatz verletzen.

2.26 Impuls im S-System war 0 und bleibt auch bei Umkehr der Vorzeichen 0. Energie hängt vom Vorzeichen von v nicht ab. Die entsprechenden Gleichungen haben nur eine Lösung, nämlich diese.

2.27 Elektron kann auf Proton ebenso wie umgekehrt nur $\frac{1}{460}$ seiner Energie übertragen. Neutron kann bei zentralem Treffer an eins der vielen Protonen im Wasser alles abgeben, an C-Kern nur 28 %. Aber Protonen schlucken Neutronen, Deuteronen nicht, daher schweres Wasser, 89 % Energieübertragung.

2.28 Auto mit m prallt mit v auf stehendes, beide rollen zusammen mit v' weiter: $mv = 2mv'$, $v' = v/2$, $W' = \frac{1}{2}2mv'^2 = \frac{1}{4}mv^2$: Halbe Energie steckt in Blechdeformation.

2.29 Drehen sich die Räder noch relativ zum Auto, haften sie auf der Straße, wirkt die Haftreibung, die größer ist als die Gleitreibung bei blockierten Rädern, also Bremswirkung besser. Blockierte Räder sind auch schwerer in der Spur zu halten. Bedingung, um auf Berg, in Kurve nicht wegzurutschen: $\alpha g < \mu g$, $v^2/R < \mu g$, z. B. bei $\mu = 0,1$: $v \approx 10\,\text{km/h}$ in $R = 100\,\text{m}$; 10 % Steigung oder Gefälle.

2.30 Normalkraft (senkrecht zur Unterlage!) nicht mg, sondern $mg \cos \alpha$, also Reibung $\mu mg \cos \alpha$. Wenn das kleiner als $mg \sin \alpha$, also wenn $\mu < \tan \alpha$, rutscht der Klotz.

2.31 Teilchen sinken gleichförmig im Kräftegleichgewicht $mg = m_w g + 6\pi\eta r v$; m_w: verdrängte Wassermasse, mit $m \approx \frac{4}{3}\pi r^3 \varrho$ folgt $v = \frac{2}{9}r^2 g \Delta\varrho/\eta$ z. B. $1\,\mathrm{cm/Tag}$: Mit $\eta = 10^{-3}\,\mathrm{Pa\,s}$ und $\Delta\varrho \approx 2000\,\mathrm{kg/m^3}$ folgt $r \approx 0,3\,\mu\mathrm{m}$. In der Zentrifuge steht $\omega^2 R$ anstelle von g. Ultrazentrifugen erreichen $10^4 - 10^6\,g$.

2.32 $6\,\mathrm{m}$ Radius ermöglichen stationäres $v = 5\,\mathrm{m/s}$ (freier Fall aus $3\,\mathrm{m}$ Höhe) im Gleichgewicht zwischen Gewicht und Newton-Reibung. Dieses v wird etwa erreicht nach $v/g = 0,5\,\mathrm{s}$, wenn man den Fallschirm gleich öffnet, oder nach noch kürzerer Zeit durch die enorme Newton-Reibung, wenn man den Schirm nach Erreichen der "nackten" stationären $50\,\mathrm{m/s}$ plötzlich öffnet (Vorsicht!). Die Ameise sinkt stationär nur mit harmlosen cm/s.

2.33 T: Translation, R: Rotation. Auto: $T + R$ (sonst rutscht es). Pedal T. Mond T um Erde, R um eigene Achse (oder reine R um Erde). Bussard $T + R$.

2.34 $\dot{v}$ parallel (antiparallel) zu v: v wird größer (kleiner). $\dot{v}\perp v$: v konstant, v schwenkt in Ebene von v und $\dot{v}$.

2.35 ω ist für alle Punkte gleich, $v = \omega r$ hängt vom Achsabstand ab.

2.36 Achse um a verschoben: $r' = r - a$, neues Trägheitsmoment $J' = \int r'^2\, dm = \int(r^2 - 2a\cdot r + a^2)dm$. Da r den Schwerpunkt als Ursprung hat, ist $\int r\, dm = 0$, (x-Komponente: $\int x\, dm = 0$), also $a \cdot \int r\, dm = 0$. Es bleibt $J' = \int r^2\, dm + ma^2 = J + ma^2$.

2.37 Stab um Mitte: $J = 2\int_0^{l/2} x^2\, dm = 2\int_0^{l/2} x^2 A\varrho\, dx = 2A\varrho l^3/8 = \frac{1}{12}ml^2$. Stab um Ende $\frac{1}{3}ml^2$. Scheibe zerlegt in Kreisringe r, dr der Masse $dm = 2\pi r\varrho d\, dr$, $J = \int_0^R 2\pi r^3 \varrho d\, dr = \frac{1}{2}\pi R^4 \varrho d = \frac{1}{2}mR^2$. Kugel zerschnitten in Scheiben in Höhe y, dy vom Radius $r = \sqrt{R^2 - y^2}$, Masse $dm = \pi\varrho r^2\, dy$, $J = \int dJ = \frac{1}{2}\int_{-R}^R \pi\varrho(R^4 - 2R^2 y^2 + y^4)dy = \frac{8}{15}\pi\varrho R^5 = \frac{2}{5}mR^2$.

2.38 $D' = 10\,N/0,79 = 13\,N$, $\omega = \sqrt{D'/J} = 1,6\,\mathrm{s^{-1}}$, $J = D'/\omega^2 = 5\,\mathrm{kg\,m^2}$. Ihre (plus des Stuhles) $100\,\mathrm{kg}$ sind im Quadratmittel $22\,\mathrm{cm}$ von Ihrer Achse entfernt.

2.39 Kippmoment $T = \frac{1}{2}mgl \sin\alpha \approx \frac{1}{2}mgl\alpha$, Bewegungsgleichung $\ddot{\alpha} = T/J = \frac{3}{2}g\alpha/l$. Eine Lösung (nicht ganz die richtige) ist $\alpha = \alpha_0 e^{t/\tau}$ mit $\tau = \sqrt{2l/(3g)}$. Richtige Lösung muß $\dot{\alpha}_0 = 0$ haben: $\alpha = \alpha_0(e^{t/\tau} + e^{-t/\tau})$. Bei $l = 15\,\mathrm{cm}$ wird $\tau = 0,1\,\mathrm{s}$, bei $l = 3\,\mathrm{m}$ leichter zu balancieren, weil man mehr Zeit hat: $\tau = 0,45\,\mathrm{s}$. $10\,\mathrm{s}$ Kippzeit für den Bleistift setzt $\alpha_0 \approx 10^{-44}$ voraus; unmöglich!

Kapitel 3: Teilchensysteme

3.1 $p = \varrho g h = 10^5\,\mathrm{Pa} = 1\,\mathrm{bar}$; $1\,\mathrm{mm}$ Wassersäule $= 10\,\mathrm{Pa}$.

3.2 Man blase in wassergefülltes U-Rohr oder sauge daran: 1–2 m Höhendifferenz, also 0,1–0,2 bar.

3.3 An jedem Rohrquerschnitt, besonders auch irgendwo unter der Flüssigkeit, muß beiderseits der gleiche Druck herrschen. Das ist bei einheitlicher Flüssigkeit nur möglich, wenn die Säulen beiderseits gleichhoch sind. In Abb. 3.2 steht links die Hg-Säule etwa 1 Teilstrich höher als rechts; die Wassersäule ist 14 Teilstriche hoch; Hg ist also etwa 14mal so dicht wie Wasser.

3.4 Gefäß A, das nach oben weiter wird, enthält bei gleicher Bodenfläche und Füllhöhe mehr Wasser als Gefäß B, das nach oben enger wird. Aber die schrägen Wände von A tragen einen Teil dieser Last, dagegen helfen die schrägen Wände von B mit nach unten drücken (Gegenkraft zur Druckkraft auf diese Wände).

3.5 Die Hg-Säule sank, bis ihre Kuppe etwa 76 cm höher stand als das Niveau im Gefäß. Dann war der Druck am Fuß der Säule $p = \varrho g h = 1\,\mathrm{bar}$, gleich dem äußeren Luftdruck, der auf das Hg im offenen Gefäß drückte.

3.6 Druck auf senkrechte Seitenwände führt zu waagerechten Kräften, die sich paarweise aufheben. Auch bei beliebiger Form heben sich die waagerechten *Komponenten* dieser Kräfte auf.

3.7 Schwimmen bei $\varrho < \varrho_{fl}$

Schweben bei $\varrho = \varrho_{fl}$

Sinken bei $\varrho > \varrho_{fl}$

ϱ Dichte des Körpers, ϱ_{fl} der Flüssigkeit. Volumenbruchteil ϱ/ϱ_{fl} schafft schon Auftrieb = Gewicht, Bruchteil $(\varrho_{fl} - \varrho)/\varrho_{fl}$ schaut oben raus.

3.8 In 12 000 m Tiefe ist der Druck 1200 bar, Wasser ist dort um $\Delta\varrho/\varrho = \kappa p = 6\,\%$ dichter. Für Idealgas gilt (bei $T = \mathrm{const}$) $\varrho \sim p$, also $d\varrho/\varrho = dp/p$, d. h. $\kappa = p^{-1}$. Bei Atmosphärendruck ist Gas etwa 10^4mal kompressibler als Wasser.

3.9 Luftdichte $\varrho = 1{,}3\,\mathrm{g/l} = 1{,}3\,\mathrm{kg/m^3}$, fast 1000mal weniger dicht als Wasser. Moleküle von Wasser und Luft haben ähnliche Massen, im Wasser liegen sie fast dicht gepackt (Abstand $\approx$ Durchmesser), also in Luft Abstand ≈ 10 Durchmesser.

3.10 Nach dem Modell mit konst. T wäre

Höhe h in km	0	8	13	25	100	300
Druck p in bar	1	0,37	0,20	0,04	$4\cdot10^{-6}$	$5\cdot10^{-17}$

Dichte (in $\mathrm{kg/m^3}$) jeweils um Faktor 1,3 höher als Druck. 8 km: höchste Berge; 13 km: Transatlantik-Flug; 25 km: Ozonschicht; Supersonic-Flug;

100 km: Ionosphäre, Polarlicht; 300 km: niedrige Satellitenbahnen, Exosphäre beginnt; 10^{-6} mbar um 150 km, dort Molekülabstand 10 000 Moleküldurchmesser

3.11 Innen: 12, an Oberfläche: 9 nächste Nachbarn; $\frac{1}{4}$ der Bindungsenergie geht verloren. Volle Bindungsenergie = Verdampfungsenergie pro Molekül.

3.12 Weil die Kugel bei gegebenem Volumen die kleinste Oberfläche hat. – Der Tropfen vom Radius R hängt an der Randlänge $2\pi r$ mit der Kraft $\sigma 2\pi r$. Wenn sein Gewicht mg größer wird als dies, reißt er ab. Dann ist die Masse $m = 2\pi\sigma r/g$; z. B. bei Wasser und $r = 1$ mm: $m = 0,04$ g. Beim heftigen Schütteln tritt die Beschleunigung a anstelle von g: Die Tropfen werden kleiner.

3.13 An der Grenze Wasser-Alkohol brodelt die Flüssigkeit heftig, schließlich zieht sie sich von der Münze zurück, und um diese bildet sich eine trockene Stelle. Die höhere Oberflächenspannung des Wassers gewinnt beim Quer-Tauziehen.

3.14 Der Wasserläufer läuft auf vier seiner etwa 1 cm langen, behaarten und befetteten Beine (das vordere Beinpaar dient zum Beutefangen). Die nichtbenetzbare Randlinie beträgt also etwa 8 cm, was eine Oberflächenkraft um 0,005 N ergibt. Das Tier dürfte 0,5 g Masse haben, um nicht zu versinken.

3.15 In der Spaltmitte $v = \Delta p d^2/(2\eta l)$. Luft 2,5 m/s, Wasser 5 cm/s, Öl 0,05 mm/s.

3.16 Die Isar hat zwischen Sylvenstein und München 250 m Höhendifferenz auf 75 km Lauflänge, d. h. $\alpha \approx 0,003$. Bei einer mittleren Tiefe $d \approx 0,5$ m käme $v \approx 4$ km/s heraus! Kein Fluß fließt laminar.

3.17 Bei b doppelte, bei c halbe Auslenkung, vergl. mit a. Kräfte und Federkonstanten addieren sich bei Parallelschaltung (wie Ströme und Kapazitäten oder reziproke Widerstände), Auslenkungen sind gleich (wie Spannungen); bei Reihenschaltung Kräfte gleich (wie Ströme), Auslenkungen und reziproke Federkonstanten addieren sich (wie Spannungen und Widerstände). Draht als Reihenschaltung von Meterstücken, Parallelschaltung von mm^2-Strängen aufgefaßt: $F \sim A\Delta L/L$.

3.18 $V = \frac{1}{4}\pi d^2 L$, also $\Delta V/V = 2\Delta d/d + \Delta l/l$.

3.19 Federkonst. $D = F/\Delta l = EA/l$. Dehnungsarbeit $W = \frac{1}{2}F\Delta l = \frac{1}{2}D\Delta l^2 = \frac{1}{2}EAl\varepsilon^2$, Energiedichte $W/V = \frac{1}{2}E\varepsilon^2 = \frac{1}{2}\sigma\varepsilon$. Das ist die Fläche des Dreiecks unter der $\sigma(\varepsilon)$-Kurve. Dies stimmt auch bei inelastischer Verformung, nur ist diese Fläche dann kein Dreieck mehr. Hysteresisschleife umschließt Energiedichte, die bei vollem Verformungszyklus in Wärme umgesetzt wird.

Kapitel 4: Wärme

4.1 $1\,kW \cdot 450\,s = 450\,kJ$. Auf dem Zähler steht z. B.: 600 Umdr./kWh. Wenn die Zählerscheibe 6 s für einen Umlauf braucht, also 600 Umdrehungen in der Stunde macht, wird genau $1\,kW$ verbraucht. Mit $450\,kJ$ könnte man $1\,kg$ um $45\,km$ heben oder gemäß $W = \frac{1}{2}mv^2$ auf $950\,m/s$ beschleunigen. In Wirklichkeit steckt ein großer Teil der Energie (die Hälfte) in potentieller Energie der Schwingung: Ganz so schnell fliegen die Teilchen nicht. Der Schwerarbeiter leistet auf die Dauer höchstens $0{,}1\,kW$, brauchte also 1,25 Stunden, etwa DM 30,–. Die elektrische Energie kostet nur etwa 2 Pfennig. An Kohle oder Gas mit $10\,kWh/kg$ braucht man etwa $13\,g$, was bei Gas ca. $13\,l$ entspricht.

4.2 Jedes Atom leistet den gleichen Beitrag zur Wärmeenergie und damit auch zur spezifischen Wärmekapazität c. Der Stoff, der pro kg mehr Atome hat, d. h. der mit den leichteren Atomen, hat also höheres c. Pb-Atome sind 9mal schwerer als Al-Atome, also hat Al 9mal höheres c.

4.3 Aus (4.2) folgt $v = \sqrt{3p/\varrho}$. Für Luft bei $20°C$ folgt $v = 480\,m/s$.

4.4 Der Mensch ist 10^{27}mal schwerer als Luftmolekül, fliegt $3 \cdot 10^{13}$mal langsamer, d. h. mit $10^{-11}\,m/s$. Bakterium ($1\,\mu m$ Durchmesser) ist 10^{10}mal schwerer, fliegt mit $5\,mm/s$: Im Mikroskop als Brownsche Bewegung deutlich sichtbar.

4.5 Auslenkung um den Winkel $\alpha = 4\,mm/5\,m = 8 \cdot 10^{-4}$ erfordert ein Moment $T = 5 \cdot 10^{-18}\,Nm$ und eine Energie $\frac{1}{2}T\alpha = 2 \cdot 10^{-21}\,J$. Dies ist die thermische Energie eines Schwingungsfreiheitsgrades: $W = \frac{1}{2}kT$. Es folgt $k = 1{,}3 \cdot 10^{-23}\,J/K$.

4.6 $p = \frac{1}{3}nmv^2$ (4.1) und $\frac{1}{2}mv^2 = \frac{3}{2}kT$ [(4.6), $f = 3$ für Translation]. Einsetzen liefert sofort (4.7).

4.7 Luft ist fast 1000mal weniger dicht als Wasser, beide haben Moleküle von ähnlicher Masse, im Wasser berühren sich diese, also sind sie in Luft $\sqrt[3]{1000} = 10$ Durchmesser auseinander. Genauer: Dichteverhältnis 800, Massenverhältnis 29/18, Abstand 10,8 Durchmesser. Absolutwert aus Dichte und Molekülmasse: Luft $d = \sqrt[3]{m/\varrho} = 3{,}3 \cdot 10^{-9}\,m$, Eisen $2{,}3 \cdot 10^{-10}\,m$, Radius $1{,}2 \cdot 10^{-10}\,m$.

4.8 Für Gase meint (4.11) c_V, bei konstantem Volumen gemessen; für c_p bei konstantem Druck kommt noch die Expansionsarbeit dazu. Sie beträgt pro K und kg: $p\,dV/dT = k/m$. Wir meinen hier auch c_V. O_2: $f = 5$, $c = 641\,J\,kg^{-1}\,K^{-1}$, H_2: $f = 5$, $c = 10\,254\,J\,kg^{-1}\,K^{-1}$. H_2O: gewinkelt, also $f = 6$, $c = 1367\,J\,kg^{-1}\,K^{-1}$ stimmt für Dampf, Flüssigkeit hat das Dreifache: Jedes der drei Atome kann unabhängig schwingen! Festkörperatom hat $f = 6$, also $24{,}6\,J\,mol^{-1}\,K^{-1}$ nach (4.11).

4.9 Benzin (CH_2-Kette) $+ O_2 \rightarrow CO_2 + H_2O$, mittlere Massenzahl 31, $\frac{1}{2}mv^2 = \frac{3}{2}kT$, $v = \sqrt{3kT/m} = 1{,}9\,km/s$. Knallgas $2\,H_2 + O_2 \rightarrow 2\,H_2O$

mit Massenzahl 18 gibt mehr: $v = 2,5\,\text{km/s}$. Kreisbahn mit $8\,\text{km/s}$ erfordert nach (2.40) $m_0/m = 67$ für Benzin, nur 25 für Knallgas. Am günstigsten wäre H_2 oder gar H als Treibgas. Man kann H_2 im Kernreaktor erhitzen, aber wohl kaum höher als $2000\,\text{K}$. Halbes T, $\frac{1}{9}$ von m gibt immer noch 2,1faches v, $m_0/m = 5$.

4.10 Saft kann $300\,\text{g}$ Zucker/l, d. h. fast $2\,\text{mol/l}$ erreichen (Monosaccharide, Massenzahl 180). $1\,\text{mol}/22,4\,\text{l}$ drückt $1\,\text{bar}$, also saugt Saft mit mehr als $40\,\text{bar}$ und könnte $300\,\text{m}$ hochsteigen.

4.11 $35\,\text{g/l}$ meist NaCl, in Ionen dissoziiert, also mittlere Massenzahl $(35,5 + 23)/2 = 29$, bedeutet $1,2\,\text{mol/l}$, osmotischer Sog $27\,\text{bar}$. Arbeit $W = pV = 2,7\cdot 10^6\,\text{J}$ für $1\,\text{m}^3$. Destillation ohne Wärmerückgewinnung aus Dampf wäre energetisch 1000mal teurer.

4.12 Vgl. Abb. 4.4. Dampfmaschine, Dampfturbine: Brennraum $T \approx 600\,\text{K}$, Kühlturm $T' \approx 300\,\text{K}$, $\eta \approx 0,5$. Kühlschrank, Klimaanlage: Äußerer Wärmetauscher $T \approx 330\,\text{K}$, Kühlplatte, Zimmer $T' \approx 270\,\text{K}$, $290\,\text{K}$, $1/\eta \approx 5$ bzw. 8. Wärmepumpe: Heißwasser $T \approx 330\,\text{K}$, Wasser, Luft, Erde $T' \approx 280\,\text{K}$, $1/\eta \approx 5$.

4.13 Adiabatische Kompression von $1\,\text{bar}$ auf $10\,\text{bar}$ erhitzt Luft mit $\gamma = \frac{7}{5}$ auf $T = 10^{2/7}\,T_0 = 1,93\,T_0$, also ca. $300\,°\text{C}$, ausgehend von kühler Luft. Bei $20\,\text{bar}$ (Diesel) schon $T = 2,35\,T_0$, was zu einer Selbstentzündung reicht (keine Zündkerze!). Stöchiometrie ist am günstigsten, also $CH_2 + \frac{3}{2}O_2 \rightarrow CO_2 + H_2O$, $48\,\text{g}\,O_2$, d. h. $240\,\text{g}$ Luft auf $14\,\text{g}$ Benzin. Im 1 l-Zylinder wird mit etwa $1\,\text{g}$ Gemisch $0,06\,\text{g}$ Benzin angesaugt. Vergaser so eingestellt, daß Bernoulli-Sog der vorbeiströmenden Luft gerade soviel aus Kanal versprüht. Bei $6000\,\text{U/min}$, d. h. 50 Ansaugvorgängen pro s beim Viertakter sind das $3\,\text{g/s} = 11\,\text{kg/h}$. Verbrennungsenergie von $0,06\,\text{g}$ Benzin: $2\,\text{kJ}$, die $1\,\text{g}$ Luft um $2000\,\text{K}$ erhitzen könnten, tatsächlich infolge Verlusten nur um etwa die Hälfte. Der Druck verdoppelt bis verdreifacht sich wegen $T \sim p$ nochmals gegen den durch Kompression erreichten. Expansionsarbeit − Kompressionsarbeit $= 2\,\text{kJ}$ (s. oben), bei 50 Zündungen/s $100\,\text{kW}$, wovon wegen η nur $30\text{–}40\,\text{kW}$ zum Antrieb dienen können.

4.14 $mgh = \frac{1}{2}mv^2$, $h = v^2/2g = 12,5\,\text{km}$. Das ist etwas mehr als die Skalenhöhe, die für $mgh = kT = \frac{1}{3}mv^2$ herauskäme.

4.15 Das war nur ein Aufmerksamkeits-Wecker.

4.16 Erst selber aufzeichnen, Tabellenwerte eintragen, dann evtl. Abb. 4.12 vergleichen. Beim Steigung-Ablesen beachten: Eine Zehnerpotenz $= 2,3$ e-Potenzen. Oder gleich zwei extreme Wertepaare (p, T) in Rechner tippen, aber bitte aus Punkten der Geraden, nicht aus Tabellenwerten! Wozu haben Sie sonst die Ausgleichsgerade gezogen?

4.17 $4\cdot 5\cdot 2,5\,\text{m}^3$ enthalten $2200\,\text{mol}$ Luft, d. h. $N \approx 1,3\cdot 10^{27}$ Moleküle. 2^{-N} kann der Taschenrechner nicht mehr, aber der Kopf: $2^{10} = 1024$ hat 3

Nullen, also 2^N hat $4 \cdot 10^{26}$ Nullen. Sehr eng geschrieben reichten diese Nullen quer durch die ganze Galaxis.

4.18 Ein Molekül in anderer Hälfte: Wahrsch. $\frac{1}{2}$, alle N in anderer Hälfte: 2^{-N}.

4.19 Es stimmt nicht. Ein heißes Gas z. B. kann beim Wegschieben eines Kolbens genau die Arbeit leisten, die es seinem Wärmevorrat entnimmt. Aber um es in den Ausgangszustand zurückzubringen, muß man nicht nur die verlorene Wärme ersetzen, sondern Kompressionsarbeit leisten. Komprimiert man adiabatisch, spart man die Wärmezufuhr, verbraucht aber genau die gewonnene Arbeit. Isotherme Kompression erfordert Wärmeabfuhr an ein kaltes Reservoir. So ergibt sich genau wieder der ideale Carnot-Wirkungsgrad (4.12).

4.20 1 bar bei 20°C entspräche $18\,\mathrm{g}/22{,}41 = 804$ g/m^3, 1 mbar $\widehat{=} 0{,}804\,\mathrm{g/m}^3$. Bei 60 % Feuchte sind in 50 m^3 etwa 555 g Wasserdampf.

4.21 Zwei Gründe: 1. Kondensationswärme und evtl. Gefrierwärme sollen freiwerden; sie tun es überwiegend an "Keimen", also Zweigen, und können T-Abfall abpuffern. 2. Nachttemperatur wird durch Gleichgewicht zwischen Bodenabstrahlung und Luftrückstrahlung bestimmt; letztere kommt überwiegend von Wolken bzw. Nebel; je tiefer diese hängen, desto wärmer sind sie nach (4.22), desto mehr strahlen sie zurück.

Kapitel 5: Felder

5.1 Gipfel und Talkessel werden von Höhenlinien umkreist und sind nur voneinander zu unterscheiden, wenn man die Zahlen an den Höhenlinien lesen kann. Im Paß kreuzen sich zwei Höhenlinien (falls sie dicht genug gezeichnet sind). Ein Graben mit waagerechtem Boden wird von Höhenlinien parallel begleitet, in ein geneigtes V-Tal hängen sie ebenfalls V-förmig hinein. Wo Höhenlinien dichter liegen, ist der Hang steiler. Die Isothermen des dreidimensionalen $T(\mathbf{r})$-Feldes sind Flächen, auf der Nordhalbkugel i. allg. nach Norden geneigt.

5.2 Das Gelände sei durch die Funktion $h(x,y)$ beschrieben. x zeige nach rechts, y nach vorn, h natürlich nach oben. Man geht dx Meter nach rechts, wobei man $(\partial h/\partial x)dy$ Meter steigt. Wenn man gleich diagonal um den Vektor $d\mathbf{r} = (dx, dy)$ geht, steigt man also um $dh = (\partial h/\partial x)dx + (\partial h/\partial y)dy$. Mathematisch heißt dieser Ausdruck das vollständige Differential der Funktion $h(x,y)$. Man kann dh auffassen als Skalarprodukt der Verschiebung $d\mathbf{r} = (dx, dy)$ mit dem Gradienten $grad\,h = (\partial h/\partial x, \partial h/\partial y)$, nämlich $dh = grad\,h \cdot d\mathbf{r}$. Ein solches Skalarprodukt ist 0, wenn $d\mathbf{r} \perp grad\,h$. Daß $dh = 0$ ist, heißt, wir sind auf einer Höhenlinie geblieben, diese verläuft senkrecht zu $grad\,h$. Umgekehrt ist bei gegebenem Betrag $d\mathbf{r}$ der Anstieg dh am größten, wenn $d\mathbf{r} \| grad\,h$, nämlich

$dh = grad\,h \cdot dr$: Die Steigung hat tatsächlich Betrag und Richtung von $grad\,h$.

5.3 Drei sich berührende Kugeln vom Radius R lassen ein dreispitziges Loch zwischen sich, in das ein Kreis vom Radius $r = (2\sqrt{3}/3 - 1)R = 0,15\,R$ paßt. Sieht man vom Zickzack-Verlauf und von den Erweiterungen dieser Kanäle ab (beide kompensieren einander teilweise), fließt Wasser unter dem Druckgefälle $p' = \Delta p/l$ mit $v = r^2 p'/8\eta$ hindurch. Über den ganzen etwa 40mal (R^2/r^2) größeren Querschnitt gemittelt, ist $v \approx r^2 p'/300\eta \approx 10^{-4} R^2 p'/\eta$. Mit $\eta = 10^{-3}\,\mathrm{Pa\,s}$ folgt für Sand mit $R = 0,1\,\mathrm{mm}$ $\sigma = v/p' \approx 10^{-9}\,\mathrm{m^2/Pa\,s^2}$. Lehm mit $R \approx 1\,\mu m$ hat nur $\sigma \approx 10^{-13}\,\mathrm{m^2/Pa\,s^2}$.

5.4 Ein Graben der Länge L, in dem das Wasser um h_0 über der Sohle steht, führe den Volumenstrom $\dot{V}$ ab. Durch die beiden Seitenflächen $2Lh_0$ muß ebensoviel nachsickern, d. h. das Grundwasser muß mit $v = \dot{V}/2Lh_0$ auf den Graben zusickern. Das setzt ein Druckgefälle $p' = v/\sigma$ voraus, das nur vom hydrostatischen Druck $p = \varrho gh$ stammen kann (h : Höhe des Grundwasserspiegels über dem betrachteten Niveau; egal, wie hoch dieses liegt: $p' = \varrho gh'$). Jeder Graben ist von zwei ebenen Profilen der Neigung $h' = \dot{V}/(2Lh_0\sigma\varrho g)$ begleitet, die mitten zwischen den Gräben in einem "First" zusammentreffen, falls der Graben tiefer ist als $dh'/2$ minus der ursprünglichen Grundwassertiefe (sonst bleibt ein Plateau stehen). Wenn es nicht regnet, sinkt dieses "Dach" ständig ab. Regen verbiegt das Profil.

5.5 Aus dem Schacht werde ein Volumenstrom $\dot{V}$ abgepumpt. Ebensoviel muß durch die vom Grundwasser berührte Wandfläche $2\pi r_0 h_0$ nachsickern. Im Abstand r verteilt sich $\dot{V}$ über die größere Fläche $2\pi rh$, also sickert das Wasser dort mit $v = \dot{V}/(2\pi rh_0)$, falls $h \approx h_0$. Aus $p' = \varrho gh' = v/\sigma$ folgt $h = h_0 + (V/(2\pi h_0\sigma\varrho g))\ln(r/r_0)$. Bis zum halben Abstand zwischen den Schächten, $d/2$, senkt der Brunnen den Grundwasserspiegel um $(\dot{V}/(2\pi h_0\sigma\varrho g))\ln(d/2r_0)$. Ein sparsamer Mensch verbraucht etwa $50\,\mathrm{m^3/Jahr}$, 1000 Menschen $2\,\mathrm{l/s}$. In Sand mit $\sigma \approx 10^{-9}\,\mathrm{m^2/Pa\,s^2}$ erfüllen $50\,\mathrm{m}$ Tiefe die Bedingung $h \approx h_0$.

5.6 Unter der Karte entsteht ein Bernoulli-Unterdruck $\frac{1}{2}\varrho v^2$ und saugt sie platt auf den Tisch. Wenn die Luft quer zum First strömt, muß sie über ihn ausweichen, also dort schneller strömen. Vor dem First wird der Sog $\frac{1}{2}\varrho v^2$ z. T. vom Staudruck kompensiert, dahinter (im Lee) hebt er mit der Kraft $\frac{1}{2}A\varrho v^2$ die Ziegel ab.

5.7 Der Mensch ißt täglich etwa $2000\,\mathrm{kcal} = 8 \cdot 10^6\,\mathrm{J}$, stellt also eine $100\,\mathrm{W}$-Wärmequelle dar. Diese Leistung P muß er nach außen abführen, sonst schwitzt bzw. friert er. Körperoberfläche $A \approx 2\,\mathrm{m^2}$, $j \approx 50\,\mathrm{W\,m^{-2}} = \lambda\Delta T/d$, $d = \lambda\Delta TA/P$, d. h. $0,5\,\mathrm{mm}$ Dicke pro Grad. In guter Kleidung isoliert vor allem der hohe Luftgehalt.

5.8 Das dichte Rohrgitter erzeugt ein homogenes $grad\,T$-Feld. Mittlere Wurzeltiefe $10\,\mathrm{cm}$ verlangt $grad\,T \approx 30\,\mathrm{K\,m^{-1}}$, Rohre mit $40°\mathrm{C}$ Wasser etwa

1 m tief verlegt. Bundesbürger verbraucht einschließlich Industrie und Verkehr knapp 1 kW, 60 Mill. Leute also $6 \cdot 10^{10}$ W. Kraftwerke haben 40 % Wirkungsgrad [vgl. (4.12)], also $9 \cdot 10^{10}$ W Abwärme, können bei $j = 15\,\mathrm{W/m^2}$ knapp 6 % der landwirtschaftlichen Nutzfläche, nämlich 6000 km^2 versorgen.

5.9 Homogene Quelldichte q erzeugt in Kugel mit Radius r Wärmeleistung $P(r) = \frac{4}{3}\pi q r^3$, die durch Oberfläche $A = 4\pi r^2$ abfließen muß: Wärmestromdichte $j = qr/3 = -\lambda dT/dr$, $dT/dr = -qr/3\lambda$, $T = T_0 - qr^2/6\lambda$. 40 K auf 0,4 m: $q = 7,5\,\mathrm{W/m^3}$. Verdopplung von r: $\Delta T = 160$ K, Verdreifachung: 360 K; ab 2,5 m Durchmesser wirds gefährlich.

5.10 Körper strahlt ab $P_T = \sigma A T^4$, Umgebung (T_0) strahlt ihm zu $P_{T_0} = \sigma A T_0^4$, Netto-Verlust $P = \sigma A (T^4 - T_0^4)$. Wenn $T = T_0 + \Delta T$, wobei $\Delta T \ll T_0$, kann man nähern $T^4 = (T_0 + \Delta T)^4 \approx T_0^4 + 4T_0^3 \Delta T$, die übrigen Glieder sind viel kleiner. Also $P \approx 4\sigma T_0^3 A \Delta T$. Die Tabelle meint $\alpha = 4\sigma T_0^3 \approx 6\,\mathrm{W\,m^{-2}\,K^{-1}}$. Bei großem ΔT stimmt die lineare Tabellenformel nicht mehr.

5.11 Teilkugel, Radius r, zieht an ihrem Rand mit $a = \frac{4}{3}\pi \varrho G r$, Potential $\varphi = -\int a\,dr = \varphi_0 - \frac{2}{3}\pi \varrho G r^2$. An Erdoberfläche $r = R$ ist $\varphi = -GM/R$, also $\varphi = -\frac{2}{3}\pi \varrho G (R^2 + r^2)$. Außen bildet das Potential einen $1/r$-Trichter, innen ein Paraboloid.

5.12 Abplattung bestimmt durch Verhältnis von Fliehkraft zu Gravitation: $\omega^2 R/(GM/R^2) = \omega^2 R^3/(GM) \sim \omega^2/\varrho$. Mars hat geringere Dichte.

5.13 Erde läuft um mit $\omega = 2\pi/$Jahr, $\omega^2 r = GM/r^2$, $M = \omega^2 G/r^3 = 2 \cdot 10^{30}$ kg. Ohne G: Mond braucht 13mal weniger lange zum Umlauf als Erde, Sonne ist 400mal weiter weg, also $M_s = M_e\,400^3/13^2 = 2 \cdot 10^{30}$ kg.

5.14 1 F = 1 As/V.

5.15 Kugel, Radius r_1, mit Q geladen, sendet Feldstärke $Q/(4\pi\varepsilon_0 r^2)$ und Potential $Q/(4\pi\varepsilon_0 r)$ in Umgebung. Äußere Kugel mit r_2 fängt dieses Feld auf. Spannung zwischen beiden $U = Q(1/r_1 - 1/r_2)/(4\pi\varepsilon_0)$, $C = Q/U = 4\pi\varepsilon_0 r_1 r_2/(r_2 - r_1)$. Zylinder mit r_1 sendet Feld $Q/(2\pi\varepsilon_0 L r)$, Potential $Q \ln r/(2\pi\varepsilon_0 L)$ aus. Spannung $U = Q \ln(r_2/r_1)/(2\pi\varepsilon_0 L)$, $C = 2\pi\varepsilon_0 L/\ln(r_2/r_1)$.

5.16 Mit $r \approx 10^{-10}$ m folgt $\mu = e/(6\pi\eta r) \approx 5 \cdot 10^{-8}\,\mathrm{V\,s/m^2}$. Das trifft die gemessenen Werte recht gut, nur H$^+$ und OH$^-$ haben höhere μ.

5.17 Annahme: Ladungsträger, deren Anzahl nicht vom Feld abhängt, bewegen sich reibungsbeherrscht im Gleichgewicht zwischen Feldkraft und Stokes-Reibung (Einstellung in Zeit $t \approx v/\dot{v} = mv/(eE) = m\mu/e \approx 10^{-13}$ s für Elektronen im Metall, z. T. schneller für Ionen im Wasser).

5.18 An jedem Knoten fließt ebensoviel Strom zu wie ab (Ladungserhaltung). Die Spannung zwischen zwei Punkten hängt nicht vom Weg ab, auf dem man vom einen zum anderen gelangt. Reihenschaltung: Strom I durch beide Widerstände gleich, Spannungsabfälle IR_1, IR_2, insgesamt $U = IR_1 + IR_2$, $R_{\mathrm{ges}} = R_1 + R_2$. Parallelschaltung: Gleiche Spannung an beiden, $U = I_1 R_1 = I_2 R_2$, insgesamt $I = I_1 + I_2 = U(1/R_1 + 1/R_2)$, $1/R_{\mathrm{ges}} = 1/R_1 + 1/R_2$.

5.19 Kompensation bei $U' = rI = rU/R$, denn Strom fließt auch durch $R - r$, weil nichts abgezweigt.

5.20 Keine Spannung zwischen C und D : $R_1 I_1 = R_2 I_2$, $R_x I_1 = R_3 I_2$, also $R_x = R_1 R_3 / R_2$, unabhängig von U. Bei Strom- wie Spannungsmessung macht man systematische Fehler: Gerät hat Innenwiderstand, an dem auch Spannung abfällt bzw. durch den auch Strom fließt.

5.21 $R \gg R' - r$: Kein Strom durch R, $U' = U(R' - r)/R'$. Sonst: $U' = I_2(R' - r) = I_1 R$, $U - U' = (I_1 + I_2)r = U'r(1/R + 1/(R' - r))$, $U' = UR(R' - r)/(rR' + RR' - r^2)$. Die Kurve $U'(r)$ ist nicht mehr linear, sondern hängt umso stärker durch, je kleiner R ist.

5.22 1 mol Ionen trägt die Ladung $zN_{\mathrm{A}}e$ als It, also $F = N_{\mathrm{A}}e$.

5.23 $1\,\mathrm{l} = 55{,}5\,\mathrm{mol}$ Wasser ergeben $111\,\mathrm{mol}\,\mathrm{H}^+$ und $55{,}5\,\mathrm{mol}\,\mathrm{O}^{--}$, nach Abgabe von $111 \cdot 96\,000\,\mathrm{As} = 10^7\,\mathrm{As}$ (10 A 12 Tage lang) $111\,\mathrm{g}\,\mathrm{H}_2$, die man außer für chemische Zwecke energetisch nutzen könnte unter Gewinn von $1{,}3 \cdot 10^7\,\mathrm{J}$ (Zersetzungsspannung $1{,}3\,\mathrm{V}$).

5.24 Keine Kraft, wenn $\boldsymbol{v} \| \boldsymbol{B}$. Immer $\boldsymbol{F} \perp \boldsymbol{v}$, also keine Energiezufuhr.

5.25 Ablenkung um ca. $45°$ auf ca. 10 cm Strecke, also $R \approx mv/(eB) \approx 0{,}1\,\mathrm{m}$. $v = \sqrt{2eU/m} = 8 \cdot 10^7\,\mathrm{m/s}$, also $B \approx 5 \cdot 10^{-3}\,\mathrm{T}$.

5.26 Damit Wechselfeld mit Frequenz ν immer beschleunigt (jedesmal Energiegewinn eU), muß Teilchen auch mit ν umlaufen. $\nu = eB/(2\pi m) = 1\,\mathrm{GHz}$: Für Elektronen reichen bescheidene $0{,}03\,\mathrm{T}$. Erreichbar nur einige keV, sonst fällt ν wegen relativistischer Massenzunahme außer Takt. Dazu genügt Radius von knapp 10 cm. Bahn ist Spirale, nach außen immer enger. Protonen z. B. $0{,}1\,\mathrm{T}$, $1{,}6\,\mathrm{MHz}$, $R = 1{,}5\,\mathrm{m}$ für $1\,\mathrm{MeV}$.

5.27 Spannungen bis $1\,\mathrm{V}$ meßbar: Sie treiben bis $10\,\mathrm{mA}$ durch die $100\,\Omega$. Eine höhere Spannung erfordert Vorwiderstand, z. B. $10\,\mathrm{V}$: Vorwiderstand $900\,\Omega$. Höherer Strom erfordert Parallelwiderstand (Shunt), z. B. $10\,\mathrm{A}$: $0{,}1\,\Omega$, damit nur $100\,\mathrm{mA}$ durchs Gerät fließen. Bei Wechselstrom nur leichtes Zittern um Ruhelage, Gleichrichter nötig. Ausschlag $\sim$ Drehmoment $\sim BI$: Skala linear.

5.28 Weichmagnetisch: Trafokern, Motor, damit Ummagnetisierungsverluste klein bleiben. Hartmagnetisch: Dauermagnete, magnetische Datenträger (Tonband, Diskette).

5.29 $L = U/\dot{I}$, also $1\,\mathrm{H} = 1\,\mathrm{Vs/A}$.

5.30 Spannungen an L und an R heben sich auf: $L\dot{I} = -RI$, also $I = I_0\,\mathrm{e}^{-t/\tau}$, $\tau = L/R$, $I_0 = U_0/R$.

5.31 Schleife Nr. n sieht Fluß $\phi_n = AB\,\sin(\omega t + n2\pi/3)$, $U = AB\omega\,\cos(\omega t + n2\pi/3)$. Frequenz der Spannung = Drehfrequenz der Schleife. $U_0 = AB\omega$, $U_{\text{eff}} \approx 220\,\text{V}$ mit $B = 1\,\text{T}$, $A = 1\,\text{m}^2$, $\omega = 314\,\text{s}^{-1}$, in Wirklichkeit N Windungen mit Fläche A/N.

5.32 Vgl. Abb. 5.57, 5.58.

5.33 Graphisch: Abb. 5.57.
Rechnerisch: $P = U_0 I_0\,\sin^2 \omega t = \frac{1}{2}U_0 I_0(1 - \cos 2\omega t)$.

5.34 Sinusspannung: Abb. 5.60, $\overline{P} = 0$. Rechteckspannung symmetrisch zur t-Achse: Strom Dreieckskurve, auch symmetrisch, P symmetrische Zickzackkurve, eine Flanke senkrecht. Spannung Dreieckskurve: Strom und Leistung Folge von "maurischen" Spitzbögen. In jedem Fall P symmetrisch zur t-Achse, $\overline{P} = 0$.

5.35 Gerät hat $12{,}1\,\Omega$. Ebensogroßer Vorwiderstand, $1\,\text{kW}$ darin vergeudet. Potentiometer noch aufwendiger, da Strom durch beide Teile des geteilten Widerstandes fließt. Günstiger ist $2:1$-Trafo oder Spule mit $L = R/\omega \approx 40\,\text{mH}$ davor oder Kondensator mit $C = 1/R\omega = 280\,\mu\text{F}$ davor oder "Autotrafo", d. h. Spule mit Abgriff, ähnlich dem Potentiometer.

Kapitel 6: Wellen

6.1 Vgl. Abb. 6.8. Daß die Summe auch eine Sinuskurve ist, sieht man erst nach sehr exakter Konstruktion sehr vieler Punkte.

6.2 Spannungen sind y-Komponenten der Einzelzeiger oder -vektoren. Graphische Vektoraddition läßt sich auch durch Addition entsprechender Komponenten ausdrücken, auch wenn man die Vektoren oder das Koordinatensystem verdreht. Zeichnen Sie das auch!

6.3. LCR-Serienkreis z. B.: $F = m\ddot{x}+k\dot{x}+Dx$ entspricht $U = L\dot{I}+RI+Q/C = L\ddot{Q} + R\dot{Q} + Q/C$, also $F\,\widehat{=}\,U$, $\dot{x}\,\widehat{=}\,I$, $x\,\widehat{=}\,Q$, $m\,\widehat{=}\,L$, $k\,\widehat{=}\,R$, $D\,\widehat{=}\,1/C$. Freie Schwingung mit $\omega = \sqrt{1/LC - R^2/4L^2}$, Dämpfung $\delta = R/4L$, oder Kriechfall bei $R>2\sqrt{L/C}$. Resonanzmaximum der Höhe $Q_0 \approx U_0/\omega R$, $I_0 = U_0/R$ bei $\omega \approx \sqrt{1/LC}$.

6.4 Wir legen $t = 0$ auf den Gipfel des Dreiecks. Dann ist $f(t) = x_0|1-4t/T|$. Fourier-Koeffizienten:

$$a_k = 2x_0\frac{\omega}{\pi}\int_0^{T/2} (1 - 4t/T)\cos k\omega t\, dt$$

$$= 2x_0\frac{\omega}{\pi}\left(\frac{1}{k\omega}\sin \omega t - \frac{4t}{k\omega T}\sin k\omega t - \frac{4}{k^2\omega^2 T}\cos k\omega t\right)\Big|_0^{T/2}.$$

Die ersten beiden Glieder verschwinden immer, das dritte für gerade k, sonst liefert es $16/\pi^2 k^2$. Also lautet die Entwicklung

$$f(t) = x_0 \frac{8}{\pi^2}(\cos \omega t + \tfrac{1}{9} \cos 3\omega t + \tfrac{1}{25} \cos 5\omega t + \tfrac{1}{49} \cos 7\omega t + \ldots) \quad .$$

6.5 Selber probieren!

6.6 Normalbetrieb: x-Ablenkung durch Kippspannung mit einstellbarer Frequenz. Wechselspannung auf Eingang liefert sofort Sinuslinie. Schwebung: Signal von Mikrophon, zwei etwas verstimmte Stimmgabeln (gleiche Bauart, aber bei einer die Zinken z. B. mit Klebeband beschwert).

Lissajous: Einstellung EXT DEFL, zwei Eingänge, zwei Mikrophone mit zwei verschiedenen Stimmgabeln oder zwei Sinusgeneratoren. Oktave (2:1) gibt α, ∞ oder Parabel, je nach Phasenlage.

6.7 Zwei Sinuswerte sind gleich, wenn ihre Argumente sich um 2π unterscheiden. Räumliche Periode: $k\lambda = 2\pi$, $k = 2\pi/\lambda$. Zeitliche Periode: $kvT = 2\pi$, $kv = 2\pi/T = 2\pi\nu = \omega$.

6.8 Gleichung (6.25) ist nur die Umkehrung der Definition der 2. Ableitung: $y'' = dy'/dx = (y'(x + dx) - y'(x))/dx$.

6.9 Bei gleichem Druck, z. B. 1 bar, läuft Schall im dichteren Gas langsamer: $v \sim \varrho^{-1/2} \sim$ Molekülmasse$^{-1/2}$. Luft 330 m/s, CO_2 267 m/s, H_2 1254 m/s. Da $p = kT/m$, ist $v = \sqrt{\gamma kT/m}$. In der Höhe ist es i. allg. kälter, der Schall läuft langsamer.

6.10 Intensität $I \sim 1/r$, Amplitude E: $I \sim E^2$, $E \sim 1/\sqrt{r}$. Bahnsteigkante hat um Faktor $1/\sqrt{5}$ weniger Helligkeit.

6.11 Abbildung 6.24: Polygonzug aus N Strecken A' mit Winkel δ zwischen Nachbarn. Einbeschriebener Kreis hat $r = A'/\sin(\delta/2)$. Summe aller N Zeiger ist Kreissehne, Länge $A = 2r \sin(N\delta/2) = A' \sin(N\delta/2)/\sin(\delta/2)$. Bei $\delta = z2\pi$ (z ganz) sind Zähler und Nenner 0, die Regel von *de l'Hospital* liefert $A = NA'$. Zwischen diesen Maxima liegen je $N - 1$ Nullstellen $N\delta = z2\pi$, wo der Zähler verschwindet, aber nicht der Nenner. Die Maxima sind also um so schärfer, je größer N ist (die Nebenmaxima sind sehr schwach, s. Abb. 6.25).

6.12 Saite der Länge l schwingt so, daß Knoten an Enden: $l = n\lambda/2$, $\nu = v/\lambda = nv/2l$. $v = \sqrt{F/A\varrho}$ ist um so größer, je straffer gespannt und je dichter das Material. Übliche Spielweise: $n = 1$. Flageolett $n > 1$ wird erzeugt durch leichtes Berühren an beabsichtigtem zusätzlichen Knoten. Oktave: Saite halbiert; Quinte 3/2: Saite gedrittelt. Pfeife, beiderseits geschlossen: Wie Saite, aber v für Luftsäule. Am offenen Ende Bauch: $l = (2n + 1)\lambda/4$.

6.13 800 Pkte/Zeile $\cdot$ 625 Zeilen/Bild $\cdot$ 25 Bilder/s = 12,5 MHz. Ein "Bild" aus abwechselnd hellen und dunklen Punkten braucht ein Modulationssignal von 6,1 MHz, ein "Bild" mit nur einem hellen Punkt auf dunklem

Grund (Wellengruppe der Dauer 80 ns) braucht 12,5 MHz. Mindestens um soviel müssen Fernsehsender auseinanderliegen. Ihre Trägerfrequenzen liegen im GHz-Bereich.

6.14 Kleine Kapillarwellen laufen voran, sind am schnellsten. Bei den langen Schwerewellen ist es umgekehrt.

6.15 Man spiegele B an der Uferlinie, Ergebnis B'. Zwischen A und B' ist die Gerade die kürzeste Verbindung. Diese teilweise gespiegelt ergibt genau den behaupteten Lichtweg (Abb. 6.32).

6.16 Auf der Wiese läuft man mit v, auf dem Acker mit v'. $ACOB$ (s. Abb. 6.33) sei der schnellste Weg, d. h. die Laufzeit t als Funktion der Lage des Übergangspunktes sei minimal. In nächster Umgebung eines Minimums ändert sich eine Funktion nicht, also ändert sich t nicht bei einer kleinen Verschiebung von O nach O'. Auf $AO'DB$ verliert man die Zeit $O'D/v'$ und gewinnt CO/v, verglichen mit $ACOB$. Aus Gewinn $=$ Verlust folgt (6.33).

6.17 Straße $=$ x-Achse, Zielpunkt bei $(0, d)$, Mitfahrer steigt bei $(-a, 0)$ aus. Steigt er um dx früher aus, gewinnt er die Fahrzeit dx/v und verliert die Gehzeit $\cos \beta \, dx/v'$. Im Minimum sind beide gleich, also $\cos \beta = v'/v$. Wenn alle Leute im jeweils für sie günstigsten Augenblick vom Bus abspringen, zieht dieser eine Doppellinie von Wanderern mit sich, beiderseits unter $\pi - \beta$ gegen die Straße. Genauso verhalten sich Schallwellen um ein Überschallflugzeug oder Lichtwellen um ein Elektron, das z. B. im Wasser schneller als $c/n = \frac{3}{4}c$ fliegt (Tscherenkow-Strahlung).

6.18 Zwei Mikrophone in gleichem Abstand: Ähnlich Abb. 6.38a, aber ohne Phasenverschiebung, 45° Linie bei EXT DEFL. Ein Mikrophon um d verschoben: Phasenverschiebung $2\pi d/\lambda$, Ellipse, $A + B$ kleiner. Während der Verschiebung schwillt $A + B$ auf und ab, Ellipse geht auf und zu, sieht aus wie torkelndes Frisbee: Schwebung wie in Abb. 6.38c. Andere Deutung: Bewegtes Mikrophon sendet veränderte Frequenz. In Schwebungsperiode T verschiebt es sich um λ, also mit $v = \lambda/T = \lambda \Delta\nu$. Es folgt $\nu' = \nu + v/\lambda = \nu(1 + v/c)$.

6.19 $G/B = (r - g)/(b - r)$ aus Abb. 6.40. Aus (6.38): $r = 2gb/(g + b)$ liefert $G/B = g/b$. Ebener Spiegel: $r = \infty$, $g = -b$, Wölbspiegel: $r < 0$.

6.20 Brechung am Glas spreizt das vom Punkt P ausgehende Strahlenbüschel. Kleine Winkel werden um Faktor $n = 1,33$ größer. Hinter dem Glas scheinen die Strahlen von einem um den Faktor $1/n$ näheren Punkt herzukommen. Auch Fotograf muß Entfernungsring auf 3 m einstellen, wenn der Fisch 4 m entfernt ist.
Hohlfläche wird durch $r < 0$ beschrieben.

6.21 *Alle* von P kommenden Strahlen werden in P' vereinigt. Mittelpunkts-, Parallel- und Brennstrahl dienen nur zur einfachen Konstruktion. Selbst

wenn sie nicht durch die Linse gehen, gibt es genügend, die es tun und
das Bild formen.

6.22 Etwa mit $f_{obj} = 1\,\text{mm}$, $f_{ok} = 1\,\text{cm}$, Tubus $b = 40\,\text{cm}$.

6.23

			Frauent.	Zugspitze	Mond	Sonne	α Centauri	Androm.
		Entf./ km	5	100	$4 \cdot 10^5$	$2 \cdot 10^8$	$4 \cdot 10^{13}$	$2 \cdot 10^{19}$
		λ/d						
Auf-	Auge	10^{-4}	Mensch	Haus	Corsica	>Erde		200 LJ
lösbar	Feldst.	10^{-5}	Hamster	Pferd	Stadt	Afrika	(Sonnensyst.)	20 LJ
für	Mt. Pal.	10^{-7}	Ameise	Hummel	Haus	Gardasee	>Sonne	0,2 LJ

6.24 Pupillendurchmesser im Hellen 1 mm, im Dunkeln 5 mm; 5 m-Spiegel
empfängt noch 10^6 mal mehr Licht. Der Helligkeitsfaktor 100 bedeutet
5 Größenklassen. Gutes Auge sieht Sterne bis 6. Größe, Mt. Palomar bis
21. Größe (abgesehen von atmosphärischen Störungen). Einen Stern sieht
man, wenn sein Licht stärker ist als das Himmelsstreulicht aus einem
Bereich, der der Auflösungsgrenze des Auges (Geräts) entspricht: Bei
Tage $(5 \cdot 10^{-4})^2 = 3 \cdot 10^{-7}$; der Himmel insgesamt (2π) streut ca. 10 %
des Sonnenlichts, die Sonne ist 10^6 mal näher als die nächsten Fixsterne,
also 10^{12} mal heller, der Himmelsausschnitt ist $3 \cdot 10^4$ mal heller als der
Stern. Die Dämmerung muß $3 \cdot 10^4$ mal dunkler sein als der Tag, damit
die Sterne erscheinen. Fernrohr und Schacht helfen wenig, erlauben nur
volle Pupillenöffnung (Faktor 25).

6.25 Die Linse muß eintauchen, also kurze Brennweite haben. Das Öffnungsverhältnis D/f läßt sich durch komplizierten Aufbau (viele Linsen) steigern, aber nicht weit über 1 hinaus. Mit UV-Licht wird die Auflösung
höher (Fotografie!).

6.26 Leuchtender Punkt im Abstand a sendet durch Loch vom Durchmesser
d Lichtbündel vom Öffnungswinkel d/a. Wenn dies viel kleiner ist als der
Sehwinkel des ausgedehnten Strahlers, z. B. der Sonne $(\frac{1}{120})$, bildet sich
dieser mit einem um d/a verwaschenen Rand durchs Loch ab. Form des
Loches spielt keine Rolle. Das gilt z. B. mehrere m hinter Schlüsselloch
oder unter Blattlücken von 1 cm: Helle Kringel auf Waldboden sind echte
Sonnenbilder.

6.27 Abbildung 6.47: $\gamma = 2\alpha_2$, Ablenkung $\delta = 2(\alpha_1 - \alpha_2)$, $\alpha_1 = (\gamma + \delta)/2$,
$n = \sin\alpha_1/\sin\alpha_2 = \sin((\gamma + \delta)/2)/\sin(\gamma/2)$, z. B. $\gamma = 60°$, $n = 1,5$: $\delta =$
$37,5°$. Rot wird am wenigsten abgelenkt. Über die rote Sonne überlagert
sich eine gelbe, dann ein grüne, blaue. Überlagerung aller Farben gibt
fast überall weiß, nur Enden bleiben rot bzw. violett. *Goethes* Irrtum:
Jede Stelle der weißen Wand gibt ein Spektrum, aber alle diese Spektren
überlagern sich zu weiß. Nur eine Grenze gegen Dunkel liefert bunten
Rand, speziell *Newtons* Spalt.

6.28 Die Linse würde Parallellicht auf der Wand in scharfem Punkt vereinigen. Von der Sonne würde sie ein Bild der Größe $f\alpha$ erzeugen, viel kleiner als das $D\alpha$ der Lochkamera (D: Abstand Loch-Wand). Das Prisma ändert daran fast nichts, es lenkt nur die verschiedenfarbigen Sonnenbilder verschieden stark ab.

6.29 Die Breite b des Prismas wirkt als beugender Spalt. Nach (6.30) kein scharfes Bild, sondern ein Beugungsmaximum der Winkelbreite λ/b. Zwei Farben sind trennbar, wenn das Prisma sie stärker spreizt als um diesen Winkel. Nach Aufgabe 6.27 spreizt es sie um $d\delta \approx dn$, also ist die auflösbare λ-Differenz $\Delta\lambda = \Delta n \cdot d\lambda/dn \approx (\lambda/b)dn/d\lambda$. $dn/d\lambda$ heißt Dispersion des Glases.

6.30 In der Flammer leuchten nur die heißen Rußteilchen, also schwarze Festkörper. Reine Flammen, z. B. Gas, leuchten kaum. Die meisten Verbindungen, z. B. Salze, zerfallen in der Flamme in Atome.

6.31 Prisma: Rot hat kleinstes n, wird am schwächsten abgelenkt. Im Violetten ändert sich n am schnellsten, daher ist dieses Farbband am weitesten auseinandergezogen. Beim Gitter ist die Ablenkung proportional zu λ: Rot wird am stärksten abgelenkt.

6.32 Schwächungsfaktor a oder ε in (6.46) hängt von λ ab (Absorptionsspektrum!). Für ein breites λ-Band müßte man über alle $e^{-\varepsilon(\lambda)cd}$-Faktoren integrieren.

6.33 N_0 ist die Anzahl der Leute (Teilchen) beim Start, wie man sieht, wenn man $x = 0$ setzt.

6.34 Konzentration in g/l muß durch Molmasse geteilt werden, Konzentration in g/g durch Molmasse/1000. Dekadisches $\varepsilon_{10} = \varepsilon/\ln 10 = \varepsilon/2,3$, denn $e^\varepsilon = 10^{\varepsilon_{10}}$.

6.35 Ein Schwinger, der frei mit der Frequenz ν schwingt, schwingt am stärksten mit, wenn er mit ν angestoßen wird. Die schwingende Ladung sendet Licht aus und wird durch Licht gleicher Frequenz zum Schwingen angeregt, wobei sie ihm Energie entzieht. Selbst ohne jede Reibung hat die Resonanz eine gewisse Breite, mit Reibung erst recht.

6.36 Kalter Na-Dampf absorbiert aus dem weißen Licht der Zündlampe dasselbe Gelb heraus, das er im heißen Zustand aussendet. Weiß − Gelb = verwaschenes Violett.

6.37 Geradlinige Ausbreitung, Schattenwurf, Reflexion sprechen für beide, Brechung bei *Huygens* leicht erklärt, bei *Newton* auch, falls Lichtteilchen im Wasser schneller laufen als in Luft (in Elektronenmikroskopie kommt diese Ansicht wieder zu Ehren). Beugung, Interferenz, Polarisation für *Huygens*, Photoeffekt usw. für *Newton*. Daher Synthese Welle-Teilchen in *Einsteins* Photonenbild und der Quantenmechanik.

6.38 Die Komponente $E = E_0 \cos \alpha$ entspricht wegen $I \sim E^2$ der Intensität $I = I_0 \cos^2 \alpha$.

6.39 Polarimetrie geht schnell und ohne jeden chemischen Eingriff. Optisch drehende Moleküle müssen asymmetrische Atome enthalten, z. B. ein Tetraeder-C, dessen vier Bindungen vier verschiedene Substituenten tragen.

6.40 Absorptionsfrequenzen sind Frequenzen schwingungsfähiger Ladungen. Eine Ladung, die mit der Federkonstante D an ihre Ruhelage gebunden ist, schwingt mit $\omega = \sqrt{D/m}$. Atomare Kräfte sind von der Größenordnung $e^2/4\pi\varepsilon_0 r^2 \approx 10^{-8}$ N, die Abstände um 10^{-10} m, also $D \approx 100$ N/m. Für Elektron folgt $\omega \approx 10^{16}\,\mathrm{s}^{-1}$ (UV), für leichte Ionen $\omega \approx 3 \cdot 10^{14}\,\mathrm{s}^{-1}$ (IR). Dazwischen sind einige Stoffe durchsichtig, aber nicht z. B. solche mit freien Elektronen (Metalle), die bei fast allen Frequenzen mitschwingen können.

6.41 Intensität $I = 1400\,\mathrm{W/m}^2 = \frac{1}{2}EB/\mu_0$ (6.64), $E = cB$ (6.59), also $B = \sqrt{\mu_0 I/c} = 2,5 \cdot 10^{-6}$ T, $E = 10^3$ V/m. Sendeleistung 1 kW verteilt sich in 20 000 km Abstand auf Fläche $2 \cdot 10^{12}$ m^2 (Ionosphäre in 100 km Höhe reflektiert Kurzwelle). Intensität $5 \cdot 10^{-10}$ W/m^2, $B \approx 10^{-12}$ T, $E \approx 3 \cdot 10^{-4}$ V/m.

6.42 Der Druck p $(\mathrm{kg\,m}^{-1}\mathrm{s}^{-2})$ kann nur von Masse M und Radius R des Sterns sowie der Gravitationskonstante G $(\mathrm{m}^3\,\mathrm{kg}^{-1}\,\mathrm{s}^{-2})$ abhängen. Die einzige Kombination von der Dimension eines Druckes ist $GM^2/R^4 \approx 10^{15}$ Pa $= 10^{10}$ bar. Mit $p = \varrho kT/m$ und $\varrho \approx 10^4$ kg/m^3 im Zentrum, obwohl nur Wasserstoff, folgt $T \approx 10^7$ K.

Die Stefan-Boltzmann-Konstante σ $(\mathrm{kg\,s}^{-3}\,\mathrm{K}^{-4})$ hängt mit Wärme, Licht und Quanten zusammen, also von k, c und h ab. Nur $k^4 h^{-3} c^{-2}$ hat die richtige Einheit. Hier kommt allerdings noch der ungewöhnlich große Faktor $2\pi^5/15$ dazu, der aus der Integration des Planck-Gesetzes (7.11) folgt.

6.43 Hier benutzt man am besten elektrische Grundeinheiten A, V, m, s. Die Strahlungsleistung P (AV) kann von den Eigenschaften des schwingenden Dipols, seinem Dipolmoment $p = ed$ (Asm) und der Kreisfrequenz ω abhängen, ferner von den Feldkonstanten c und ε_0 (μ_0 braucht man dann nicht, es steckt nach (6.57) in c). Nur $p^2\omega^4/\varepsilon_0 c^3$ hat die Dimension einer Leistung. Die grundlegende Formel von *Heinrich Hertz* enthält außerdem nur noch den Faktor $1/6\pi$. Die Schwingung enthält die Energie $W = \frac{1}{2}Dr^2$ mit $D \approx e^2/4\pi\varepsilon_o r^3$ (Aufgabe 6.40), sie ist in der Zeit $\tau \approx W/P \approx 48\pi^2 c^3/r^3\omega^4$ verbraucht, für ein Elektron mit $\omega \approx 10^{16}\,\mathrm{s}^{-1}$ also nach 10^{-7} s. Das ist die natürliche Lebensdauer eines ungestörten angeregten Atoms. Aus $P \sim \omega^4$ folgt z. B. auch, daß der Sonnenuntergang rot aussieht, der Himmel blau.

6.44 Für $L = 0$ folgt aus (6.67) $I = I_0$.

6.45 10 Schallquellen machen nur 10 dB mehr Lärm als eine. Doppelte Entfernung: $\frac{1}{4}$ des Lärms, also 6 dB weniger ($10\lg 4 = 6,02$).

6.46 Wegen $P \sim v^3$ braucht ein Auto bei $120\,\text{km/h}$ $\quad$ 3,4mal soviel Leistung gegen den Luftwiderstand wie bei $80\,\text{km/h}$. Bestünde die Motorleistung nur darin (annähernd richtig), erhielte man $5,3\,\text{dB}$ Reduktion.

6.47 Selbst ein glattes Objekt reflektiert nur Wellen, die kürzer sind als es selbst, regulär zurück, längere streut es gleichmäßig nach allen Seiten. Für mm-große Insekten braucht man mindestens $100\,\text{kHz}$. Selbst eine blinde Sopranistin könnte mit viel Übung höchstens Vasen oder Möbel "hören".

Kapitel 7: Teilchenwellen

7.1 Elektron: $m_\text{e}c^2 = 8,1 \cdot 10^{-13}\,\text{J} = 5,1 \cdot 10^5\,\text{eV} \approx 0,5\,\text{MeV}$.
$\quad$ Proton: $m_\text{p}c^2 = 1,5 \cdot 10^{-10}\,\text{J} = 9,4 \cdot 10^8\,\text{eV} \approx 1\,\text{GeV}$.

7.2 0,21 Masseneinheiten, d. h. 0,1 % der Ausgangsmasse, gehen in $200\,\text{MeV}$ über. $1\,\text{kg}$ liefert $9 \cdot 10^{13}\,\text{J}$, d. h. 3 Mill. mal soviel wie Kohle.

7.3 0,026 Masseneinheiten, d. h. 0,6 % der Ausgangsmasse, gehen in $24\,\text{MeV}$ über. $1\,\text{kg}$ liefert $5 \cdot 10^{15}\,\text{J}$, 40 Mill. mal soviel wie Kohle.

7.4 Das Auto wiegt selbst bei $200\,\text{km/h}$ nur $2 \cdot 10^{-8}\,\text{g}$ mehr, die $100\,\text{t}$-Rakete bei $10\,\text{km/s}$ etwa $5\,\text{mg}$ mehr, die Erde ($6 \cdot 10^{24}\,\text{kg}$, $30\,\text{km/s}$) $3 \cdot 10^{16}\,\text{kg}$ mehr als in Ruhe. $c/2$: $m = 1,15\,m_0$. $0,99\,c$: $m = 7,09\,m_0$.

7.5 $m = m_0(1 - v^2/c^2)^{-1/2} \approx m_0(1 + v^2/2c^2 + 3v^4/8c^4 + \ldots)$. Das zweite Glied ist die kinetische Masse. Bei $v \to c$ wird natürlich $m \to \infty$.

7.6 Das Photon verliert die Energie mgh, die es seinem mc^2 entnehmen muß; seine relative Energie- und Frequenzänderung ist also $2 \cdot 10^{-15}$. Die Frequenz $2,4 \cdot 10^{19}\,\text{Hz}$ hat sich um $5 \cdot 10^4\,\text{Hz}$ verschoben.

7.7 $2m_\text{e}c^2 = 1\,\text{MeV}$ (vgl. Aufgabe 7.1), das entspricht $2,4 \cdot 10^{20}\,\text{Hz}$ oder $1,3 \cdot 10^{-12}\,\text{m}$ Wellenlänge.

7.8 Mit $x = h\nu/kT$ ist $I \sim x^3/(\text{e}^x - 1)$. Dessen Ableitung ist 0 bei $3(\text{e}^x - 1) = x^3\text{e}^x$ oder $x = 3(1 - \text{e}^{-x})$. Nullte Näherung: $x = 3$, erste: $x = 3 - \varepsilon$, Einsetzen liefert $x = 2,8244$, die vollständige Iteration (s. Aufgabe) liefert $x = 2,82143$.

7.9 Die Schäufelchen am Mühlrad haben eine blanke und eine schwarze Seite und drehen sich immer mit der blanken voran. Das zeigt schon, daß das Licht nur indirekt verantwortlich ist: Auf die blanke Seite müßten die Photonen den doppelten Impuls übertragen, weil sie dort zurückprallen; die schwarze Seite müßte voranlaufen. Antriebskraft ist die stärkere Erwärmung an der schwarzen Seite: Die Moleküle der Restluft stoßen dort heftiger. Genaueres in: H. Vogel: *Probleme aus der Physik* (Springer, Berlin, Heidelberg 1986), Aufg. 5.4.9 und 5.4.10.

7.10 Glas läßt Sonnenlicht praktisch ungeschwächt durch, hält aber einen großen Teil (im Beispiel $\frac{1}{3}$) der infraroten Rückstrahlung des Bodens auf. Wenn z. B. 6 Pfeile einfallen, strahlt der Freilandboden auch wieder 6 ab, aus dem frisch zugedeckten Frühbeet kommen aber nur 4 heraus. Dadurch erwärmt sich der Boden, bis auch 6 aus dem Glas austreten, was voraussetzt, daß der Boden 9 ausstrahlt. Dazu muß er nach $I \sim T^4$ um $\sqrt[4]{9/6} = 1,107$, also um $32\,\mathrm{K}$ wärmer sein als ungedeckt.

7.11 Kräftegleichgewicht $m\omega^2 r = e^2/4\pi\varepsilon_0 r^2 \Rightarrow \omega = \sqrt{e^2/4\pi\varepsilon_0 r^3 m}$.

7.12 $h\nu = eU$, $\nu = 2,4 \cdot 10^{19}\,\mathrm{Hz}$, $\lambda = 1,3 \cdot 10^{-11}\,\mathrm{m}$.

7.13 $10^{-9}\,\mathrm{kg}\,\mathrm{Ra}$ unter Glocke mit $2,7 \cdot 10^5\,\mathrm{mm}^2$ Oberfläche liefern $3,6 \cdot 10^4\,\mathrm{Bq}$ (Zerfälle/s). In dieser Probe sind $10^{-9}/3 \cdot 10^{-25} = 3 \cdot 10^{15}$ Kerne. Die Zerfallskonstante ist $3 \cdot 10^4\,\mathrm{Bq}/3 \cdot 10^{15} = 10^{-11}\,\mathrm{s}^{-1}$, die Halbwertzeit ist einige 1000 Jahre. $10^{-4}\,\mathrm{kg}$ im Kalorimeter liefern $4 \cdot 10^9\,\mathrm{Bq}$ und $10^{-2}\,\mathrm{W}$, also $2 \cdot 10^{-12}\,\mathrm{J} = 6\,\mathrm{MeV}$ pro Zerfall.

7.14 $mv^2/r = evB$, also $r = mv/eB$. Ein Elektron von $6\,\mathrm{MeV}$ hat schon 13mal seine Ruhmasse, $v \approx c$, also $r \approx 25\,\mathrm{cm}$, Ablenkung auf $2\,\mathrm{cm}$ Strecke um $2/25 \approx 5°$. Ein $6\,\mathrm{MeV}$-α fliegt mit $1,7 \cdot 10^7\,\mathrm{m/s}$, $r \approx 1\,\mathrm{m}$, Ablenkung $\approx 1°$. Wo auch das β nichtrelativistisch ist (weit unterhalb $500\,\mathrm{keV}$), würde wegen $p = \sqrt{2W/m}$ das β 80mal stärker abgelenkt als das α.

7.15 Die Bremsung ist etwa proportional zur Dichte (eigentlich zur Anzahldichte der Elektronen). In Wasser oder lebendem Gewebe kommen α-Teilchen nur einige $10\,\mu\mathrm{m}$ weit, in Metallen einige $\mu\mathrm{m}$.

7.16 Zylinderfeld $E = a/r$, Potential $U = a \ln r$, also $E = U/(r \ln(r_2/r_1))$. Nahe am Draht mit $r_1 = 1\,\mu\mathrm{m}$ herrscht $E \approx 5 \cdot 10^7\,\mathrm{V/m}$.

7.17 Wie weit fliegt ein Teilchen, bis es auf eins der n Moleküle/m^3 trifft, die einen Querschnitt A haben? Eine solche Strecke l, so daß im Zylindervolumen Al genau 1 Molekül sitzt: $nAl = 1$, d. h. $l = 1/An$. Für Luft folgt $l \approx 3 \cdot 10^{-7}\,\mathrm{m}$. Im Feld von $5 \cdot 10^7\,\mathrm{V/m}$ gewinnt das Teilchen etwa $15\,\mathrm{eV}$ und kann ionisieren.

7.18 Ein Stoß überträgt um so mehr Energie, je ähnlicher die Stoßpartner in ihrer Masse sind. Nach (2.43) ist $\Delta W/W = 4m_1 m_2/(m_1 + m_2)^2$ bei zentralem Stoß, sonst viel kleiner. Ein α-Teilchen kann an die vielen Elektronen im Absorber höchstens $\frac{1}{2000}$ seiner Energie abgeben. Stöße mit Kernen sind entsprechend seltener, und auch hier passen die Massen meist nicht. Wenn Teilchen wie β und γ verschwinden, sobald sie einmal stoßen, nimmt ihre Anzahl ab wie $dN = -\kappa N\,dx$, d. h. $N = N_0\,e^{-\kappa x}$. α-Teilchen gleicher Energie sammeln die mehr als 1000 Stöße, die sie bremsen, alle auf etwa der gleichen Strecke ein (Abb. 7.28). Wenn einer einmal Lotto spielt, kann er durchaus gewinnen (selten); wer regelmäßig lange spielt, gewinnt mit Sicherheit einen vorhersagbaren negativen Betrag.

7.19 In einen Kern von wenigen $10^{-15}\,\mathrm{m}$ Durchmesser eingesperrt, hätte ein Elektron mindestens den Impuls $p = h/r \approx 10^{-19}\,\mathrm{kg\,m/s}$, der weit im relativistischen Bereich liegt und die Masse $m \approx p/c \approx h/(rc)$ voraussetzt, die fast so groß wäre wie die Nukleonmasse. Die ganze Massenbilanz stimmte nicht mehr (ebensowenig wie die Drehimpulsbilanz). Der Kern könnte so energiereiche Elektronen auch gar nicht festhalten.

7.20 Benachbarte Protonen: $F = e^2/4\pi\varepsilon_0 r^2 \approx 100\,\text{N}$, Energie fast $1\,\text{MeV}$. Ein Kern mit Z Protonen hat etwa $Z^2\,\text{MeV}$ Abstoßungsenergie. Genauer ist dies durch $M^{1/3}$ zu teilen (M Nukleonen bilden eine Kugel mit $M^{1/3}r_0$) und mit $\frac{3}{5}$ zu multiplizieren.

7.21 In der dichten Kugelpackung der Nukleonen berührt im Innern des Kerns jedes 12 andere, an der Oberfläche nur 9.

7.22 Die Coulomb-Kraft reicht, wenn auch abnehmend, beliebig weit, jedes Proton erfaßt alle $Z-1$ anderen. Die Kernkraft wirkt nur zwischen Nukleonen, die sich berühren. Es gibt etwa $12\,M$ solche Kontakte, und $M \sim Z$.

7.23 $W = 46^2\,e^2/(4\pi\varepsilon_0 r)$, wo $r \approx 2\cdot118^{1/3}r_0$, also $W \approx 200\,\text{MeV}$.

7.24 $dN = 2N\,dt/\tau$, wo τ die Zeit ist, nach der ein neugeborenes Neutron wieder spaltet, also $N = N_0\,e^{2t/\tau}$.

7.25 Neutronen übergeben den gleichschweren Protonen maximal (bei zentralem Stoß) all ihre Energie, schwereren Kernen nur einen Bruchteil (vgl. Aufgabe 7.18).

7.26 Erst um $3\cdot10^{-15}\,\text{m}$ wird die Coulomb-Kraft durch die Kernkraft überwunden. Nach Aufgabe 7.20 ergibt sich eine Coulomb-Energie um $1\,\text{MeV}$.

Sachverzeichnis

Springer-Verlag und Umwelt

Als internationaler wissenschaftlicher Verlag sind wir uns unserer besonderen Verpflichtung der Umwelt gegenüber bewußt und beziehen umweltorientierte Grundsätze in Unternehmensentscheidungen mit ein.

Von unseren Geschäftspartnern (Druckereien, Papierfabriken, Verpackungsherstellern usw.) verlangen wir, daß sie sowohl beim Herstellungsprozeß selbst als auch beim Einsatz der zur Verwendung kommenden Materialien ökologische Gesichtspunkte berücksichtigen.

Das für dieses Buch verwendete Papier ist aus chlorfrei bzw. chlorarm hergestelltem Zellstoff gefertigt und im ph-Wert neutral.